英国皇家海军战舰设计发展史

卷5　1945年以后

重建皇家海军

[英]大卫·K. 布朗，[英]乔治·摩尔 著
王鑫　攵茧　余耀东 译

图书在版编目（CIP）数据

英国皇家海军战舰设计发展史 . 卷 5, 1945 年以后 : 重建皇家海军 / (英) 大卫 · K. 布朗 (David K. Brown) , (英) 乔治 · 摩尔 (George Moore) 著 ; 王鑫 , 攵茧 , 余耀东译 . -- 南京 : 江苏凤凰文艺出版社 , 2020.10

书名原文 : Rebuilding the Royal Navy: Warship Design Since 1945

ISBN 978-7-5594-4301-4

Ⅰ . ①英… Ⅱ . ①大… ②乔… ③王… ④攵… ⑤余… Ⅲ . ①战舰 - 船舶设计 - 军事史 - 英国 - 1945- Ⅳ . ① TJ8 ② E925.6

中国版本图书馆 CIP 数据核字 (2020) 第 159326 号

英国皇家海军战舰设计发展史 . 卷 5，1945 年以后：
重建皇家海军

[英] 大卫 · K. 布朗，[英] 乔治 · 摩尔　著　　王鑫 攵茧 余耀东　译

责任编辑　孙金荣
策划制作　指文图书
特约编辑　王雨涵
装帧设计　周杰
出版发行　江苏凤凰文艺出版社
　　　　　南京市中央路 165 号，邮编：210009
网　　址　http://www.jswenyi.com
印　　刷　重庆共创印务有限公司
开　　本　787 毫米 ×1092 毫米 1/16
印　　张　20
字　　数　315 千字
版　　次　2020 年 10 月第 1 版
印　　次　2020 年 10 月第 1 次印刷
书　　号　ISBN 978-7-5594-4301-4
定　　价　139.80 元

江苏凤凰文艺版图书凡印刷、装订错误，可向出版社调换，联系电话 025-83280257

目录

---

*为避免混淆，该书的所有舰船译名皆为音译，而非意译，请读者注意区分。

前言与致谢

D. K. 布朗

从某种意义上来讲，这本书是我此前四本关于从 1800 年到“二战”结束时，英国军舰设计史系列丛书的续作。这本书与前四本的相似之处在于，它专注于船舶与海洋工程，对于武器、电气等方面的发展，只提及了它们对舰船设计的影响。在本书范畴的大部分时间里，这一特点支配着设计，载入了舰船总监与武器总监的行政分割中。

不过，这本书在几个重要的方面与前几卷有所不同。“三十年规则”意味着在整个保密期限内，本书无法使用官方文件，幸好前期还能获取很多资料。同时，我也不能假装自己没有偏见，因为我参与了许多决策。但另一方面，我可以给出作为一个内部人士的观点，也许后世的历史学家能够以不太偏颇的方式书写这段历史。这就是我把我的回忆插进乔治・摩尔负责的章节的理由！我们没有尝试采用统一的风格，而是为每个章节选择了主笔（乔治・摩尔负责第一章至第五章，大卫・布朗负责其余章节）；但每一章都经过两位作者的审查，我们都有可能会在对方负责的章节插入自己的观点。

这是一个经历巨变的时期：尤其皇家海军已不再是最大的海军，甚至在某些方面也算不上是世界上最好的海军，但政府、海军本身和公众在很长一段时间后，才意识到，并接受了这个事实。从技术上来讲，装甲和蒸汽式发动机（核潜艇除外）都消失了，火炮也失去了优势。电子设备主导了舰船水线以上部位的布局，也对内部布局产生了重大影响。每名船员都期望拥有更好的生活条件。与此同时，多型舰船的成本受到了严重限制。

核武器影响了建造政策和舰船设计，而潜艇则开始向核能转变（海军也考虑将其用于水面舰艇）。本书花费了相当多的篇幅来讲述那些没有建造的设计，因为这些设计经常是各型入役舰船之间缺失的纽带。由于人们对其知之甚少，她们具有巨大的吸引力。

现在有请我的合著者发言。

乔治・摩尔

读者可能会好奇，为什么会有第二个作者参与本书的编写。答案在于这段舰船史持续 50 多年的时间跨度及其复杂性。

我主要负责的章节涵盖了本书时间范围的头二十年。为了确保历史的准确性，每艘军舰设计演变的历史均来自记录下来的原始文件。然而，一般来说，政府部门产生的文件只有大约 1% 保存在档案中，这意味着某些细节方面会不可避免地存在空白。此外，我还要面对另一个问题，出于安全或其他实际的原因，一些记录的保密时间远远超过规定的30年。毕竟，部分军舰确实拥有很长的寿命，一些敏感领域（尤其是核领域）的政策需要把安全放在第一位。尽管如此，编写每型舰船从概念起源到诞生的历史还是可以做到的，这一直是我的目标。最后，政治和财政方面的因素也不容忽视。

战后的头 20 年，虽然没有大规模的作战行动，但在技术和经济方面来讲，这是皇家海军历史上最具戏剧性的一段时期：战列舰消亡；巡洋舰和驱逐舰得到有效地融合；理想中的航空母舰无法承担；潜艇发展为世界上最强大的武器之一。这是一个有趣的故事。

本书所述观点均来自作者，不代表国防部的立场。

致谢

和往常一样，撰写本书的过程中不可能没有得到朋友的帮助。

首先要感谢以前的同事，他们的回忆为编写书中的舰船设计史做出了巨大贡献：来自英国海军造船部的艾伦·布尔（Alan Bull）、马丁·考特（Martin Cawte）、大卫·查默斯（David Chalmers，博士）、约翰·科茨（John Coates，博士）、艾伦·克莱顿（Alan Creighton）、基思·福尔杰（Keith Foulger）、杰夫·富勒（Geoff Fuller）、诺曼·冈德里（Norman Gundry）、阿瑟·鸿诺（Arthur Honnor）、吉姆·劳伦斯（Jim Lawrence）、彼得·洛弗（Peter Lover）、丹尼斯·欧内尔（Dennis O'Neill）、道格·帕蒂森（Doug Pattison）、肯·珀维斯（Ken Purvis）、杰克·雷文斯（Jack Revans）、埃里克·塔珀（Eric Tupper）、彼得·厄舍（Peter Usher，博士）、阿尔弗雷德·沃斯珀（Alfred Vosper）、布赖恩·沃尔（Brian Wall）、弗雷德·叶玲（Fred Yearling），高挥发性过氧化氢专家麦克奈尔（Mcnair）女士和雷·萨维奇（Les Savage），还有来自造船厂的尼克·帕蒂森（Nick Pattison）、约翰·萨登（John Sadden）和伊恩·约翰斯顿（Ian Johnston）。

接下来要感谢历史档案和图书的管理者，约翰·希尔斯（John Shears，*Journal of Naval Engineering*），珍妮·赖特女士（Jenny Wraight，海军部图书馆馆长），已故的海军历史科科长——J. 戴维·布朗（J. David Brown）和他的继任者——克里斯·佩奇（Chris Page），鲍勃·托德（Bob Todd）和他的员工（国家海事博物馆，铸铜厂办公点），剑桥大学图书馆（维克斯档案馆），公共档案馆，世界船舶学会会长理查德·奥斯本（Richard Osborne）博士。

感谢皇家造船师学会行政长官允许我们引用他们的论文；感谢皇家版权管理；一些插图的版权归国防部所有，经英国文书局的许可使用，在书中会单独标识为“国防部”。

我们特别感谢约翰·罗伯茨（John Roberts），他不仅帮忙绘制了许多插图，还以明智和批判的眼光审阅了正文。此外也要感谢莱恩·克罗克福德（Len Crockford）帮忙绘制插图。最后感谢英国宇航系统公司（BAE SYSTEMS）、世界船舶协会（World Ship Society）、沃尔特·克洛茨公司（Walter Cloots）和迈克·伦农公司（Mike Lennon）允许我们使用它们的照片。

简介

经济和政治承诺

皇家海军这半个多世纪的政治和经济背景太过复杂，无法用一章的篇幅讲完，更不必说与冷战时期发生的事件联系起来一起分析。[①]但许多关键事件极大地影响了海军的规模和状况，这些事件似乎有必要被简短地说明。1945年，皇家海军是世界上第二大海军，远远超过排名第三的海军。不过，大多数舰船都是在战前设计的，由于战时多年的航行，已变得陈旧不堪。

英国海军首先要做的是复员战时征召人员，可是他们的离开使得关键技术领域出现了严重断层，尤其是新兴的电子战领域。事实证明，招募长期服务的志愿兵变得越来越困难，而征召兵需要花费很长的时间培训，导致人们怀疑后者已经不再具有整体价值。起初，海军部希望维持一支庞大的舰队，其部署与战前非常相似；他们内部依然认为战列舰是必不可少的，甚至希望至少能建造2艘新战列舰；此外还需要一大批航空母舰，但英国海军的舰载机性能较差，美

① 参见埃里克·格罗夫（Eric Grove）、德斯蒙德·韦特恩（Desmond Wettern）、诺曼·弗里德曼（Norman Friedman）等人的著作。

战后初期的舰队缔造者。海军建造总监：斯坦利·古道尔爵士（Stanley Goodall，左二，任期1936—1944年），查尔斯·利利克拉普爵士（Charles Lillicrap，右二，任期1944—1951年），维克托·谢泼德爵士（Victor Shepheard，左，任期1952—1958年）；舰船总监：阿尔弗雷德·西姆斯爵士（Alfred Sims，右，任期1958—1967年）。（D. K. 布朗收集）

国的舰载机其又无力负担。

然而，这个国家的经济已经陷入困境，没有钱再建立一支庞大的海军。由于钢铁供应不足，来自外界的巨大压力强迫海军尽可能多地拆解船只——他们自然也就造不了几艘新船，已经开工的舰船也一再拖延。民间劳动力必须用来赚取外汇，而不是拿来建造军舰。

海军部似乎认为这些都是短期问题，未能及时认识到经济现状，也没有充分认识到构成英国工业基础的设备、思维和管理技能已经过时。另一方面，英国依然需要维护帝国的遗迹，负责世界大片地区的安全。来自苏联的潜在威胁日益明显，而小规模战争和对外干涉行动使得海军捉襟见肘。

因此，国防部开展了一系列防务审查（Defence Reviews），目的是协调国防承诺与可用的国防经费，但每次审查到最后，总会以缩减海军结束。国防预算逐渐成为一个单一的实体，且引发了军种之间的激烈斗争。而冷战的突然升温（如朝鲜战争）让皇家海军得到了额外的经费和新的建造计划。[①]

防务审查

为了不偏离本书的主题，这里只能简要地概述历次防务审查对海军的规模和状况以及某些舰船设计的影响。1945 年，英国经济处于非常低迷的状态，以至于其在未来 5 年内基本不再考虑建造新的军舰。虽然皇家海军的舰船严重过剩，但是许多舰船（尤其是大型舰船）的设计已经过时，即使是较为现代化的护卫舰，其对抗新型快速潜艇的能力也十分有限。新型巡洋舰最终被取消，战争后期计划建造的航母就算已经开工，进展也十分缓慢。

政府和海军部委员会优先考虑进行研究工作，因为对抗新威胁的需求日益增加，并且这些措施对工业的需求很少。最显著的成果是海蛞蝓（Sea Slug）舰空导弹；而成果不太明显的措施则有减少机械、水流和螺旋桨空泡产生的水下噪音，与之差不多的是开发新型声呐（以当时的标准来看非常庞大）和反潜武器。用于操作这些系统的原型护卫舰设计进展缓慢，在这一过程中，设计人员吸取了舰船目标试验（Ship Target Trials）计划的经验教训。

1950 年，朝鲜战争的爆发刺激英国开始重整军备，海军得以展开规模不大的护卫舰项目以及规模相当大的扫雷舰艇项目。然而，到了 20 世纪 50 年代中期，财政问题进一步恶化，国防部实施“彻底审查”（Radical Review），再加上苏伊士运河战争后出现的问题，导弹巡洋舰项目叫停，一些护卫舰的订单也被取消。另一方面，海军将驱逐舰项目与海蛞蝓导弹结合起来，形成了“郡”级（County）驱逐舰。此外，海军还为启动核潜艇项目提供了有效的资源。

下一轮大规模审查是在 1965—1966 年，这次审查砍掉了 CVA–01 航母、82

① 由于设计过程过于匆忙，导致建造计划中几乎所有新船都出现了超重问题。参见第十章中关于“汉姆”级和“福德”级的介绍。

这张摄于1967年的"克勒俄帕特拉"号（Cleopatra）航拍照片显示了"利安德"级护卫舰的优势。该级护卫舰由肯·珀维斯设计。（国防部）

型驱逐舰（首级舰除外）、第五艘弹道导弹核潜艇和19型廉价护卫舰。英国海军部不顾财政部和英国皇家空军的反对，在政府不温不火的支持下，继续研发CVA–01航母。但在工党上台后，这种支持就消失了。新任国防大臣丹尼斯·希利（Dennis Healey）明确指出，他不会批准建造任何一艘航母，并且海军必须为其长期规划中保留的3艘航母提供理由。这使得皇家海军开始全面思考没有传统舰队航母的海军结构。因此，除了偶尔的巡航之外，皇家海军在"苏伊士以东"执行的任务被全部放弃。在设计方面，海军成立了"未来舰队工作组"（Future Fleet Working Party），提出了一系列可供选择的方案，其中大部分成了实际建造的舰船。

新舰队以3艘"全通式甲板巡洋舰"（"无敌"级）为核心。在海军处理完英国皇家空军的抗议后，海鹞短距/垂直起降战斗机被部署上舰，为舰队提供了一些有效的空中防御。42型驱逐舰比82型更小更便宜，因此可以建造更多。这些军舰由廉价的21型护卫舰支援，直至性能更强的22型护卫舰服役。同时海军建造了相当数量的"狩猎"级扫雷舰。上述所有舰船在服役中都得到了不错的评价，工作组为她们自豪。由于严重的通货膨胀对经济的影响，国防部在1974年和1976年开展了防务审查。建造计划遭到削减，但是被取消的新设计只有1艘替换"堡垒"号（Bulwark）和"赫尔墨斯"号（Hermes）的突击航母。由于新船几乎没有做什么设计工作，因此也没有引发海军像1966年审查那样的不满。

国防大臣约翰·诺特（John Nott）在1981年主持的审查中砍掉了44型驱逐舰及其配套的海标枪（Sea Dart）MK 2型导弹[1]，同时废弃两栖登陆舰——"无恐"号（Fearless）和"勇猛"号（Intrepid），"无敌"号（Invincible）航母也将

① 海标枪MK 2型导弹的大部分指标最终通过翻新海标枪MK 1型得到了实现。

卖给澳大利亚。[①]不过,大部分缩减计划在1982年的福克兰群岛战争爆发后取消,23型护卫舰的性能也得到了增强——两根轴都有一台主机驱动！4艘“三叉戟”弹道导弹核潜艇项目没有受到影响[参见后文关于“武器－平台比”(Weapon–Platform Ratio)的讨论]。

① 设计总部主走廊的墙壁上悬挂着各种各样的舰徽。诺特审查报告发表后的第二天,“无敌”号的舰徽就被贴上了“出售”标签。

20世纪90年代,“冷战”的结束带来了一系列名为“和平红利”的国防预算削减案。结果新船的订单削减,仍有多年有效寿命的老船不是被卖掉,就是被报废拆解。最严重的能力丧失是放弃柴电潜艇,4艘“支持者”级(Upholder)被租借给加拿大,后续舰计划被取消。

不过,在撰写本文之时(2002年),未来似乎是光明的,突击航母“海洋”号(Ocean)服役,登陆舰“阿尔比恩”号(Albion)和“堡垒”号接近完工;其他两栖舰艇也在规划之中。2艘用于搭载联合攻击战斗机的航母正处于设计阶段,6艘45型驱逐舰的订单已向船厂下单,3艘“机敏”级(Astute)攻击潜艇也在计划中。

其他因素

原子弹为第二次世界大战画上了句号,战后的比基尼试验表明,海上的作战方式和舰船设计都需要根本性的改变。后来的氢弹试验使得为战时制订的造船计划突然终止,庞大的后备舰队也被废弃,因为没有人相信战争还会持续很长时间。

北约意识到英国无法单独应对重大威胁,她需要盟友。因此北约提出加强协同作战能力,这样同时也能催生出一些信息交流项目。其中,双方就舰船设计(和其他议题)的各个方面交换了意见,并启动了一些联合研究和生产项目。

“辉煌”号(Brilliant),属于22型反潜护卫舰第一批次中的一艘。(迈克·伦农)

成本、通货膨胀和预算

在本书所述的时间范围内，英镑的购买力不断下跌，使得比较单艘舰船的成本和海军估计的总价都变得非常困难。[1]在1956—1972年的近20年里，12型护卫舰（“惠特比”级、“罗斯西”级和“利安德”级）的成本构成了一个方便的参照点。随着技术含量提升，各级舰的成本确实有所增加，特别是在“利安德”级服役后，但是成本按照货币的共同价值（按照1984年的购买力换算，见表格0-1）修正后相当稳定。

表格0-1

舰船	竣工年份	预计成本（百万英镑）	换算后的成本（百万英镑）[2]
“惠特比”号	1956	3.1	20.1
“托基”号	1956	2.8	18.2
“斯卡伯勒”号	1957	2.75	17.3
“伊斯特本”号	1957	2.8	17.6
“布莱克浦”号	1958	3.3	20.1
“雅茅斯”号	1959	3.5	20.7
“罗斯西”号	1959	3.5	20.7
“伦敦德里”号	1960	3.6	21.6
“里尔”号	1960	3.6	21.6
12型	1961	3.5	20.3
“利安德”号	1962	4.6	25.7
3艘“利安德”级	1963	4.6	25.3
4艘“利安德”级	1964	4.4	23.8
“林仙”号	1965	4.9	25.0
“克勒俄帕特拉”号	1965	5.3	27.0
3艘“利安德”级	1966	4.7	23.5
3艘“利安德”级	1967	5.5	25.4
“安德洛墨达”号	1968	6.7	27.6
5艘“利安德”级	1969	6.1	26.8
“阿喀琉斯”号	1970	6.3	26.5
“狄俄墨得斯”号	1971	6.0	23.4
“阿波罗”号	1972	6.6	23.8
“阿里阿德涅”号	1972	6.6	23.8

后续的“利安德”级成本缓慢降低，可能是“学习曲线”（参见第十章）发

① 参见附录1。
② 按照1984年英镑的购买力换算（参见附录1）。“利安德”号自身的成本可能包括一些首级舰成本。

挥了作用，这可以从同一家造船厂建造的护卫舰中看出来。亚罗斯船厂是唯一一个建造了足够数量的护卫舰，以至于能够看出学习效果的船厂，但舰船的成本并没有降低多少，因为英国每次只会订购了一两艘这些护卫舰，而没有成批订购。“学习曲线”的所有好处体现在了沃斯珀造船厂建造的“狩猎”级（参见第十章）中，其末舰所需的工时只有首舰的一半。

皮尤（Pugh）曾表示，每年军品的实际成本要比通货膨胀率高出约 7%。[①] 这种影响在上表中并不明显，因为相应年份的技术变化并不大——这更加巩固了 12 型建造时间过长的观点。这些军舰需要大量船员，装备也在不断老化，海军参谋部还没有意识到真正的后继舰将会更大、更昂贵。23 型护卫舰的成本有了明显的降低（至少较预期的增长有所降低），原因是竞标变得更为激烈。虽然竞争起到了一定的作用，但也很可能是因为引入了大型模块化造船技术，才让投标价格能够变得更低。

① P. Pugh, *Cost of Seapower* (London 1986).

武器-平台比

诺特的防务审查报告大量使用了所谓的“武器－平台比”。在诺特使用的原始版本中，武器成本是武器总监支付的账单，平台成本是舰船总监支付的账单。这张由领班设计员彼得·张伯伦（Peter Chamberlain）绘制的图表显示了这种方法的谬误。顶部的那一栏显示了诺特的分类（此节标题的两个词,“武器”和“平台”并没有出现在其中）。

可是，武器及其操作人员是武器系统的一部分，操作人员的住宿、存储空间等也应该是武器能力的一部分。护卫舰全储备总成本的第二栏根据这一点重

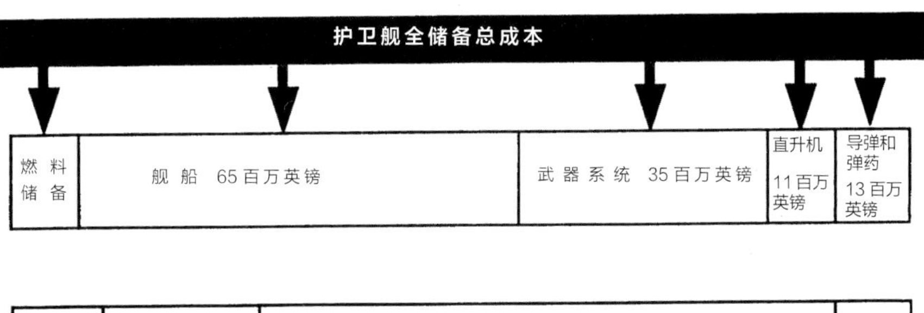

所谓的武器－平台比和军舰成本分解。

成本结构表明，来自造船厂的成本只占总成本的约 50%。

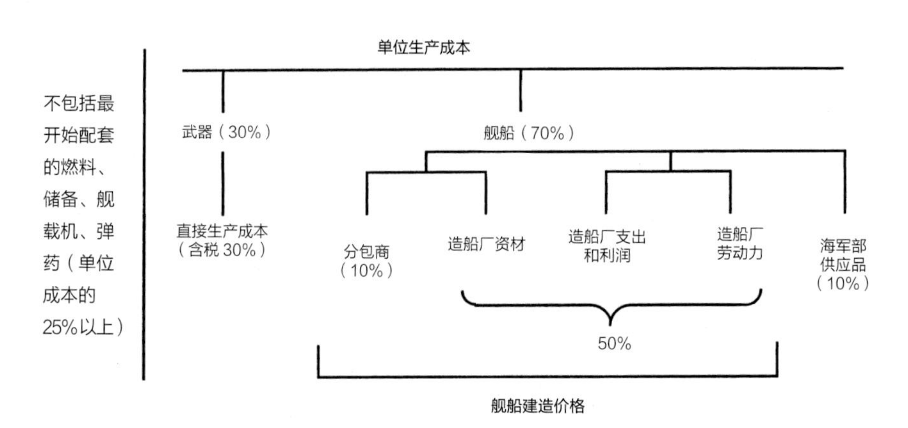

新分解了成本，以截然不同的方式展现出了一艘护卫舰的能力。第三栏更进一步，给出了真正实用的成本划分，表明护卫舰是一种真正的高性价比移动战斗机器。

成本的构成也能以各种同样有效的方式表现出来。上张图表展示了这些钱是如何使用的，其中大约 50% 的生产成本花在了造船厂的劳动力、材料、管理费用和利润上。

海军预算

同样，由于英镑购买力的变化，国防预算和军舰建造成本都出现了巨大的数字增长。现实情况是，北约成立之初，海军承诺会有 70 艘护卫舰，而如今这一数字只有“大约 30 艘”。诚然，如今的护卫舰性能要强得多，不过数量依然很重要。可用舰船的下降幅度要小得多，其部分原因是庞大的后备舰队遭到废弃，以及改进了防腐措施（参见第十三章），使得更换生锈钢板的时间大幅减少，也减少了舰船在寿命周期中，于船坞度过的时间。燃气轮机和“更换式修理”（Repair by Replacement）的引入进一步压缩了整修时间。海军人员数量从 1949 年的 14.4 万人减少到 1985 年的 7 万人，在一定程度上，这是因为配备燃气轮机推进装置的自动化舰船所需的船员要比普通舰船少得多。但尽管维持了这个较低水平的数字，要招募到足够的人员，也非常困难。

质量与数量的矛盾是一个永恒的问题，“二战”后，这个矛盾不断激化。设计师们再也不能追求最好的军舰，甚至不能以性能的大幅度提升来证明付出额外的成本是合理的。英国只给出了一个固定的价格，并要求在这个限额内设计出最好的军舰——因为若要满足你想的所有要求，成本将会达到 1 亿英镑！

设计审议程序

军舰是国防预算中最昂贵的单品，因此海军必须以国家（纳税人）能够负担的价格购买一艘性能足够的军舰。和其他几乎所有国防装备不同的是，军舰通常没有原型——CVA-01 必须在测试后继续服役。在本书所述的时间范围内，审议程序日益变得复杂，它更多地依赖正式提交的材料，而非少数人（无论这个人是否知情）的主观判断。在此期间，这些程序频繁地变动，也许真的是因

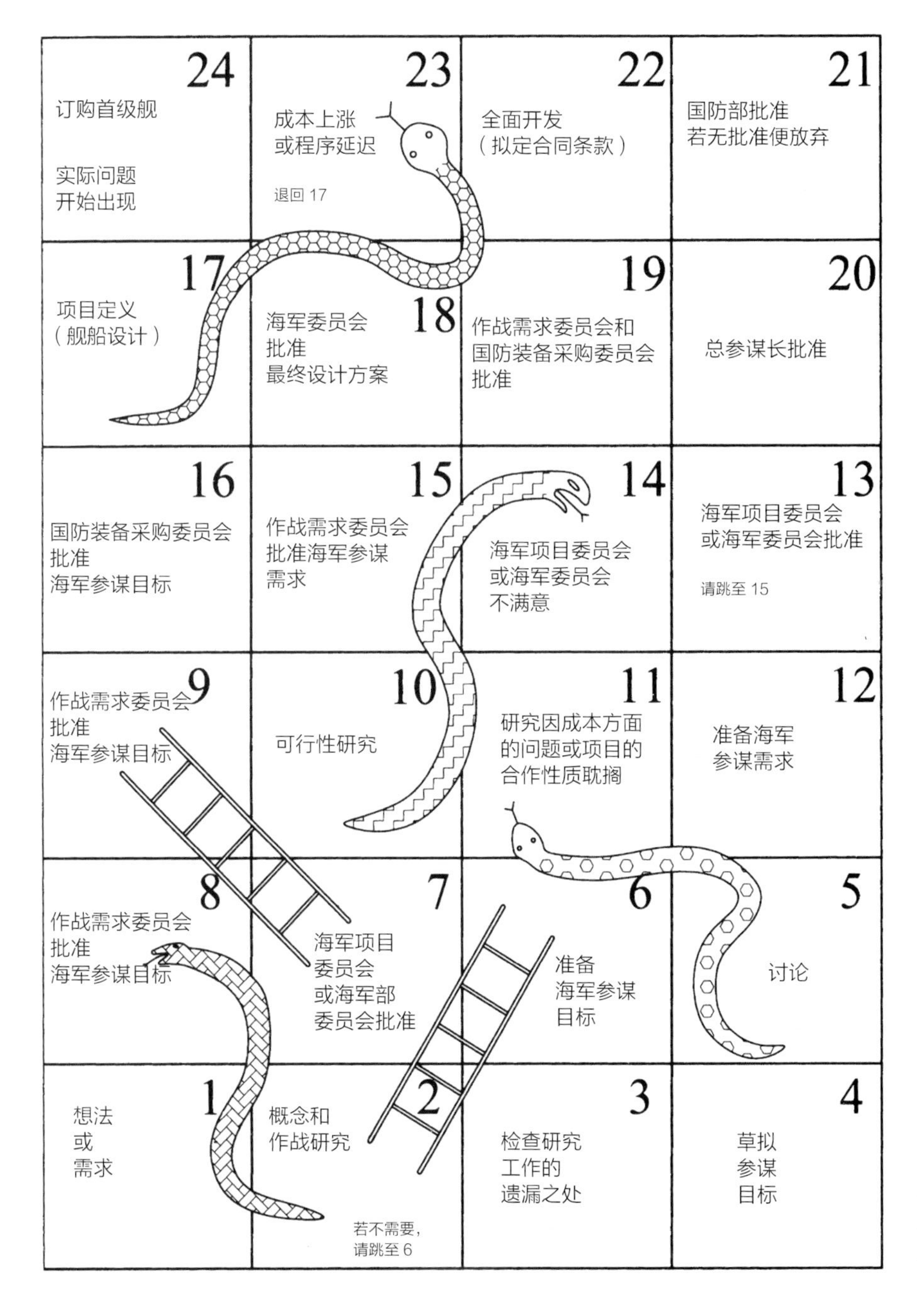

以传统的方式表现实际设计过程。（约翰·罗伯茨重绘）

为太频繁了，相关委员会的名称也更改得相当频繁。但是，设计审议程序的基本问题并没有发生太大的变化。上图以蛇梯棋的形式很好地展示了设计过程。

在充分认识到海军的任务背景和可用经费的前提下，参谋部将提出对于新船的构想。在引进新技术方面，往往会有来自技术部门的意见。自由设计是受到欢迎的[①]，虽然很少会得到全面采纳，但它们经常能够开拓新思路，正所谓“需求拉动，技术推动”，但在这一过程中也要考虑到现有舰队是否已经过时。政客们希望通过这种方式助力工业和提供就业岗位。

以 20 世纪 50 年代的“部族”级（Tribal）护卫舰为例，当时正式的设计审议并不多见，就连那种在非正式场合例行公事式地批准决定的情形也不多见。正式审议程序有两道，第一道是在第一个草图设计基本确定的时候，第二道是在设计完成准备投标的时候。[②]正式审议时，图纸和详细说明会在一分钟内列出，并交由海军部委员会批准。其成员包括海军大臣、高级行政官员（来自财政部）和海军将官，因此这个机构比现代读者想象的更具代表性，但是成员中没有工程师和科学家。

频繁的非正式接触非常有用。最重要的是和参谋人员（最好是战术和参谋勤务处长）接触——在白厅设计的“部族”级具有很大的优势。在白厅，参谋人员和建造人员的办公室距离很近，甚至某些实质性的修改也能通过几分钟的友好谈话达成一致。白厅和设在巴斯的主要设计机构的联系较为正式，因此容

① 但现在不再是这样了。
② 选择同意开发的研究设计时还有一道不太正式的审议。我猜测是由审计长和助理海军参谋长负责审议。

设计任务表。这张绘制于 20 世纪 70 年代中期的图表概括了每个阶段的任务和这些任务的负责人员。

设计流程

年	批准	舰船局	武器局	参谋部	其他
?		探讨 总体研究 （例如所需的最小船员数） 舰船研究 制定规格	研究 开发 模拟测试	海军研究目标 政策 子概念	企业研发 政府 预算 替换计划
5	装备采购委员会	**概念研究** 选择研究方案，例如先进水面舰艇 大小 任务定位 鉴定 技术要求	原型 测试	概述任务需求	
4.5	作战需求委员会 海军项目委员会	**概念设计** 型号 合作 第二批次 改装 基本型号的变体 成本 / 能力		海军参谋目标	造船厂 投入 可生产性 安全性
3.5	作战需求委员会 海军项目委员会	**可行性论证**		海军参谋需求	
2.5 0.5 0	海军部委员会 国防部 财政部	**设计** 合同设计 长周期订单 批准投标 批准订单 订购	生产		

易产生误解。

1985 年，海军上将林赛・布赖森爵士（Lindsay Bryson）在担任审计长期间以 23 型护卫舰为例对设计程序进行了非常详细的审查，并将其视为此次审查的终点，不过自那以后，设计程序又发生了变化。[①]对新设计的需求可能来自以下一种或多种原因：作战理念的改变；需要更换旧船；新的威胁，抑或是新技术的引入；甚至还有资金窗口！主要武器的系统和其他系统（例如可以安装在一级以上舰船中的通信系统）有一个类似但不完全相同的审议制度。需要注意的是，武器系统的立项时间通常要比舰船领先几年。

参谋人员围绕这些原因提出的构想与技术部门的观点相结合，发展出了一系列设计。针对这些设计的研究可能需要进行两周到一年的时间，其中包括气垫船、小水线面双体船等非常规舰艇。这些研究由舰队需求委员会（Fleet Requirements Committe）审议，如果有通过的设计，舰队需求委员会将决定哪一项设计最适合海军的未来任务需求和可用资源。随后参谋人员将根据舰队需求委员会的指导，制订正式的参谋部目标，并让舰船局将他们的研究发展成概念设计。[②]需要注意的是，武器也有一个类似但独立的审议制度，对应分散设置于巴斯的舰船局和武器局。

一个固有的问题是，研制一种新武器的时间表与设计运载这种武器的舰船的时间表大不相同。图表（左图）显示舰船的概念设计应该在武器的研制阶段或是原型测试阶段开始。提前开始设计是没有用的，因为武器肯定会有所变化；但如果把舰船留至最后再设计，她又会带着过时的武器出海。这个问题在合作项目中体现得更加严重，甚至是北约护卫舰项目失败的主要因素。

在这个阶段，海军会就成本和出口前景向工业界征求意见，并且可能会为某些系统签订一些研究合同。参谋部的目标和概念设计就像鸡和蛋，在很大程度上是相互影响的。概念设计的过程中应该发现风险和问题所在的领域，但不一定需要解决。如果提前做出一些相当重要的决定，其他方面可能就会被牵制。例如，43 型驱逐舰在初期设计阶段就决定安装 4 台 SM-1A 型燃气轮机，这使得提议中的增速再无法实现。

然后，概念设计和参谋部目标将一起通过个审议程序，该程序分为两个阶段。海军项目委员会（Naval Projects Committee）是一个由审计长领导的海军委员会，他们将确保海军在资金、人力等方面得到自己想要的东西；获得批准后，设计提案将交给“作战需求委员会”（Operational Requirements Committee），这个委员会是一个三军组织，它将从国防政策和资源的角度研究这些提案。[③]这一阶段不需要付出什么努力或代价[④]，因而可以适当考虑一些不太可能的方案，后续的设计阶段几乎不可能会插入新方案，因此许多研究方案都会在这里被否决。[⑤]

① Admiral Sir Lindsay Bryson, "The Procurement of a Warship", Trans RINA (1985), p21.
这是一篇非常大胆的论文，我是在“短胖护卫舰”争议最激烈的时候读到的。

② 注意，这里使用的是英国的术语。在美国，概念（Concept）和可行性（Feasibility）的含义是反过来的。

③ 委员会尝试为每个军种安排其主要项目，以免同时出现财政支出高峰。“财政滑坡”使这项工作变得十分困难。

④ 该阶段只会选择一个方案，或许一些次要方面会采用开放性设计。不同寻常的是，近海巡逻舰选择了两个方案，分别是“城堡”级巡逻舰和“急速”号水翼艇。

⑤ 许多优秀的工程师不愿意看到自己的工作成果被否决，另外一部分则喜欢探索新的方案。

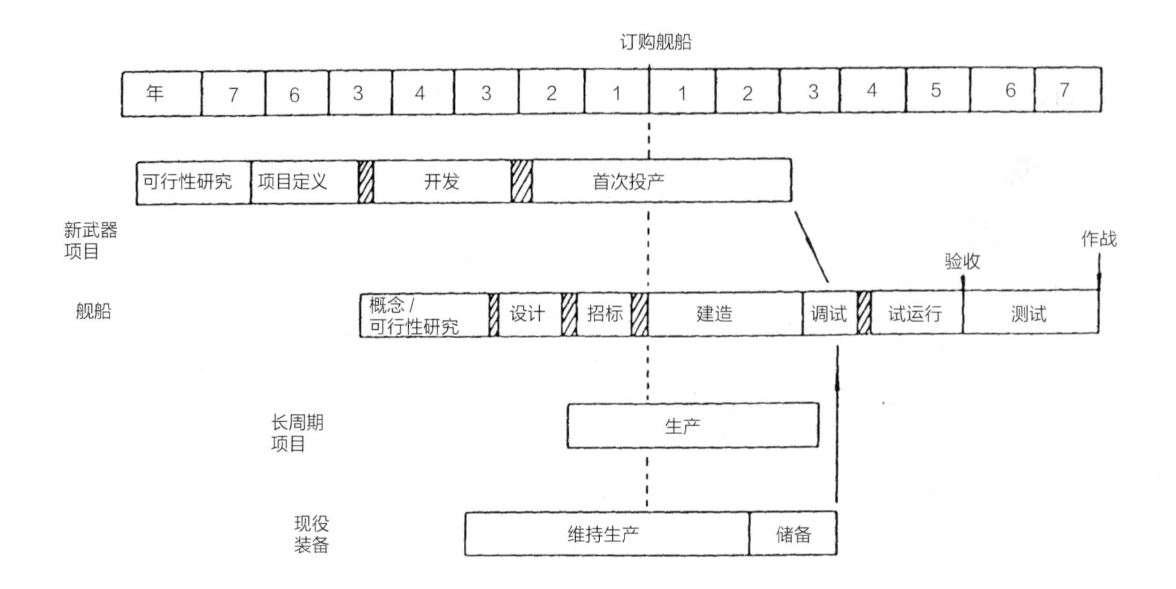

设计阶段：武器和舰船。通常武器的立项时间必须比舰船早几年。

下一个设计阶段是可行性论证，这与制定参谋部需求同时开展。可行性论证采用已获得批准的概念设计，并对其重新进行更详细的设计，例如详细计算重量和重心位置，不根据以前的设计推算，这样可以更为准确地估测稳定性。[①]该阶段也有可能进行一些结构设计工作，并制定布局。总而言之，论证的目标是降低风险，因此不应该存在任何遗留的技术问题，成本应当得到准确的估计。参谋部需求和可行性设计与此前一样，需要通过海军项目委员会和作战需求委员会的审议，但由于接下来的设计阶段涉及大量开支和内部资源投入，因此其还必须得到国防装备政策委员会的同意。国防装备政策委员会关注的是总体国防预算、对国家工业的影响、合作和销售前景，较为简单的舰船可以在这一阶段订立合同。可行性设计涉及大量的设计工作，在这个阶段取消项目应该非常罕见。[②]这里还可以批准持续采购的长期项目。

现在终于可以开始舰船设计了。这可以分为两个阶段，第一个阶段完成前需要通过海军部的审议。设计完成后，在开始举行建造合同谈判前，还需要先获得国防部和财政部的批准。财政部可以积极支持或反对某项提案。[③]海军可能会与选中的造船厂牵头，让他们全面参与后期阶段的设计工作。

审议程序漫长又复杂，但这种对未来海军和国家预算有重大影响的决定很难大幅度精简，特别是其涉及约 20 名参谋人员和相关的技术组织。在确保了解事实的前提下，双方在工作层面上的经常接触，可以减少审议花费的时间。但如果下级人员不能保证让上级知道自己达成一致的事项时，审议就会出现问题。如果设计是在国防部内部进行的，那么审议过程的每个阶段都可以继续开展设计工作。审议通常会让合同式设计停滞好几个月，合作项目则会拖延更长的时间。[④]

① 我对此有些怀疑，参见下文的“设计方法”。
② 第一颗氢弹爆炸后不久，为战时大规模设计和建造的通用船体护卫舰就被取消了——这是正确的做法，因为氢弹使长时间的常规战争变得极不可能发生。
③ 财政部往往有最精明的行政官员，因此提交的文件内容必须要非常谨慎地处理。
④ 我相信这是可以克服的，但截至目前还没有看到这样的例子。

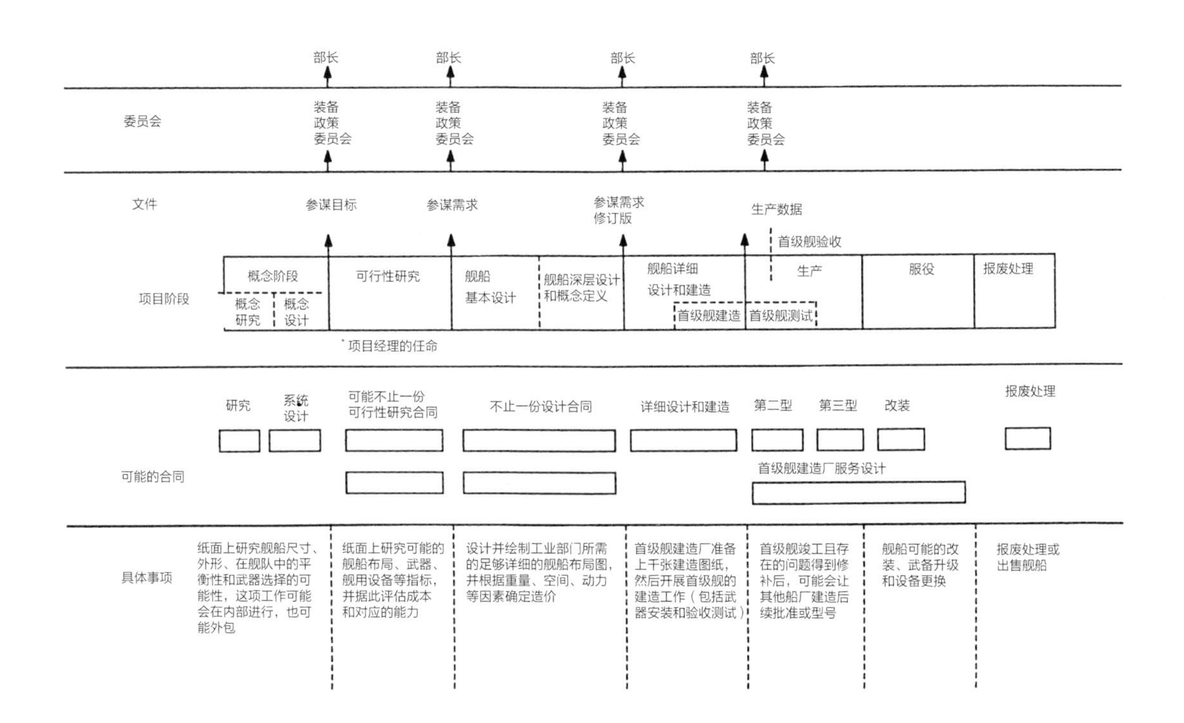

20 世纪 70 年代中期左右的采购周期，包含审议阶段。

上面的采购周期图试图展示技术工作与参谋人员、造船厂和国防部之间的相互关系；而较小的图则试着在采购过程中加入时间表，再次强调与武器项目的相互关系。尽管委员会的名称（还有缩写）各不相同，但在这个时代的大部分时间里，这些原则并没有太大变化——舰船项目一般与规划和预算息息相关。

舰船和武器设计协调小组

船舶和武器设计的审议流程类似但不相同。舰艇和武器设计协调小组（Ship and Weapon Design Co-Ordination Group）是一个半正式小组，通常由军舰设计总监领导，以确保项目目标和时间表上的一致。设计的工作通过工作组的形式开展，每个项目由一个工作组负责，通常由初步设计负责人（总监造师）担任领导。初步设计部分可以自由设计一小段时间，但如果他们想开展任何研究，就需要在下次会议上得到舰船和武器设计协调小组的批准。概念设计在送交中央委员会前，需要通过舰船和武器设计协调小组的审议。

主要的问题是一个人可以代表“舰船”（包括机械和电力）的部分来进行协调，但是武器研发的工作非常专业化，需要来自海军水面武器研究所和海军水下武器研究所的众多代表。虽然工作组不是通过投票来工作的，但通常会增加一两名来自舰船部的工作人员，以避免一名代表由于需要交流的武器方代表过多，而不堪重负。团结所有相关部门对于设计工作组来说至关重要。因此舰船设计需要强有力的领导和明确的目标，否则小组内部就会分裂成不同的派系，

“诺森伯兰”号（Northumberland），众多23型“公爵”级护卫舰中的一艘。（国防部）

就像工程师们的格言：

“设计”是一个不规则动词
我创造
你打岔
他跑过来碍事
我们大家一起合作
你们又反对
他们又背着咱们胡琢磨

设计方法

设计问题是永恒的，但在过去的半个世纪里，解决问题的方法发生了巨大的变化。[1]这个问题具体来讲，就是设计一艘能够满足作战需求（即性能达标且

① 关于此前设计方法的详细历史，参见：D. K. Brown, 'British Warship Design Methods 1860-1905', Warship intemational 1/1995. Methods。从1905年到计算机时代，设计方法的变化并不大。

能够适应特定的武器），同时兼顾经济性和安全性的舰船。将作战需求变成技术规范的过程，有时被称作“解释”阶段，正确理解需求至关重要。

第一个阶段是概念研究，其涉及一系列成本与能力之间的权衡。这时候需要发挥横向思维，新的解决方案只能在这个阶段引入。后期阶段会收敛设计，剔除掉不那么吸引人的方案。首舰服役需要 10 年左右的时间，如果使用寿命为 20 年，那么设计人员至少要往未来看 30 年——如果该级舰的建造滞后了几年，那就需要看得更远。[①]

舰船的设计几乎总是以传统的螺旋桨排水型船为基准，但需要时也会考虑气垫船之类的非传统型舰艇。这些设计比较起来十分困难：“先进海军舰艇”（Advanced Naval Vehicle，ANV）通常会在某个方面拥有卓越的性能，但在其他方面却不尽如人意。[②]比较不同设计之间的成本也很困难，因为支出方式可能会有很大的差异——购买气垫船型扫雷舰要比“狩猎”级便宜得多，但其使用成本要高得多，而且还需要新的训练设施。

比较不同的传统舰船就简单多了。舰船增加一英尺的宽度几乎不会影响成本，因此在大多数情况下，这类设计几乎不需要考虑稳定性。同样，设计的结构重量只需要根据现有舰船的数据按比例调整，就可以满足强度标准。[③]重量、空间和布局必须保持一致性，以便正确地估计整体成本，及准确地反映各变型之间的差异。船体和设备的重量一般可以相当准确地根据先前的舰船换算。可是，一艘新船通常会安装新的武器和传感器——可能在设计时并不存在，即使存在，

① 设计人员总是说他们的主要设计工具是“海军部式 Mk 1 水晶球”，以及配套的幸运别针。

② 近海巡逻舰的独特之处在于设计阶段考虑了几种与众不同的排水型船，以及水翼艇（3 种型号）、气垫船和飞艇。

③ 大多数舰船的船体重量（这里指船体的排水量）近似于长度 × 宽度 × 吃水——更准确一些的算法：长度的 1.3 次方 × 宽度 × 吃水。长度的 4 次方和宽度的乘积与吃水之比经常得到使用，但这只适用于满应力纵骨材料，其只占总重量的 25% 不到。

设计师的办公桌：这是为在格林威治举办的英国海军造船部成立一百周年纪念展而制作的模型。左下角是一台曲线积分仪（参见正文），旁边是一堆大页纸工作簿。再往后是一套舰船线型图和一把量程为 84 英尺的滚筒式计算尺。中间是一台积分器（这是一台迷你型积分器，大部分积分器的尺寸都是其两倍以上）。照片的背景展示了设计室的真实场景，学员们在 8 英尺的绘画台上工作。（D. K. 布朗收集）

也不太可能通过原型测试阶段。设计人员需要机智地猜测它们的重量。[①]

"空间"的布置更为困难，因为它可能指压载水舱的体积、居住甲板的面积，抑或是上甲板的长度。上甲板的长度与布局息息相关，其决定了物理和电子设备所需的间隔。"部族"级的上层建筑和桅杆布置就受到了反潜迫击炮弹道的限制。上甲板长度影响了大多数战后设计。大部分设计研究工作都会使用根据此前设计舰船经验总结出来的方程式（如今称之为"数学模型"）。护卫舰会使用一个非常复杂的公式，其涉及武备重量、船员数量、航速、航程等所有决定满载排水量的因素。[②]航速和功率可以根据 R. E. 弗劳德（R. E. Froude）编写的、神奇的等 K 曲线手册（Iso–K books）进行协调，这份手册汇集了 80 年来的水动力模型试验结果。[③]

上述设计工作都是手动完成的，期间只使用了计算尺和手摇式计算机，如果是传统类型的研究，两名助理造船师就可以在半天内给出一个合理的答案。所有计算过程必须记录在大页纸工作簿上，并注明索引和日期。[④]里面的数据不能更改，如有必要，可以将原来的数据划掉，换成用红墨水书写的新数据。下一个阶段原本是"草图设计"，后来改为"可行性设计"，两者的流程相同，但后者使用的是更详细的直接计算，而不是在可能的地方进行缩比计算。总布置图根据所选的母型船绘制，其尺寸和型号可能跟所要设计的舰船有很大的不同。例如"部族"级的总布置图就是根据 1944 年重型巡洋舰 Y 方案绘制的，其本身源于"一战"时的"光荣"号（Glorious）。总布置图也是许多重量计算的基础。其利用当时可行的最佳方法设计了一小块甲板面板结构，并计算出每平方英尺的重量，再测量一下图纸上的平方英尺数，便能得到答案。[⑤]

构成等 K 曲线手册的部分"船型要素"包括舯部剖面、载重水线和无量纲化的船型面积曲线。面积曲线沿长度方向展示了各横剖面的水线面面积。新船设计人员依然有足够的空间修改船型。如何设计舰艏部分的线型才能改善适航性，这是一个尤其充满争议的问题（现在也是）。真正的困难在于，水线面以下要求的剖面形状经常会与水线面以上要求的剖面形状相冲突。因此接下来就要开始"整流"，调整横剖面和水平剖面（水线面）的剖面形状，使两者保持一致性（一两张对角线的剖面图往往有助于调整）。一名绘图员需要花费大约一周的工作时间才能得到想要的结果。[⑥]设计人员一般会通过模型测试改进以这种方式得出的船型，减少约 3%—5% 的功率需求。

静水力曲线以与吃水之比的形式展示了排水量、浮心高度、稳心高度等参数。这些曲线需要使用冗长的算法计算得出：计算人员首先需要把线型图每一点的宽度转换为面积，然后再转换成体积。测量从中心线到侧面的半宽，再将结果乘以 2，通常可以简化计算。然而，这样操作经常会出现忘记乘以 2 的错误，

① 我"猜测""部族"级上的 965 型雷达天线的重量是所报重量的 2.5 倍，事实证明这是正确的。因为它安装在高桅杆顶端，这一点非常重要。

② "部族"级早期研究阶段计算出来的满载排水量为 2250 吨，超标 50 吨。

③ 参见：D. K. Brown, Warrior to Dreadnought (London 1997).

④ 国家海事博物馆保存着许多这样的工作簿。里面的计算很少遵守关于索引、日期、更正等方面的规则。

⑤ 我对这种方法不太满意，因为近似计算经常会遗漏一些东西。我认为缩放计算实际上比近似计算更为准确。

⑥ 理论上，所有绘图工作都应该由绘图员完成，他们强烈反对研究人员（助理造船师）参与这些工作。另一方面，研究人员拥有绘制线型所需的流体力学的知识。因此相关部门通常会采用折中方案，研究人员花大约一天的时间画出一张"指导草图"，然后交给绘图员进行整流设计。我在负责初步设计的时候，曾交给绘图员一张写有自己所设想的"城堡"级线型参数的便条。几分钟后，高级制图员就来找我——这些制图员在学徒时期就没有画过纯粹的草稿，我需要告诉他们如何看稿。

因此至少有一个设计室在前后墙写着大大的“×2”。大倾角下的稳性曲线（复原力臂）由机械积分器测算生成，这是一种由黄铜制成的大型三角形仪器，沿导轨移动。跟踪指针会根据水线每个点的横倾状态剖面图来计算每个点的复原力臂，计算一个点需要大概需要 20 分钟，一般需要计算 20~25 个点。[①]

接下来是强度计算，如果舰船迎着波长与舰长相同、浪高为舰长二十分之一的波浪航行，那么从一个浪峰到另一个浪峰之间，首先艏艉会被浪峰托起（中垂），然后舯部也会被浪峰托起（中拱）。要想知道舰船在这些条件下的受力情况，则需要更为冗长的重复计算。首先要估测舰体沿长度方向的重量分布，并为此将舰船分成大约 20 个部分；接着相关人员绘制出负载曲线（重量曲线与浮力曲线相应的纵坐标差值），然后再用另一台精巧的机器曲线积分仪来计算剪力和弯矩。机器曲线积分仪是一台美丽的仪器，工作起来富有诗意——镀铬的杠杆朝各个方向快速移动，输出结果的钢笔用有色墨水绘制曲线图。

后续的结构设计方法涉及计算舰船在整个使用寿命期间受随机海况影响出现各种不同载荷情况的概率。但这很难计算，并且还可能会低估最高海况的影响，其会让舰船的负载达到最大。因此这种方法被波长等于不同舰长的海浪等级标准代替，这一标准中，所有等级的浪高均为 8 米，这个数据是根据全球多年的海浪高度记录得出的。

确定好弯矩和可接受的应力范围后，就可以开始设计结构。首先是绘制舯部的结构剖面图（草图设计阶段只需要这个结构剖面图），通常还会再绘制两张；然后是进行详细计算，调整结构尺寸，直至应力和屈曲强度达到可以接受的范围。根据这些结构剖面图，可以更准确地估计出船型的长度、高度、重量和重心位置。

虽然草图（可行性）设计可以准确表达设计意图，但细节层次不足以开展建造招标，因此整个设计过程将会重新开始。大部分独立空间的布置会通过绘制更详细的总体布置图来规划，机械和武器系统的重量将得到更精确的估算。期间，所谓“判断项目”（例如电线和管道系统）的估计重量会根据测量先前已完成设计但仍在建造中的舰船的相关重量修正，这项工作总是非常困难。其他方面也会进行一些详细的计算，包括螺旋桨设计、艉轴托架的强度、舵和舵销的强度、桅杆等。

详细设计阶段随着建造图纸、规格书和计算书的制作完成而告一段落。每张建造图纸长 6~8 英尺，其中包括船体线型图、纵剖面图、每层甲板的平面图、“属具草图”（桅杆、桅桁和天线的布置图）和结构剖面图。[②]规范书是一本很厚的书，里面写着每一项结构的尺寸、位置和粉刷方式。此外还列出了每个隔舱的设备等事项。1960 年左右，规范书已被《通用船体规范》取代，除少数例外，

① 使用不等间距的乞氏剖面图可以节省一个计算步骤，减少一点工作量。

② John Roberts, British Warships of the Second World War (London 2000)，这本书收录了许多这样的图纸。

这些规范适用于所有类型的舰船。计算书汇总了由两台独立工作的计算器计算出来的重量、稳性、强度等参数，并由监造师和总监造师核对签名。

上述所有图纸和文件都需要交予其他部门进行正式批准。他们必须在一本特别的册子上签名表示同意（最多只会提出很小的改动）。最后，终于到了海军建造总监在图纸上签字的日子。这是一种近乎宗教的仪式，设计人员对此非常重视。这标志着总监将承担个人对设计的责任。

早期计算机

早期的计算机很难编程，程序也很难使用。因此计算机只负责处理经常使用的、非常冗长的计算（包括前面小节中需要使用冗长算法的设计工作）。输入数据往往非常困难，因为每个程序都是“孤立的”，必须一次又一次地重复输入数据。通常每三年一次的人员调动使这些问题更加严重。[①]因此最初怀疑计算机价值的不仅仅是“保守分子”。

不过后期的计算机也有例外情况。其首次用于研究时，就发生了一起复杂事故：横倾和纵倾同时进水。[②]所谓的“有限元分析”是由其他工程领域发展起来的，如今在舰船结构相关的计算中也得到了应用。整艘舰船将被分解成一张由微小元素组成的网格，然后逐一计算和分析相关的数据。这项技术在识别和纠正应力集中方面特别有价值，但需要非常漫长的时间来准备和输入数据。[③]最近，有限元分析的应用已扩展到计算船体周围的流动现象。[④]

① 我在某台计算机上完成了至少三次计算，但我在还没来得及应用时，就被调走了。核潜艇的辐射屏蔽计算是计算机在舰船设计领域的首次应用。（参见第九章）

② 我依然觉得这项技术在简单案例的分析中使用得太过频繁了，这些案例完全可以通过设计人员自身的判断解决，更糟的是设计人员经常用它来替代判断。

③ 我对“部族”级进行过这样的计算，这是一个非常简单的案例。尽管如此，完成计算实际上也花了大概3个月，因为计算机程序耽搁了可以使用的时间。

④ 有时也被称为“计算流体动力学”（Computational Fluid Dynamics）。

现代的设计办公室，电脑屏幕里是正在使用女神系统设计的护卫舰。操作员是现任（2003年）舰船工程总监道格·帕蒂森。（D. K. 布朗收集）

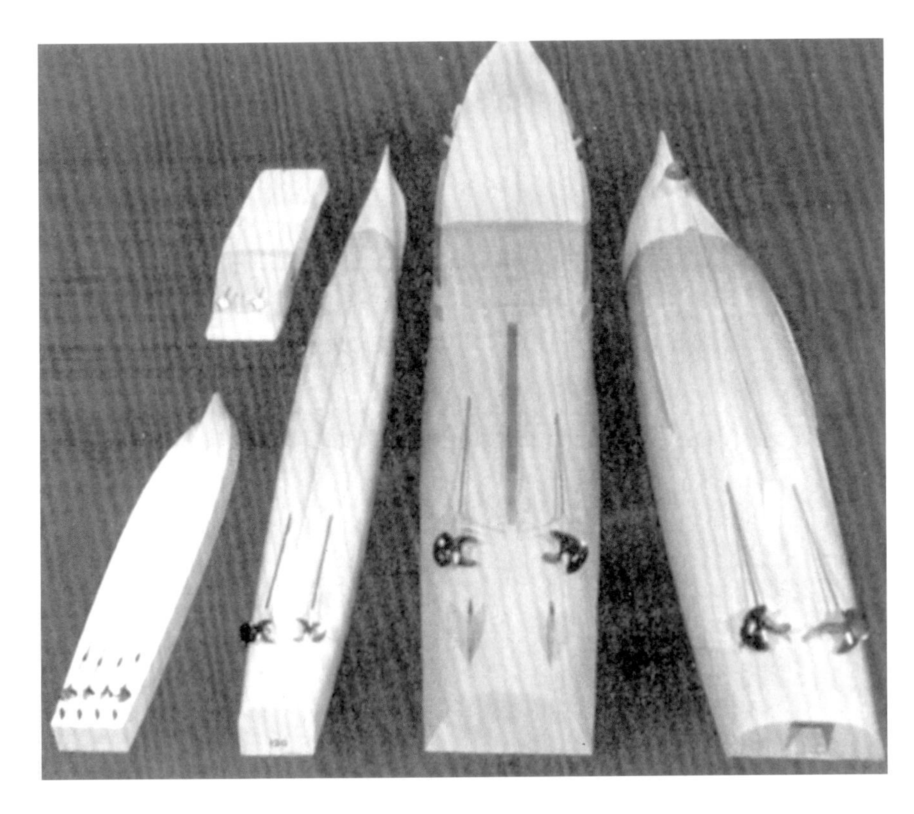

合适船型的选择。没有一种船体能够适合所有舰船。因此图上的模型都是“正确的”，从右边顺时针起，分别为扫雷舰、护卫舰、驱逐舰、快速巡逻艇和登陆艇的船体模型。注意这些模型比例并不一致。（D. K. 布朗收集）

计算机辅助船舶设计

大约在1965年，一位在科研岗位工作的造船工程师伊恩·尤伊尔（Ian Yuille）提出开发一种集成式设计程序——计算机辅助船舶设计。有很多人反对这项提议，主要是因为它只能穿插现有设计，会阻碍设计创新。虽然这个理由确实有一定道理，但在过去，坚持原有设计的情况十分普遍，即使要创新，计算机辅助船舶设计系统也是一个得力的助手。

我和我的领导强烈支持这项提议，但认为将程序开发与舰船分离是错误的。这个系统的关键在于船型应在计算机内部开发，并可供其他任何子程序（例如稳性）使用。事实证明这是一个解决起来非常困难的问题，第一种解决方案使用起来依然非常困难。后来出现了一种模仿绘图员制图流程的计算机设计方法（B样条工具），使用起来相当简单。1988年，这个名为“女神”（Goddess）的系统[1]才开发完成，并在一开始就取得了不错的效果。它如今已经得到更新，并且依然保持在世界领先水平——在计算机会议上要求解释其运行机制的次数即可证明这一点。鉴于在概念研究中使用这个程序有些麻烦，因此由丹尼斯·帕蒂森（Dennis Pattison）和西蒙·拉斯林（Simon Rusling）领导的团队经过大约8个星期的高强度工作，开发了计算机辅助船舶概念设计（Concept Design CASD）系统。这是一个简单的设计系统，可以在台式机上运行。[2]

① 全称为“政府国防舰船设计系统”（Government Defence Disign System for Ships）。该系统的图标是智慧女神密涅瓦的头像。

② 这个系统将与“空间”含义相关的问题理解为体积。因此，在空间不足需要增加甲板长度或面积时，系统会增加型深以获得更多的体积。

女神系统不仅是一种进行设计计算更快的方法，它还能进行运算量较大的计算。这些计算以前只能通过对现实案例的判断进行，例如大面积进水、加筋板大面积屈曲和许多其他的计算。它还可以生成带有完整图纸字母的详细图纸。[①]

① 一位年轻人向海军展示自己只需要20分钟就能绘制出一套护卫舰的甲板平面图和纵剖面图，并且询问这项设计还需要什么，海军答："白厅还需要20年才能做出决定。"

总结

一艘大型战舰是最复杂的人造物品，也是国防预算中最昂贵的项目，支撑她的是波涛汹涌的大海，而非坚实的地面。她的设计工作通常没有原型，CVA-01必须在测试结束后继续服役。从概念算起，战舰寿命可能接近50年。毫无疑问，我们必须小心翼翼才能保证需求和设计的正确性。

第一章
战时遗产

“二战”结束时，英国皇家海军正处在鼎盛时期，仅次于如今的世界霸主，美国。彼时，轴心国、法国以及苏联的舰队都已消耗殆尽，可以说，英国皇家海军在世界范围内难逢敌手。

1945 年夏天，战争结束了，比预想中来得更快。英国在 1944 年夏天重返法国[1]后，便开始和平时期的规划，当时预计对日作战将在 1946 年 12 月底前取得胜利。英国的目标是让造船厂恢复为和平时期的正常状态，因此决定停建所有在 1946 年底前无法完成的战舰，只有一些舰船因为腾出船台的需要而得以继续建造。①

战争结束时，造船计划处于一个极其混乱的状态：为太平洋战争准备的坦

① ADM 167/121: 1944 Admiralty Board Minutes and Memoranda (PRO).

“鹰”号行进间的俯瞰图，拍摄于 1954 年 5 月 2 日。注意直通甲板以及 8 架“威斯特兰旋风”（Westland Whirlwind）直升机。（D. K. 布朗收集）

克登陆舰和登陆舰队项目打乱了原本的计划；军舰商船的维修和装备交付的延误也制约了军舰的建造效率。1940 年（“皇家方舟”号）、1942 年（“鹰”号或“不惧”号[2]）、1943 年（“直布罗陀”号、“马耳他”号、“新西兰”号和“非洲”号）的航母建造计划都因劳动力以及钢材的短缺严重滞后，甚至根本无法进行。1943 年，舰只的设计变动恶化了这一现象。8 艘“赫尔墨斯”级轻型航母也难逃此劫——虽然她们全部得到了内阁的正式批准，但在第一海军大臣 A. V. 亚历山大（A. V. Alexander）的干预下，只有 4 艘能投入建造工作。

巡洋舰的情况也不容乐观。1942 年，为了建造 16 艘“巨像”级（Colossus）轻型航母，4 艘巡洋舰的建造计划被立刻叫停，另外 4 艘也进展缓慢，“前卫”号（Vanguard）战列舰等其他舰只同样受到波及。“布雷克”号（Blake，1942 年）、“防御”号（Defence，1941 年追加）、“虎”号［Tiger，“柏勒洛丰”号（Bellerophon）前身，1941 年追加］以及“霍克”号（Hawke，1942 年）的建造进程被大大拖延，到战争结束时还没能完成。“1944 年计划”里包含的 5 艘“尼普顿”级（Neptune）巡洋舰体现出了当时需求与设计上的重大改变：原方案（N2 方案）计划标准排水量 8650 吨，装备 8 门 5.25 英寸舰炮；随后其演变为标准排水量 15560 吨，装备 12 门 6 英寸舰炮（安装于三联装炮塔内）的昂贵舰只（Y 方案）。1944 年 1 月，英国海军在新任第一海务大臣——海军元帅安德鲁·坎宁安（Andrew Cunningham）的推动下否决了较小的巡洋舰方案，同时决定将原来的“虎”号按照新设计建造，因此计划里又新增了 1 艘船只。但是直到战争结束，计划中的这些船只仍然无一完工，甚至连原材料都没有到位，尽管“虎”号轻巡洋舰（现在更名为“柏勒洛丰”号）的正式订单已经下达给了维克斯·阿姆斯特朗造船厂（Vickers Armstrong's Tyne yard）。驱逐舰的建造也有些混乱，Ca 级驱逐舰使用的 K 型指挥仪控制塔以及后来 C 级与“战斗”级（Battle）驱逐舰使用的 MK 6 指挥仪都没能及时配送到位，导致 C 级（1942 年）、“战斗”级（1942 年与 1943 年）和“武器”级（Weapon）的建造均严重滞后。另外，“1944 年计划”里还批准了 22 艘“果敢”级（Daring）驱逐舰以及 8 艘“英勇”级（Gallant）驱逐舰的建造方案。1943 年，英国海军抛弃了 S 级、T 级、U 级这些战前设计的老潜艇，转身投入研发建造周期更短的 A 级。战争结束时，随着最后几艘 S 级与 T 级驱逐舰竣工，早期的计划告一段落。[1]

海军部委员会批准的“1945 年计划”中重启了“狮”号（Lion）和“鲁莽”号（Temeraire）战列舰的建造方案，并借此尝试了许多新的设计。与此同时，其还计划建造 4 艘新设计的护航舰和 1 艘试验型潜艇。然而在内阁开始审议这一方案前，战争就结束了，这必然会造成建造计划的大幅度缩水。[2]于是从 1944 年开始，英国首先取消了 3 艘“武器”级驱逐舰，紧接着又取消了“1943 年计

① G. L. Moore, Building for Victory: The Warship Programmes of the Royal Navy 1939 – 1945 (World Ship Society 2003).
虽然“霍克”号在朴茨茅斯船厂的建造被严重推迟，但其他装备的工作仍在继续。她的锅炉和动力系统已经完工，9 个 6 英寸 MK 24 的炮塔也几乎准备就绪。早期的 Z 级也配备了 K 型指挥仪。

② CAB 66/67: New Construction Programme 1945 dated 29 June 1945 [CP (45) 54].
尽管这份方案已经准备好且提交给内阁了，但内阁从来没有正式审议过。

划”中订购的20艘A级潜艇和“1944年计划”中尚未订购的另外20艘A级潜艇。不过“1944年计划”中3艘潜艇的建造回光返照了几个月，海军计划将其作为改进型A级潜艇建造。1945年秋天，英国又取消了“直布罗陀”号和“非洲”号舰队航母以及“1943年计划”里的另外4艘轻型航母。然而，虽然其中仍有部分战舰的建造得到了内阁批准，但她们也只是名义上存在，并没有投入实际建造。其中最出人意料的是“霍克”号（Hawke）巡洋舰的搁置，尽管她还沉睡在朴茨茅斯造船厂（Portsmouth Dockyard）里，但她的锅炉和动力系统已经完工了，6英寸舰炮也能很快完成。驱逐舰的建造也有些混乱，16艘“战斗”级的建造被终止了，尽管其中有8艘已经开工。与此同时英国还叫停了8艘“武器”级舰只以及12艘A级潜艇的建造方案。原先计划中的“狮”号（Lion）和“鲁莽”号战列舰也没能幸免，但令人难以置信的是，为其设计的16英寸MK 4舰炮一直缓慢地研发到1948年。

1945年12月，战后的新建计划最后一次遭到削减。“马耳他”号与“新西兰”号航母被叫停——为了“马耳他”号的建造工作，海军部委员会已经在约翰·布朗造船厂（John Brown）做足了准备；“鹰”号航母被中途废弃，据说当时维克斯·阿姆斯特朗造船厂已经完成了26%的进度，为其准备的3000吨钢材也因此闲置了一段时间；“果敢”级与“英勇”级各有8艘战舰被中途搁置；4艘快要下水的“武器”级驱逐舰也被取消。1945年的新建计划进一步缩减，2艘护航舰只被取消，主要舰船只剩下2艘护航舰只及1艘试验性潜艇。①

① ADM 1/19096: 1945 Trial Programme Cancellations (PRO). “马耳他”号的部分部件已完成并进行了水下爆炸试验。[参见：Ian Johnston, Ships for a Nation–John Brown and Company, Clydebank.[3] (Dumbarton 2000).]

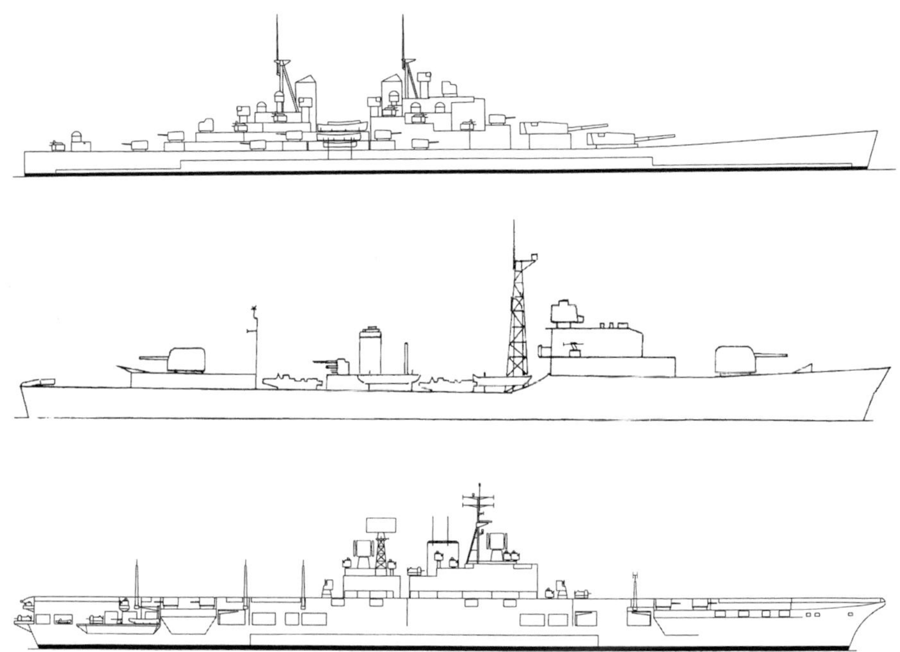

“狮”号与“鲁莽”号（1945年版的设计）。原先“1945年计划”中，1945年战列舰方案的推测图。虽然与1938年的“狮”级战舰同名，但是两者并无关联。[约翰·罗伯茨（John Roberts）绘制]

“英勇”级。可以很明显地看出与“武器”级的区别。英国海军在战争末期取消了这一级别的建造，但这份设计是战后早期的“A1方案”的基础。[莱恩·克洛弗德（Len Crockford）根据NMM ADM 138/711的原图绘制]

“马耳他”号（1945年版的设计）。这种“开放式机库”的设计表明了机库在船体上的建造方式。机库的开口显示了船体的线条。（约翰·罗伯茨根据国家海事博物馆战舰设计收藏的原图绘制）

长期计划中保留了6艘“尼普顿”级巡洋舰。1945年，这份方案递交到内阁时，海军大臣A. V. 亚历山大也曾提出希望能尽快开展其中2艘的建造工作，然而内阁却不断推迟执行。1946年初，“尼普顿”级的建造计划再次改变，取而代之的是装载5座双联装6英寸舰炮的“弥诺陶洛斯”级（Minotaur）巡洋舰。到了1947年，经济形势已经十分严峻，尽管英国还在继续研发配套的武器装备，但他们放弃了上述舰只的建造。按照计划，20世纪50年代至20世纪70年代，英国皇家海军的中坚力量应该包括“鹰”号（原先的“不惧”号）、“皇家方舟”号、“肯陶洛斯”号（Centaur）、“阿尔比恩”号、“堡垒”号与“赫尔墨斯”号6艘轻型舰队航母，“布雷克”号、“防御”号、“虎”号3艘巡洋舰以及8艘“果敢”级驱逐舰。但最终，在“1945年计划”中仅剩的2艘护航舰只演变成了61型“索尔兹伯里”级（Salisbury）航空引导护卫舰与“豹”级（Leopard）防空护卫舰，而唯一一艘潜艇发展成了“探索者”级（Explorer）。在1945年底下水但未完工的6艘“巨像”级轻型航母在这一状态下进行了修改，采用新的住宿布置，并更名为“尊严”级（Majestic）。当时，这些战舰的未来充满变数，其中4艘在1945年处于被放弃的边缘。1946年春，“海格立斯”号（Hercules）、“利维坦”号（Leviathan）和“强盛”号（Powerful）也被搁置，一直贮存在后备舰队或者造船厂里，再也没有为皇家海军战斗过。①

“皇家方舟”号和“鹰”号舰队航母

这两艘战舰的起源要追溯到1940年“无阻”号（Irresistible）尚属于“怨仇”级（Implacable）时。最初由于战争原因，她们进展十分缓慢。英国海军准备在“1942年计划”中引入新的航母设计，而在老一代“皇家方舟”号被击沉后，英国大幅度改变了“无阻”号（之后改名为“皇家方舟”号）的设计，使其成为一个全新的级别。与“怨仇”级相比，她增强了水下防御能力，调整了机舱的布置，以杜绝一次攻击就导致整个动力系统完全瘫痪的可能，同时还加厚了飞行甲板的装甲，并改进了升降机。1942年7月，海军部委员会最初批准该设计时，每层机库的高度为14英尺6英寸，标准排水量为31600吨。到1942年11月，为了搭载美军的舰载机，其机库高度增加到了17英尺6英寸，而且因为飞行甲板的装甲保持在4英寸[4]，舰宽也必须增加4英寸才能维持战舰的稳定，于是标准排水量上涨到了32600吨。其余大的调整包括升级升降机、阻拦索和弹射器，使其能够正常使用重达30000磅的新型舰载机。随着战争的进行，她根据战争经验持续被调整设计细节，到1946年，她的标准排水量已经达到了36800吨。她也成了“1942年计划”中的主要成果，但遗憾的是，她还是没能整合当时所有最新的要求。比如，其航空燃料的携带量在面对日后大量的新型

① CAB 129/4: New Construction (Revised) Programme dated 22 November 1945 [CP(45)291] and CAB 128/2: Cabinet Minutes dated 27 November 1945 (PRO). Anadmirable source outlining Britishnaval policy since the Second World War is Eric Grove, Vanguard to Trident (London 1987).

舰载机时捉襟见肘。然而，“无阻”号的设计已经几近完成，难以再进行大的修改，因为这会大大延迟她的服役时间。而“鹰”号（之前的“不惧”号）则是按照修订后的设计去建造的，并且在 1952 年竣工。她的姐妹舰“皇家方舟”号一直在船厂里躺到 1955 年。“鹰”号的设计体现出了四个主要的变化：侧舷升降机、蒸汽弹射器、前升降机的位置以及斜角甲板。这些升级使得标准排水量再次上涨到了 43060 吨，与 1942 年预期的 31600 吨相去甚远。这 2 艘战舰日后成了航母舰队的核心力量，但由于科技的迅速发展，要想位置作战效能，需要让舰船的性能变得更好，因此必须要考虑现代化改装的问题。[1]

于 1955 年 8 月 26 日拍摄的“皇家方舟”号俯视图。注意临时的斜角甲板，其对战舰结构影响不大。（D. K. 布朗收集）

“鹰”号生涯早期的俯瞰图，图中展现出了其强大的防空力量。（D. K. 布朗收集）

① 参见：D. K. Brown, The Design and Construction of British Warships 1939-1945. Volume One-Major Surface Warships, (London 1995).
里面收录了截至 1952 年 10 月“鹰”号完成时该级航母的设计历史。
参见：D. K. Brown, Nelson to Vanguard (London 2000).
装备喷气式飞机后，该级航母在相同空间下的燃油搭载量上升，同时防火需求降低。

拍摄于 1957 年 1 月 3 日的“皇家方舟”号。图中的舰载机为“海鹰”与“海毒液”战斗机。（D. K. 布朗收集）

1963 年，在服役八年后，“皇家方舟”号的弱点暴露出来。她的大部分设备源于 1942 年开工的那个时代，因此不可避免地会随着舰龄和使用时间的增长出现老化，继而影响可靠性。此外，老旧的直流电力系统无法满足新型设备的需求、居住性堪忧、落后的飞行甲板设计限制操作空间，这些问题都凸显出一个事实：如果没有一笔巨款用以升级，那么“皇家方舟”号在 1972 年之前必定会退役。而当时的海军建造总监（the Director of Naval Construction）认为再斥巨资改装她是难以接受的。①

“肯陶洛斯”号、“阿尔比恩”号、“堡垒”号

“赫尔墨斯”级的这些战舰原本是包含在“1943 年计划”中的。最初她们应该属于“巨像”级，但在 1942 年 12 月联合航空技术委员会（the Joint Technical Committee on Aviation）的影响下，英国修改了她们的设计方案。其中最主要的是把舰载机的最大允许操作重量从 20000 磅增加到 30000 磅，同时把机库高度增加到了 17 英尺 6 英寸，还将最大速度由 25 节[5]提升至 30 节。这些设计上的改变使得该全新级轻型航母的标准排水量从 14000 吨上涨到了 18300 吨，也使建造周期从 21 个月延长到了 30 个月。其中 4 艘的建造计划虽然到战争结束时也没有被取消，但在 1943 年 6 月就被搁置了，并直到 1944 年才相继开工。不过由于当

① ADM 1/28639: 1963 Aircraft Carrier Programme: Date of placing order for replacement of HMS Ark Royal (PRO).

时要优先考虑其他方面[6]，所以建造工作进展得十分缓慢。①

战后，这4艘战舰的建造仍在缓慢进行，不过基本上是为了腾空船台，因为该级轻型航母在1947年和1948年开始建造的前3艘战舰几乎毫无进展，而第4艘，即“赫尔墨斯”号，则一直在船台上躺到1953年才下水。即使英国海军在战争结束时改进了设计，决定取消4座4.5英寸的双联装炮塔，她们还是在短短几年内落后了，新型喷气式飞机的速度和尺寸远远超出了最初设计时的预期。因为“肯陶洛斯”号仅安装了基本不影响舰体结构的临时斜角甲板，其在1953年率先竣工，“阿尔比恩”号紧随其后，“堡垒”号也在1954年完工。不过当时这些设计都已经过时了，所以英国海军决定要按照新的设计方案建造“赫尔墨斯”号，其演变过程将在第三章说明。“肯陶洛斯”号在英国海军舰队中服役到了1966年，随后被移交到后备舰队，并最终于1971年被拆解。她的短暂生涯反映出其设计上的陈旧。在1959年到1961年之间，“阿尔比恩”号和“堡垒”号被改装成突击航母[7]，这也使她们失去了操作固定翼舰载机的能力。然而这些改装算不上脱胎换骨，她们的外观基本也没有变化。而且出于对人力的巨大需求，

① ADM 229/29: Department of the Director of Naval Construction (Unregistered Papers March to May 1943); also ADM 205/32: First Sea Lords Records (PRO).

1962年9月，“阿尔比恩”号作为突击航母，与“河潮”号补给舰共同进行测试。（D. K. 布朗收集）

1979年4月，搭载威塞克斯（Wessex）和海王直升机的“堡垒”号突击航母。（D. K. 布朗收集）

她们的服役成本很高。由于巨大的经济负担，“阿尔比恩”号在1972年就被拆解掉了，然而“堡垒”号却在1980年重归前线[8]，并且直到1984年才被拆解，寿命长达30年。[①]

“尊严”级轻型航母

这一级别由“巨像”级最后6艘组成，最初两级舰之间唯一的区别在于合并了中央住宿。1946年4月10日，由于合同取消，“海格立斯”号、“利维坦”号和“强盛”号的建造工作被迫终止。但这并不意味着针对这一级别的现代化升级就此停止了，因为“尊严”号、“宏伟”号（Magnificent）与“可怕”号（Terrible）的建造工作还在继续。这些升级主要包括引入可供20000磅着陆重量舰载机降落的飞行甲板（“巨像”级只有15500磅），以及最新的雷达和武器装备，同时还改进了弹射器，发电机规格也由180千瓦升级成400千瓦，舰岛空间也被重新布置了。“宏伟”号被租借给了加拿大，“可怕”号在卖给澳大利亚后更名为了“悉尼”号（Sydney），两者在1948年竣工时都属于这两国舰队中最高规格的舰艇。[②]

1949年10月，海军部委员会批准了一个更为全面的“尊严”级战舰的现代化方案。升降机的最大载重量被增加到24000磅，同时尺寸也由“巨像”号和“悉尼”号的45×34英尺扩大到了54×34英尺；强化后的阻拦索能够承受20000磅舰

“塘鹅”舰载预警机（Gannet）从“墨尔本”号起飞，拍摄于1959年。其由澳大利亚制造的“果敢”级驱逐舰“航行者”号（Voyager，右舷）和“复仇”号（Vendetta）护航。［RAN，罗斯·吉勒特（Ross Gillett）提供］

① Conway's All the Worlds Fighting Ships 1947-1995 (London 1995), p496.
② ADM 138/744: Majestic class (NMM).

载机以 87 节的速度降落;“尊严”号的航空燃油携带量也从“巨像”号与“悉尼”号的 80000 加仑增加到了 130000 加仑，1951 年再度扩大到了 146000 加仑，几乎是最初设计的两倍；发电量也逐步攀升，“巨像”号为 1580 千瓦，“悉尼”号为 1800 千瓦，而“尊严”号则为 2200 千瓦；此外，其在武器、雷达以及其他方面也有所改进。最初只有“尊严”号是根据修订后的设计建造的，英国计划日后将其卖给澳大利亚。在 1955 年完工之前,被更名为“墨尔本”号(Melbourne)的“尊严”号进行了更多的升级——加装了蒸汽弹射器和斜角甲板。[1]

皇家海军并不需要这 3 艘闲置船只，只有在出现紧急情况时才会考虑将她们作为护航航母完成。“强盛”号和“海格立斯”号最后被分别卖给了加拿大和印度。这 2 艘航母本质上都是按照“尊严”号的设计建造的,不过“强盛”号[现在叫“博纳文特”号(Bonaventure)]能够支持 23000 磅舰载机的降落，而卖给印度的“海格立斯”号除了改名为“维克兰特”号(Vikrant)外,几乎没有变化。这一级中只有“利维坦”号没有发挥任何作用，她在朴茨茅斯造船厂闲置了 20 年,最后将锅炉和蒸汽轮机献给了后来卖给荷兰的“巨像”级,“卡雷尔·多尔曼”号航母(Karel Doorman)。

英国海军也考虑过针对“巨像”级进行现代化升级，并在 1951 年发布的参谋部要求草案中(Draft Staff Requirements)提到了要按照“尊严”号的标准改进她们，不过只有“刚勇”号(Warrior)实现了一些小小的现代化升级。[2]

① ADM 167/133: 1949 Admiralty Board Memoranda (PRO); and ADM 138/772: Majestic class (NMM).

② ADM 138/811: Colossus Modernisation (NMM).

1953 年 9 月，“鹰”号航母在北约(NATO)测试中为“武器”级驱逐舰“蝎子”号补充燃料。

“武器”级驱逐舰

1942 年底到 1943 年初，为了取代 Q 级—Z 级以及 C 级之类的中型驱逐舰，英国设计出了“武器”级。其拥有 3 座双联装 4 英寸 MK 19 炮塔（C、Z 级为 4 座单装4.5英寸舰炮，Q级—W级为4门4.7英寸舰炮），动力系统采用交错式布局，锅炉的压力和温度也由原来的300磅和650摄氏度提高到了400磅和750摄氏度。

1946 年 6 月，英国海军改装了“武器”级里保留下来的 4 艘战舰。他们用双联装“乌贼”反潜武器系统（备弹可供 20 次齐射）取代了 1 座 4 英寸的炮塔。该级战舰在 1947—1948 年间最终完工，如今被称作反潜护卫舰。日后英国将驱逐舰不同程度地改造成反潜护卫舰时，她们提供了宝贵的经验。[①]

“果敢”级驱逐舰

这是“二战”时期海军部委员会批准服役的最后一批主要战舰，也被视为战时驱逐舰与战后设计的护卫舰之间的桥梁——这两种战舰大小相近。为了在减轻重量的同时增加强度，建造均采用焊接工艺，主要的船体分段由造船厂预制完成并移至船台组装。此类战舰的部分结构运用了在战时求之不得的铝合金（因为当时的飞机生产需要大量铝合金），用编织电缆代替了铅基电缆，在其中 4 艘舰上安装了几年后成为标配的交流电力系统，动力系统的运行压力从之前“战斗”级的每平方英寸 400 磅提高到了每平方英寸 600 磅，更接近于美国所接受的标准。这些改进都旨在控制重量与提升作战能力。这一级别也是第一批在服役时就搭载双联装 4.5 英寸 MK 6 型舰炮的战舰，直到 1970 年，这一舰炮的身影还会出现在 12 型系列护卫舰（Type 12）上，该舰的服役时间长达 40 年。[②]“果敢”级战舰是最后一批真正意义上的驱逐舰，虽然相当成功，但由于经费的问题，她们一直没有接受大的改进。

① G. L. Moore, "The Weapon and Gallant class Destroyers", Warship 2000-2001.
② ADM 167/24: 1945 Admiralty Board Minutes and Memoranda (PRO); machinery particulars arerecorded in NCD 31 (NMM).

译注

1. 指1944年的诺曼底登陆。
2. 1942年开工的“不惧”号在1946年改名为“鹰”号。
3. 经查证，书的名字应为“Ships for all Nations – John Brown and Company, Clydebank”。
4. “怨仇”级为3英寸。
5. 1节=每小时1海里=每小时1.852公里。
6. 当时英国海军急需修理现有舰船，并优先建造反潜军舰和登陆舰艇。
7. 即强化了登陆作战能力的专用航母。
8. “堡垒”号于1976年4月转入预备役，但由于“鹰”级提前退役，新的“无敌”级轻型航母服役日期又一再推迟，1980年，该舰再度服役，直到1981年因国防预算削减而遭废弃。

第二章
巡洋舰的消亡

战争结束时，还有4艘“虎”级巡洋舰在建。其中“霍克”号被取消，其余3艘最后改成了新的设计，后文将会进行讨论。1944年新建计划原本计划新建5艘新型巡洋舰，由于当时海军决定向维克斯·阿姆斯特朗船厂订购的1艘战舰将按照新设计而不是已经过时的“虎”级原始设计建造，这一计划增加到6艘。

1944年的巡洋舰其实由来已久。最早在1943年夏天，海军部委员会批准了一项代号为“N2”的替代性设计方案，其标准排水量为8650吨，主炮为4座新设计的5.25英寸双联装舰炮，当时该方案还处于早期开发阶段。其设计的一个主要特点是将满载状态下的航速降低到可以接受的28节，这样可以缩减锅炉和主机所需的空间，船只的漏洞也随之减少。这艘既经济又有潜力的巡洋舰当时引起了多方争论。[①] 5.25英寸炮设计一直保留在拟议的1944年计划中，直到1944年2月初，新任第一海务大臣，海军元帅安德鲁·坎宁安元帅表示反对建造这些巡洋舰，要求巡洋舰设计主炮口径不低于6英寸。然而，当时英国海军还没有现代化的6英寸炮，将其投入生产预计还需要4年的时间。安德鲁的设计方针受到了很多阻力，但最终还是付诸实践了。最初定下的建造方案为6英寸低角度舰炮，搭配大量4.5英寸两用舰炮。到1944年11月，这份设计方案（Y方案）已经发展为一艘巨大的战舰，其并没有采用最初设计的低角度舰炮，而是搭载了12门三联装6英寸舰炮，其仰角为80度，同时还配有12门双联装4.5英寸舰炮，满载速度能达到32节。经过如此大规模的升级后，这艘巡洋舰的排水量达到了15560吨，很明显现在这份设计方案比原来5.25英寸巡洋舰的成本高出不少。不管怎样，这项设计还是在向前推进，并且得以在战后早期的削减方案中，作为一个长期计划保留。1946年6月，为了扩充装备，英国计划做出

① 1944年5.25英寸巡洋舰的图例参见：ADM 167/118: 1943 Board Admiralty Board Minutes and Memoranda (PRO).
也可参见：G. L. Moore, “The Royal Navy's 1944 Cruiser”, Warship 1996.

N2设计。虽然装备5.25英寸炮的方案在1944年被取消，但是作为主炮的5.25英寸炮在被新型5英寸炮替代前，都一直在发展。这张推测图根据海军部的惯例和该设计在1943年提交给海军部委员会并批准编入1944年新建计划时的描述绘制。主炮则根据埃尔斯维克的维克斯公司的生产图纸绘制。（约翰·罗伯茨绘制）

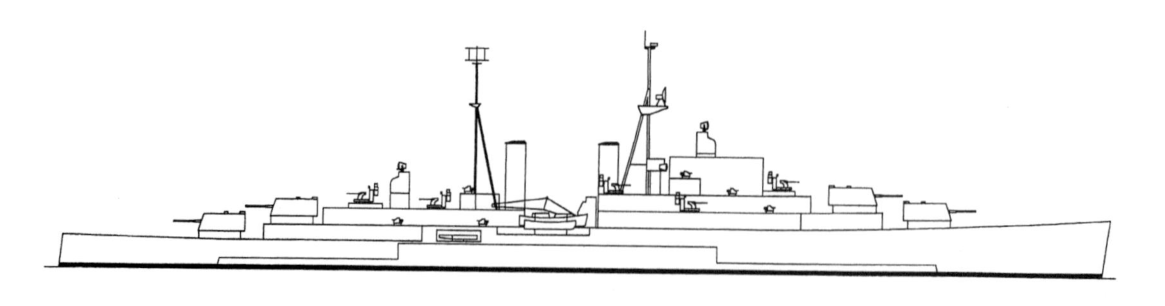

一些改进，引入平甲板，这一改进会使排水量增加到16410吨。然而，海军部委员会认为这样的设计（现在被称为“尼普顿”级）已经过时，并且相较于需求来说过大，因此该计划被取消，但这并不代表海军没有了对巡洋舰的需求。[①]国王给以此方案设计出的战舰命名为“尼普顿”号、“柏勒洛丰”号（Bellerophon）、“百夫长”号（Centurion）、“埃德加”号（Edgar）、“玛尔斯”号（Mars）和“弥诺陶洛斯”号。

“弥诺陶洛斯”级

“尼普顿”级的改造以及最终的取消促成了一种新的设计方案。其灵感来自美国的巡洋舰“伍斯特”号（Worcester，CL–144），该级舰在“二战”结束时被许多皇家海军军官视为一个富有吸引力的提案。“伍斯特”号装备了12门安装在6座双联装炮塔内，可以快速射击的6英寸两用舰炮（每门炮每分钟可发射10发总重为1301磅的炮弹），副炮为24门3英寸L50舰炮，标准排水量为15210吨。发动机在过载10%的情况下可输出132000轴马力的功率，速度可以达到32.5节。

英国海军设计出了四种新的方案（A—D）。A方案的主炮为10门双联装6英寸两用舰炮，副炮为16门双联装3英寸L70舰炮。6英寸炮和3英寸炮都是全新的设计，当时还处于前期开发阶段。其中一个重要的变化是取消了所有的近程防空武备，因为全新的双联装3英寸炮足以覆盖中近距离的防空火力需求。与“尼普顿”级相比，该级战舰的长度缩短了10英尺，船宽缩短了1英尺。新设计也采用了平甲板布局，因此其船体相较于Y方案只节省了40吨的重量，但相比“尼普顿”级最终抹平艏楼的方案节省了近585吨的重量。另外，与“尼普顿”级的最终设计方案相比，其武备重量预计只节省了30吨，但动力系统的重量却增加了300吨；后者的输出功率为100000轴马力，可以使该级的航速达到31.5节，标准排水量为15070吨，仅比Y方案少490吨。

B方案采用了四炮塔设计，标准排水量为14088吨，长度比“尼普顿”级少了25英尺，包括动力、航速和副炮在内的其他方面都与A方案相同。C方案为A方案的修改版，采用了新的机舱布置，其分为4个锅炉舱和轮机舱的组合，这样的布局方法可以缩短船身的长度。而A方案中沿用了“尼普顿”级的设计，采用锅炉室/机舱/锅炉室/机舱的布局。D方案与C方案的军备、机舱布局都是一样的，只是船身长度与A方案相同。海务大臣们最终决定开发D方案。[②]

有人曾质疑过“弥诺陶洛斯”级战舰的大小问题，15280吨的排水量只比“尼普顿”级低了一些，也并没有节约多少成本。1947年初，英国提出了两种改进方案，分别为“ZA”（标准排水量13870吨，满载排水量16760吨）和“ZB”（标

① 1944年2月2日海务大臣会议的会议记录显示，他们提出了新的6英寸炮巡洋舰设计并讨论了Y设计的细节。
参见：ADM 205/40: First Sea Lord's Papers (PRO).
“尼普顿”级设计的取消过程参见：ADM 205/64: First Sea Lord's Papers (PRO).
海军建造总监C. S. 利利克拉普（C. S. Lillicrap）于1946年4月11日记录了修改后“尼普顿”级设计的细节，参见：ADM 167/127: 1946 Admiralty Board Minutes and Memoranda (PRO).

② ADM 167/127:1946 Admiralty Board Minutes and Memoranda; and ADM 205/64: First Sea Lord's Papers.
以上文件包含了A—D方案的细节。这些草案之前可能被叫做Z1—Z4，草图D曾经被叫做Z4C。

准排水量 14300 吨）。这两种方案在装备相同的情况下，水线长度从“D”设计（Z4C）的 645 英尺缩短到了 616 英尺。“ZA”设计主要在船体部分节省了 770 吨的重量，船宽 73 英尺；而“ZB”设计的船宽为 74 英尺；两者的动力系统布置都与 D 方案相同。1947 年 3 月，海军建造总监查尔斯·利利克拉普爵士（Charles Lillicrap）草拟了一组采用不同武备的设计方案，代号 P/P1—S/S1，其中最极端的当属 Q1 设计（6 门 6 英寸舰炮，16 门双联装 3 英寸舰炮，不搭载鱼雷，船身长 600 英尺，满载排水量 17500 吨）和“R”设计（10 门 6 英寸舰炮，32 门四联装 3 英寸舰炮，搭载鱼雷，船身长 710 英尺，满载排水量 21000 吨）。随着设计的进行，排水量不断上升，主要原因是设计人员发现必须将 3 英寸炮弹药库布置在靠近火炮的地方，才能让其达到理想的射速，这就迫使船身加长。利利克拉普指出，长时间以来，这些设计一直在被反复考虑，到现在也并不比一开始时更接近完成的状态。要知道，他可是自从 1943 年，该设计方案还停留在 5.25 英寸舰炮的时候就一直在参与设计工作。他当时认为不搭载鱼雷的 P 设计是最合理的，这款设计的标准排水量为 18500 吨，装备 8 门双联装 6 英寸舰炮以及 24 门四联装 3 英寸舰炮，船身长 635 英尺，人员编制为大约 1030 名水兵和军官。

海军大臣们在 1947 年 4 月 11 日讨论了巡洋舰的设计方案。第一海务大臣率先提出，英国正面临着财政紧缩的问题，巡洋舰不太可能在未来几年内开工。随后大臣们又讨论了巡洋舰的功能问题，并一致认为其有两个主要任务：一是为自身和航母提供防空支援；二是攻击和防御贸易航线，巡洋舰和航母在这方面的作用是互补的。但是哪种任务的优先度更高，抑或是航母能在船队护航任务中多大程度地替代巡洋舰，会议没有达成一致意见。最终大臣们决定在获取美国的最新意见前不再继续进行巡洋舰的设计工作，因为现在就连远程防空武备的“理想”口径都无法确定。[①]

尽管在设计上有所改变，这 6 艘巡洋舰还是作为 1944 年新建计划的一部分保留了下来，并沿用了之前分配给“尼普顿”级的名字。1947 年 3 月，英国海军在审议当年的新建计划时，认为其建造工作无法在短时间内开展，出于经济上的考虑，他们决定将该级舰取消，“柏勒洛丰”号的合同在 1947 年 2 月 28 日被正式废除。但这并不意味英国放弃了对这些巡洋舰的需求，1947 年 7 月发布的未来 10 年开支预测指出，可以在 1951 年、1952 年和 1953 年各开工 2 艘新巡洋舰。1947 年 8 月，海军部委员会决定在未来五年内不再建造比护卫舰更大的新舰，这实际上彻底宣告了“弥诺陶洛斯”级巡洋舰的终结。但是故事并没有就这样落下帷幕：1948 年 3 月，依然还有人在讨论这 6 艘战舰的建造计划，并认为建造工作会于 1954 年开始。虽然设计工作已经暂停，但当时英国仍在分析现存巡洋舰的空间问题，这也可以为设计的准备工作提供一些帮助。

① “ZA”和“ZB”的设计细节参见：USS Worcester – Comparison with Minotaur, the DNC's papers, NMM。1947 年 6 英寸巡洋舰设计和讨论记录详见：The First Sea Lord's Papers ADM 205/67 (PRO). 海务大臣会议记录中所列的巡洋舰功能表，显示出当时存在的不确定性。巡洋舰本身的防空肯定不是主要任务。

美国的设计实践对“弥诺陶洛斯”级的影响很大。从表面上看,与“伍斯特”号相比，美军的战舰似乎更占优势。“弥诺陶洛斯”级只装配了 10 门双联装 6 英寸舰炮,虽然其射速能够达到每分钟 20 发,但“虎”级在服役期间的事实表明,这并不可靠。美军战舰主炮的射速最多只能达到每分钟 10 发，并且其中两座炮塔的射界十分有限。然而，英国战舰的副炮为 16 门 3 英寸 L70 舰炮，远优于美军战舰上的 24 门 3 英寸 L50 舰炮。

重量上，由于美英双方计量方式的不同，我们很难进行比较。有一项纪录

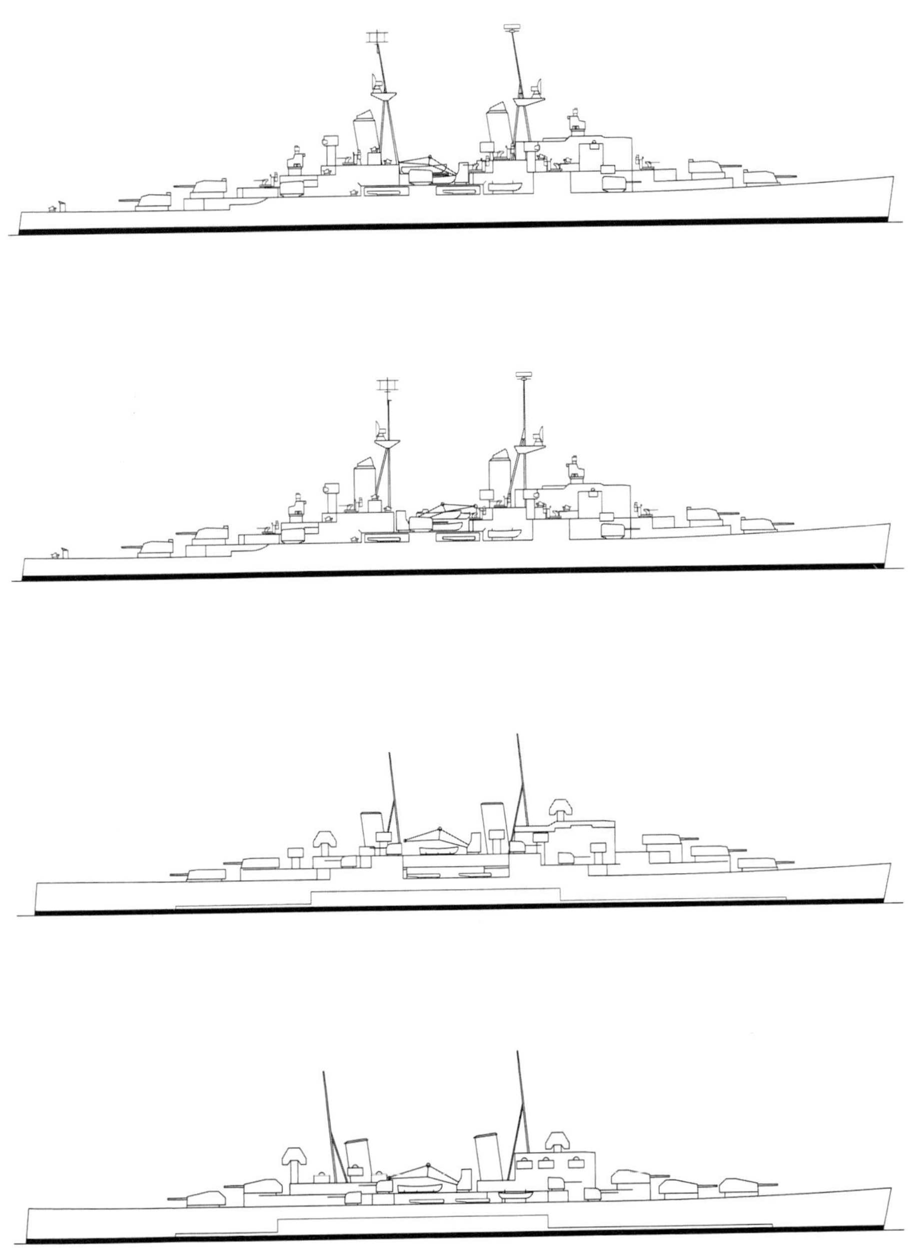

“尼普顿”级(Y方案)。为 1944 年的新建计划而设计的两版大型巡洋舰，搭载三联装 6 英寸 MK 25 舰炮和 4.5 英寸 MK 6 舰炮，拥有特殊的垂直烟囱和桅杆（下图）以及其他版本的斜式设计（上图）。1946 年被取消时曾考虑过像“弥诺陶洛斯”级一样把艏楼延伸到船尾。（约翰·罗伯茨根据 PRO ADM 1/17285 和 NMM ADM 138/729 的原始资料绘制）

“弥诺陶洛斯”级（“Z4C”方案，“D”草图)虽然是战后设计，但该级战舰仍是 1944 年的新建计划中的一部分。新型的双联装 6 英寸 MK 26 舰炮和 3 英寸 L70 舰炮是该设计的亮点。（约翰·罗伯茨根据 NMM ADM 138/790 的原始资料绘制）

“弥诺陶洛斯”级（“ZA”方案）该版本的船身长度有所减少，6 英寸舰炮的部署与“A”“B”草图的设计相同。（约翰·罗伯茨根据 NMM ADM 138/790 的原始资料绘制）

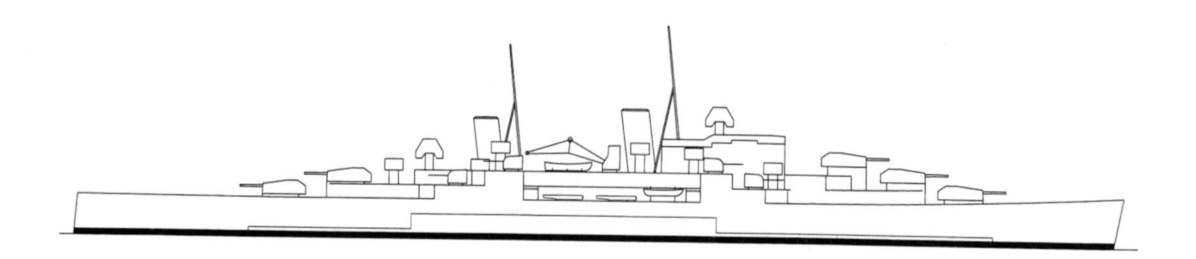

“弥诺陶洛斯”级（改进版）这张草图展示了这艘巡洋舰在 1947 年夏天被取消时的布局，与“Z4C”的设计草图没有很大的区别。（约翰·罗伯茨根据 NMM ADM 138/790 的原始资料绘制）

显示，由于焊接方式的不同和铝的使用，英国的巡洋舰船体要比美军的轻 205 吨。英国军舰在设备上节省了 285 吨的重量，主要是电缆之类的电气设备。“伍斯特”号动力系统的输出功率为 120000 轴马力，“弥诺陶洛斯”级只能达到 100000 轴马力。功率更强的美国动力系统占用的空间更小，但重量却和英国的差不多。人均空间的大小几乎一样，但是两者的使用方式却大相径庭，英军的办公环境要比美军好很多。①

1948年的未来巡洋舰

虽然眼下没有新建巡洋舰的计划，但是现有的巡洋舰正在老化，即使经过一些现代化改装，也无法逃避逐渐过时的问题。1948 年底，舰船设计政策委员会（Ship Design Policy Committee）就巡洋舰的功能以及未来巡洋舰的形态展开了一次讨论。

海军建造总监回应称将优先考虑已经立项的装备，它们将在未来十年内供军舰使用。分析表明这些装备的预计服役日期如下：

表格2-1

6英寸MK 26舰炮	1953年（年末）
新型5英寸L70舰炮	1957年
3英寸L70舰炮	1957年
新型近程防空武器	1957年
一型远程火控系统指挥仪和三型中程火控系统指挥仪	1953年
四型中程火控系统的指挥仪	1957年
MK 3型目标指示装置	1954年
992型雷达	1954年
海蛞蝓导弹	1958年

动力方面，由于短期内还无法引进比蒸汽轮机更好的技术，新巡洋舰的动力系统预计会采用“果敢”级动力系统的改进版，就像“弥诺陶洛斯”级巡洋

① “The Royal Navy's 1944 Cruiser” and DNC's papers held at the NMM.
“伍斯特”和“弥诺陶洛斯”之间的比较是由 D. K. 布朗进行的。

20 世纪 60 年代的巡洋舰。这一系列研究方案本质上可以算作设计练习，只不过设计人员在 1949 年 1 月收到了一个短期提案，以 4 号、5 号草图为基础开发新的设计。请注意图中的两套 984 型雷达，由于会互相发生干扰，所以不确定这样的设计是否合理。（约翰 · 罗伯茨根据 NMM DNC Records and PRO ADM 116/5632 的原始资料绘制）

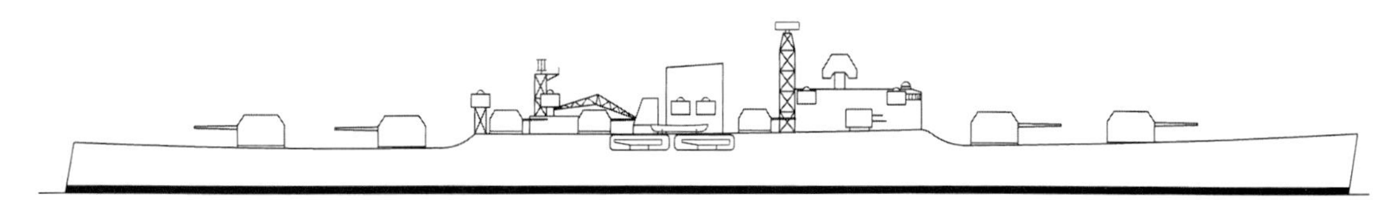

1 号草图（大型巡洋舰）：标准排水量大约 14500 吨，满载排水量大约 17500 吨；搭载 8 门 5 英寸双联装舰炮、12 门 3 英寸双联装舰炮、2 部近程防空武器、4 座四联装鱼雷发射管；防护由侧舷的 3.25 英寸装甲带和动力舱等空间的装甲盒组成，机舱采用盒式防护，输出功率 95000 轴马力，满载速度 30 节，续航能力为 20 节 7500 海里。这个方案的特点在于可以全方位旋回的舰炮，4 个独立的锅炉舱 / 轮机舱组合，方便舰炮全方位旋回的单烟囱和封闭式舰桥。

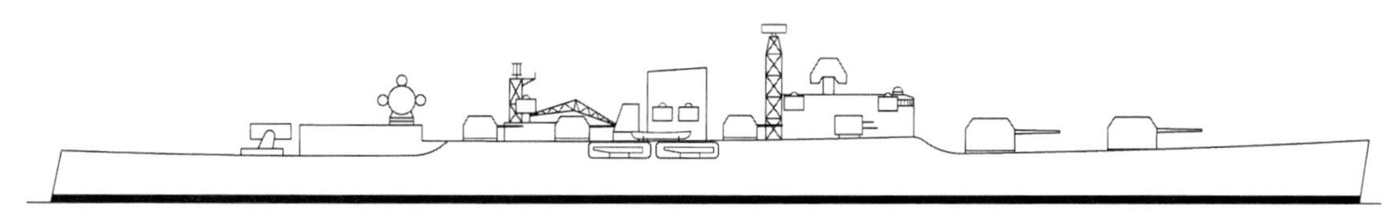

2 号草图（大型巡洋舰）：标准排水量大约 14000 吨。这个方案在 1 号草图的基础上用导弹发射器替换了船尾的两座 5 英寸炮炮塔。当时海蛞蝓导弹发射器对重量和空间的要求还不甚明确，但该舰预计能搭载 48 枚导弹。

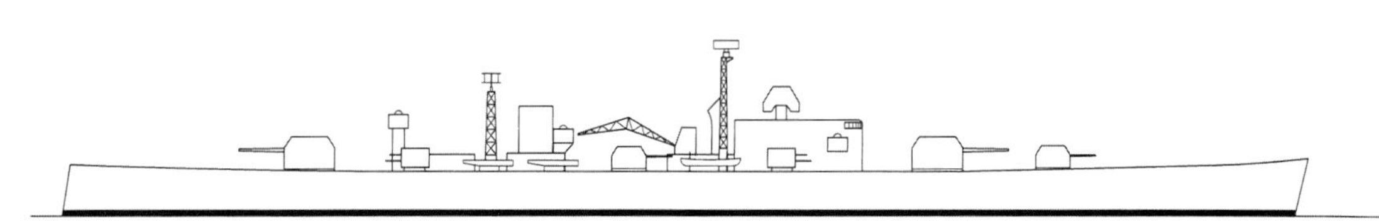

3 号草图（小型巡洋舰）：标准排水量大约 10500 吨，满载排水量大约 13000 吨；搭载 4 门 5 英寸双联装舰炮、6 门 3 英寸双联装舰炮、4 座近程防空武器、4 座四联装鱼雷发射管。这个巡洋舰方案也被视为现代化的“虎”级巡洋舰，其很可能采用“斐济”号（Fiji）的机舱布局，不过前后主机要分隔开。该战舰的预计速度为 31 节，烟囱布局沿用了“果敢”级的设置。

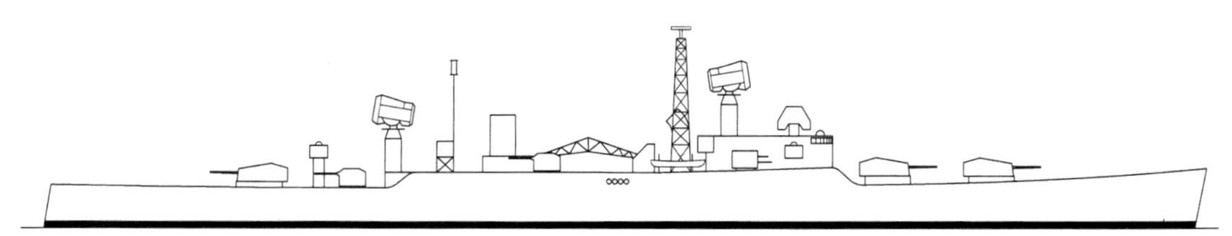

4 号草图：满载排水量略低于 15000 吨；搭载 6 门 6 英寸双联装舰炮、6 门 3 英寸双联装舰炮、2 座近程防空武器，每侧各 4 具固定式鱼雷发射管，配备 984 型雷达。动力系统以“果敢”级为基础设计，总功率为 4 × 30000=120000 轴马力（4 轴推进）。这幅草图在 1949 年绘制， 采纳了计划处长的提议。5 号草图（见下页）也被绘制出来，其与 4 号草图的不同之处在于动力系统，其总功率仅为 3 × 30000=90000 轴马力（3 轴推进）。此外，设计人员还考虑过用两台 30000 轴马力主机（“果敢”级）驱动外轴，两台 15000 轴马力主机（Y100 型）驱动内轴的布局。烟囱布置依然沿用了“果敢”级的设计。

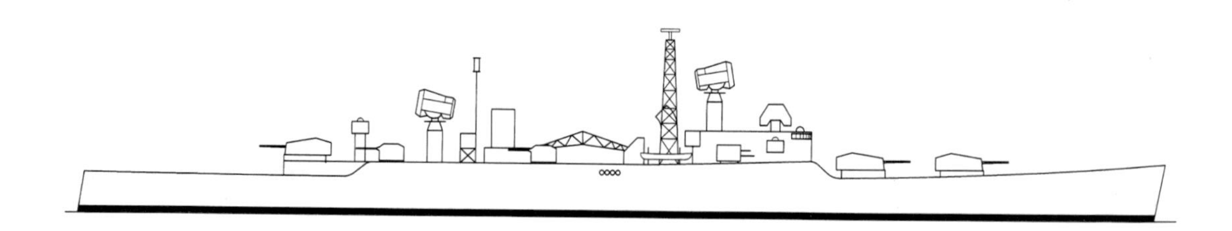

舰设计时所设想的那样。为整合设计理念，英国准备了 4 套初步设计方案，并将其称作 20 世纪 60 年代巡洋舰，然而这其中没有任何一艘战舰完整搭载了上述所有装备，因为这样会使巡洋舰太大，以至于建造数量不足。详情参见下一页。

1949 年 1 月，舰船设计政策委员会表示，希望能在未来 8 年开工 2 艘巡洋舰。因此委员会建议海军建造总监草拟一个装备 6 门 6 英寸炮（3 座双联装），8 门 3 英寸 L70 舰炮（4 座双联装），每侧各 4 具固定式鱼雷发射管，一座博福斯近程防空炮和 984 型雷达的巡洋舰方案。1949 年 3 月，一种搭载 5 英寸舰炮的巡洋舰设计方案又进入了初步讨论的范畴。随着新思路的采用，这一系列设计方案和新舰的初步构想注定成为巡洋舰发展的死胡同。①

巡洋型驱逐舰（The Cruiser Destroyer）

由于短期内没有任何新建巡洋舰的计划，1949 年春，英国发布了一篇角度新颖的文件：《未来海军战舰》（Ships of the Future Navy）。其中总结了三个争议性的结论：

- 用一种通用型巡洋舰取代传统的巡洋舰和驱逐舰
- 战争时期需要能快速出厂的护航航母和舰载机
- 应着手研究专用于反潜的二等护卫舰的价值

因此英国研究了巡洋舰型驱逐舰设计，并新建了 14 型“布莱克伍德”级（Blackwood）二等护卫舰。但是护航航母从未得到发展。②

正如我们所看到的那样，战争结束时，巡洋舰设计的尺寸不断攀升，但英国却对尺寸不断增长的驱逐舰做出了反常的反应。1946 年 6 月，英国草拟了一个名为“A1”的小型驱逐舰设计，其主炮和动力系统与已经取消的“英勇”级驱逐舰相同，不过其舍弃了许多其他装备，使得船身缩短了 30 英尺，满载排水量减少了 500 吨。这艘战舰几乎可以用简陋来形容，因此需要较多补给船的支援。1948 年 6 月，这个设计方案依然没有取消，海军建造总监还将其与瑞典新的“厄兰”级（Oland）驱逐舰设计进行比较。但在 1948 年 8 月，情况发生了改变，海军建造总监开始粗

① ADM 116/5632: 1948–1952 Ship Design Policy Committee meetings and recommendations (PRO); and DNC Papers (NMM); ADM 138/790: Cruisers - general 1948–1958 (NMM).
新型近程防空武器可能是一种六联装博福斯 40 毫米防空炮。参见：Anthony Preston, "The RN's 1960 Cruiser Designs", Warship 23 and clarification by Professor Michael Vlahos ("As & As") in Warship 26.
“果敢”级的烟囱设计是为了减缓核爆炸的影响。

② DNC's papers (NMM).
海鸥战机（The Short Seamew）应发展为所有小型航母都可搭载的实用型反潜战机。

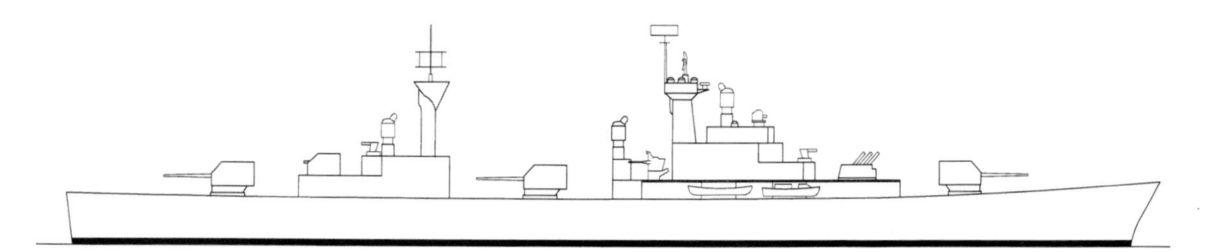

略设想两个新的设计方案。第一个方案是通用型舰队驱逐舰，主炮为8门双联装4.5英寸炮，此外还装备近程防空炮，2具鱼雷发射管和1座“地狱边境”反潜迫击炮，标准排水量在3500~4000吨之间；第二个方案装备了所谓的“未来武器”，主要武备为2门单装5英寸两用舰炮、近程防空炮、至多8枚鱼雷和1座“地狱边境”反潜迫击炮，标准排水量在2700~2900吨之间。当时的结论是应该发展5英寸炮设计，但随着新的通用型轻巡洋舰的出现，这项设计胎死腹中。

巡洋型驱逐舰。上图为1951年2月草拟的1号研究方案，该系列还包括另外两个研究方案。2号研究方案采用了2座单装主炮在前、1座单装主炮在后的布局。2部984型雷达和“地狱边境”反潜迫击炮一起移至中部。3号研究方案将所有主炮安装在前部，同时用982型和983型雷达替代984型雷达。（约翰·罗伯茨根据PRO ADM 116/5632的原始资料绘制）

《未来海军战舰》文件中提出的方案是革命性的，其打算在长期规划中用50艘装备5英寸炮的轻巡洋舰替换15艘6英寸炮巡洋舰、8艘5.25英寸炮巡洋舰和58艘舰队驱逐舰。最初英国认为该型舰应该装备4门5英寸两用舰炮，4座单装炮塔布局优于2座四联装炮塔布局。其他装备预计会有近距离对空武器、8发鱼雷（可能是单管）、1座“地狱边境”反潜迫击炮以及1个高性能雷达，标准排水量大概在4000~5000吨。这一阶段的5英寸舰炮设置可能是由1944年巡洋舰设计使用的5.25英寸炮演变而来。此项目在1948年夏天相当受重视，英军认为应该以此为基础开发两用舰炮作为巡洋舰和驱逐舰的主炮。[①]

1949年7月，英国首次尝试草拟现在叫做巡洋型驱逐舰的设计。为了方便按驱逐舰的标准设计，其名称中加入了“驱逐舰”一词。之所以没有单纯地将其称为巡洋舰，是因为这一设计对损管、储备、防护、医务室等方面的要求很难称得上是巡洋舰的标准。其主炮为3座单装5英寸两用舰炮，由1部一型远程火控系统和2部三型中程火控系统控制。同时英军还希望其能搭载2种近距离武器（稳定测距对空舰炮或同等级武器）、1座“地狱边境”反潜迫击炮以及8具固定鱼雷发射管；主雷达预计为960型空中预警雷达、992型目标识别雷达、277Q型预警测高雷达；满载排水量为4600吨，船身长465英尺，宽48英尺；续航能力为20节4500海里，航速30.5节（满载，没有清理船底）；主机为两组YE47A型，总功率60000轴马力；舰上设有500名船员的住宿。

该型舰的长度取决于前部、中部和后部的主炮。布置在舯部的舰炮很好地隔开了两个动力单元，降低了两者在作战中受损同时瘫痪的风险。艏楼是连续的，这样就不需要大型甲板室，否则将会妨碍舰炮的布置。该型舰还配备了双重底，用以改善防护和增强船体下部结构，同时提供了宝贵的储油空间。设计人员的

① ADM 138/830: Destroyers and Frigates General Cover (NMM).
“A1”设计和“厄兰”级的比较详见：the DNC's papers (NMM).
1948年8月驱逐舰设计的简要细节可参考论文：Ships of the Future Navy, ADM 205/83: First Sea Lord's Records (PRO).
“地狱边境”是当时被称作MK 10反潜炮的原型机机名。

目标是在布置作战指挥室的前提下尽可能压缩舰桥，同时需要在有限的空间内安装2座烟囱和2根桅杆。这个问题最后通过将烟囱整合到桅杆上得到解决。

1950年3月，围绕参谋部要求的设计草图绘制完成，但设计人员很快意识到，如果完全满足这些要求，那么该型舰的排水量将远远超过4600吨。该舰的基本要求是装备3门5英寸舰炮、1座“地狱边境”反潜迫击炮、最新的声呐、2具可再装填的固定式反潜鱼雷发射管、1部“统治者”（Ruler）反鱼雷武器、1到2座近程防空武器和雷达［960型、277Q型和高分辨率对海警戒雷达（HDWS）］，理想的方案是装备至少4枚反水面鱼雷、3座近程防空武器和新的984型雷达。主要问题出现在续航方面，海军建造总监认为这份设计很不平衡。最终英国决定将续航要求减少到22.5节3000海里。英军还审议了军备方面的问题，有人提议将5英寸舰炮的数量减小到2门，随后被驳回，因为这样在出现机械故障时会导致可用的武备数量减少。中心线鱼雷发射管、“地狱边境”反潜迫击炮以及大型984雷达等一些装备也统统逃不开审议。最后各方认为，舰中部可安装1门5英寸舰炮，船上应携带45天所需物资，这些要求基本与驱逐舰的标准持平。在这一阶段，“1953—1954年建造计划”只有1艘战舰。

1951年2月，英国审批了三项设计研究，其军备安排主要由备选雷达的型号决定。一号设计在船的首、中、尾部各安装了1门5英寸舰炮，其只装备最低要求的雷达设备，为960型、277Q型以及高分辨率对海警戒雷达，预计标准排水量为4710吨。二号设计在船的首尾安装舰炮，舰中安装“地狱边境”反潜迫击炮以及2套984型雷达，排水量稍稍上涨到4770吨。三号设计将3门舰炮都安装在船首，搭配一个折中的雷达部署方案：2套982型雷达（1套代替984型），标准排水量同样为4770吨。所有设计都搭载了2组功率为30000轴马力的YEAD 1型主机，两组主机之间的间隔为50英尺。这种主机是为大型军舰研制的，蒸汽温度为950华氏度（510摄氏度），锅炉压力为每平方英寸700磅。虽然它从未装舰，却对蒸汽动力系统的设计产生了重大影响。它是英国电气公司和海军部委员会的合作项目，在帕森斯与梅因工程涡轮机研制协会（PAMETRADA）制造与测试。最后得到采纳的似乎是二号设计。

1951年2月，英国开始拟定涵盖1952年4月到1953年4月的紧急新建计划。计划里本该包含4艘新巡洋舰，但由于搭载5英寸舰炮的巡洋型驱逐舰设计还未完成，因此只能选择改装“黛朵”级（Dido）的，用8门4.5英寸舰炮（4座双联装）替换原来的5.25英寸舰炮。可是这个应急计划从来没有实施过。[1]

巡洋型驱逐舰的设计进展相当缓慢，到了1952年1月，英国打算提高该型舰的续航能力。虽然英国强烈渴望达到原来要求的4500海里，但是原来续航能力最好的设计也只能在4770吨的满载排水量下达到3250海里。因此只能将满

① 轻型巡洋舰的详细设计日期是1949年4月13日。详见："Ships of the Future Navy"，ADM 205/83 (PRO). 5.25英寸火炮的财务记录详见：ADM 1/25240: 1944–1953 Sin Medium Calibre Dual Purpose (MCDP) single weapon: design, development and manufacture of prototype; estimate of financial liability (PRO). 后来的5英寸舰炮由陆军设计的防空炮（即“绿色权杖”防空炮）发展而来。紧急巡洋舰的方案可见：ADM 1/22760: 1951 Emergency Cruiser Programme–Gun Armament (PRO).

巡洋型驱逐舰。这是1951年草拟的一系列设计中的2号研究方案。注意2套大型984雷达和背景里的“斯维尔德洛夫”级（Sverdlov）巡洋舰。英国期望其装备的新型5英寸舰炮能够通过火力投射量优势对抗苏联巡洋舰。当时每门5英寸舰炮的设计射速为每分钟60发。（D. K. 布朗收集）

载排水量的上限调整至5000吨。1952年2月，海军建造总监收到要求进行进一步设计研究。武备的最低要求调整为3门配备3部903型雷达的5英寸单装舰炮，2座配备2部903型雷达的Mark 12型博福斯高射炮，每侧6具或船尾8具固定式鱼雷发射管（没有再装填功能），“地狱边境”反潜迫击炮和1部984型雷达。1952年3月，英国对以上需求进行了审查，结果表明排水量会远远超标。英国首先舍弃了博福斯高射炮及相关的雷达，省下200吨排水量，随后鱼雷和984型雷达也被去掉，后者由960型、982型、983型雷达替代。[1]

1952年7月，英国人发现无法在限制的重量范围内让单门5英寸舰炮达到射速每分钟60发的性能要求。如果重量限制不变，预计单门舰炮对水面目标的射速将会是每分钟35发，在防空作战中的射速也许能达到每分钟40发。英国海军决定在生产性能要求降低的简化版舰炮的基础上，继续进行设计。[2]在这一阶段，国防部开始进行“彻底审查”，巡洋型驱逐舰也受到审查。这个概念历经4年的发展，在当时已经有了4艘战舰的规划，但都在1953年10月于计划中被除名，并第一时间被制导武器战舰取代。不过这一概念并没有完全消失，一个装备2座双联装5英寸舰炮的变种作为一个包括舰队航母和巡洋舰的大规模研究项目的一部分，在1954年11月提交给了海务大臣。然而，海军建造总监并不推荐这个满载排水量为4750吨的设计。[3]

导弹巡洋舰

虽然英国在1949年决定研发巡洋型驱逐舰的举动看似已经为传统巡洋舰的建造画上句号，但不久之后，新的巡洋舰式设计开始出现。其最大的变化在于设计人员意识到防空导弹将会是武备的重要补充。舰用导弹的研究在1945年10月就开始了，到1948年海蛞蝓导弹时已经得到认可。在1949—1951年间，大

① ADM 138/830: Destroyers and Frigates General Cover (NMM). See also ADM 116/5632: Ship Design Policy Committee meetings and recommendations 1948-1952 (PRO).
如果安装了984型雷达，将会有两个问题需要克服：首先，有人怀疑两部雷达无法在同一支舰队中使用，更不用说在同一艘船上了；其次的问题是生产，1953年的计划产量表明，在1955—1957年，英国每年只会生产1套984型雷达，以后每年也只生产2套。
ADM 167/143: 1953 Board Minutes and Memoranda 1953 (PRO).

② ADM 1/23473: 1952 5in DP Gunin conjunction with the concept of the Cruiser/Destroyer (PRO).

③ ADM 167/143: 1953 Admiralty Board Memoranda (PRO); and ADM 1/24610: Consideration and Armament of New Destroyer Design (PRO).
1954年11月30日提交给海务大臣的5英寸炮驱逐舰设计的简要细节详见：ADM 138/789: Guided Weapon Ships I (NMM).
对巡洋型驱逐舰发展的优秀描述详见：Norman Friedman, The Postwar Naval Revolution (London & Annapolis 1986).

部分的研究都致力于改造现有舰只，比如“可畏”号（Formidable）航母、“前卫”号战列舰、1艘“尊严”级轻型舰队航母，还包括一系列商船。1951年12月，海军部委员会决定设计3种新型导弹战舰，按照优先级排序依次为：航速12节，搭载1座三联装导弹发射装置的海岸护航舰（C型）；与巡洋舰相似，航速30节，搭载2座三联装导弹发射装置的特遣导弹战舰（A型）；航速17节，搭载1座三联装导弹发射装置的海洋护航舰。事实证明，除了“格雷德·尼斯”号（Girdle Ness）之外，其他的改造都没有太大意义。“格雷德·尼斯”号起初是海岸护航舰的原型舰，最后却成了海蛞蝓导弹系统的试验船。

1954年9月，第一个导弹巡洋舰方案GW25绘制完成。同年11月，经过修改的GW25C方案递交海务大臣。这是一艘满载排水量达到18300吨的大型巡洋舰，船身长645英尺，宽79英尺，搭载1座双联装海蛞蝓导弹发射器，备弹48发，配备2部901/2型指挥仪；主炮为2座与“弥诺陶洛斯”级和“虎”级巡洋舰相同的双联装6英寸舰炮，同时还加设了4座双联装40毫米博福斯高射炮；主机为4组YEAD 1型，输出功率为120000轴马力；新舰满载速度为32.5节，续航能力为20节4500海里；舰上设有约1300名官兵的住宿空间。这一系列设计共有4个研究方案，代号GW25和GW25A—GW25C。所有方案均采用相同的船体和动力系统，但在武备方面显然还存在争议。GW25搭载2座双联装导弹发射器（84枚导弹）以及2座双联装6英寸舰炮；GW25A和GW25B的导弹系统与GW25相同，但舰炮武备分别改为1座双联装6英寸炮和2座双联装3英寸炮。作为导弹武器研制失败的保险措施，英国还考虑过全舰炮大型巡洋舰的方案，主炮为前部2座、后部1座双联装6英寸炮。然而，海军枪炮部长认为没有理由不信任新的导弹武器，因此全舰炮巡洋舰的设计一直没有进行。

在海务大臣会议中，有人提出了搭载6门双联装5英寸舰炮（船首4门，船尾2门）的全舰炮轻型巡洋舰设计。其副炮包括安装在“B”炮塔和舰桥之间的六联装40毫米高射炮和艉部两侧2座双联装40毫米博福斯高射炮；此外还装备了4座用于反潜和反舰作战的三联装鱼雷发射管；动力采用Y102型蒸燃联合动力装置，输出功率60000轴马力（后来的“郡”级驱逐舰搭载的就是这套装置）；预计航速为29.5节（满载，不清理船底）；满载排水量8000吨。不过这个巡洋舰设计在概念上与1944年计划中的5.25英寸炮巡洋舰设计相比没有什么不同，所以英国并没有进一步发展的意愿。大臣们还考虑过将海蛞蝓导弹安装在“斐济”级巡洋舰上，原舰武器仅保留“A”6英寸炮炮塔。但是这个念头很快就因舰龄问题打消了，因为即使是其中最新的战舰，装上导弹服役时，舰龄至少也20年了。

起初，海务大臣们将导弹巡洋舰的概念设计放在最优先的位置，并在接下来的8个月里进行了大量的研究。然而，英国在1955年停止了GW25C大型巡洋舰方案的设计准备工作，将工作重心转向了排水量较小的方案。第一个方案是早在1955年的12月中旬就被海务大臣们考虑过的GW35方案。这个由海军装备局长起头绘制的替代性研究方案，满载排水量为8000吨，船首搭载2座双联装新设计的5英寸舰炮，船尾配有20枚海蛞蝓导弹。最后海务大臣将这个方案送回去继续研究。其他选择性方案也在不断发展之中：GW38方案，搭载1座双联装海蛞蝓导弹发射器和2座双联装6英寸舰炮，满载排水量12200吨，代价是只能搭载24枚导弹；GW42方案，搭载1座导弹发射器和48枚导弹，4门双联装5英寸舰炮，排水量12560吨；GW45方案，搭载 与GW42方案相同的导弹武备，但主炮改为2座单装6英寸舰炮，排水量14340吨。这其中，搭载双联装5英寸舰炮的设计虽然可行，但最后还是被否决了，因为研制火炮至少需要8年的时间，即便其相比被取消的巡洋型驱逐舰搭载的单装5英寸舰炮更为简化。到了1955年5月，情况已然明朗，主炮为2座双联装6英寸舰炮，副炮为双联装3英寸舰炮的武备配置将成为未来的发展方向。因此诞生了新的研究方案——GW52A，满载排水量为15100吨。[①]

这些研究工作最终成果是1955年7月递交海军部委员会的GW58研究方案。该战舰搭载1座双联装海蛞蝓导弹发射器以及48枚导弹（901/2型雷达），2座双联装6英寸MK 26型舰炮，2座3英寸MK 6型舰炮和2座双联装MK 11博福斯高射炮，各由一个903型（三型中程火控系统）雷达控制；除此之外，该舰的雷达系统还包括974型雷达（导航设备）、984型雷达（综合显示系统）和992型雷达（水面及低空搜索）。其满载排水量为15400吨，水线长625英尺，船宽78英尺；该舰采用4轴推进，动力系统的总功率为105000轴马力；锅炉舱、轮机舱和变速齿轮舱由2个3英寸炮弹药库分开来；满载且船底处于干净状态下的航速为32节，作战状态下的续航能力为20节4500海里，预计将搭载1050名官兵；防护方面，主机舱、导弹舱、弹药库和舵机舱所在侧舷和甲板部位装有1.5英寸厚的装甲板，不过机舱上方的部位削薄至1英寸，弱于通常传统巡洋舰的防护。海军部委员会批准开发GW58研究方案，并争取在1955—1956年的新建计划中订购2艘导弹巡洋舰。当时的新建计划还包括2艘快速护航舰，海军部委员会收到要求一并批准这些新战舰，她们就是之后“郡”级导弹驱逐舰的前身。[②]

当时新型巡洋舰可以说集万千宠爱于一身，但是没过多久，该项目的成本就拉响了警报。1956年2月，日后的舰船总监阿尔弗雷德·西姆斯爵士（Alfred Sims），对此设计产生了严重的怀疑，并认为战舰的建造工作会受到很大阻力。无论如何，计划还是要继续进行的。1956年7月，新建计划中包括了3艘战舰，分别预计在1957年、1958年、1960年的6月订购，并于1962年10月、1964年3月和1965年10月竣工。然而到了1956年8月底，整个计划都被延后了1

① ADM 138/789: Guided Weapon Ships I (NMM).
这篇文章里有各种各样导弹战舰的设计细节，巡洋舰、驱逐舰和护卫舰是按顺序排列的，比如，GW1被列为海洋护航舰。
关于一种新型全舰炮巡洋舰设计的争论过程详见：ADM 205/102: First Sea Lord's Records (PRO).
GW25的研究报告由海军部防空工作小组完成。当时的第一艘导弹战舰“蓝色1号”按计划充当了护航舰。供应不足的问题意味着英国在1960—1961年这段时间只能使用一套海蛞蝓导弹系统，后续的补充还需要2年。
GW25政策的演变过程详见：ADM 1/25609: Introduction of Ship borne Guided Weapons (PRO).

② ADM 167/139: 1955 Admiralty Board Memoranda (PRO).
备忘录指出，导弹巡洋舰最初的排水量估计是11000吨。GW49研究方案是1955年草拟的5项研究方案之一，满载排水量为11100吨。主要武备为1座海蛞蝓导弹发射器和2座5英寸双联装舰炮。这是1955年5月诞生的第一个符合排水量标准的导弹驱逐舰研究方案。5英寸炮巡洋舰的研究方案并没有发展下去。
ADM 138/789: Guided Weapon Ships I (NMM).

年。10 月，西姆斯爵士又一次对该计划表达了不满，到了 11 月，海军部其他官员也开始逐渐偏向西姆斯的立场。由于苏伊士运河危机的影响，英国在 1957 年 1 月叫停了该项目；第一海务大臣，海军元帅蒙巴顿勋爵（Earl Mountbatten of Burma）给了这个项目最后一击。他在写给海军副参谋长的备忘录中暗示，自己一开始就反对巡洋舰项目，认为巡洋舰相较于海蛞蝓导弹来说太大了，而且他已经授意将驱逐舰设计（快速护航舰）的排水量增加约 900 吨，以便搭载导弹系统。当时他被告知，巡洋舰需要携带 984 型雷达，且要配备 6 英寸舰炮以进行对岸轰击任务。对此他反驳道，难道每个中队的 4 艘驱逐舰中就不能有一艘牺牲舰炮来搭载 984 型雷达吗，此外，驱逐舰的 4.5 英寸舰炮足以执行对岸轰击任务。后来海军研究了他的想法，但没有实行。还有人认为，导弹巡洋舰在某种程度上可以充当导弹驱逐舰的补给舰。但蒙巴顿勋爵认为导弹航母也可以执行这样的任务。海军再次研究了他的想法，但依然没有实行。

项目取消时，巡洋舰已经发展成一种庞大的高成本舰种了。最后的设计方案（即 GW96A）满载排水量为 18450 吨，水线长 675 英尺，船宽 80 英尺，分别比 GW58 增加了 50 英尺和 2 英尺。究其原因，最重要的就是导弹容量从 GW58 中的 48 枚

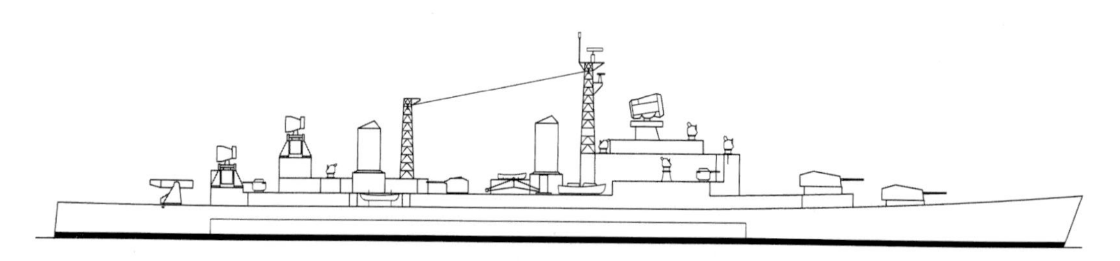

"GW25C"导弹巡洋舰。1954 年 10—11 月出台的"GW25"系列 4 张草图是英国的第一批导弹巡洋舰设计。各个版本的特征都很明显。"GW25"设计装备 2 座双联装 6 英寸炮塔和 2 座导弹发射器（84 枚导弹）；"GW25A"设计装备 1 座双联装 6 英寸炮塔和 2 座导弹发射器（84 枚导弹）；"GW25B"设计装备 2 座双联装 3 英寸炮塔和 2 座导弹发射器（84 枚导弹）。备受青睐的"GW25C"设计搭载 48 枚导弹。注意：导弹的数量指的是每艘战舰的导弹容量。（约翰 · 罗伯茨根据 NMM ADM 138/789 的原始资料绘制）

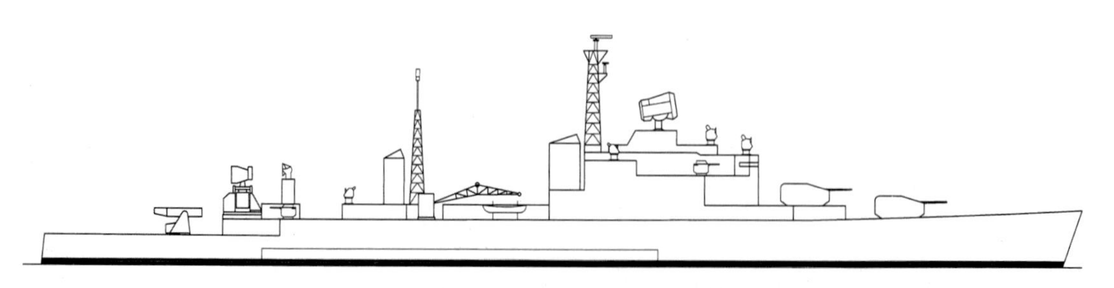

"GW50A"导弹巡洋舰。这个研究方案绘制于 1955 年 4 月，装备 2 座双联装 5 英寸舰炮。但由于开发新型舰炮需要 8 年的时间，英国很快就将其抛于脑后。（约翰 · 罗伯茨根据 NMM ADM 138/789 的原始资料绘制）

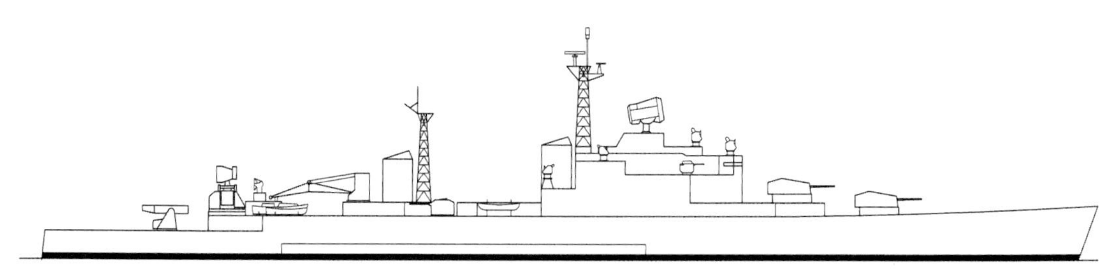

“GW58A”导弹巡洋舰。这个研究方案绘制于 1955 年 6 月，后来被海军部委员会选中继续发展。由于其相较于“GW25C”设计少装了 1 部 901 雷达，所以性能和成本都有所下降。（约翰 · 罗伯茨根据 NMM ADM 167/139 的原始资料绘制）

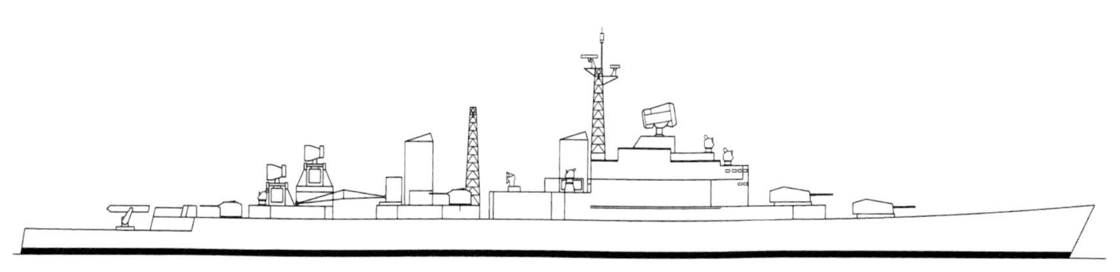

“GW96A”导弹巡洋舰。这是该系列的最后一份设计，其再次安装了 2 部 901 雷达，并装备了 4 座双联装 3 英寸 L70 舰炮。（约翰 · 罗伯茨根据 NMM ADM 138/789 的原始资料绘制）

扩大到了 GW96A 中的 64 枚，而且双联装 3 英寸炮塔由原来的 2 座翻倍到了 4 座，迫使战舰增加了 2 套 903 型雷达（三型中程火控系统第一次改进版）来控制多出来的舰炮。船员编制也增加了 65 人，变为 1115 名军官和水兵，同时为了维持所需的航速，Y200 型主机的功率必须再增加 5000 轴马力。虽然海军部从来没有正式批准过这一设计，但英国还是在她身上倾注了许多心血，战舰命名委员会（Ships' Names Committee）甚至已经选定了第一艘战舰的名字——“爱丁堡公爵”号（Duke of Edinburgh）。然而该战舰不太可能发展到获得女王批准的那一步。[①]

1957 年 4 月 11 日，海军部委员会证实巡洋舰项目已被取消，“即使人们对这些战舰寄予厚望”。对于公众来讲这是合情合理的，“海军部需要充分利用当前的有限资源，因此选择建造导弹驱逐舰而不是导弹巡洋舰”。但更重要的是战略的变化，此前负责设计巡洋舰的人员被调往核潜艇设计团队。[②]

“郡”级导弹驱逐舰

巡洋型驱逐舰被取消后，英军开始谋求新型的驱逐舰。最初的想法是改进“果敢”级驱逐舰，安装由陆军“射速调节器”项目演变而来的 5 英寸舰炮。其主要的变革是在传统蒸汽轮机的基础上增设燃气轮机［后来这种布置被称为蒸燃联合动力装置（COSAG）］，这大大提升了战舰的最大速度。护航驱逐舰也在考虑范围内。1953 年 6 月，英国草拟了两个采用不同船体的设计：反潜舰和防空 / 航空

① ADM 138/789: Guided Weapon Ships I (NMM). ADM 205/170:First Sea Lord's Records containsmemorandum dated 4 January1957by First Sea Lord (PRO). Minutes of the Ships' Names Committee (Naval Historical Brancb, Whitehall).

② ADM 167/149: 1957 Admiralty Board Minutes (PRO); and D. K. Brown, A Century of Naval Construction (London 1983). 也可参见第九章。

引导舰。1953 年 10 月版防空 / 航空引导舰的排水量为 3600 吨，主炮将采用经过检验的 4.5 英寸 MK 6 舰炮，但具体应该装备 2 座还是 3 座存在争议。动力依然会采用蒸燃联合动力装置。护航驱逐舰在概念阶段就被快速护航舰取代了，其排水量为 4800 吨，采用了船首 2 座、船尾 1 座共 6 门双联装 4.5 英寸舰炮的全舰炮设计。另一个设计版本是在船首搭载 4 门双联装 4.5 英寸舰炮，船尾搭载 2 门双联装 3 英寸 L70 舰炮，排水量同样是 4800 吨。最终英国从 20 多个研究方案中选出了一份设计，其战舰排水量为 4500 吨，舰炮包括 1 座双联装 4.5 英寸炮塔和 1 座 3 英寸 L70 双联装炮塔，船身长 435 英尺，水线宽 47 英尺 6 英寸，搭配 6 具固定鱼雷发射管和 6 枚反潜鱼雷以及 1 座 MK 10 反潜迫击炮。1955 年 1 月 28 日，海务大臣们要求继续进行这项研究。审计长认为其设计不平衡且武备不足，在 1955 年 5 月提议快速护航舰设计应该加装双联装导弹发射器。[1]

海务大臣们在 1954 年 11 月的会议中提出要进行一项名为"导弹驱逐舰"（Destroyer GW Ship）的研究。该战舰满载排水量为 3550 吨，搭载一个双联装海蛞蝓导弹发射器和 12 枚导弹以及 3 座 L70 博福斯高射炮。动力系统沿用当初提交给海务大臣的 5 英寸舰炮巡洋舰研究方案中使用的 Y102 型蒸燃联合动力装置，但由于船身长度的关系，虽然她的排水量只有巡洋舰的一半不到，速度却只比巡洋舰快了 0.5 节。这个方案的反水面武备令人想起当时在建的 14 型"布莱克伍德"级护卫舰，但该项目最后没能实行。

护航驱逐舰的设计工作仍在继续，在 1955—1956 年新建计划中还有 2 艘护航驱逐舰的身影。然而，正如之前提到的，有人对大型巡洋舰设计的可行性表示担忧，因此 1955 年 5 月诞生了第一个导弹驱逐舰研究方案，这似乎是由护航驱逐舰设计演化而来——可能是将原设计船尾的 3 英寸 L70 舰炮和弹药库换成了海蛞蝓导弹发射器。有迹象表明，这个研究方案是在蒙巴顿上将的鼓动下仓促准备的。海军建造总监总共提出了 4 个方案（GW54—GW57），排水量由 4550 吨到 5400 吨不等，舰炮为 1 或 2 座双联装 4.5 英寸炮塔，其中 2 座炮塔的设计都搭载 6 枚反潜鱼雷，三型中程火控系统的数量由 1 套到 4 套不等，所有方案都搭载了备弹为 12 枚的海蛞蝓导弹，并采用了蒸燃联合动力装置。[2]

1955 年 7 月 14 日，两个在 GW57 方案（现在叫 GW 快速护航舰）的基础上发展而来设计方案的递交海军部委员会，此时距离第一个研究方案准备完成才刚过去两个月。这是 1955 年 5 月草拟的研究方案中最大、最强的，且一直延续到 GW58 导弹巡洋舰方案递交到海军部委员会。此舰水线长 470 英尺，宽 50 英尺 6 英寸，满载排水量 5400 吨，舰桥前端搭载 2 座双联装 4.5 英寸炮塔，主机的输出功率为 60000 轴马力，在船底干净状态下的满载航速为 31 节，续航能力为 20 节 3500 海里。两个设计的区别在于反潜迫击炮的位置：1001 号研究方

① D. K. Brown, A Century of Naval Construction. 护航舰队的排水量和军备可见：ADM 1/24610: Consideration of Armament of new Destroyer Design (PRO). 也可参见 1974 年提交给海军建筑师学会的论文："Post War RN Frigate and Guided Missile Destroyer Design 1944-1969", by M. K. Purvis RCNC. 快速护航舰（护航驱逐舰）的初次提及可见：ADM 138/818: Fleet Aircraft Carrier. New Design 1952 (NMM). 审计长取消全舰炮装备快速护航建的备忘录可见：ADM 205/104: First Sea Lord's Records (PRO).

② ADM 138/789: Guided Weapon Ships 1 (NMM).

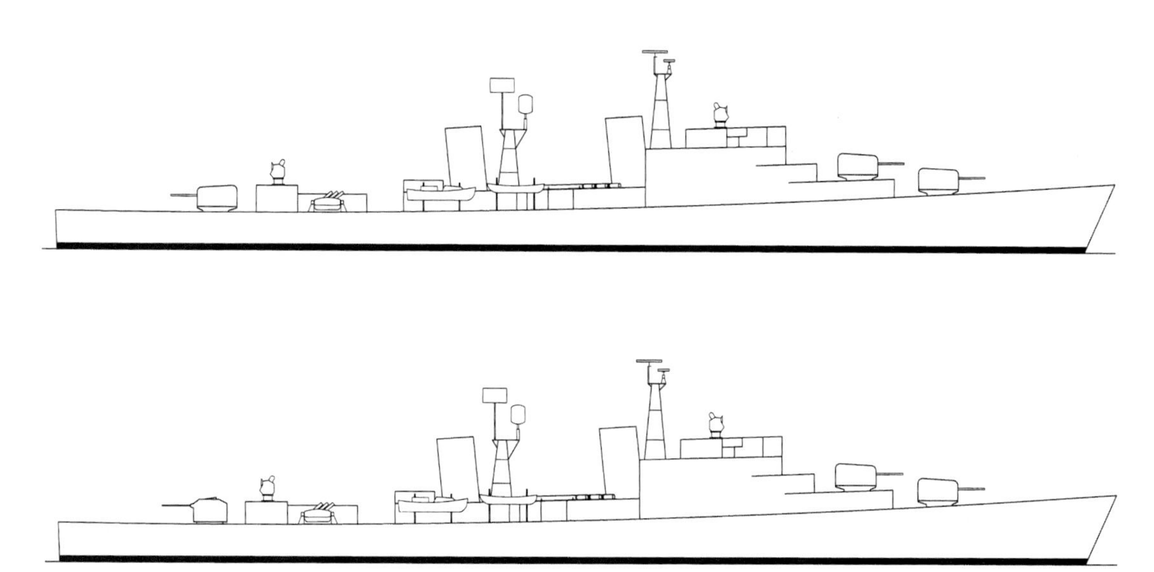

快速护航舰。这两张推测图说明了这项设计是如何产生的。第一项研究方案的主炮为 3 座双联装 4.5 英寸 MK 6 舰炮，这是原先计划配备的主炮。第二张图显示后主炮换为 1 座双联装 3 英寸 L70 舰炮。在第一个导弹驱逐舰研究方案中，这座后主炮被海蛞蝓导弹发射器取代，这个研究方案最后发展成了“郡”级导弹驱逐舰。（约翰 · 罗伯茨绘制）

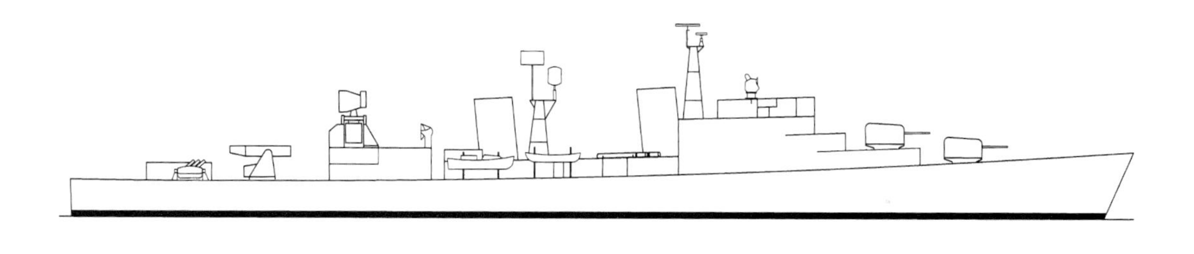

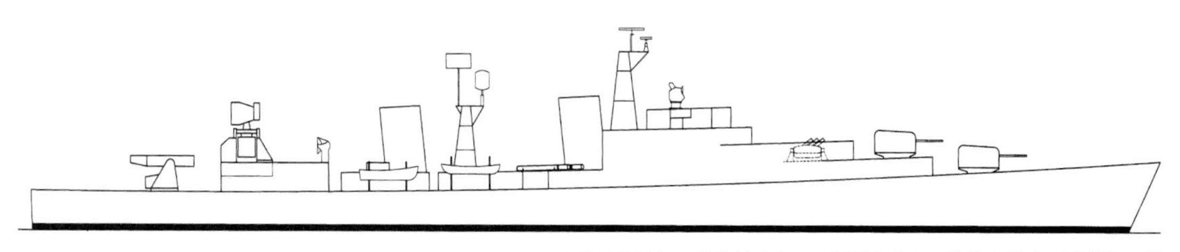

导弹快速护航舰。以上两份研究于 1955 年 5 月迅速出台，在现存快速护航舰设计的基础上，用导弹取代了双联装 3 英寸 L70 舰炮。两者的区别在于 MK 10 反潜迫击炮的位置。（约翰 · 罗伯茨根据 PRO ADM 167/139 的原始资料绘制）

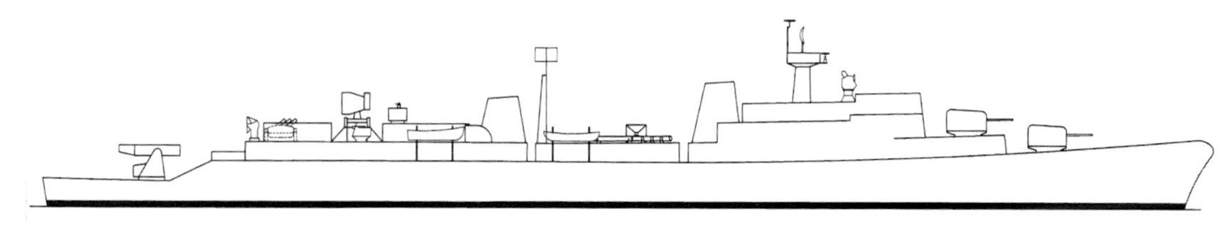

导弹驱逐舰。这份设计于 1956 年 5 月出台，具备了“郡”级最终设计的许多特点。其仍然带有 MK 10 反潜迫击炮，没有考虑过搭载直升机的问题。（约翰 · 罗伯茨根据 PRO ADM 205/109 的原始资料绘制）

案的反潜迫击炮安装在船尾导弹发射器附近，1002 号研究方案则安装在舰桥前部与 2 座双联装 4.5 英寸舰炮后部之间的部位。该方案最大的进步在于其导弹搭载量有望达到 20 枚，这些导弹存放在导弹发射器前方的弹库中，储存空间向下延伸两层甲板。海军部批准了该方案，并将其定为未来设计发展的基调。有人对导弹发射器的位置表达过怀疑，认为船尾的震动可能影响导弹的发射，海军参谋部曾考虑过增设博福斯炮塔，审计长表示，可以搭载 3 英寸 L70 舰炮作为导弹发射器瘫痪时的权宜之计。[①]

大型导弹巡洋舰的取消为该项目增加了动力，1957 年 3 月，该设计已经可以递交海军部。这艘战舰满载排水量 6000 吨，水线长 505 英尺；动力系统（Y102A 型）由 2 部 15000 轴马力的蒸汽轮机和 4 部 7500 轴马力的燃气轮机组成；在温带水域且没有清理船底时，满载航速为 30.5 节，相同情况下，就算只用蒸汽轮机，其速度也可以达到 26 节；其装有 2 个大型螺旋桨，可有效减少噪音和震动；船体由一种特殊的高缺口韧性的中强钢建造，而上层结构由铝搭配钢框架构成；该型舰吸取了罗塞斯海军造船研究所（NCRE）在战后舰船目标试验中总结的经验教训。

舰炮主要包括船首的 2 座双联装 4.5 英寸炮塔和 2 门 40 毫米 MK 10 Mod 2

① ADM 167/139: 1955 Admiralty Board Memoranda (PRO); and ADM 167/142: 1955 Admiralty Board Minutes (PRO).
在会议上递交海军部委员会的还有第三个设计方案，即“部族”级通用护卫舰，此时该舰的主炮为 2 座双联装 4 英寸 MK 18 舰炮。1956 年 12 月，英国开始考虑搭载“精灵”超轻型直升机。英国决定保留“地狱边境”反潜迫击炮，但在进一步评估直升机的能力之前，导弹发射器的位置问题仍然悬而未决。ADM 205/112: First Sea Lord's Records (PRO).

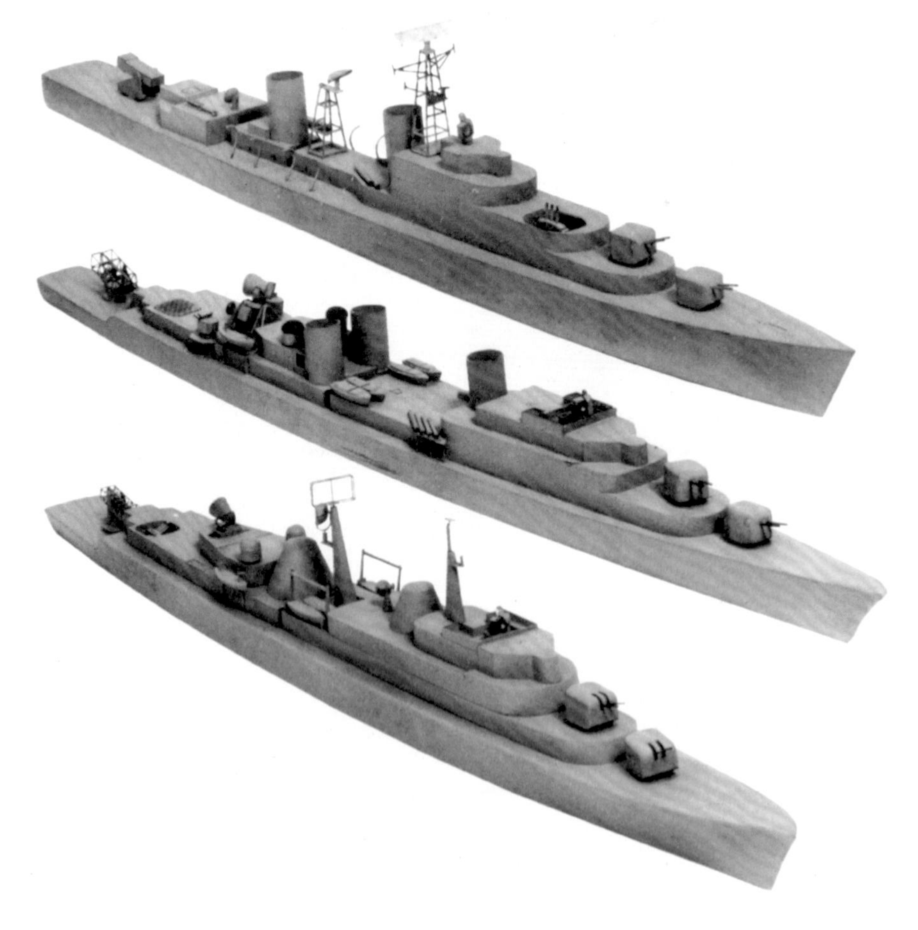

“郡”级导弹驱逐舰的 3 个研究方案模型。上图：1002 号研究方案，首批研究方案之一，前部装备了 MK 10 反潜迫击炮。中图：后期研究方案，后烟囱被分隔开来。下图：船体大部分抬高一层甲板后的研究方案，船尾仍然装备了MK 10反潜迫击炮，并且没有考虑搭载直升机的问题。（D. K. 布朗收集）

舰炮；导弹发射装置前方的甲板室也装备有 8 枚反潜鱼雷和 1 枚 MK 10 反潜迫击炮；海蛞蝓导弹当时预计配备 14 枚常规弹头和 4 枚特殊（核）弹头（参见下文）；船中央（烟囱后部）的甲板室被抬高一层，用以存放特殊弹头。外观上的主要变化在于后烟囱被分隔开来，以简化燃气轮机的烟道布置。

英国在这个阶段开始进入一个两难的境地，搭载 4 枚核蛞蝓导弹需要以放弃反潜鱼雷作为代价。这样的代价迫使海军开始考虑安装包括机库在内的航空设施来搭载“精灵”超轻型直升机，但这样一来就要放弃反潜迫击炮。海军尚未对直升机进行评估，因此花费了 12 个月来审议相关的建议。当时可以迅速实现的方案是为一架 S.55 直升机提供一个没有机库、维修或加油设施的着陆平台。包括舰炮在内，首舰的预计成本为 900 万英镑，后续舰包括舰炮在内的成本约为 800 万英镑。[①]

海军部批准了这项设计的草图和各种细节图例，并确认其可以继续按照计划进行，同时他们还表彰了海军建造总监维克多·谢泼德爵士（Victor Shepheard）和其他相关人员在设计工作中展现出的智慧和独创性。有人在会议上提出了两个想法：议会秘书长提出可以用陆军新研究的亚麻导弹取代海蛞蝓导弹；海军建造总监则提出可以用一种简化电路的 984 型雷达替代主炮。按照蒙巴顿勋爵的想法，每四艘该级舰中就应有一艘将搭载这种雷达。海军研究了这两个想法，但最终都不了了之。[②]

随着详细设计工作的展开，这个设计出现的第一个变化是用两座烟囱取代了原来的三烟囱布局，这两座烟囱与最后安装的烟囱没有什么区别。1957 年 11 月，设计方案出现了根本性变化，设计人员决定将船体大部分抬高一层甲板，而此前所有的草图设计采用的都是传统的上层建筑，其目的是扩大内部空间、增强结构、提高生存性和抗核打击能力。另一个作用是将导弹搭载量提升至24枚，这些导弹存放在一个长长的弹库中，弹库位于船体上部，覆盖整个机舱上方的空间。由于这样的设计完全背离了传统，为防不测，英军安装了一个恒压灭火装置。由于该舰是按照驱逐舰的标准建造的，所以并没有配备装甲。1958 年 6 月，海军决定为该级舰配备机库和配套的支援设施，以搭载一架威塞克斯直升机。

① ADM 167/150:1957 Admiralty Board Memoranda (PRO). 41 型和 61 型护卫舰作为战后建造的第一批军舰，吸取了海军造船研究所的测试经验，第五章将会涵盖这方面的内容。《军舰》（Warship）第 41—44 期刊载了一系列 D.K. 布朗所著的关于战后测试的文章。

② ADM 167/149: 1957 Admiralty Board Minutes (PRO). 在那场会议中，有人认为 MK 2 海蛞蝓导弹能够满足所有要求，但亚麻导弹并不能保证。

“郡”级驱逐舰，“德文郡”号发射海蛞蝓导弹。（国防部）

至此，该级首舰的成本已上涨至 1050 万英镑。[1]

1959 年 3 月，该级前两舰“德文郡”号（Devonshire）和“汉普郡”号（Hampshire）分别在卡默尔·莱尔德造船厂（Cammell Laird）和约翰·布朗公司（John Brown）开工建造，同时这两家公司也负责该级舰的详细设计工作。“德文郡”号于 1962 年 11 月竣工，正好是第一批研究开始的七年半后，这是相当了不起的。英国海军造船部（RCNC）的约翰·科茨（John Coates）负责“郡”级战舰的设计工作长达 6 年之久。他参加了新舰在美国和加勒比海的试航活动，其目的之一是在热带条件下测试空调系统，该级是第一型在一开始设计时就配备空调系统的战舰。试航途中，“德文郡”号访问费城，美国海军舰船局的人对战舰上奢

① D. K. Brown, A Century of Naval Construction. ADM 167/149: 1957 Admiralty Board Minutes (PRO); and ADM 167/151: 1958 Admiralty Board Minutes (PRO).
根据 1958 年 6 月 5 日的海军部会议记录［收录于：ADM 205/176: First Sea Lord's Records (PRO)］，按照最初的设想，机库采用伸缩式设计，使用时机库拉伸，将飞行平台上的直升机收入其中。维克多·谢泼德爵士退休后，三烟囱布局开始改为双烟囱布局。

“安特里姆”号按原计划搭配 2 座双联装 4.5 英寸舰炮和 2 套 965 型雷达。

1976 年 1 月 26 日拍摄的“诺福克”号。注意替换“B”炮位双联装 4.5 英寸舰炮的飞鱼反舰导弹。（迈克·列依公司）

华的居住环境和无支柱的机舱感到十分惊讶。科茨解释道，作为整体设计的负责人，他认为该级舰的结构布置使他们没有必要再设置支柱。而美国海军舰船局的决策更为部门化和制度化。[①]

英国海军的原计划建造 10 艘“郡”级导弹驱逐舰，但是到了 1963 年，海军开始发展搭载新型 CF299（海标枪）导弹的护卫巡洋舰和 82 型护卫舰，因此推迟了最后 4 艘“郡”级导弹驱逐舰的建造工作。然而到了年底，护卫巡洋舰的计划由于种种原因不得不推迟，82 型护卫舰计划也存在诸多不确定性。鉴于这些情况，海军决定继续建造其中两艘推迟的“郡”级导弹驱逐舰，以保证导弹武器的有效性持续到 20 世纪 80 年代。[②]

海蛞蝓导弹的发展历程相当曲折。研制工作经历了许多困难，在距离服役还有很久的 1957 年，这种导弹就被认为“不如预期的那么好”。其主要的缺陷在于它是一种驾束制导导弹，没有可跟踪目标的寻的装置，因此精度会随着距离的增加而降低。导弹对付低空目标的能力也曾遭受质疑，因此英国决定为海蛞蝓导弹配备核弹头（特殊弹头）以降低精度要求，扩大导弹的有效射程，同时赋予其反舰能力，使搭载这种导弹的战舰能够对付俄国巡洋舰和地面目标。海军部认为在舰上存放和使用核弹头太过危险，因此 MK 1 型海蛞蝓导弹并没有装备核弹头。1960 年，为了克服 MK 1 型的缺陷，英国开始研制 MK 2 型海蛞蝓导弹。改进后的海蛞蝓导弹可以攻击超音速目标和俄国的“彗星”型（Komet）导弹，这是早期型号所不具备的能力。北约代号“狗窝”的彗星导弹是一种形似米格 15 战斗机的空射驾束制导导弹。MK 2 型海蛞蝓导弹也可以装备核弹头，制造技术的进步使其可以配备更小更安全的核弹头。英军原计划先在第二批战舰中搭载 MK 2 型系统，之后再改造第一批，但直到最后，也只有第二批战舰装上了新系统。蓝蛞蝓导弹（Blue Slug）是一个与之相关的项目，这是一种飞行高度约为 50 英尺的反舰导弹，由高度计控制。其射程远于“斯维尔德洛夫”级的 6 英寸舰炮。这个项目可能由于 MK 2 型海蛞蝓导弹的发展而被取消。[③]

该级前四舰，“德文郡”号、“汉普郡”号、“肯特郡”号和“伦敦”号均按照原设计竣工。第二批战舰，“佛夫”号、“格拉摩根”号（G Lamorgan）、“安特里姆”号（Antrim）和“诺福克”号（Norfolk）都装上了 MK 2 型海蛞蝓导弹和改进版的 965 型远程雷达。她们的服役寿命都相当短，第一批的最后一艘战舰“肯特郡”号在 1980 年改成了训练舰，第二批的所有战舰都卖给了智利，“佛夫”号在 1987 年最后一个正式转让。[④]

① 2002 年 3 月，约翰·科茨博士与 D. K. 布朗就其试航经历进行了交流。从海军造船部退休后，凭借对希腊三层桨座战船的研究，他获得了博士学位。

② ADM 167/162: 1963 Admiralty Board Minutes (PRO).

③ T 225/1539: 1946-1959 Admiralty R & D of Guided Missiles for use a float (PRO); and DEFE 30/2: Defence Board-The Naval Programme 29 November 1960 (PRO). 关于蓝蛞蝓导弹的资料参见：ADM 138/888: SCC Project 35 (Aircraft Carrier CVA-01, NMM).

④ Conway's All the World's Fighting Ships 1947-1995 (London 1995), p508.

第三章
改造

战舰除了自身的老化外，还会在战争中积累各种损伤，在预算和各种条款的制约下，为了保证战舰的数量和质量，英国出台了战舰改造计划。“二战”前改造的主要战舰包括“厌战”号（Warspite）、“伊丽莎白女王”号（Queen Elizabeth）、“刚勇”号（Valiant）战列舰，“声望”号（Renown）战列巡洋舰和“伦敦”号巡洋舰。大规模改造和小规模改造之间存在着并不明显的界限，这里区分两者的主要标准在于前者需要提交给海军部委员会批准。

“胜利”号航母

战争结束时，皇家海军手中有6艘航母，不过她们的机库都是装甲的，高度上无法匹配新型的舰载机，而且对舰载机的重量也有限制。各航母的机库高

1959年8月3日，经过改造的“胜利”号驶离纽约。舰载机包括斜角甲板旁的“弯刀”战机、船尾的“天袭者”（Skyraiders）空中预警机，其余可见的舰载机有“塘鹅”反潜机和“海毒液”战机。（皇家海军博物馆）

度和舰载机限重如下："光辉"号（Illustrious）——16英尺，20000磅；"可畏"号（Formidable）和"胜利"号（Victorious）——16英尺，14000磅；"不挠"号（Indomitable）——上层机库14英尺，下层机库16英尺，14000磅；"怨仇"号和"不倦"号（Indefatigable）——上下层机库皆为16英尺，200000磅。当时对机库的要求为17英尺6英寸高，限重30000磅，这个要求在新型"皇家方舟"级和"赫尔墨斯"级的航母设计中得以实现。这些缺陷很大程度上限制了现存航母的战斗力，1945年9月，英国开始探寻现代化改造的可能性。

1945年11月，副审计长认为1950年需要9艘舰队航母，其中3艘是"皇家方舟"级（当时"鹰"号还没有取消），其余6艘是"光辉"号和与她同时代的5艘舰队航母。此外，他不建议进行不够全面的改造。据说全面改造的成本为250万英镑，而建造一艘新航母的成本则为700万英镑。但负责海军航空的第五海务大臣认为"光辉"号并不值得进行现代化改造，倒不如用省下的钱订购一艘新航母。无论如何，由于资金问题，这个项目被推迟了6个月。[①]

1946年夏天，该项目重启，英国围绕机库的封闭性展开了讨论［该问题是导致"马耳他"级航母（Gibraltar/Malta）取消的原因之一］。海军建造总监查尔斯·利利克拉普爵士（Charles Lillicrap）行事雷厉风行，他不认可开放式机库，不过由于美军在太平洋战争前钟爱开放式机库，英国各方的争执似乎达到了微妙的平衡。封闭式机库虽然限制了舰载机的行动，但可以更好地保护战舰。利利克拉普爵士很想避免之前"马耳他"级战舰的情况，当时初版的设计采用的是封闭式机库，后来改成了开放式，重新设计的战舰超长了50英尺，因此整个项目都被取消了，这是对设计工作的一种浪费。他还表示了对于战舰要等9~12个月之后才能归队的顾虑。最后海军助理参谋长（空军）成立了小型委员会，根据战舰的优缺点决定她们的未来。在比基尼环礁核试验的结果得到证实之前，英国没有就机库的封闭性问题做出任何决议。[②]

1947年1月，委员会召开了第一次会议。海军建造总监指出航母至少应坚持到1967年，保有20年的服役寿命。会议决定现代化改造的顺序为："可畏"号、"胜利"号、"不挠"号、"光辉"号、"怨仇"号，最后是"不倦"号。最简单的是"可畏"号和"胜利"号的项目，"怨仇"号和"不倦"号难度较大。海军部做出决议的当月，委员会举行了第二次会议。虽然局部的现代化工程并不划算，但是以当时的财政情况，英国不可能进行全面的现代化改造。当时6艘航母都有很多待改进的地方，但英国都只对其关键部分进行了改造，要不就下放到后备舰队里。会议还提出计划不会因为比基尼试验而受到影响，这也就意味着英国将会维持封闭机库的设计。1947年4月，委员会提交了最终报告，赞成将"可畏"号和"胜利"号按照所谓的"赫尔墨斯级改进型"的标准进行全面的现代化改造。这两艘

① ADM 138/767: Existing Fleet Carriers Modernisation 1945–1949 (NMM).
② ADM 1/19161: 1945 Modernisation of Fleet Carriers; ADM 1/19977: 1946–47 Modernisation of existing Fleet Carriers (PRO) and ADM 138/767: Existing Fleet Carriers Modernisation 1945–1949 (NMM). 机库封闭性的争论随着核武器和喷气式舰载机的出现而有了转机，参见第四章。

被称为“高速装甲版赫尔墨斯级”的航母可以搭载48架舰载机。相比之下，“赫尔墨斯”级的载机量为45架，而“皇家方舟”级的载机量则为84架。海军部委员会在1948年1月前原则上批准了这个项目。[①]

设计准备工作于1948年2月开始，当时“可畏”号仍然是第一目标。工作进展得很缓慢，预计在1950年2月才能设计好图纸。该战舰的满载排水量为33000吨，标准排水量27180吨；由6座双联装3英寸L70舰炮取代8座双联装4.5英寸舰炮；保留了3英寸的飞行甲板，但是战舰从机库甲板为起点，往上进行了大规模改装；船体宽度增加，意味着要移动侧面装甲，重新安排机舱外的各种舱室；所有的电缆、电线都会重新布置，发电量加倍；同时安装了新的辅助传动装置，舰岛也进行了改造。然而该项目的成本并不明确，因为海军建造总监所掌握的信息不足以预估成本，这并不是什么好事。彼时，改造的第一目标已经变为“胜利”号了，因为她的现状要优于“可畏”号，后者的飞行甲板已经变形，传动轴也有损坏，还有其他的严重问题，要修复这些缺陷需要很长一段时间。

1950年10月，改造工作在朴茨茅斯船厂启动，并期望在1954年4月竣工。不过该项目遭遇了许多变数，首先由于英军的3英寸L70舰炮研发进度缓慢，舰炮换成了1951年2月从美国进口的3英寸L50舰炮。1952年6月，英军开始考虑加装斜角甲板，因为2月时斜角甲板在轻型舰队航母“凯旋”号上的测试成功了；到1953年5月，英国决定安装角度为8.5度的斜角甲板；1953年7月，英军又决定安装984型雷达，这可不是一项小工程。英军还认为战舰的锅炉应该要能够一直用到1964年，期间不进行大的修整，所以锅炉也要换新，这在某种程度上可以说是又荒谬又昂贵——首先要拆掉旧锅炉，但是由于改造工作正在进行，战舰已经重新安装了装甲甲板，所以不得不卸下大量已经完成的部件。最初的想法是安装和之前辅助传动系统的锅炉类似的新锅炉，成本预计为25万英镑。但拆掉旧锅炉之后，英军才发现只有现代化锅炉能满足蒸汽弹射器的大间歇喷气需求。由于要加入新型的锅炉和辅助传动系统，改造的预算上升到了60.7万英镑。1953年12月，海军部批准了该方案，为了控制盈余，其提供了65万英镑的预算。

1955年7月，英国设计出一份新的图纸，满载排水量35500吨，标准排水量30532吨，当时预计1957年6月竣工。事实证明这个项目比之前的任何项目都要复杂，其明显需要更好的生产控制系统和程序来进行，并且要到1958年才能完工。改造的成本不断在上涨，1947年12月，预计成本已经高达每艘战舰500万英镑（不包括舰炮）了；1950年8月，船厂开始接管“胜利”号时，总成本为540万英镑；1950年10月，有了船厂提供的可靠数据，成本又上涨到了770万英镑；1952年3月，

① ADM 138/767: Existing Fleet Carriers Modernisation 1945-1949 (PRO).

实时预算已经高达 1100 万英镑；到 1953 年 12 月，算上新的锅炉、斜角飞行甲板和 984 型雷达，预算又上涨到了 1416 万英镑。最终的成本为 3000 万英镑，远远超出了当初的预期，不过考虑到结果，经过改造后的现代航母能够匹配上新型的喷气式舰载机，这一改造工程可以说是很成功的。[①]

按照顺序，下一艘战舰是“怨仇”号航母，其预计于 1953 年 4 月由德文波特船厂（Devonport）接手，按照“胜利”号的标准进行现代化改造，满载排水量 36000 吨，再接下来是“不倦”号。但 1951 年 10 月，该项目被延期两年，同时“胜利”号的情况也开始给英国拉响警报。1952 年 6 月，海军部认为花大价钱对旧航母进行现代化改造并不可取，决议该计划应该在“胜利”号完工后就立刻停止。[②]

① ADM 138/770: Victorious (NMM), and D K Brown, A Century of Naval Construction. “新装锅炉的进展”记录于：ADM 167/143: 1953 Admiralty Board Minutesand Memoranda (PRO). 此项预算参见：ADM 167/144: 1954 Admiralty Board Minutes and Memoranda (PRO). 通货膨胀是成本上升的一个影响因素，但绝不是主要原因。

② ADM 138/806: Implacable Modernisation, and ADM 138/818: Fleet Aircraft Carrier New Design 1952 (NMM).

“赫尔墨斯”号

这艘轻型舰队航母原名为“象”号，是 1943 年新建计划中的战舰之一，由维克斯·阿姆斯特朗公司（巴罗）承建，是 8 艘“赫尔墨斯”级战舰之一，这其中有 4 艘在“二战”结束时被取消，包括原始的“赫尔墨斯”号。该级别的战舰进展都很缓慢，在 1953—1954 年间才完工了其中 3 艘。1948 年 12 月，海军部向船厂表明“赫尔墨斯”号要在 1952 年底竣工。然而船厂想优先完成给澳大利亚海军的“墨尔本”号，因此“赫尔墨斯”号的工期被大大延长，甚至有一段时间，她的建造工作完全处于停滞状态，不过英军充分利用了延后的时间，对其设计进行了大量修改。

1951 年，英国做出了第一批重要的改进：安装 2 个蒸汽弹射器、1 个舷外升降机和更好的阻拦装置。在航母上使用舷外升降机加封闭机库的设置比想象中的要复杂。船体的结构就像一个由梁组成的箱子，飞行甲板和船底承受了大部分的弯曲应力，船体两侧和机库承受剪切应力，防止船体发生屈服弯曲，而在机库和船的两侧开一个大洞，则大大降低了结构的强度。海军造船研究所提

1966 年拍摄的“赫尔墨斯”号，甲板上有一对“弯刀”舰载机。她原本是“肯陶洛斯”号的姐妹舰，但是该舰完工后，除了船体的外貌，两者几乎没有什么相似的地方。（皇家海军博物馆）

出了一个可行的方案（参见第十二章里的图片）——新式的光弹性法，并用有机玻璃造了一个大模型。该模型使用偏振光照亮，还进行了陆基试验。模型上条纹的明暗显示应力的分布规律，条纹的密度则反映了应力的大小。该模型可塑性很大，所以在得到最佳方案之前可以随意修改。为防火灾，战舰上还为机库安装了滑动门。“赫尔墨斯”号和“皇家方舟”号上的舷外升降机可以正常工作，但重量很大，且对舰载机的大小也有限制。支持蒸汽弹射器的结构也很难设计，关键问题是战舰前端在阻拦舰载机时会产生严重的冲击。英国造了一个弹射器的复制品，可在 69×33×39 英尺的测试框架里进行试验，该框架的负载能达到 2000 吨。“赫尔墨斯”号的弹射器设计吸取了 1953 年英国测试“皇家方舟”号弹射器结构时的经验教训。

1953 年，英国批准了进一步的主要工作，包括一个全角甲板和一套 984 型雷达。加装这些设备使得标准排水量从 18410 吨涨到了 23460 吨，满载排水量从 23800 吨涨到了 27800 吨。满载排水量还可以勉强接受，但是令人担忧的是一些雷达和武器装备还没有完全研发出来，如果后续研发要增加重量，那就不

1974 年 6 月，“赫尔墨斯”号转型为突击航母后的布局，其正在从美国海军的“尼奥肖”号（Neosho）航母上获得补给。右舷为美军“诺克斯”级（Knox）的“弗里兰”号（Vreeland）护卫舰。（皇家海军）

1983 年，“赫尔墨斯”号从福克兰群岛战争凯旋。我们可以看到侧舷上有明显的锈迹，参加该战役的其他战舰归来时，涂装都很完整。“赫尔墨斯”号始建于 1944 年，当时的储铁技术还不先进，D. K. 布朗在 1947 年（或 1948 年）作为学徒参与了她的建造工作。（皇家海军）

得不减轻其他装备的重量。英军控制重量的手段非常极端，大到用塑料电缆代替铅电缆以减重 50 吨，小到用轻合金舰桥节省仅仅 5 吨。总体上，英国通过对超过 17 个部件的细微调整，省下了大约 120 吨的重量。尽管战舰的速度不可避免地受到了影响，但是在热带水域下水 6 个月后，其预计航速仍能达到 25 节——当蒸汽弹射器在极限条件下工作时，战舰的最大航速还要再降低 1.5 节。战舰的续航能力同样也被削弱了，在热带水域中下水 6 个月后，最初的续航要求为 20 节 6000 海里，随后变成了 20 节 4800 海里，有一小部分原因是计算规则的改变，使得计算值减少了 5%。

1954 年战舰的舰载机预计为 8 架“弯刀”战机、8 架“海雌狐”（Sea Vixen）战机、8 架“塘鹅”战机、4 架“天袭者”战机（推测为空中预警机和反潜战机）以及 2 架直升机。由于弹射器的限制，战舰无法搭载大型的舰载机。[①]

“赫尔墨斯”号在 1959 年完工后一直作为突击航母，1971 年，其转型成了威塞克斯直升机的指挥航母，卸下了弹射器、阻拦索，雷达从 984 型换成了 965 型，不过战舰的总体结构并没有大的改变。其在 1977 年成为反潜航母，搭载海王（Sea King）直升机，很快又配备了一队海鹞（Sea Harriers）战机提供防空力量，并安装了 7 度的滑跃斜坡。这艘战舰在当时被称为“全通甲板巡洋舰”的“无敌”级完工前，填补了英军的空缺，并在 1982 年的福克兰群岛战争中扮演了重要的角色。1984 年，该舰被卖给印度，更名为“维拉特”号（Viraat）。[②]即使在生涯晚期没有多少贡献，但“赫尔墨斯”号在皇家海军还是有过一段辉煌时光，可以说是十分成功的。

“坎伯兰”号（Cumberland）试验巡洋舰

1951 年，英国把“郡”级巡洋舰“坎伯兰”号作为试验舰进行了改造，除

① Vickers Archives (Cambridge University Library) and ADM 167/144: 1954 Admiralty Board Minutes and Memoranda (PRO).
减重方案可见：ADM 167/143: 1953 Admiralty Board Memoranda (PRO).
光弹性科技由 J. A. H. 帕菲特（J. A. H. Paffett）引进海军造船研究所，由 K. J. 罗森（K. J. Rawson）将其应用于舷外升降机上。事实证明，舷外升降机和封闭式机库并不兼容，“皇家方舟”号装备斜角甲板后，舷外升降机就被移除了，它只能作用于上甲板。

② Conway's All the World's Fighting Ships 1947–1995, p499.
福克兰群岛战争中“赫尔墨斯”号的维修指挥官将其描述为“钢铁堡垒”。

"坎伯兰"号正在进行预湿试验，测试其对核辐射的抵抗作用。（英国政府版权所有）

了重装新型武器系统以外，英国还进行了许多其他重要的尝试。起初该舰搭载了1座单装4.5英寸炮塔以及40毫米稳定速率式防空炮（STAAG），配备战舰级驱逐舰的雷达系统，都和烟囱并排安装在战舰的右舷。随后左舷也装了1座4.5英寸舰炮。1953年，该舰Y炮位搭载上了双联装3英寸L70舰炮，B炮位则搭载了双联装6英寸MK 26舰炮（两者都曾应用于"虎"级战舰），两者将由舰桥上的三型中程火控系统控制。其余试验包括降低核辐射的预湿，搭载4对固定的稳定鳍（stabiliser fins），这样的设置比单个高纵横比的稳定鳍效果更好、更易安装，改造的大部分工作都致力于优化操作系统。她还借鉴了战时战舰"萨维奇"号的三叶降噪螺旋桨，但由于一些原因，它们在"坎伯兰"号上的效果并不好。最后该战舰于1958年被出售。[①]

① 稳定性试验记录可见：J. Bell, "Stabilisation Controls and Computation", Transactions of the Institute of Naval Architects (1957). 作者指出，用"stabiliser"一词其实并不妥当，它们实际上是滚动阻尼装置。考虑到战舰的锅炉情况，三叶降噪螺旋桨可能无法全速运转。D. K. 布朗明确记得战舰的速度可以轻松达到25节。

1956 年 7 月，经过改造后的“保皇党”号（Royalist）。她是“黛朵”级中唯一进行了大面积现代化改造的战舰，包括新的舰桥结构、新型的传感器和 40 毫米博福斯近距离防空武器。改造完成后，该战舰可以说相当帅气，不过晚年也和当时很多战舰一样，饱受船体腐蚀的折磨。（国防部文件）

Ca级驱逐舰

该级别的 8 艘驱逐舰都是在“二战”的最后一个月完工的。1951 年，英国认为需要对她们进行现代化改造来匹配现在的战舰战力。改造后，其主要功能是保护重型部队不受敌方潜艇、空军和轻型部队攻击，同时打击敌方轻型部队、破坏敌方物资交换；次要功能为跟随巡洋舰执行独立任务、协助联合任务、用鱼雷打击敌方重型战舰。这是英国对战时巡洋舰做出的最全面的改造，此次改造后，该级别战舰的反潜和防空能力都得到了很大的提升。

该级别战舰中有 4 艘采用的是护卫舰的舰桥结构，因此英军重建了整个舰桥，扩大了作战指挥室空间。为了搭载双管的“乌贼”反潜迫击炮，英军拆除了战舰的 3 号 4.5 英寸炮塔，随后又卸下了一套后置鱼雷发射管，以便后甲板室向前扩展。剩下的 3 门 4.5 英寸舰炮由 MK 6M 雷达控制，装备 FPS 5 系统（Fly Plane System 5），同时还装备了一套 275 型雷达。近距离武器包括 1 座带有 STD 系统（Simple Tachymetric Director）的双联装 40 毫米 MK 5 博福斯炮塔以及 2 座与舰桥平行的单装 40 毫米 MK 7 博福斯炮塔。搭载的声呐是 147F、162、166 型，同时声呐仪器室的空间也扩大了。深水炸弹室改成了“乌贼”迫击炮的弹药库，可以搭载 60 枚炮弹（10 发）。搭载的雷达包括 1 套 293Q 型水面及低空搜索目标指示雷达以及 1 套 974 型台卡（Decca）导航设备。1 号锅炉室里 50 千瓦的机器换成了 150 千瓦，2 号锅炉室在保留原有的 50 千瓦发电机的基础上增设了 150 千瓦的机器，因此战舰的发电量也得到了提升。所有的添置都是有代价的——战舰的满载排水量从最初的 2485 吨上涨到了 2675 吨，新舰在温带水域的最大航速为 30 节，需要常备 50 吨的压舱物来保持稳定。至此，该舰的排水量已经达到了顶点，无法再继续增重了。事实证明该级战舰的表现相当不错，第一艘战舰直到 1967 年才报废，“骑士”号（Cavalier）现在还保存在查塔姆海军造船厂里。[1]

“虎”级巡洋舰

“虎”级剩下的 3 艘巡洋舰都是战前设计结合战争经验后的改进版。其主要

① ADM 167/140: 1951 Admiralty Board Minutes and Memoranda (PRO).

的变化是用三联装 6 英寸 MK 24 舰炮取代了原先的 MK 23 舰炮，仰角从 45 度提升到了 60 度。1946 年夏天，英国放弃这 3 艘战舰的建造工作时，这些军备已经接近完成了。[1]

1947 年 11 月，英国深入研究了在“虎”级战舰上搭载新型双联装 6 英寸 MK 26 舰炮的可能性（海军曾指定其为“弥诺陶洛斯”级的武器），结论是可以在船首和船尾各搭载 1 座该舰炮，另外可以加装 3 座新型双联装 3 英寸 L70 舰炮。当时的另一种方案是卸下所有的 6 英寸舰炮，换上 6 座双联装 3 英寸 L70 舰炮。1948 年 3 月，英国决定采用 6 英寸舰炮的方案，因为仅用 3 英寸武器的话，战舰碰上武装商船队将会毫无还手之力。然而，该级战舰的改造工作还是一直处于停滞状态，“布莱克”号和“虎”号是船厂的问题，而“防御”号则是因为她已经进入后备舰队了。朝鲜战争爆发时，英国曾考虑过将搭载 6 英寸 MK 24 舰炮的战舰建造完，此舰炮本来会装在 A、B 炮位，船尾的 X、Y 炮位将会搭载 2 座双联装 4.5 英寸 MK 6 舰炮，侧舷的 P1、S1 炮位搭载单装 4.5 英寸 MK 6 舰炮或者 2 座单装 4.5 英寸 MK 5 舰炮。其搭载的 6 英寸舰炮现在保存在罗赛斯船厂中（Rosyth Dockyard），有一些还是半成品。当英国发现这一战舰要到 1953 年才能完工时，他们果断放弃了这个项目，所以整艘船只完成了一部分舰炮的建造工作。[2]

设计工作进展缓慢，到了 1954 年国防部开展彻底审查期间，海军部内部对这 3 艘巡洋舰竣工后的价值产生了严重怀疑。此时她们已经被搁置 8 年了。据说“布莱克”号和“虎”号“状态非常良好”,但滞留在泊位的“防御”号状态就“不那么好”了。最后在 1954 年 7 月，海军部委员会批准了经过重新设计的设计说明和草图设计。当时该级舰的任务定位是为船队和航母特遣舰队护航并提供防空支援。这几艘战舰的局限性也相当明显，因为就算完工，到那时她们也已经在水里搁置 12 年了，而且船体和传动系统等主要部件都是战前的设计，再加上添置的之前没有的各种设备，战舰的舱室将变得十分拥挤，住宿条件也很艰苦。

改造的规模很大。所有的上层建筑、炮座、分舱舱壁以及大部分服务设施都被拆除。此外，所有的辅机和设备都必须进行改造或替换，以便完全使用交流电力系统。翻新锅炉也曾纳入考虑范围，但海军部委员会将其排除在外，因为这样做的收益并不能弥补所带来的延误和成本。该级舰改造后的满载排水量

① Vickers Archives (Cambridge University Library).

② ADM 138/777: Tiger Class Cruisers (NMM). 英国希望“虎”级战舰能够打败苏联的“斯维尔德洛夫”级巡洋舰。“虎”级的开火频率更高、装甲更厚、校正更精确。（D. K. 布朗）

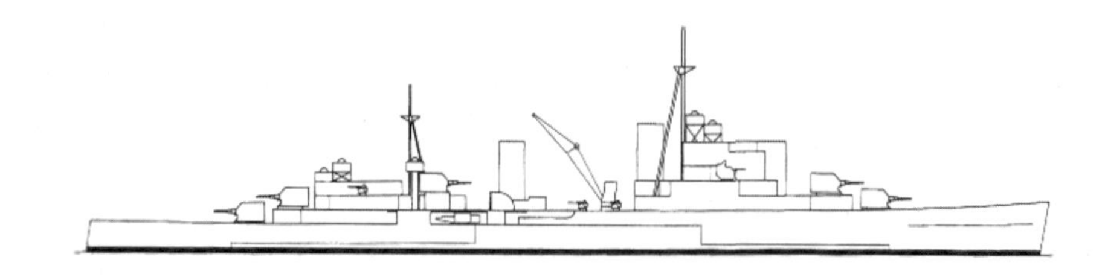

全部搭载 3 英寸 L70 舰炮的“虎”级战舰。该方案于 1947 年 11 月提出，不过最后采用的是带有 6 英寸 L70 舰炮的方案。请留意 3 英寸舰炮的大小，其装备在 1936 年和 1937 年设计的船体上也并没有不合适（当时的船体是以搭载 4 座三联装 6 英寸 MK 23 舰炮为目的设计的）。（约翰·罗伯茨根据 NMM ADM 138/777 中的原始资料绘制）

为11900吨，由于排水量的增加，以及空调系统等改造项目，在离开船坞6个月后，其在热带水域航行的航速降至29.25节。船底处于干净状态时的续航能力下降440海里，变为4190海里。改造后的主副武器与1947年最初设想的一样。改造成本大约为每艘600万英镑，耗时3年竣工，据说要新建一艘同级别的巡洋舰成本为1200万英镑，且需要5年时间。英国决定完成该级别的改造工作时，也清楚她们最终会被导弹战舰取代，不过这至少是10年后的事情了。这一阶段的"虎"级战舰可以说正处于其生涯的过渡阶段。[①]改造时间比预期的要长一些，"虎"号在1959年3月竣工，"狮"号（原名"防御"号）在1960年7月竣工，"布莱克"号在1961年3月竣工。最后一艘战舰完工后仅仅过了20个月，英国就开始了新型"郡"级导弹驱逐舰的研发。改造成本也比预计的高，"虎"号花费1311万英镑，"狮"号花费1437.5万英镑，"布莱克"号花费1494万英镑。通货膨胀虽然有所影响，但并不是主要因素。[②]

由于"北极星"潜艇出现、导弹驱逐舰开始服役，以及长期的新建计划需要改变，护航巡洋舰的计划被推迟了。英军又为"虎"级战舰找到了新的定位，护航巡洋舰本将为舰队提供具有反潜能力的直升机，此需求并没有因为护航巡洋舰计划的推迟而受到影响。英国在1963年秋做出决议，改造后的"虎"级战舰可以最快速、最实际地满足搭载反潜直升机的要求。陆军部曾担心过这会影响支援陆军的轰炸行动，但在考虑过后，其认为这可以接受。

英军总共考虑的3套方案如下：

· X方案：甲板提供1架威塞克斯直升机的空间，另外机库还保留了3架的空间。

· Y方案：甲板提供2架威塞克斯直升机的空间，但是一次只能降落1架；机库里有4架直升机的空间，搭配与新型导弹驱逐舰同等级的维修设备；拆除船尾的6英寸舰炮和2座3英寸炮塔。

· Z方案：甲板提供2架威塞克斯直升机的空间，可同时起降；机库和维修

① ADM 167/144: 1954 Admiralty Board Minutes and Memoranda (PRO); and ADM 138/777: Tiger Class Cruisers (NMM).

② Conway's All the Worlds Fighting Ships 1947–1995, p504.
战舰的成本参见：Jane's Fighting Ships 1970–71.
总共有两种搭载MK 26舰炮的设计，在搭载的6门舰炮中有3门是电力驱动，另外3门是液压驱动。

1959年的"虎"号战舰。当时她虽然是一艘新舰，但是其战略地位没过几年就被"郡"级导弹驱逐舰取代了。（皇家海军博物馆）

设备与 Y 方案相同；同样拆除船尾的 6 英寸舰炮和 2 座 3 英寸炮塔。

最初英国认为，即使算上受护航巡洋舰方案推迟影响而做的改装，战舰的改造也可以在很短的时间内完成。X、Y、Z 方案的所需时间分别为 9 个月、12 个月、15 个月，成本分别为 125 万英镑、150 万英镑、200 万英镑。

虽然 Z 方案的各项成本最高，但仍然是最合理的选择。英国不久就发现，改造总成本比预计的要高，3 艘战舰的改造费用总计 1200 万英镑，还要加上 1964—1968 年间建造威塞克斯 3 型直升机花费的 1050 万英镑。不过即使改造后战舰的预期寿命只有 6 年（随后延长到 10 年），英军仍然觉得该项目值得继续发展。其对政治领域也有所帮助，因为“虎”级战舰作为传统巡洋舰，一直承受了很大的争议。机组人员的短缺是一个亟待解决的问题，海军航空兵（Fleet Air Arm）已经少了 37 名飞行员，所以英国要在 1964 年训练出 75 名优秀的飞行员。当时征召的士兵也许并不能满足要求，训练飞行员可能比改造战舰花的时间还要长一年。然而改造工作比预计的进行得更久，“布莱克”号于 1965 年由朴茨茅斯造船厂接手，但直到 1969 年才完工，“虎”号则是在德文波特造船厂从 1968 年一直待到 1972 年。各种延误，再加上船厂慢慢堆积起来的任务，使得英国放弃了“狮”号的改造项目，并在 1975 年把她归到了待处理的名单中。事实证明改造成本远远超过预期：“布莱克”号花费 550 万英镑，而“虎”号则达到了 1325 万英镑。1982 年，英国卖掉了“布莱克”号（1980 年退役），“虎”号则直到 1986 年才被处理。[①]这两艘战舰一直被视为两种角色的过渡阶段，在

① ADM 1/28609: 1963 Fleet Requirements Committee:proceedings 1963; and Conway's All the Worlds Fighting Ships 1947–1995, p504. 陆军部在 1964 年 2 月 16 日的作战要求委员会（ORC）会议中表达了对丧失对岸炮击能力的担忧。
参见：DEFE 10/457 1963–1964: Minutes of Meetings of ORC (PRO). 1963 年 10 月和 1964 年 1 月的海军部内部讨论内容可参见：ADM 167/162: 1963 Admiralty Board Minutes, and ADM 167/163: 1964 Admiralty Board Minutes (PRO).
针对直升机搭载舰的改造成本可参见：Jane's Fighting Ships 1974–75. 两者的成本差距太大了，看起来很可疑。“虎”号的数据可能包括额外的间接成本。

1969 年 5 月 6 日，改造成直升机巡洋舰的“布莱克”号。（英国政府版权所有）

人力、成本两方面都遭受了很大的批评。新建舰只本该是最佳的方法，但是由于财政问题，英国海军只能妥协，采用次优的方案。

“鹰”号

1955年，也就是“鹰”号服役4年后，英国提出了针对她的第一份现代化改造方案，预计成本高达1650万英镑，耗时长达6年，这在当时是无法接受的。不久英国又出台了一个简易版的改造方案，成本1100万英镑，耗时4年，预计搭载12架NA.39［“掠夺者”（Buccaneer）］、10架N.139（“海雌狐”）、12架P.177（一种结合了火箭和喷气式的战斗机，于1957年被取消，其曾在SR.53中进行过飞行测试）、14架“塘鹅”反潜机以及2架救援直升机。“鹰”号在服役时，实际搭载的舰载机包括“掠夺者”“弯刀”“海雌狐”战斗机以及“塘鹅”反潜机。1958年7月，海军部委员会批准了该现代化项目。

1964年的“鹰”号，她是第二艘进行现代化改造的战舰。与1951年相比（参见第一章），该战舰的主要区别在于984型和965型雷达、上层建筑以及全角甲板。

对“鹰”号的改造同样是大范围的，其安装了全新的舰岛和全角飞行甲板（8.5 度），用 1.5 英寸厚的均质钢装甲甲板取代了 4.5 英寸装甲甲板，总共节省了 1294 吨的重量，武器部分的改变又节省了 442 吨。强化的战舰结构使其重量上涨 605 吨，最大燃料储备上涨了 183 吨。由于之后的各种替换和添置，战舰又增重了 892 吨。英军还强化了甲板，使其能承受 45000 磅的静态载荷以及 150000 磅的降落重量。添置的装备包括 2 个蒸汽弹射器，其中一个最初打算装在右舷，冲程 151 英尺，不过最后却被装在了左舷前端，另外一个弹射器在全角甲板上，冲程 199 英尺。此外，舰只还加装了甲板防爆板和冷却板。为了匹配舰载机的重量，战舰装上了新的起重机，工作载荷 35000 磅，最大载荷 45000 磅。两侧的升降机都升级到了工作载荷 40000 磅的规格，阻拦装置也进行了升级。

船首的 4 座双联装 4.5 英寸炮塔最初计划由 2 座六管博福斯高射炮和 2 座双联装 L70 博福斯高射炮取代，不过英军随后用海猫（Sea Cat）近距离防空导弹代替了 L70 博福斯高射炮（针对近距离武器的改装还包括用来控制六管博福斯高射炮的新式八型中程火控系统）。雷达系统也进行了大量的升级，最主要的就是引进了 984 型远距离空中预警雷达。英军还彻底升级了电路系统，发电量直接提升 3000 千瓦，达到了 8250 千瓦。同时英国还改善了战舰的住宿条件和空调系统。原本战舰还会在之前船首的 4.5 英寸弹药库安装 4 个纯铝容器来存放 283 吨高挥发性过氧化氢燃料（HTP），不过 P.177 舰载机取消后就放弃了这一设定。

虽然当时对该项现代化改造的要求是使其成为最好的舰队航母，但是其还是比不上新舰的标准。蒸汽机的情况和数量都不尽人意，复杂的直流 / 交流电力系统也很难满足当时的需求。住宿条件其实也并没有多大改进，倒是添置的电线、管道进一步压缩了活动空间。根据计算，如果该舰被传统武器摧毁，船体的倾斜角会大于新型战舰。无论如何，新建一艘战舰的成本还是会比改造“鹰”号的成本（1100~1400 万英镑）多 3 到 4 倍（预计时间由 4 年减少到了 3 年半）。[①]

1959 年 10 月，“鹰”号改造计划的预计成本已经上涨到了 2350 万英镑，预计耗时也增加到了 4 年半。短时间内发生如此巨大的改变，让海军部感到十分不安，并尝试通过一些不痛不痒的削弱来控制改造成本，但最后他们发现任何形式的削弱都无法接受。海军部指出了装甲甲板的重要性，并拒绝进行大范围拆卸，不过仍然需要财政部和国防部的批准。在得到批准之后，改造工作才得以继续进行。1959 年年中到 1964 年 5 月，战舰的改造工作在德文波特船厂进行并完工，最终成本为 3100 万英镑。[②]

“鹰”号回归战场不到 8 年之后就退休了。20 世纪 60 年代末，英国曾考虑过将其进一步改装，以搭载“鬼怪”战机（Phantoms），不过其又在 1968 年 2 月否决了这一方案。[③]她之前的姐妹舰“皇家方舟”号一直服役到 1978 年才被拆解。

① ADM 167/152: 1958 Admiralty Board Memoranda, and ADM 167/153: 1959 Admiralty Board Memoranda (PRO).
“鹰”号设计的方案参见战舰报告：ADM 138/866: Aircraft Carrier Eagle.
其中涉及了 1955 年 11 月提出的三种方案：一号方案，满足所有要求，成本 700 万英镑，耗时 4 年；二号方案，与一号方案相比保留了临时甲板，成本 650 万英镑，耗时 4 年；三号方案，保留临时全角甲板和现有雷达，成本 575 万英镑，耗时 3 年半左右。英国似乎采用了第一种方案，不过成本有很大的不同。双面 984 型雷达也曾纳入过考量。重量的调整来源于战舰报告的图例。取消高挥发性过氧化氢燃料是有好处的，因为该燃料很难储存，需要无污染的环境。1959 年“西顿”号（Sidon）的鱼雷爆炸使人们意识到了高挥发性过氧化氢的危险性。

② ADM 167/155:1959 Admiralty Board Memoranda.
最终的改造成本可参见：Jane's Fighting Ships 1966–67.

③ DEFE 13/952: Ark Royal (PRO).
大约在这个时候，有人问 D. K. 布朗为什么一开始不匹配更大的舰载机进行改造。他的回答是：“设计这艘战舰的时候，你还在操作剑鱼。”

1956年的“格雷德·尼斯”号。注意三联装的海蛞蝓导弹发射器，最后并没有应用于“郡”级战舰上。

“格雷德·尼斯”号

英国需要一艘战舰进行海上测试，以配合海蛞蝓导弹的研发。1948到1950年间，初期的研究指出可以改装坦克登陆舰3型来满足该要求，且此研究已经在细节工作上做出了考虑，但是有人认为坦克登陆舰系列战舰的适航能力和横摇周期无法满足测试的要求。“格雷德·尼斯”号是1945年9月由加拿大建造的登陆舰，其于1950年被英国选中，成为海上测试的试验舰和C型导弹的原型舰。随着项目的推进，英军发现她很难同时胜任两个角色，于是放弃了将她作为C型导弹原型舰的想法，所以在其改装项目中并不包括舰炮、装甲等实战装备。1951年3月，有人提出她可以为另一种叫“莫普西”（Mopsy）的新型导弹进行测试（该导弹用于取代“坎伯兰”号上还没有进行过试验的3英寸L70舰炮），不过提议很快就被否决了。

1953年7月，海军部委员会批准了这一战舰的设计草图，并由德文波特船厂接手改造。原舰的船舷以上部分被完全替换，舰桥前方加装了导弹发射器。在所有必要的雷达、显示器、通信设备安装完毕后，其于1956年7月正式服役。在这一阶段，一些导弹的转运、测试和控制项目还未准备就绪，但该舰已经可以在无制导状态下发射导弹。到了1959年4月所有导弹系统差不多可以运转的时候，“格雷德·尼斯”号又进行了一系列试验。她在测试时安装的是三联装发射器，但为“郡”级驱逐舰制造的导弹系统却改为双联装发射器。她还配备了

901 型和 293 型雷达，分别用于导弹控制和目标检索，同时还有 960 型远距离空中预警雷达和 982/983 型跟踪、测高雷达。“格雷德·尼斯”号圆满完成了她的任务，并在 1961 年 12 月退役之后又当了几年宿舍船。[①]

① ADM 138/737: Girdle Ness, and ADM 138/789 Guided Weapon Ships I (NMM). Jane's Fighting Ships 1959-60 and 1962-63 describe the ship.

雷达哨舰

最初的雷达哨舰是由 4 艘“武器”级战舰改装而来的。雷达哨舰这一概念最初是在 1947 年的舰队航空引导护卫（FADE）计划中，根据战争经验提出的要求，为此英国考虑过加长“果敢”级驱逐舰，改装“黛朵”级巡洋舰“斯库拉”号（Scylla）或快速布雷舰“阿里阿德涅”号（Ariadne）。随后英国出台 62 型护卫舰的项目，以上想法全都以失败告终。直到 1958 年，英军才开始改装“武器”级战舰来扮演雷达哨舰这一新的角色。改造并不彻底，基本可以说只是临时措施：卸下鱼雷武器，腾出来的空间用于安装 965 型预警雷达（AKE 1）和甲板室；保留了主要的 4 英寸双联装舰炮和反潜迫击炮，因此具有一定的反潜能力。

早在 1954 年，也就是开始改造“武器”级战舰之前，英国就考虑过以 1943 年改造后的“战斗”级驱逐舰为基础，设计一款舰队哨舰。最初的想法是用新的雷达装置来取代一套鱼雷发射管和安装在烟囱尾部的单装 4.5 英寸 MK 5 舰

1961 年的雷达哨舰“天蝎”号（Scorpion），带有一组 985 型雷达，拆除了老旧的鱼雷装备。改造后该舰搭载 1 座MK 10反潜迫击炮，依然可以充当反潜舰。（世界船舶协会）

1966 年的“埃纳”号，改造后的“武器”级雷达哨舰之一，搭载双基地 965 型雷达。（皇家海军博物馆）

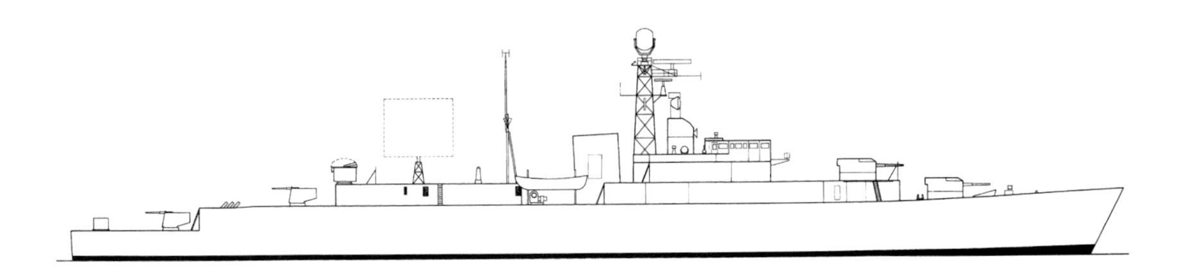

“武器”级雷达哨舰。最初的提议是将于1943年建造的8艘该级别战舰全部改造，不过由于成本问题，这个提议最终被放弃。请留意图中加大的艏楼。（约翰·罗伯茨根据ADM 138/860的原始资料绘制）

炮。另一个选项是进行全面的现代化改造和转型，并像15型护卫舰一样搭配加大的艏楼。1955年3月，英国出台了三种方案：A方案中战舰将全面转型，有新的锅炉和交流电路系统，搭配改进版的近距离武器与反潜武器，由于艏楼加大，舰船的宜居性也会得到提升；B方案比较简单，仅仅改进了锅炉和电路系统，扩大了前甲板；C方案只针对锅炉和电路系统进行了现代化改造。

1955年5月，英国决定实行A方案，到1957年，考虑到浮力作用以及战舰对稳定性、强度的要求后，船体不得不进行加厚处理，于是英国又放弃了A方案，转而提出一种“缩水版”的改造计划。1958年7月，该计划已万事俱备，随后于1959年2月交予船厂。总共有4艘战舰接受改造：查塔姆船厂（Chatham）负责“埃纳”号（Aisne），朴茨茅斯船厂负责“阿金库尔”号（Agincourt），德文波特船厂负责“巴罗莎”号（Barossa），罗赛斯船厂负责“科伦纳”号（Corunna）。预计耗时在24个月到28个月之间，最后所花时间也确实与预计的差不多。①

改造后战舰的主要变化是把桅杆卸下了，装上了965型预警雷达（AKE 2）和277Q型测高雷达。另外，英军还拆除了原有的近距离40毫米博福斯炮塔和鱼雷发射管，换上了海猫导弹系统和2门单装20毫米舰炮。由于海猫导弹和新雷达的要求，电路系统也升级成了交流电路。2门双联装4.5英寸舰炮与其配套的美式MK 37雷达也被保留。该级战舰于1970年到1978年间在舰队服役8年，随后被处理。②

“皇家方舟”号

“皇家方舟”号原本是“鹰”号的姐妹舰，于1942年开工，1955年完成。英国曾经考虑过按照“鹰”号的标准对她进行大规模改造，但是后来又放弃了这个计划。1963年，当时她才服役8年，就有人提出要用新型航母来取代她的位置，主要是因为该舰的装备和结构都属于落后的战时设计，而且由于服役时任务繁重，她的状况已经非常差了。1963年，她的各种设备就已经开始呈现出一种损坏的趋势，就算按照当时的计划进行为期2年的修复工作（到1966年结束），也只能将她的服役寿命延长到1972年，如果想让她坚持到1974年，那么修复工作会变得更复杂，需要花费3年时间。1年的修复时间才能换来2年的服

① ADM 138/860: Destroyers "Battle" Class – Conversion to Fleet Pickets (NMM).

② Conway's All the Worlds Fighting Ships 1947–1995, p506, and Norman Friedman, The Post War Naval Revolution.
AKE 2有AKE 1的两倍大，其影响可以参考“部族”级护卫舰的重量问题。

役寿命，净增长仅为1年。电路系统是一个很大的问题，“皇家方舟”号是一艘直流电路战舰，发电量已经很难支撑她的行动，所以整个系统都在超载，甚至有些危险，因此势必要加装交流发电机，电线等设备也要进行更新，还要改进空调系统，而且即便进行了上述调整，战舰的宜居性依然很差。当时预计的改造成本为900万英镑。[①]

由于CVA-01航母和P.1154等舰载机项目的取消，英国对于改造“皇家方舟”号的看法发生了一些变化。得益于1967年3月到1970年2月的“特殊改造”和“现代化”，“皇家方舟”号获得了3250万英镑的改造预算，于是其装备上了“鬼怪”战机和“掠夺者”MK 2战机，弹射器和阻拦索都进行了升级，扩大了舰岛，还搭载了2套965型雷达系统，加上1套982型引导雷达以及1套983型测高雷达。[②]

在1966年，新航母的计划取消后的几个月里，很多人对特殊改造心存担忧，因为战舰的预计退役时间为1972年，这样看来她的服役寿命是很短的。改造工作进行得并不顺利：由于铜匠人手短缺，管道方面的工作发生了拖延；医学专家还指出了石棉隔热层的危险性，却发现之后选定的替代品毒性更大，只能另寻解决方法；之后燃气涡轮发动机又出了问题，输出电功率可能会大打折扣。无论如何，“皇家方舟”号在1969年12月的海上测试还是很顺利的，不过从1970年1月起，战舰的各种缺陷和不足就开始显现，这也印证了7年前很多人的担心并不多余。这艘战舰一直活跃到1978年12月，远远超出了预期寿命，最后由新型的“无敌”级战舰取代。[③]

“皇家方舟”号的保留对英国来讲是至关重要的，她是英国在饱受通货膨胀、货币贬值、经济严重衰退折磨的财政紧缩时期，唯一一艘能为舰队提供防空保护的舰队航母。尽管有种种缺陷和不足，她依然是一艘很宝贵的战舰。

① ADM 1/28639: Aircraft Carrier Programme – date for placingorder for replacement of HMS Ark Royal.

② Conway's All the Worlds Fighting Ships 1947–1995, p498.

③ 为特殊改造提供背景的资料参见：DEFE 13/952: Ark Royal. 医学专家的考虑是很正确的，石棉隔热层导致的石棉沉滞症是一种致命的疾病。

生涯末期的“皇家方舟”号，搭载“鬼怪”战机和“掠夺者”战机。

第四章
航空母舰

1945 年年中，“赫尔墨斯”级的 4 艘轻型舰队航母开始施工，另外 4 艘则名义上包含在新建计划中。当时在设计上最先进的舰队航母是“马耳他”级，其中 2 艘已经有了建造计划，另外 2 艘同样名义上包含在长期新建计划中。但是战争结束仅仅几周之后，英国就取消了上述 2 艘舰队航母和 4 艘轻型舰队航母的建造计划，到 12 月时，由于经济状况越来越差，英国不得不再把“马耳他”级剩下的 2 艘战舰和早期“皇家方舟”级中原始的“鹰”号战舰一并取消。“马耳他”级的战舰都十分庞大，排水量达到 46000 吨。1943 年的初版设计中采用的是封闭式机库，但是 1944 年时，美军采用的开放式机库成效显著，促使英军不顾海军建造总监的明确反对，也开始使用开放式机库。

此时，设计人员已经为封闭式机库设计做了相当多的工作。第一个开放式机库设计的长度为 900 英尺，设计人员再次投入大量精力来开发这个设计，但海军部委员会出于对长度的担忧，下令将长度缩减 50 英尺，更多的设计工作成果被浪费掉了。开放式机库设计的优点在于舰载机能够在机库甲板暖机，继而更快地放出舰载机，这对飞行员来说至关重要。然而原子弹的出现使这个问题变得复杂化，“马耳他”级设计走入死胡同。为了保护战舰不受放射性尘埃的沾染，封闭战舰并对舰面进行洗消作业的能力变得非常重要，这在很大程度上抵消了开放式机库的优势。此外，新引进的喷气式飞机所需的暖机时间比活塞式螺旋桨飞机更短，开放式机库变得不那么必要了。

1952年的舰队航母

20 世纪 50 年代到 60 年代初的航母舰队原计划应该由“鹰”号、“皇家方舟”号、正在建造的 4 艘“赫尔墨斯”级和 6 艘接受大规模改造的战时舰队航母组成。然而到了 1952 年 6 月，“胜利”号的改造工程给英国拉响了警报，于是海军部决议摒弃花大价钱改造旧战舰的政策，转而投身于一份有望在 1958 年竣工的新设计中。那时用于建造新舰的钢材供应不足，只能通过拆解“可畏”号和早期型“狩猎”级护航驱逐舰来解决。[1]

1952 年 4 月，舰船设计政策委员会第一次讨论了新型航母的设计工作，认为战舰的排水量应为 55000 吨，搭载 1000 英尺的飞行甲板，满载老舰速度应达

① ADM 138/818: 1952 Fleet Carrier-New Design (NMM). “马耳他”级设计的优点可参见：D. K. Brown, Nelson to Vanguard, pp53-6.

到30节，同时巡航速度在20~25节之间，续航能力为22节6000海里，能够拥有80~90架重量为60000磅的舰载机（还有人提出过安装斜角着陆甲板），他们建议1956年开始下水施工。[①]

1952年7月，海军部委员会明确支持发展新航母，因此相关的讨论继续进行。后继要求该型舰必须能够搭载堪培拉轰炸机大小（重70000磅，长65英尺，翼展70英尺）的舰载机。因此需要设置22英尺高的单层机库，远高于“皇家方舟”号设计时的17英尺6英寸，而机库的面积则为50000~55000平方英尺。弹射器数量定为3部，理想状态下应该为4部。飞行甲板的长度要求依然为1000英尺，以便操作“堪培拉”战机、“弯刀”战机和后继型号的舰载机。

如此庞大的工程，首先对入港就有严格的要求。德文波特的10号港口是海军手上唯一一个能接手“鹰”号和“皇家方舟”号的港口，如果还要建造“马耳他”级战舰，那就必须新建一个港口。在海军建造总监的坚持下，新舰的吃水深度严格控制在33英尺以内。当时战舰的航速要求为新舰在温带水域中速度为32节，续航能力和巡航速度的要求没有改变；燃料容量为750000加仑，包括250000加仑的航空汽油。采用喷气式飞机有一个潜在的益处——其燃料不算易燃，所以在设计其储存方案时可以一定程度上降低对安全因素的考量。战舰拥有2英寸的水线主装甲带，不过完整的装甲方案要在一段时间后才能给出。主要的防空武器是新型的双联装3英寸L70舰炮，主雷达为一组当时正在研发的984型雷达。[②]

1952年9月时，战舰的各个参数如下：长815英尺，宽115英尺，斜角飞行甲板长度伸长可达160英尺；排水量52000吨；带有4套传动装置，输出功率200000轴马力，热带水域中的满载老舰速度可达到30节；拥有2英寸的装甲飞行甲板。其主要采用焊接的拼接方式，当时该设计的大小虽然相较初版设计有所减小，但是能够装下的港口还是只有德文波特船厂的10号港口、利物浦（Liverpool）的格拉斯通港口（Gladstone）以及直布罗陀（Gibraltar）的1号港口。当时的预计方案如下：

1952年9月1日，完成初步研究。

1952年12月1日，递交草图，并开始进行建造设计。

1953年12月1日，递交设计图纸。

1954年1月1日，向船厂递交订单。

1954年5月1日，开始施工。

1955年7月1日，钢材完全到位。

1956年年中，安装之前的传动装置；或1957年年中，安装新的传动系统。

1958年12月31日，完工。

① ADM 1/24145: 1952 New Design Aircraft Carrier (PRO). 斜角着陆甲板即斜角甲板。

② ADM 1/24508: 1952 New Design Fleet Aircraft Carrier. 1945年8月海军部批准“马耳他”级设计时，不列颠群岛里海军手上唯一能够装下这艘战舰的港口就是当时朴茨茅斯船厂的AFD 11港口（ADM 167/124，PRO）。为了能够建造大型航母，德文波特船厂的造船台加长到了1000英尺，甚至为了加长到1500英尺，买下了一块地。（D. K. 布朗提供信息）

该方案马上就出现了纰漏——初步研究没有在规定时间内完成。在该舰早期研究工作中有许多耐人寻味的设计。其更倾向于搭载两个烟囱，并认真考虑了铰链烟囱的可行性；还有人提出过在右舷搭载斜角甲板，不过最后还是换成了传统的转向左舷的甲板。1953 年 6 月，设计人员已经被身上的压力压弯了腰，这也侧面反映了该战舰设计工作的复杂程度。当时海军的其他项目包括 1 艘新型巡洋舰、2 份使用不同船体的快速护航舰的设计工作、42 型海岸护航舰、导向护卫舰第二阶段的工作、1 艘中型快速巡逻艇以及 1 艘小型潜艇。除了人力之外，建造工作还有工业方面的难处，能够建造这艘新型航母的船厂只有三处：1955 年 1 月空出来的约翰布朗船厂 4 号船台；1955 年 6 月空出来的莱尔德船厂（Cammell Laird）4/5 号船台；1953 年 6 月空出，不过需要排队的哈兰德与沃尔夫船厂（Harland and Wolff）14 号船台。然而英军通常根据电工和焊接工人的能力选择船厂。传动装置方面也有问题，因为如果战舰要在 1958 年完工，那么英军需要在 1952 年 10 月便下订单，这是不可能的。

1953 年 4 月，有人开始怀疑建造大型航母的合理性，尤其其中 2 艘还在长期计划中，最后相关人员一致认为应该将目标转移到较小型的航母上，每艘战舰的成本预计为 2600 万英镑。1953 年 7 月，在大审查的影响下，该计划终于画上了句号。不过在总工程师的要求下，其传动系统（现在叫做 Y300，每轴输出功率为 45000 轴马力）的研究仍在继续。取消时该设计已经进入到了草图阶段，大小上除了船宽增加到 116 英尺之外，都没有改变；满载吃水深度为 33 英尺 6 英寸，满载排水量 53150 吨；搭载 2 个弹射器，冲程分别为 200 英尺与 150 英尺；最大舰载机起飞重量为 60000 磅，最大着陆重量为 45000 磅；舰载机种类并没有确定，但是根据计算，将会配备 12 架 33000 磅的攻击机、33 架 22000 磅的战斗机以及 8 架 16500 磅的反潜机；机库高度为 17 英尺 6 英寸；仅有的防空武器为 6 座 3 英寸 L70 双联装舰炮；机库甲板和侧舷主装甲带都拥有 2 英寸厚的均质钢装甲，弹药库和操舵室则采用 3.5 英寸厚的均质钢装甲。该设计的重量表如下：

表格4-1

	吨位
船型	18460
船体各项配件	9855
装甲和防护	4665
设备	2479
舰载机设备、武器和燃料	5725
武备	987
机械	4125

	吨位
备用给水	280
锅炉燃料油和柴油	6400
余裕重量	174
满载排水量	53150[1]

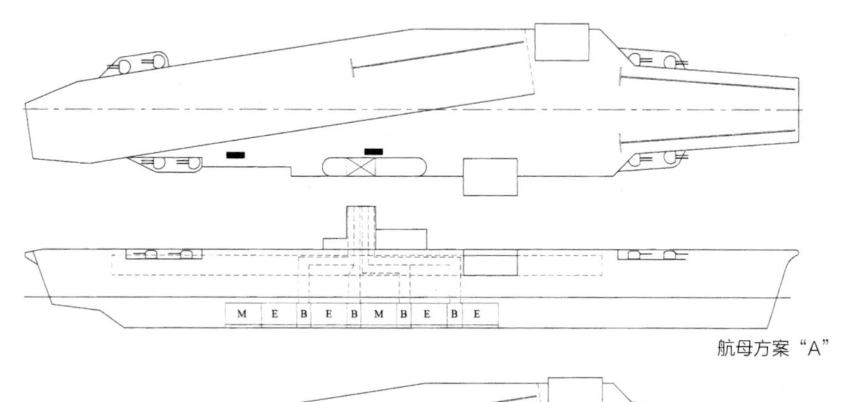

航母方案“A”

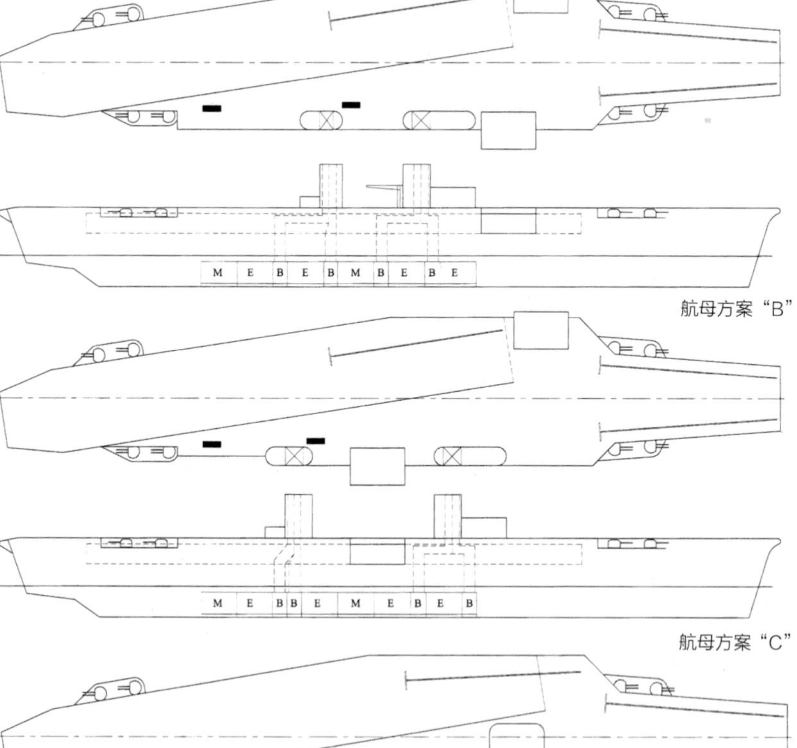

航母方案“B”

航母方案“C”

航母方案“D”

1952 年舰队航母的 4 个版本。英国更倾向于 B 草图和 D 草图中发动机、锅炉、弹药库的布局。1952 年 2 月，英国海军在“凯旋”号（Triumph）轻型航母上进行了测试。（约翰·罗伯茨根据 NMM ADM 138/818 的原始资料绘制）

① ADM 13/818: 1952 Fleet Carrier- New Design (NMM).
传动系统要求参见：ADM 1/24508 (PRO).
1953 年 4 月，海务大臣们在一次会议中讨论了“1960 年后的舰队组成和规模”，得出新型舰队航母规模过大的结论。
会议详情可参见：First Sea Lord's Records held in ADM 205/102 (PRO). See also ADM 205/163: 1947 - 1960 Size and Shape of the Navy (PRO).
最终的具体数据记录在 G. 布莱恩特（G. Bryant）1960 年 1 月 15 日的一篇笔记中，详见：ADM 138/888：CVA-01.
1952 年舰队航母的精彩讨论参见：Norman Friedman, British Carrier Aviation.

1954年中型舰队航母

取消大型航母并不意味着英国不需要新型战舰，早在1953年5月就有人考虑过建造经济型航母（排水量大约20000吨）的可能性，到1954年2月，英军发现24000吨的排水量并不能满足战舰的必须要求。海军建造总监认为大型航母的飞行甲板更稳定，舰载机搭配更灵活，能更好地控制舰载机，还能给未来舰载机发展提供更多可能性。无论如何，1954年11月递交海务大臣的研究报告还是包含了1份排水量28000吨的设计方案。该设计在功能上与“赫尔墨斯”号很相似：可搭载38架舰载机，包括12架弯刀战机（N.113）、12架海雌狐战机（DH.110）、5架塘鹅战机、2架预警机以及2架搜救直升机，搭配全角甲板；由于无法搭载3英寸L70的舰炮，武器只能采用双联装博福斯炮塔搭配三型中程火控系统雷达的设置；传动系统为一个双轴装置，每轴的输出功率为50000轴马力，老舰满载速度可达到28.4节，续航能力为20节5500海里。然而海军建造总监认为该设计并不均衡，尤其是在武器方面。1954年12月22日，海务大臣们得出结论，认为该设计的规模非常尴尬，既不像大型航母也不像小型航母，于是否决了该方案。①

英国同时还考虑了大型航母（排水量35000吨）的设计与建造。1954年5月，英国在正在拟定的16.1亿英镑计划（1953—1954年预算中的数据）中加入了1艘战舰，其预计在1954年设计完成，1957年8月开工，1962年5月建造完成。另外英国还考虑了第二艘战舰，每艘成本粗略估计为1800万英镑。值得一提的是，新任第一海务大臣路易斯·蒙巴顿爵士第一次访问巴斯之后，萌生了一些目光长远的打算，其中就包括垂直起飞舰载机，英国则希望能在这些战舰上实现这一设想。其设计方案记录在递交海务大臣们的研究报告中，她是当时能够操作新型舰载机的最小的航母，英国对她的评价为“对保护物资交换来说不算太大的通用航母，必要时可以搭载大量的战力”。

她拥有47架舰载机，包含12架弯刀战机、12架海雌狐战机、8架塘鹅战机、9架掠夺者战机、4架预警机和2架搜救直升机；主武器为4座双联装3英寸L70舰炮搭配三型中程火控系统雷达，副武器为位于飞行甲板下方艉封板上的博福斯炮塔；战舰的装甲防护重2700吨，机库顶部防护板厚度为1.75英寸，侧边则为1.25英寸，侧舷主装甲带厚度为3英寸，而装甲区以及舰岛中重要区域的顶部防护板厚度为1.5英寸。该舰还搭载了1个斜角甲板和2个弹射器，传动装置为三轴设计，每轴输出45000轴马力的功率，满载老舰速度可达29.9节，续航能力为5000海里。当时设计仍在不断改进，争议主要集中在军备和传动系统两个方面。传动系统上，英国还在考虑每轴输出功率更高的双轴设计，期望通过这样的改进节省一些重量。该舰可以容纳300名军官以及2100名士兵。②

① ADM 1/25149: 1953-54 Design of cheapest possible Aircraft Carriers tooperate modern fighters: proposals (PRO).
28000吨航母的相关细节记录在1954年11月30日提交给海务大臣的研究报告中。
关于设计的描述（没有图纸）参见：ADM 138/789: Guided Weapon Ships 1 (NMM).
驳回28000吨设计的会议记录可见：the First Sea Lord's Records, ADM 205/106 (PRO).

② ADM 205/97 contains the Amended £1610 Million Plan-New Construction Programme dated May 1954 (PRO).
重型航母的成本参见：a memorandum by the Director of Plans dated 15 September 1954, ADM 205/102 (PRO).
设计的描述可见：ADM 138/789: Guided Weapon Ships 1 (NMM).
没有找到该设计的任何图纸，尺寸也未知。
1957年10月8日海务大臣会议的摘要可见：ADM 205/170.
第一海务大臣们第一次造访巴斯的时间据说是1955年，不过实际上是在1954年，当时除了要求航母搭载垂直/短距起降舰载机，还要求其搭载导弹装置。这一设想似乎得到了实践，在蒙巴顿勋爵的提议下，英国也在日后“郡”级战舰的设计中加入了导弹装置。

战舰的设计工作一直进行到 1955 年，直到 1956 年，一次在巴斯进行的会议上，一张舰队航母的草图被展出，英国才开始讨论战舰的编制问题。我不知道之后这艘战舰是如何发展的，但是 1959—1960 年的长期预算中包含了 3 座 45000 吨的航母，预计在 1970—1971 年、1971—1972 年以及 1972—1973 年完成，不过该计划被 CVA-01 取代。[①]

舰队航母——CVA-01

1958 年 12 月，航母编队的舰龄引起了海军建造总监的注意。当时航母的预计退役时间如下："胜利"号 1972 年退役，"鹰"号和"肯陶洛斯"号 1973 年退役，"阿尔比恩"号 1974 年退役，"皇家方舟"号 1975 年退役，"赫尔墨斯"号 1980 年退役。海军当局似乎没有立即采取措施，不过到了 1960 年 1 月，舰队需求委员会开始讨论新航母的尺寸。其预计排水量在 45000 吨到 50000 吨之间。1 月 19 日，海军部委员会也讨论了这一事宜，第一海军大臣表明，当今政府的资金情况只能负担得起 4 艘新航母。1960 年 6 月，战舰特征委员会拟定了项目所需的时间表，下面是精简版本：

1961 年底，确定编制。

1962 年底，草图设计完成。

1963 年初，暂定包括主传动系统在内的订单。

1965 年初，完成建造图纸的细节。

1965 年，确认订单。

1965 年年中，开始施工。

1967 年年中，战舰完工。

1970 年年中，战舰服役。

1971 年年中，战舰达到可参战状态。

1960 年 11 月，战舰需求委员会开始考虑 6 份满载排水量从 42000 吨到 68000 吨不等的战舰研究。由 4 艘 42000 吨战舰组成的一支舰队预计成本为 1.8 亿英镑，4 艘 55000 吨战舰则为 2.4 亿英镑，不过该数据并不准确。大规模的战舰相比小型战舰来说有很多明显的优势，55000 吨战舰的舰载机容量比 42000 吨的战舰大了 80%，而且在飞行任务中能更好地适应天气的变化，飞机失事率也更低。42000 吨战舰招来了许多质疑，她能操作 27 架掠夺者或者海雌狐战机，而 48000 吨战舰可操作 38 架，55000 吨战舰则可操作 49 架。1961 年 1 月，海军部委员会决议战舰排水量应至少为 48000 吨。舰载机的搭配指明了战舰会扮演的两种主要角色：第一是

① ADM 138/888: SCC Project 35(CVA-01) (NMM).
计划中的 3 艘 45000 吨战舰记录可见：DEFE 13/186: 1957-1960 New Construction Programme (PRO).
表中的注释指出她们之前被叫做"导弹航母"，注意其排水量的大幅增长。

作为突击航母，打击包括机场在内的敌方目标；第二是为舰队提供空中掩护。此外，其他职能包括搭载预警机提供雷达支援，以及后来增加的搭载反潜直升机。[①]

海军参谋部各部门之间讨论认为，排水量50000吨左右的航母是合适的发展方向。海军内部提出了40个研究方案，并将美国的"福莱斯特"级（Forrestal）航母和法国的"福煦"级（Foch）航母纳入考虑范围。前者由于太过昂贵而被排除在外，后者不稳定且尺寸太小无法搭载所需的舰载机。1962年初，一个名叫"A1/1D"的研究方案出现，其全长为890英尺，水线宽118英尺，飞行甲板的最大宽度为177英尺，满载排水量50000吨。1962年4月2日，海军部委员会审议了这项设计一些细节方面的优点，并决定迅速研发一艘能够搭载更多舰载机的战舰（包括在甲板上携带更多舰载机的可能），排水量60000吨，同时确定舰载机的选择范围，再将其与改造后的"鹰"号航母进行对比。英国还考虑了在早期使用商船建造标准对战舰可能造成的影响。

1962年5月，为响应海军部会议的号召，英国又出台了一系列（5艘）设计研究，排水量从50000吨到58000吨不等。在上述方案递交海军部之后，海军部委员会做出决议，认为在当前情况下，53号研究是取代"胜利"号的最佳方案。该战舰的成本限制在5500万~6000万英镑之间，前提是不再增设装备。不过该方案还是遭到了海军部的文官大臣卡林顿（Carrington）爵士的反对，他建议海军部应当认真考虑一份排水量40000吨，搭载24架舰载机，成本在4300万英镑左右的设计，这也为该战舰的未来埋下了隐患。最终的新设计排水量为53000吨，搭载35架舰载机以及5架反潜直升机，总长度920英尺，水线宽

① ADM 138/888 (NMM); and ADM 167/159; 1961 Admiralty Board Memoranda (PRO).
这份文件总共提出了6个研究方案：27号研究（42000吨）、23D和23E号研究（48000吨）、29号研究（50000吨）、24号研究（55000吨）和30号研究（68000吨）。除了27号研究搭载海猫导弹之外，其余设计都搭载了美国的鞑靼人导弹（Tartar）；主要搭载的雷达都是之后被放弃的985型3D雷达和978型雷达；声呐为182型和184型。该项目被战舰特征委员会命名为"SCC 35"。
1962年9月出台的所有项目均可参见：DEFE 24/90 (PRO).

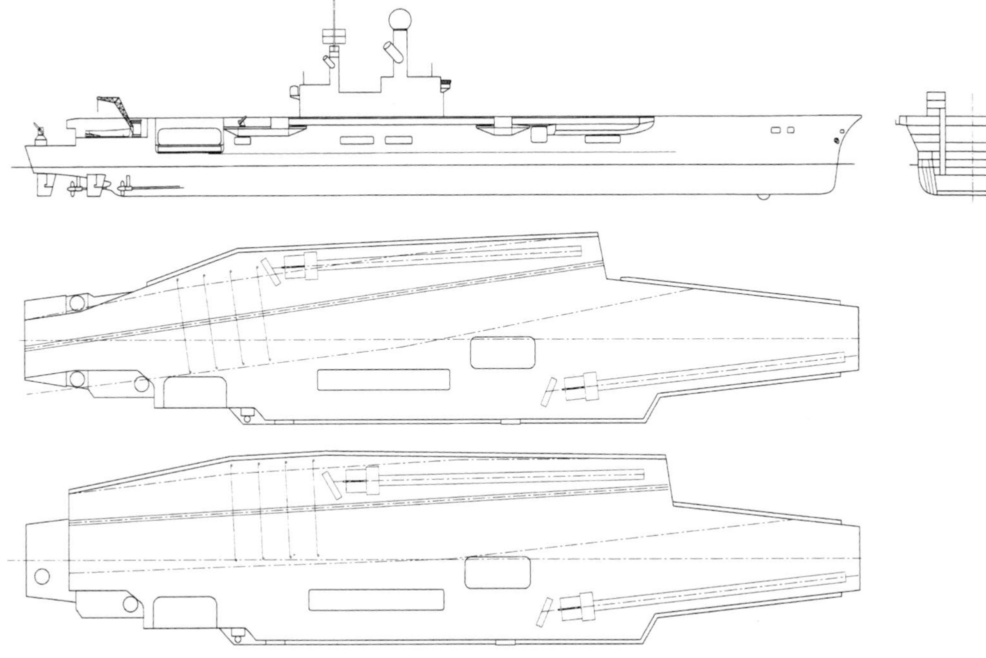
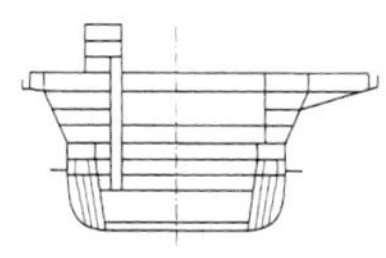

CVA-01，也叫做35号项目。图为1963年3月的设计，之后其进行了许多改造，但是总体布局并没有改变。下方为1962年12月提出的斜角甲板和平行甲板设计，英国最后采用了平行甲板。（约翰·罗伯茨根据NMM ADM 138/888中的原始资料绘制）

画家重现的1965年夏天的CVA-01设计方案。注意飞行甲板的微微斜角（3.5度）、988型英荷雷达、甲板边的升降机、船尾机库的开口、后甲板上的海标枪导弹发射器。舰载机包括鬼怪战机和掠夺者战机，船尾还有1架海王直升机。（作者收集）

120或122英尺，飞行甲板最大宽度为180英尺。①

新设计的研发工作开始没多久就由于资金问题陷入了复杂的境地。1963年5月，长期计划里还保留有4艘战舰，不过因为英国在1963年4月订购了4艘搭载北极星导弹（Polaris）的核潜艇，CVA-01的计划被延后了10个月，其姐妹舰也都被延后了6个月。英国给该设计批了160万英镑的研发经费，但在1962年10月时，财政部开始严格管控个别项目，这严重影响了设计效率。1963年7月，设计草图发展到可以递交海军部委员会的阶段：水线的船身长度从870英尺增加到890英尺，飞行甲板宽度从180英尺增加到189英尺；采用了三轴传动系统，输出功率135000轴马力，满载老舰速度可达到28节，续航能力为20节6000海里。

该航母设计拥有30架攻击机和战斗机，最初定为“掠夺者”号和“海雌狐”号，之后还会部署“346号作战要求”中要求的可变几何战舰，其中囊括4架预

① ADM 167/160: 1962 Admiralty Board Minutes, and ADM 167/154: 1962 Admiralty Board Memorandum (PRO).
根据财政部会议记录显示，该设计的排水量在25000吨到68000吨之间。
T225/2788: MOD Navy Department - Replacement and Modernisation of the presentgeneration of Aircraft Carriers (PRO).
递交海军部委员会的5份研究分别为50号研究（50000吨）、52号研究（52000吨）、53号研究（53000吨）、55号研究（55000吨）和58号研究（58000吨）。

警机、2 架搜救直升机和 5 架反潜直升机；该航母可搭载的舰载机最大重量为 70000 磅，舰中带有 2 个 250 英尺的弹射器和 2 个 70×32 英尺的升降机；53 号研究中的斜角甲板最初为 7 度，不过设计草图中采用的是 4 度的平行甲板；由于空间问题和干扰问题，该航母原本计划的 2 套三维预警雷达减少为 1 套；发电功率从原计划的 18000 千瓦增加到 20200 千瓦。新老计划的军备都包含 1 套依卡拉反潜系统（Ikara）和 1 套海标枪防空导弹发射器，未来可以起降 4 架垂直 / 短距起降舰载机。1963 年 7 月 17 日，海军部批准了该设计的草图以及编制，并为其分配了 5800 万英镑的长期预算。7 月 30 日，内阁决议缩小原计划的航母舰队规模（4 艘），维持 20 世纪 70 年代的数量（3 艘），并且要新建 1 艘航母来取代“皇家方舟”号。

1963 年初，该项目面临着来自空军的巨大压力，国防参谋长海军元帅蒙巴顿勋爵试图解决海军部和空军部之间关于新建航母的激烈争端。最终该项目保留了下来，但是同时英国也开始探索海军在无航母的情况下作战的方法。其中一份 20000 吨近海支援船的方案甚至发展到了起草编制的程度，不过最后并没有付诸实践。[1]

建造一艘如此大规模的复杂航母并不是一个简单的任务，首先船厂的硬件设施就是个问题，当时还没有哪一个船厂能够直接开始建造工作，都要经过一定的扩展及疏浚。同时还有技术层面的问题，战舰三分之一的结构都是用 QT35 钢建造的，这种特殊的材质需要非常成熟的技术才能制成。QT35 钢曾经应用于核潜艇中。据说该战舰的钢材外包给了第三方，因为船厂里没有能制成这种钢的工人，但实际上，只要经过两个星期的培训，任何工人都可以习得制造这种钢材的手段，第三方的介入很可能只是为了弥补人数上的不足。而且该战舰的建造工作传言是秘密进行的，但其实之前应用了 QT35 钢的核潜艇都是公开建造的。

另一个问题是没有哪一家船厂有充足的制图工人，该战舰所需要的人手甚至需要约翰·布朗和费尔菲尔德两家船厂加起来才能够满足船体以及机械部分的制图需求，但仍然无法满足电路制图所需的人手。到了建造阶段，困难更是接踵而至，最严重的问题就是电路装配。该战舰预计需要 800 名电路装配工人，但是在 1964 年底，电路装配工最多的哈兰德与沃尔夫船厂，也不过只有 338 名工人。船厂的管理质量也很让人担心，英国认为其规划、检查和质量管控的能力都亟待提高。同时由于承建了这艘战舰，朴茨茅斯船厂还需要开辟一个新的干船坞，然而在新建船坞之后的任何工作都还没有得到批准。[2]

该项目继续推进，1964 年 4 月，甚至有人认为澳大利亚皇家海军会购买该级战舰的其中一艘。如果这种情况发生，该项目的发展轨迹应该是这样的：

① ADM 167/161: 1963 Admiralty Board Memoranda (PRO); and ADM 138/888 (NMM).
许多早期的研究都没有搭载反潜直升机，因为这项任务原本计划由 c1959 计划中的护卫巡洋舰完成。
第一海务大臣海军元帅卡斯珀·约翰（Casper John）在 1963 年 1 月 16 日写给国防部参谋长的备忘录直率地指出了空军与海军关于航母的分歧程度，详见：ADM 205/197（PRO）.
当时提出的海军脱离大型航母的方案还包括搭配远距离地对空导弹的导弹巡洋舰、大量的护航巡洋舰以及 15000 吨的小型航母。但所有方很快都被否决了。
参见：ADM 205/201: 1963 The Navy without Carriers (PRO).

② ADM 138/888 (NMM).
1964 年 10 月时船坞的成本据说为 500 万英镑。
T225/2788:1964-65 Replacement and Modernisation of the presentgeneration of Aircraft Carriers (PRO).

1966 年底订购 CVA-01 和卖给澳大利亚的战舰，1973 年下半年确定舰载机配置，1969 年底订购 CVA-02。英国最后对设计方案进行了调整，由于该战舰还可能扮演突击航母的角色，1965 年 2 月，英国撤销了依卡拉系统。当时的长期计划是新建 3 艘突击航母来取代改造后的“阿尔比恩”号和“堡垒”号航母，从而强化航母舰队的战斗力。[①]

CVA-01 的设计采用了许多新奇的想法，人们一直叫她“搬家车”，因为她的结构非常轻，而且在很长一段时间里都没有防护装甲，连弹药库都没有。不过得益于海军建造研究中心，她的鱼雷装置倒是搭载了新型且高效的防护板。在巴斯会议上决定的双轴传动系统可能无法为战舰提供 27~28 节的航速（哈斯勒的螺旋桨设计师并不这么认为），所以最终英国力排众议，选择了三轴传动系统。这样的设置使得战舰在航行时可以只用两个轴高速运转，另外一个轴闲置。蒸汽机的设置也很新颖，其在 1000 华氏度的工作环境下产生的蒸汽压力可达到 1000 个大气压。该级航母的 3.3 千伏搭配降压器的电力分配系统也是海军从来没有尝试过的；蒸汽弹射器冲程也比当时的任何航母都要长，需要的蒸汽几乎和推进装置持平，因此战舰还需要装备更大的锅炉；同时该舰还引进了新型的液压阻拦索和侧舷升降机；斜角为 3.5 度的飞行甲板布局也是一种新的尝试。战舰右舷的舰岛外部有一条通道，可以把舰载机移动到船尾；机库的尾端有一扇通向后甲板的门，所以舰载机在机库里就可以启动发动机。英军引入了 1 套英荷联合研制的 988 型“扫帚柄”雷达，从而解决了棘手的舰岛大小问题。

舰船局的人手也存在问题：需求的人数从 30 人增加到了 80 人，但是舰船局的工人总共只有 45 人，能够上岗的肯定只少不多。很久之后，英国才决议要给这艘战舰安装更好的装甲，弹药库侧边装甲厚度为 2.5 英寸，海标枪导弹发射器的侧边和尾端装甲厚度为 2 英寸，水线主装甲带厚度为 1.5 英寸，机库甲板厚度则为 1 英寸。因此战舰的排水量从 53000 吨涨到了 54500 吨，然而据说该战舰的“常规”排水量还是维持在 53000 吨。该项目的负责人是 J. C. 劳伦斯（J. C. Lawrence，负责时期为 1958—1962 年）和 L. J. 莱蒂尔（L. J. Rydill，负责时期为 1962—1967 年），后者对该战舰的各种新特色以及装备感到特别担心，该舰甚至连武器方面都采用了正在研发的海标枪导弹，舰载机也采用了新的可变几何项目。排水量和成本之间的关系也是一个问题，事实证明这是很荒谬的，因为为了维持 53000 吨的排水量，英国采取了非常复杂（且昂贵）的减重方法。[②]

英国将第一艘战舰命名为“伊丽莎白女王”号（Queen Elizabeth），第二艘战舰命名为“爱丁堡公爵”号（Duke of Edinburgh）。1966 年 1 月 27 日，海军部批准了 CVA-01 的最终设计，并祝贺了负责该项目的舰船局主管及其职员。1965 年 12 月，相关人员绘制出了一幅图例，船体的长度没有变化，但是算上

① ADM 138/888 (NMM). 英军如果同时订购两艘战舰，预计可以省下 200 万英镑的成本。（参见：ADM 167/164: 1964 Admiralty Board Minutes, PRO）

② D. K. Brown, A Century of Naval Construction. 1965 年 12 月，工作人员画出了最后的图例，此份图例保存在战舰庇护所中。该图例中并没有指出防护装甲的详细数据。D. K. 布朗曾在哈斯勒参与过其螺旋桨的安排问题，当时工作人员很担心流入中心螺旋桨的不稳定水流，因为这会导致传动轴的纵向振动，从而破坏推力轴承，1945 年“光辉”号就出现过这样的情况，同时还会导致战舰过早出现空化噪音。

阻拦索、阻挡器和吊杆，战舰的总体长度为963英尺3英寸，战舰的最大宽度为231英尺4英寸，船体和防护板的总重量为33900吨，舰载机包括36架掠夺者战机和鬼怪战机、4架预警机、5架反潜直升机和2架搜救直升机。尽管财政部一再拖延，英国还是预定了350万英镑的长期订单，如果该项目不继续进行，其中的150万英镑就会白白浪费。然而不到一个月，海军方面刚刚准备给船厂下发详细的建造计划时，这艘航母就被取消了。这件事对海军打击很大，后来未来战舰委员会成立，整个皇家海军的结构都受到了审查。虽然英国很需要这些战舰，但是国库的确难以承受，因为其建造成本占到了战舰整个生涯总成本的20%。[①]

① ADM 1/29044: Proposed Namefor CVA-01 (PRO).
1964年5月，女王批准了CVA-01战舰的命名。
该设计的批准以及取消记录参见：1966 Minutes of the Board of Admiralty, ADM 167/166 (PRO).
CVA-01的图例参见：the Ship's Cover ADM 138/888 (NMM).

护卫巡洋舰

大概是在1959—1960年间,英国出台了第一份拥有22架直升机的战舰研究，并据此产出了一系列设计方案，其中最大的战舰排水量达到19000吨。当时的预算显然不可能造出如此规模的巡洋舰，所以英国将搭载的直升机数量下调到了6架（随后增加到8架）。在1960年的研究中，战舰的满载老舰航速为26节，搭载1座双联装3英寸L70炮塔,加上美军的鞑靼人导弹或者英军的海蛞蝓导弹。在此基础上，英国出台了三个系列的研究方案。

6系列的"6C研究"满载排水量5400吨，水线长430英尺，拥有8架威塞克斯直升机以及1座双联装3英寸L70炮塔。"6D研究"则用鞑靼人导弹系统取代了舰炮。这两份研究的人员配置都为50名官员以及400名士兵。"6E研究"的装备和"6C"相同，"6F"则与"6D"相同，但"6F"是按照先进导弹驱逐舰的风格设计的，战舰的人员配置增加到了61名官员、534名士兵，水线长度增加到460英尺，排水量也增加到5900吨。

9系列的规模较大，配备28枚海蛞蝓导弹，其中12枚可随时发射，另外

1960年的护卫巡洋舰。图为早期的9系列研究，舰桥前方搭载双联装海蛞蝓导弹发射器。飞行甲板安装在上层建筑的尾部，直升机库安装在船体。（约翰·罗伯茨绘制）

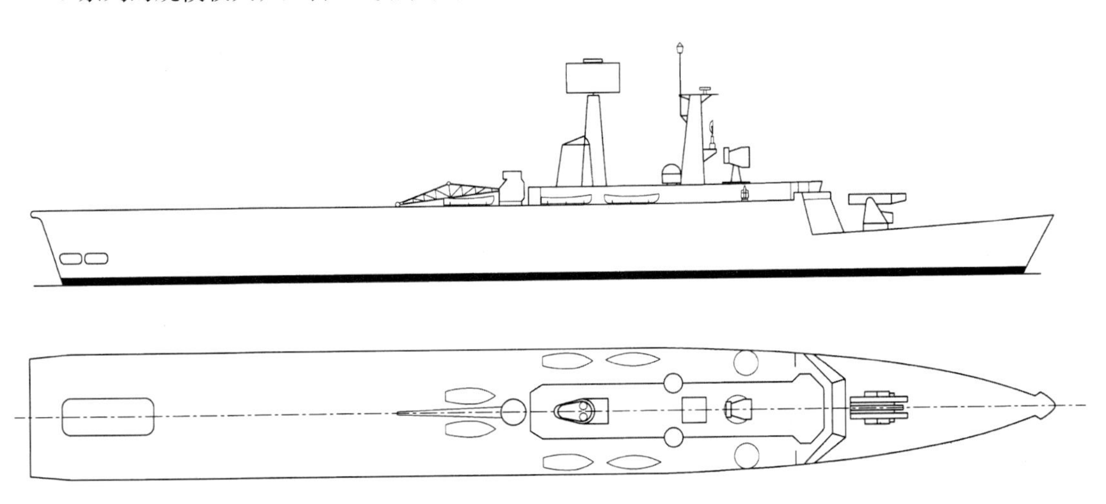

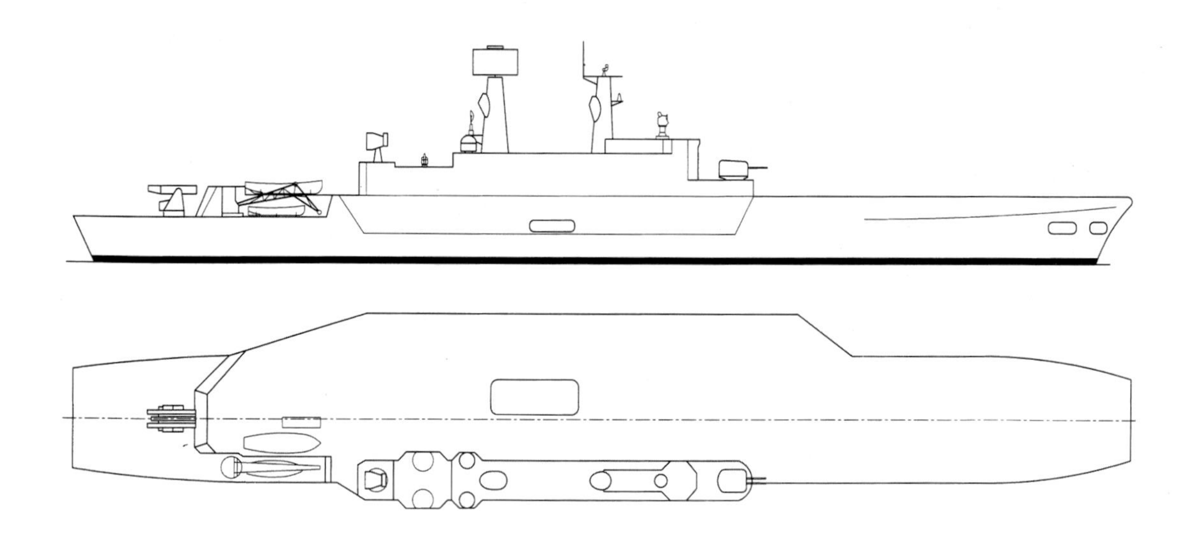

1960/1961 年的护卫巡洋舰。图为后期的 21 系列设计，采用直通甲板，海蛞蝓导弹发射器被移至船尾，“舰岛”上搭载 1 座双联装 4.5 英寸 MK 6 舰炮，机库安装在船体中。（约翰·罗伯茨绘制）

16 枚分解储存。“9C 研究”的战舰长度为 485 英尺，排水量 6400 吨；采用的是双轴传动系统，输出功率为 36000 轴马力；机库高度为 16 英尺 6 英寸；甲板可承受的最大重量为 12600 磅。“9D 研究”中，机库高度增加到了 18 英尺 6 英寸，甲板可以起降重达 22000 磅的直升机。“9E 研究”中，上层建筑位于战舰右舷，飞行甲板通过舷外平台延伸到战舰左舷；排水量增加到 6730 吨，可以同时起降 4 架直升机。6 系列和 9 系列中，战舰的维修能力、人员补充以及续航能力都按照驱逐舰的标准进行设计。

在 21 系列中包含了各种各样的旗舰巡洋舰。“21D 研究”的军备与 9 系列相同，但是增设了碎片防护装置。这一研究的战舰长 535 英尺，传动系统输出功率为 40000 轴马力，排水量 8350 吨。“21H2 研究”带有舰岛结构，在朝着船尾的飞行甲板上方安装了双联装 4.5 英寸 MK 6 舰炮；为了尽可能保持海蛞蝓导弹的干燥环境，该设计还加高了干舷，此外还配备 12 枚可立即发射的导弹，另有 32 枚库存；其排水量 9000 吨。“21J2 研究”搭载 2 座面向船尾的双联装 4.5 英寸舰炮；排水量上涨到了 9700 吨。“21K 研究”的舰炮装在船首，导弹发射器则装在船尾；船身长度增加到 560 英尺；满载排水量为 9860 吨；不过尴尬的是，导弹的库存量却下降到了 28 枚。最后一份“21L2 研究”和“21J2 研究”基本相同，只不过其带有舰岛式的上层建筑；此外，其传动系统的输出功率增加到了 60000 轴马力，满载老舰速度达到 28.5 节；排水量上涨到 10250 吨；水线长度 550 英尺。以上所有研究的续航能力都为 20 节 4500 海里。[1]

同期开发的还有一个尺寸最大的巡洋舰研究方案，1961 年 12 月，第一海务大臣向参谋长委员会提交了这项最新设计的详细说明。该方案当时的排水量为 13250 吨；水线长 610 英尺，宽 73 英尺；传动系统的输出功率为 60000 轴马

① ADM 1/27685: 1960-61 Case forthe Helicopter Carrier/Escort Cruiser (PRO).
这一系列研究展示出了提速、加人等要求对战舰设计的影响。

力，战舰航速为 28 节，续航能力为 12 节 5000 海里；主武器仍然是海蛞蝓导弹，配备 28 枚弹药，同时还安装了 2 座海猫近距离防空导弹和 1 座双联装 4.5 英寸 MK 6 舰炮；搭载 9 架直升机，配备 106 名官员及 970 名士兵；成本大约 1935 万英镑，并预计在 1970 年年中完工。英国要求该级舰搭载先进的反潜直升机以及导弹防空系统，同时还要具备长期单独作战的能力。英国在长期计划中加入了 4 艘新型巡洋舰，并取消了最后 2 艘“郡”级战舰（DLG 09 和 DLG 10）以填补一部分开销，未来预计还会取消 2 艘“虎”级巡洋舰。

1962 年 7 月，英国对该战舰进行了重新设计，并做了很大的改变。她将搭载 4 架支奴干型的直升机（Chinook-type），武器改为 2 座新型的海标枪导弹（CF299）和依卡拉反潜武器系统，并在紧急情况下还能容纳下 700 人中途登船。该舰的排水量减小到了 10000 吨，成本减少到了 1650 万英镑。[①]然而由于英国决定引进 4 艘搭载北极星导弹的潜艇，护航巡洋舰的计划不得不往后拖延，不过还是保留在了长期计划中。除了经济上的原因，还有一个原因是当时的资源都集中在新型航母和北极星潜艇的项目上，战舰的设计工作不可避免地受到了影响。当时预计的战舰服役时间为“虎”级战舰完成改造 10 年之后。[②]

1966 年 2 月，英国取消了 CVA-01 航母，并决议审查整个舰队的结构，因此该级战舰注定无法开工。无论如何，她们还是对未来战舰委员会的研究造成了一定影响。通过这次事件，他们认识到了战舰的规模不一定与成本正相关，于是 21 世纪初，英国设计的航母都适当地扩大了战舰的规模来“控制”成本。

“无敌”级

随着 CVA-01 项目的取消以及最终决定放弃从皇家海军航母上飞行的常规固定翼飞机，海军需要对舰队组成进行大规模地重新评估。1966 年初，未来舰队工作组成立，用以审议这个问题，同时向海军部委员会和政府提供意见。

有关“无敌”级战舰的研究中有 1 艘两栖突击巡洋舰，这份设计很可能是受到早期护卫巡洋舰——最初被称作护卫巡洋舰突击战舰——设计的启发。新设计的主要任务包括操作反潜直升机，运输及搭载登舰队伍，提供防空能力、独立的空中侦察和打击能力，指挥和控制海军任务及两栖作战。1966 年 6 月，有人提议新建 6 艘战舰，从 1975 年 6 月开始服役。相关部门总共出台了三种研究，分别为上层建筑在船首、上层建筑在船尾以及传统的航母配置。最终英军认为传统航母的结构明显优于其他两种。此类方案预计配备可反潜可突击的海王直升机，战斗机则为霍克战机（海鹞战机的前身），同时搭载燃气轮机推进装置；主武器为海标枪导弹以及 PX430 防空导弹（随后命名为海狼导弹）；安装英荷联合研制的 988 型“扫帚柄”雷达。1966 年 8 月，这一设计的排水量已经上涨到了 16000 吨，人员配置

① ADM 205/193: 1961-1963 Naval Staff Presentations and Studies on Carriers, Escort Cruisers and Nuclear Submarines (PRO).
研发护航巡洋舰的初衷是让航母能更好地搭载固定翼舰载机，提升整体效率。1962 年 7 月的 EC 01 护航巡洋舰预计将取代“虎”号，而 EC 02 则将取代“布莱克”号，“狮”号在 1967—1968 年进行了长期修整，将会继续服役。由于要重新设计 CF299 导弹（海标枪导弹），其他项目都延迟了一段时间。当时 EC 01 预计在 1969 年完工，EC 02 在 1970 年完工，EC 03 和 EC 04 都在 1971 年完工，同时还多加了 1 艘战舰。战舰特征委员会为 SCC 36A 战舰指定了 CF299 版本的导弹，之前的研究可能应用在 SCC 36 战舰上。

② ADM 167/162: 1963 Admiralty Board Minutes. and ADM 167/163: 1964 Admiralty Board Minutes (PRO).
在护航巡洋舰计划推迟之前，英国完全没考虑过要改造“虎”级巡洋舰。

也从1390人增加到了1712人，战舰长度增加了30英尺，宽度增加了1英尺，吃水深度增加了6英寸，排水量增加了1500吨，成本则达到了3150万英镑。[1]

1966年8月，海军部收到了一份名为“战舰设计的建议及研究”的报告，其中记录了设计讨论的结果，包括4艘航空巡洋舰、3艘巡洋舰以及1艘两栖突击舰的研究方案。报告中的其他研究方案和图纸参见第六章。[2]

海军部委员会在1966年10—11月讨论了未来舰队工作组发表的报告。期间否决了将巡洋舰和两栖突击舰结合起来的想法，因为当前的目标是让巡洋舰以最小的尺寸兼顾主要的指挥控制职能。按照估计，这样战舰排水量约为10000吨。委员会的大部分成员反对搭载茶隼垂直/短距起降战机，认为这个选择并不划算。但海军副参谋长却对这一点持保留态度。他认为巡洋舰需要更强的攻击力来对抗水面舰艇，将排水量增加到13000吨不仅有足够的选择余地，而且具备更大的潜

① DEFE 24/234: 1966 Future Fleet Working Party - Papers (PRO). 因为开启时风量太大，所以设计团队取消了面向船首的机库门。

② DEFE 24/238: 1966 Future Fleet Working Party - Report (PRO). 可以看出当时的两栖突击巡洋舰与航空巡洋舰相似度很高。

1983年2月23日的“光辉”号，甲板上可以看到鹞式战机、海王直升机。海标枪导弹及其偏转器安装在船首，右舷部署了密集阵近程防御武器系统。（D. K. 布朗收集）

1966 年的未来战舰委员会——大型战舰设计。英国总共设计出了 8 种包括航空巡洋舰、两栖突击舰以及巡洋舰的研究。1966 年计划中的护航巡洋舰将最早应用以下设计，这些研究也间接影响了“无敌”级战舰的设计。（PRO DEFE 24/238）

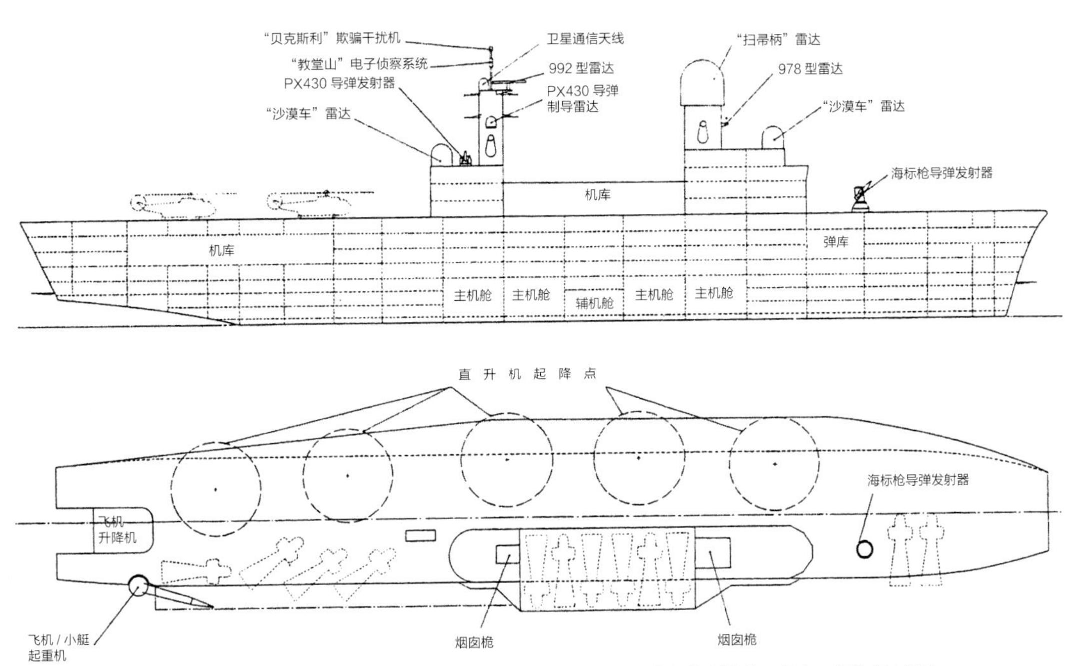

航空巡洋舰——1 号研究。其能搭载直升机以及垂直 / 短距起降舰载机，有完整的指挥控制设施，具有一定的突击能力。

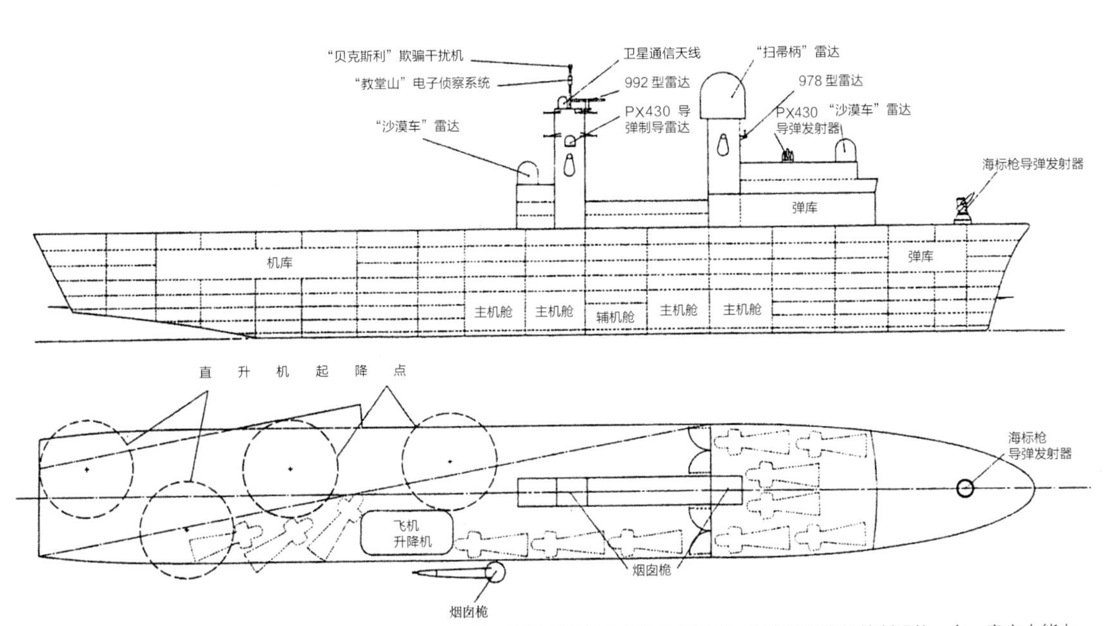

航空巡洋舰——2 号研究。其有一些影响搭载直升机和垂直 / 短距起降舰载机的限制因素，有完整的指挥控制设施，有一定突击能力，住宿空间较小。

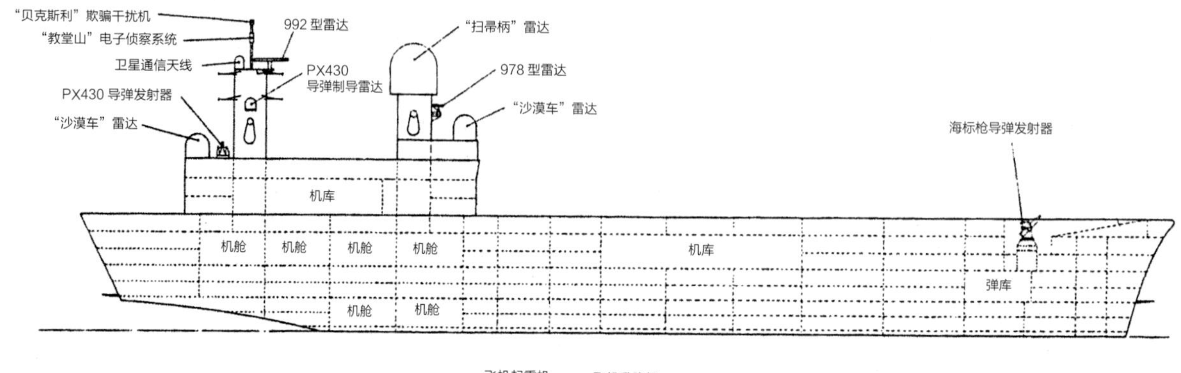

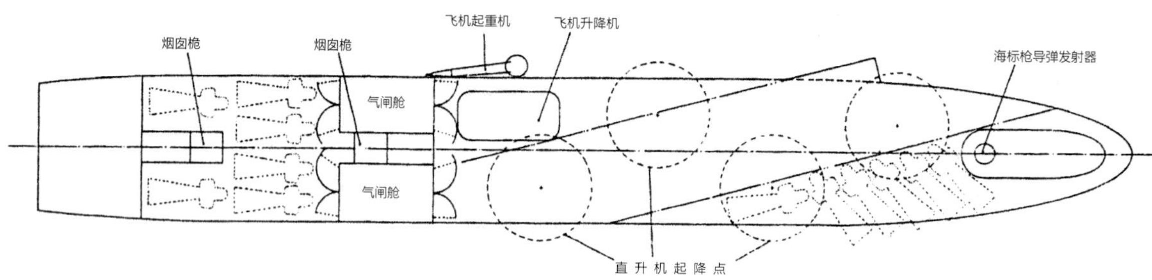

航空巡洋舰——3 号研究。这一方案基本能力与 1 号、2 号研究相同，但是难以搭载直升机以及垂直 / 短距起降舰载机。机库的布局很糟糕，舱门需要一个空气锁。传动系统的安排也不令人满意，传动装置和机器无法安装在同一直线上。

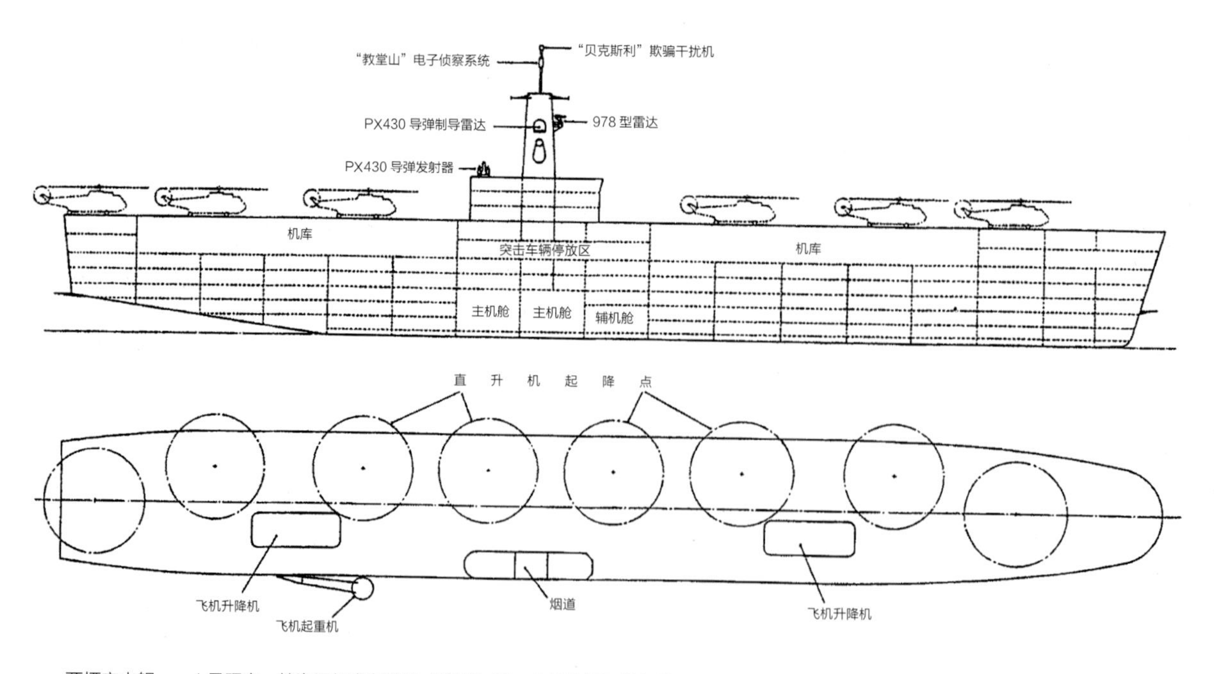

两栖突击舰——4 号研究。按海运标准制造的"廉价"船，内部空间可以与美国的"硫磺岛"号媲美。

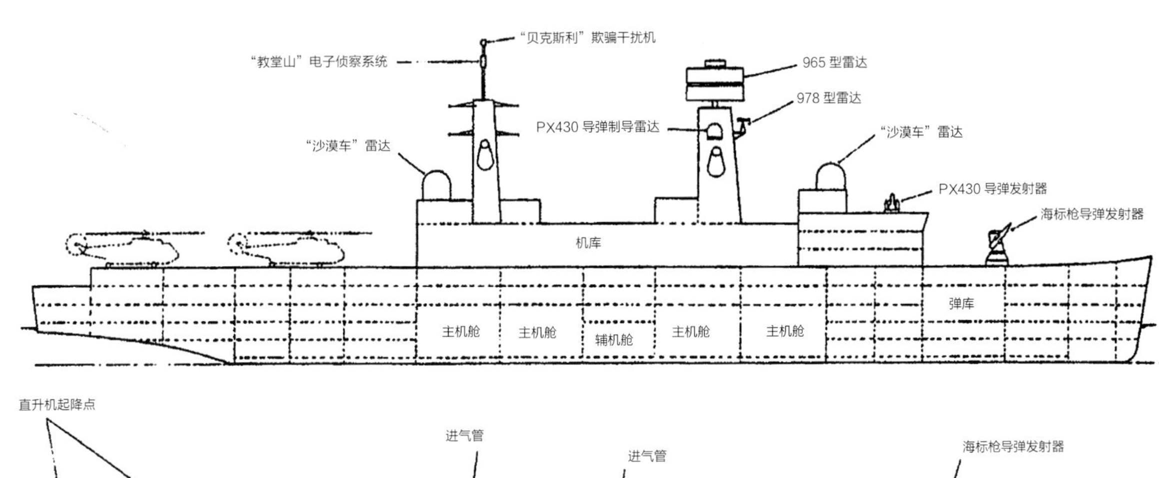

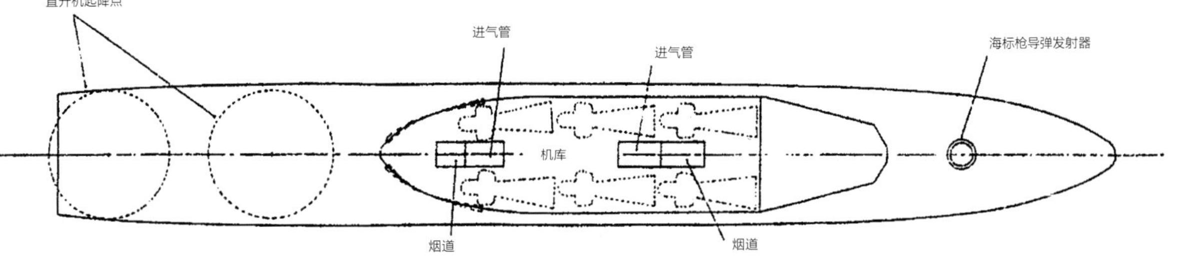

巡洋舰——5 号研究。其带有完整的指挥控制设施，可搭载 6 架 SH3D 直升机（海王）。

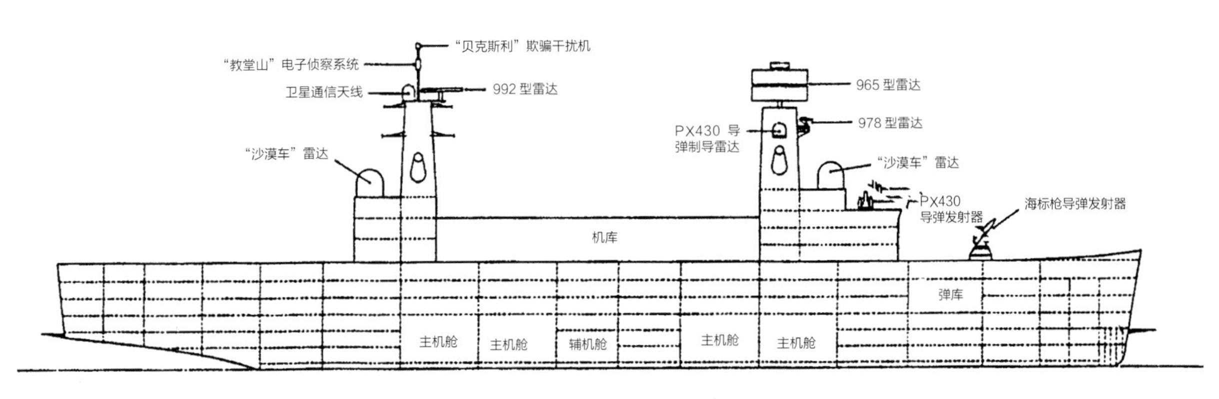

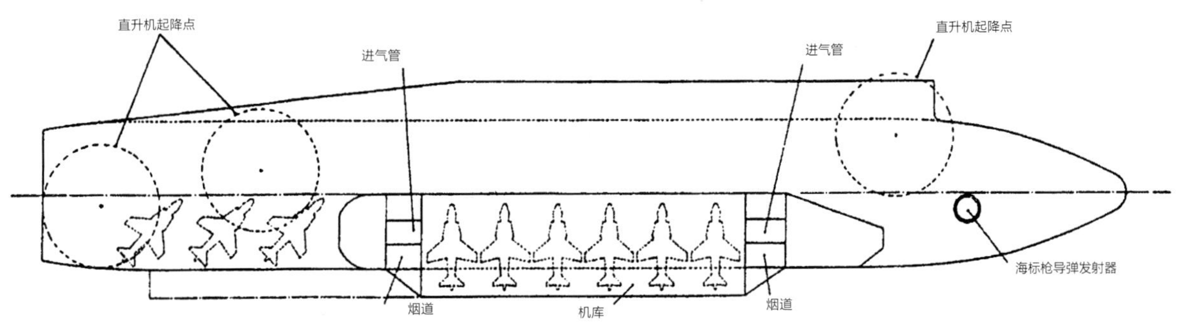

巡洋舰——6 号研究。其带有完整的指挥控制设施，可搭载 9 架垂直 / 短距起降舰载机。

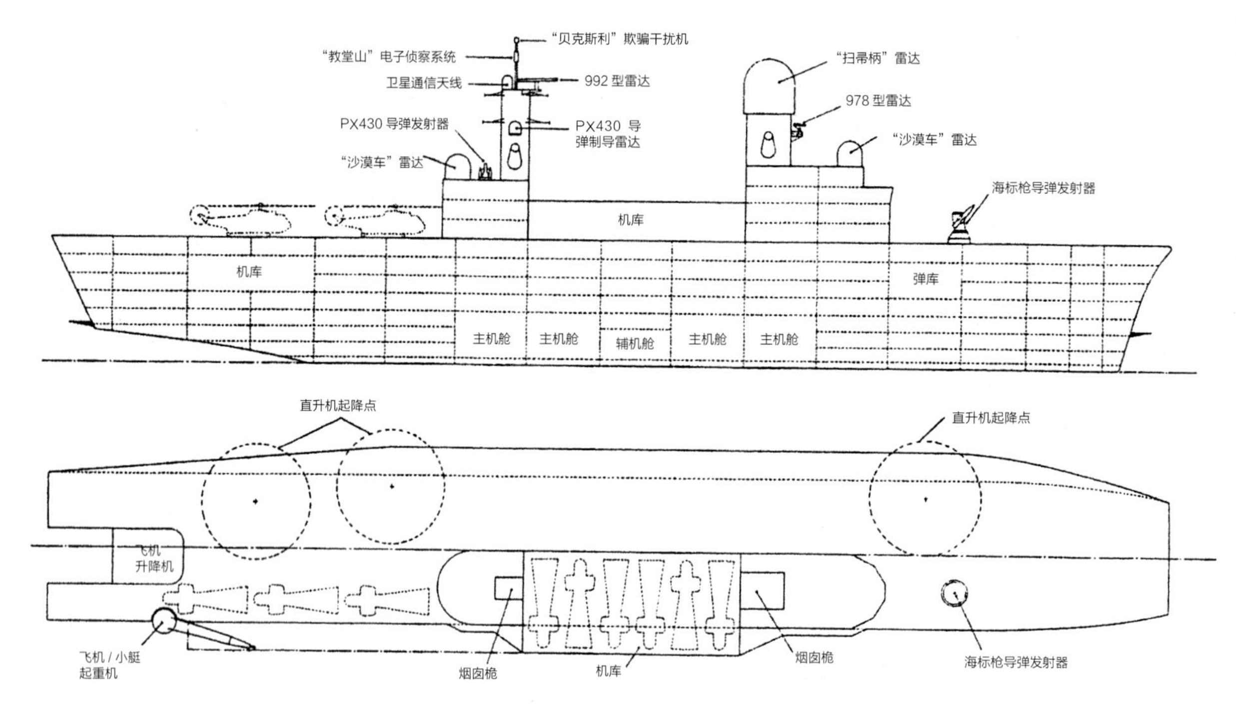

巡洋舰——7 号研究。其带有完整的指挥控制设施，可搭载 9 架 SH3D 直升机以及 4 架垂直 / 短距起降舰载机。

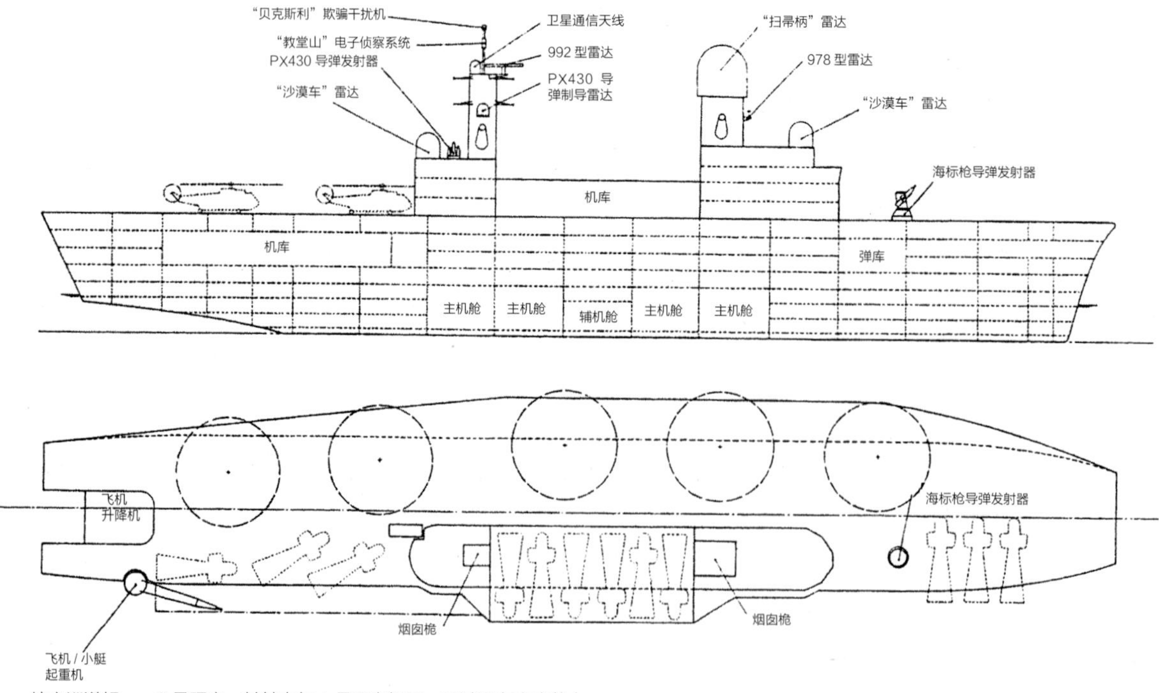

航空巡洋舰——8 号研究。其基本与 1 号研究相同，不过没有突击能力。

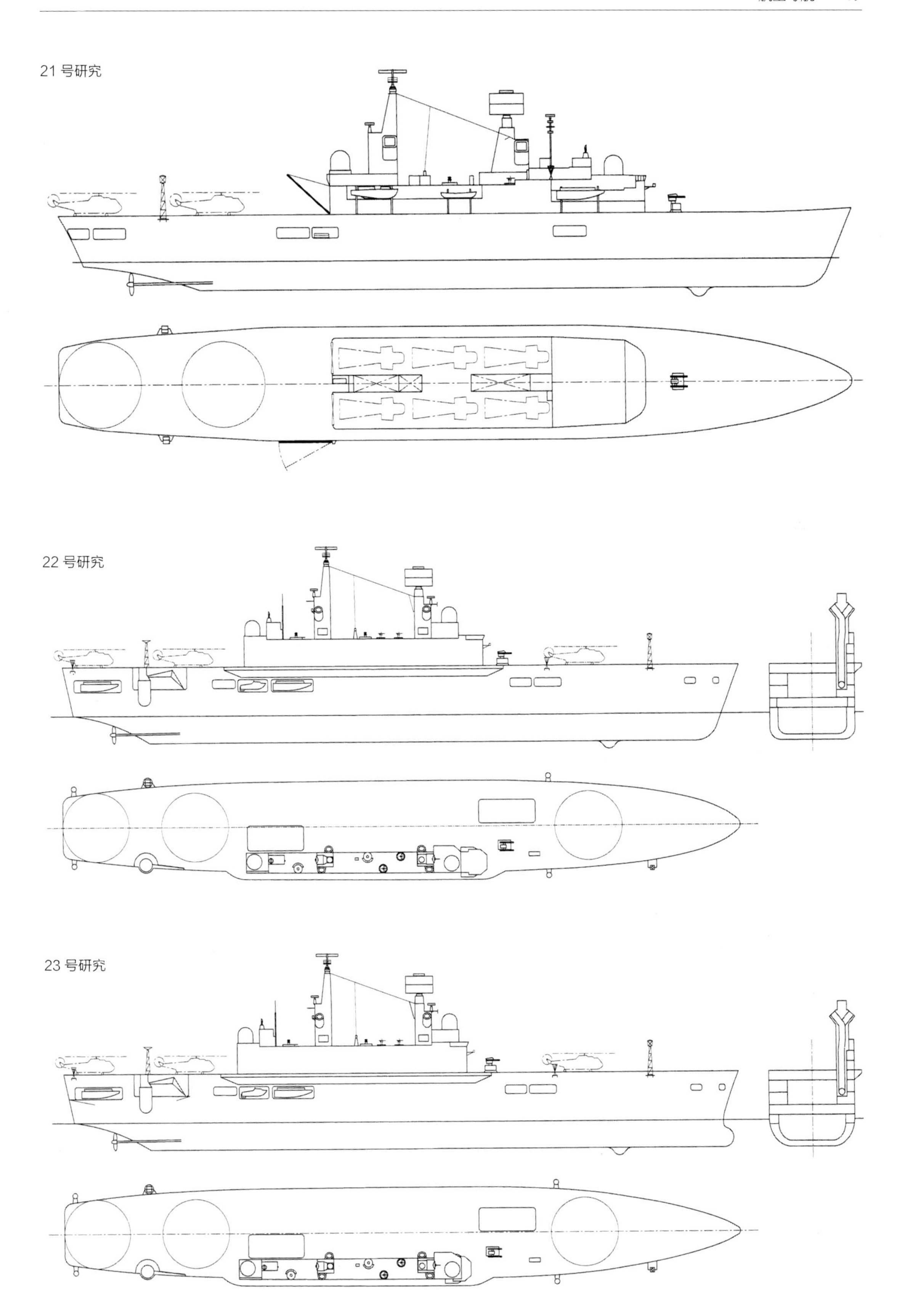
21号研究
22号研究
23号研究

力兼容任何未来开发的垂直/短距起降舰载机。海军部委员会没有做最后的决定，出席会议的国防大臣丹尼士·希利表示需要进行进一步的磋商。[1]

财政部对巡洋舰计划的态度远比对之前大型航母的态度要积极，未来舰队工作组的审议工作也十分明智，所以总共有6艘巡洋舰进入到长期预算中。当时英国将她们视为改进版的82型驱逐舰，带有指挥设施，搭载直升机，但是没有依卡拉反潜系统，排水量大约10000吨，造价3000万英镑，预计于1975年底服役。[2]

1967年7月，国防部长认为20世纪70年代的舰队计划应该以3种战舰为基础：一是接替“利安德”级的护卫舰，二是搭载海标枪导弹的驱逐舰，三是接替改造后“虎”级战舰的巡洋舰。巡洋舰的职能包括指挥舰队、引导岸基飞机、协助执行区域反潜和区域防空任务。在此基础上，英国出台了战舰编制方案，并于1967年12月由作战需求委员会审核通过（NST 7097）。1968年1月，海军建造总监出台了一系列总共3种研究方案：

表格4-2

	21号研究	22号研究	23号研究
预估满载排水量	12750吨	17500吨	18700吨
直升机	6架海王	9架海王	9架海王
机库	船体外部	船体内部	船体内部
飞行甲板	仅限艉部	全通式	全通式
主武备	海标枪导弹	海标枪导弹	海标枪导弹
机械	燃气轮机	蒸汽轮机	蒸汽轮机
最高航速	28节	26.5节	25节
预估尺寸	550英尺×72英尺	595英尺×78英尺	595英尺×82英尺
雷达	965R型/992Q型	965R型/992Q型	965R型/992Q型
声呐	184M型	184M型	184M型
声呐	备而不装的新型波导声呐	备而不装的新型波导声呐	备而不装的新型波导声呐
声呐			备而不装的高级声呐
人员编制	959	1068	1067
采购成本	内部报价3000万英镑	内部报价3500万英镑	内部报价3600万英镑

英军决议采用23号研究的编制，并且考虑搭载垂直/短距起降舰载机（舰载机总数为12架），成本在3200万到3800万英镑之间。战舰的设计工作还处在早期阶段，有很多问题亟待解决。推进系统有两种选择：一种是2个轴上安装4台奥林巴斯（Olympus）燃气轮机、2台奥林巴斯柴油机、2台鲁斯顿（Ruston）

① ADM 167/166: 1966 Admiralty Board Minutes (PRO).

② T 225/2963: 1966-68 Future Shape of the Fleet following the Report of the Future Fleet Working Party 1966.
一位名叫J. A.帕特森（J. A. Patterson）的财政部官员认为英国很难把6艘战舰全部建造完成。

柴油机、4套锅炉以及2套蒸汽轮机；另一种是每个轴上都安装2台鲁斯顿柴油机。当时英军还决定海标枪导弹的备弹量至少为22枚。其他问题还包括直升机的数量、舰载机种类、通信设备、武器、航速以及续航能力等。有关人员讨论出的结果为航速24~28节，续航能力为在18~20节的速度下5000~7500海里。船型、是否安装高规格船体声呐、战舰自给程度（包括补充间隔）以及是否安装司令台等更长远的问题也需要解决。[1]

草图设计于1970年底完成，经过18个月的细化后，海军向工业界发出了投标邀请。设计团队由A. A. 奥斯丁（A. A. Austin）领衔，光是设计工作就花费了500万工时。最终的结果不同于任何以往完工的战舰设计，完全脱离了“肯陶洛斯”号航母和“虎”号指挥巡洋舰在早期研究阶段带来的影响，名称也变成了指挥巡洋舰（CCH）。通过与“肯陶洛斯”号的比较，可以看出战舰容积和排水量之间的关系发生了怎样的变化。“肯陶洛斯”号的内部容积为92000立方英尺，满载排水量为28500吨。相比之下，新的指挥巡洋舰容积为90000立方英尺，满载排水量为19500吨。指挥巡洋舰人员编制也削减了一半，从“肯陶洛斯”号的2000人减少到1000人。自从战后护卫舰的设计之后，人们就很难从排水量推断战舰的大小了。主要原因包括：舰炮渐渐被导弹发射器取代、精密的传感器占用了大部分空间、住宿条件改善、重型的蒸汽锅炉和传动系统被轻型的燃气轮机取代、战舰设计在结构上的改进、直升机及其必要后援设备的部署需要一定空间。

① DEFE 24/385-388: The Command Cruiser. 1969年7月，建造计划总共包含3艘战舰，英军计划在1970年10月获得海军部批准，1972年2月向船厂定下第一艘战舰的订单，1976年11月交付船厂，1978年5月服役，剩下的两艘战舰也会在几年之后完工。1969年10月21日的财政部备忘录指出，相关人员认为花费3000万英镑建造1艘搭载6架海王直升机的巡洋舰并不划算。
参 见：T225/3200: 1967-1969 Design and Construction of a new Command Cruiser for the Royal Navy, PRO.

1983年1月27日，“光辉”号抵达朴茨茅斯港口。注意右舷的密集阵近程防御武器系统，这是专门为福克兰群岛战争引进的装备，之后被守门员武器系统取代。

这些因素使得该型舰容积更大、吃水更浅（6.4 米，“肯陶洛斯”级为 8.5 米），同时需要依靠更高的宽度吃水比来维持稳定性。燃气轮机更大的排气量意味着需要更大的风道，再加上大量的通信、雷达设备，让该型舰的岛式上层建筑变得很长。风道挤占的空间也影响了飞行甲板的布局。和“肯陶洛斯”级相比，采用燃气轮机推进装置（奥林巴斯 TM3B）使得舰上工程人员的编制减少了一半。但这也需要军衔和熟练度更高的人员。此外，燃气轮机相比蒸汽轮机还有一个巨大的优势，那就是可以通过风道从舰上拆下来。高干舷和两对不可伸缩的稳定鳍使得该型舰成了适航性优秀的设计，船首很少会出现上浪的情况。

建造计划并不是很顺利，不过英国采用水平加强筋解决了建造过程中出现的屈曲问题。由于损害控制的要求，战舰内所有的通道都不能低于机库甲板下的公共甲板，且船体内不能有纵舱壁。为防止核武、生物和化学武器袭击，战舰还必须搭载空气过滤器。飞行甲板略微向左舷倾斜，为海标枪导弹发射器腾出空间。直升机有 6 个停放处，海鹞战机有 4 个助跑点。舰载机升降机又引入了创新设计，之前该结构使用的是重链和平衡重物，经过麦克塔和斯科特（Mactaggart & Scott）公司的改进之后，其采用了带有液压油缸的新系统（很可能是由 CVA-01 的设计引申来的），节省了很大重量。20 世纪 70 年代早期，D. R. 泰勒（D. R. Taylor）设计的“滑雪跳跃”坡道也很有创新性，这一设计使得战舰一次性能承载的舰载机重量上涨了 30%，同时减少了舰载机在甲板上停留的距离，为海王直升机提供了更多空间，大大提高了整体效率。[1]

该级别的第一艘战舰，“无敌”号于 1972 年由维克斯（巴罗）船厂承建，

① A. F. Honnor (RCNC) and D.J. Andrews (RCNC, HMS) Invincible: The First of a New Genus of Aircraft Carrying Ships', The Naval Architect (January 1982).
该战舰最初似乎是要搭载 4 座飞鱼导弹发射器，装在以后船首的海标枪导弹附近。工作人员在设计该战舰时，一直都为海鹞战机预留了位置，不过直到 1975 年 5 月，上级官员才正式批准在战舰上搭载海鹞战机。据报道，D. R. 泰勒曾经宣称舰船局并不支持滑雪跳跃坡道。其实不然，问题在于财政部不允许舰船局修改合同内容，因为事实证明这种做法会增加成本。因此在双方商讨出一个新的合同之前，舰船局只能扮演恶人的角色。

1980 年 10 月 31 日拍摄的“无敌”号，当时一艘海鹞战机正通过“滑雪跳跃”坡道起飞。

预计 1980 年完工，紧接着是“光辉”号和“皇家方舟”号，由斯旺·亨特（Swan Hunter）船厂承建，预计分别在 1982 年和 1985 年完工。她们起初被视为“新的开端”，但之后还是背上了航母的名头，在 CVA–01 取消之后，“航母”在政治上就变成一个非常敏感的词语。“无敌”级的战舰在 1980 年的成本为 18400 万英镑，而其在 1970 年的预计成本仅为 6000 万英镑。事实证明，她们对皇家海军有着巨大的价值，偶尔也可以作为两栖突击舰使用。现在她们还可以搭载皇家空军的海鹞战机，成为有效的小型攻击航母，这充分体现了该级舰的灵活性。[①]

① “皇家方舟”号本来应该叫做“不挠”号。
“无敌”级战舰的成本参见：Jane's Fighting Ships 1986–87.

第五章
护卫舰计划

第二次世界大战末期，皇家海军的护卫舰队规模十分庞大，涵盖了战争早期的“花”级、“江河”级护卫舰以及最新的“城堡”级（Castle）、“湖”级（Loch）、“海湾”级（Bay）护卫舰，战争期间，英国也一直在生产“黑天鹅”级护航舰，该级护航舰完全达到了海军的标准。由于上述战舰的速度都在20节以下，她们的作战能力十分有限，不过还是可以对付一些最大速度仅为7~8节的潜艇，“湖”级战舰就是很出色的潜艇杀手。然而英军的对手也没闲着，1944年德国已经开始生产二十一型远洋U艇和二十三型海岸潜艇，水下航速分别为17节和12.5节，另外还计划着要围绕最新的过氧化氢涡轮机设计水下航速可达24节的沃尔特二十六型潜艇。相较而言，英国护卫舰队在数量上的优势几乎不值一提。[①]

其实早在1943年夏天，也就是获知德军的威胁之前，盟军就开始研发更标准化的护卫舰方案了。该方案预计在英美两国进行生产，旨在为舰队提供最先进的防水面战舰和防空力量，并且尽量不影响舰队的续航及反潜能力。新方案最大的改进就是引入了更强大的齿轮传动轮机，将战舰的航速提升到了24节。其预计排水量为1700吨，火炮武备为船首的2座双联装4英寸舰炮、2座采用杀手（Buster）炮座的双联装40毫米博福斯防空炮和6—8座20毫米厄利孔（Oerlikons）防空炮。反潜武器方面，战舰预计会在船首搭载深水炸弹投掷器。1943年8月，U艇的威胁逐渐淡了下来，同时英国也有了更紧急的建造任务，该项目就没有再继续下去了。即使这样，该项目还是表露了英国研发反潜护卫舰的端倪。[②]

1944年12月，英国对新型护航舰的需求越来越迫切。最开始英国打算重新设计“黑天鹅”级护航舰，使其航速达到25节，满载排水量从1944年设计的1429吨上涨到1600吨，传动系统的输出功率从4300轴马力上涨到15000轴马力。1945年1月，为了给舰队提供反潜、防空能力，英国开始整合护航舰和护卫舰的设计：防空版的军备为2座双联装4.5英寸舰炮或者3座双联装4英寸舰炮；反潜版的军备为1座双联装4.5英寸舰炮或者2座双联装4英寸舰炮。不过当时相关人员一致认为4英寸的敞篷MK 19舰炮已经没有什么可以继续发掘的潜力了，而4.5英寸的封闭舰炮在未来注定会是高平两用舰炮的标准配置。1月底，英国开始考虑战舰的配置方案，其中有一项要求是将排水量限制在1400吨以下，海军建造总监认为这个要求不太好满足。当时英国还要求该战舰要能够大批量

① 德国U型潜艇的设计历程参见：Eberhard Rossler, The U-Boat (London 1981).
皇家海军在测试中引入了“沃尔特”U艇（二十七B型）的原型艇U1407，并将其命名为“陨星”号（Meteorite）。

② ADM 1/13479: Standardisation of Escort Vessels (PRO).

生产，战舰之间船体能够通用，这样有利于提升生产的弹性，并且还可以在生产过程中再决定一艘战舰是作为反潜还是防空战舰完工。

到了2月底，海军能够接受的反潜型护航舰的排水量变为1560吨，防空护航舰的排水量变为1650吨。当时有人还打算为防空型护航舰加装航空指挥设备，但因会削弱武备而被否决了。4月底，海军决定继续设计2月份时考虑的两种护航舰。同时他们得出结论，航空引导型护航舰的需求确实存在，而除此之外，他们还需要一种"护航船队指挥官旗舰"。然而，新护航舰尺寸和复杂性的增加，意味着海军不可能建造足够数量的新舰。因此海军认为现在依然需要轻型护卫舰，并决定开始专门设计这种类型的军舰，这会在以后考虑。后文也将有所提及。[①]

战争的结束让海军重新评估了1945年的新建计划。这个计划最初包括建造4艘护航舰，但后来由于财政原因削减到2艘：1艘防空型，1艘反潜型。1945年11月，内阁批准建造新的护卫舰。海军参谋部很快开始商榷应该建造哪种类型的护卫舰，结论是应该建造1艘反潜护卫舰和1艘航空引导护卫舰，并争取在1946年开工。此时，护卫舰的设计方案还远远没有确定下来。1946年1月，防空护卫舰的排水量增加到1750吨，主要是因为动力系统的重量增加了50吨。因此有人认为采用两种设计可能会让护卫舰的性能更为均衡，防空型和航空引导型的航速改为20节，反潜型和船队指挥官旗舰型则维持原来的25节。但由于海军不希望失去船体标准化带来的建造灵活性，这个建议并没有得到采纳。该理论认为采用标准化船体建

① ADM 138/830: Destroyers and Frigates General Cover (NMM).
1945年新建计划的草案中总共有4艘战舰，其于6月底递交战争内阁。海军想把这4艘战舰打造成一种新型的护航舰，排水量在1400吨左右，航速大约25节，其中2艘为对空战舰，2艘为对水面战舰，主要起到试验的作用。（参见：CAB 66/67, PRO）

1956年11月拍摄的"索尔兹伯里"号，第一艘61型航空引导护卫舰，注意上甲板的雷达和传感器。960型低空预警雷达在第二个桅杆和烟囱组合的尾部。（D. K. 布朗收集）

造的护卫舰可以在建造的后期阶段切换为反潜型、防空型和航空引导型，以满足最急迫的需求。就实际来说，虽然这项设计理论上可以批准建造，但是复杂度很高，因此除非在建造的初期提出要求，否则任何修改都不容易实现。[①]

1947 年 3 月，英军内部围绕各舰通用的标准化船体问题再次进行了讨论。最终，为了达到对防空、航空引导版战舰续航能力（15 节 4500 海里）的要求，这两种战舰将由柴油发动机驱动，因为如果要用传统的蒸汽发动机，则必须要加重 800 吨，英国国内生产蒸汽轮机的效率还不够高，无法满足大批量生产的要求。4 月，英国开始对两型柴油机动力护卫舰的船体设计进行改进，这两种型号日后发展成了“豹”级和“索尔兹伯里”级护卫舰。[②]

由于不断发展或演变的护卫舰设计数量过多，海军部制定了一套数字编号体系，并于 1950 年 7 月开始实行。当时各个设计之间已经区分开来，其中一些设计还顶着不合适的外号。例如后来的 18 型护卫舰同时被称为“改进型部分改造”和“融合改造”，因此必须采用措施给这些战舰一个合适的代号。包括经过改造的驱逐舰在内的所有远洋护航舰都被归类为护卫舰（Frigate），其下分为反潜型（11 型及其递次的编号），防空型（41 型及其递次的编号）和航空引导型（61 型及其递次的编号）。海军部舰队命令将航速能够跟上舰队的多用途战舰定义为驱逐舰，航速较慢的则定义为护航舰。[③]

防空与航空引导护卫舰（41型和61型）

这两个级别是战后第一批进行了细节设计的护卫舰，并且她们的研发工作是同时进行的。1947 年 12 月，相关人员就准备好了图例，防空版的战舰排水量为 1770 吨，航空引导版则为 1665 吨。军备方面与预期基本相符——防空版搭载 2 座双联装 4.5 英寸 MK 6 舰炮，航空引导版只搭载了 1 座，不过安装了相当先进的空中预警雷达系统。当时英国只是把 4.5 英寸舰炮当做一个临时方案，因为在第二装备阶段时预计所有的新型护卫舰都会使用当时正在研发的新型双联装 3 英寸 L70 舰炮，该计划直到 1955 年 1 月才被中止。[④]反潜版的武器则为 1 座单管乌贼反潜迫击炮，配备 10 发弹药。

这些护卫舰原计划在战时就要大量生产，不过由于船体的特殊性和电子设备的复杂程度，生产计划并没有如期发展。这些驱逐舰的船型引入了大量的纵骨，这是一种对“无双”号战舰（Nonsuch，前德国驱逐舰 Z38 号）的船体进行了大量测试之后才开发出来的新技术。船型由 E. W. 加德纳（E. W. Gardiner）设计，他同时也是上述测试的主导人，他设计的结构虽然很有效，但是也给战舰施工增添了很大难度。这两个级别战舰的发动机和船体都是一样的，所以两者保持了很高的标准化程度。不过两者的发动机系统比较复杂，其使用 8 个 ASR 1 柴

① ADM 138/830 (NMM). 1945 年计划的详细内容参见：CAB 129/4 (PRO). 最终批准的 2 种护航舰成了后来的“豹”级对空护卫舰和“索尔兹伯里”级航空引导护卫舰。
② ADM 138/830 (NMM); and Director of Naval Construction Correspondence Files–memo by Engineer-in-Chief, 21 July 1949 (NMM).
③ ADM 167/135: 1950 Admiralty Board Minutes and Memoranda (PRO).
④ ADM 138/795: 1945 Frigates AA and AD Types (NMM). 具体图例详见：Naval Construction Department Records (NCD 24, NMM). 英国在维克斯·阿姆斯特朗船厂（巴罗）给防空版和航空引导版战舰各订购了一套动力系统，其中有一套又下包给了位于彼得伯勒的彼得兄弟公司。（参见：ADM 138/795, NMM）

1957 年 5 月拍摄的 41 型防空护卫舰，“山猫”号（Lynx）。其主武器为 2 座双联装 4.5 英寸 MK 6 舰炮。

油机双轴传动，总共有 3 个机舱，第一个和第三个机舱里都搭载了 2 个备用柴油发动机。主发动机的排气管最初预设将穿过船舷的水线部位，不过在 1951 年，由于技术原因，英国舍弃了这一设计方案。ASR 1 的设计方案是由 V16 高速柴油机演化而来的，最初准备用于 1939 年在查塔姆船厂施工的潜艇原型艇。1944 年，英军对这种发动机设置方案进行了进一步探索，随后决定将其应用于新型的 A 级潜艇。最后这项计划并没有什么进展，但是英军没有放弃，在战后又将其改造成直接喷射的增压版本，这成了后来 ASR 1 的原型。

新型的柴油发动装置比之前考虑的蒸汽动力装置要重 100 吨，但是相比之下，战舰的续航能力得到了巨大的提升，防空版护卫舰续航能力为 15 节 4500 海里，而航空引导版在相同速度下可航行 5000 海里。造成两者差异的原因主要是防空版的武器和弹药占据了一部分燃料的存储空间。采用柴油发动机的战舰排水量也会稍微少一点，不过在速度上会有一定劣势，无法有效满足舰队的需求，随后英国将这两个级别的战舰归到了护航战舰的类别。这两种战舰独特的艏楼能够将船首搭载的 4.5 英寸舰炮维持在较低位置，提高战舰的适航性。锚链室里还装有一个 60 千瓦的小型发电机，尽量避免了潜在危害。两种设计都搭载了很完备的雷达系统，包括 275 型防空火控雷达和 960 型空中预警雷达。由于要扮演防空的角色，41 型护卫舰还搭载了 262 型近距离防空火控系统和 992Q 水面 / 低空搜索雷达，而 61 型护卫舰则搭载了 277 型测高雷达、960 型空中预警雷达和 982 型低空预警雷达。除此之外，两种设计都搭载了 162 型、170 型和 174 型声呐。1950 年 6 月，英军又为这两个级别的战舰准备了一套图例，41 型战舰标准排水量为 1835 吨，61 型则为 1738 吨，如此看来，排水量的大小与两年半之前计算出来的相比，并没有上涨太多。①

1948 年 1 月，英国分别向朴茨茅斯船厂（“豹”级）和德文波特船厂（“索尔兹伯里”级）下达了原型艇的订单，不过总工程师在订购发动机时遇到了一些困难。各个级别所需的战舰数量每年都在变化，1953 年的要求是 11 艘 42 型

① ADM 138/795 (NMM); and ADM 167/131: 1948 Admiralty Board Memoranda (PRO).
其中海军建造副总监在 1951 年的一篇回忆录中记录了护卫舰的预制过程和复杂的电子设备。海军造船部的亚瑟·洪诺尔向他传达过工人在建造过程中遇到的困难，也提到了柴油发动机的不稳定性，不过由于其相较于蒸汽传动系统而言，大大提升了战舰的续航能力，所以这个缺陷也勉强可以接受。克服初期困难之后，ASR 1 的价值就逐渐体现出来了，其直到之后更先进的柴油发动机问世才被淘汰。孟加拉海军现在还在使用这种传动系统。
V16 传动系统的发展历史记录可见：ADM 265/1: Engineer in Chief–Miscellaneouscorres–pondence 1938–1940 (PRO), and J. K. H. Freeman, To invent or Assess (1982), a history of A E L.
高干舷的目的是保持战舰干燥。在战舰的数据方面有一些不同意见，但是 D. K. 布朗采用了接近 23 型的数据，这主要是出于个人审美。

和10艘61型战舰，最终皇家海军只收编了每级4艘战舰，另外还有3艘41型护卫舰被印度收购，其中本来有一艘是要收编皇家海军的。[①]由于当时的经济情况和设计的复杂程度，这些战舰的生产周期被刻意延长到了3年半到6年之间。在充分就业的时代，这些战舰还要和商船及其他工业领域的工程争抢资源。在设计的演变过程中，英国的态度逐渐发生了转变，最后其决定除了“美人鱼”号（Mermaid，武器削弱版的41型，只搭载1座双联装4英寸MK 16舰炮），不再生产单独由柴油机驱动的护卫舰。加纳曾经向英国订购过“美人鱼”号，准备作为总统座舰，并预计于1965年下水，最后由于政变，这一合同取消了。这艘战舰只在皇家海军服役了4年，随后被卖给了马来西亚。[②]

反潜护卫舰（15型）

1947年3月，英国萌生了将战时“应急”驱逐舰改造成反潜护卫舰的想法，不过随后其又决定等到新型的“武器”级反潜驱逐舰开工，吸取一定的经验教训之后再敲定最佳的设计方案。1948年11月，这项方案连带其简化版本一起取得了高级优先权，两项工作同时进行，最初设想是每种战舰生产10艘。15型护卫舰的原型艇为“火箭”号（Rocket）和“无情”号（Relentless）驱逐舰，主要功能是保护各种战舰免受潜艇的打击，同时协助战机搜索以及毁灭敌方潜艇。[③]

1949年，国际政治局势恶化，皇家海军中能对付苏联“威士忌”级等快速潜艇的反潜护卫舰数量较少，也没办法新生产一批战舰来补位。不过当时英国尚有大量的战时“应急”驱逐舰，虽然武器装备都过时了，但是船体和动力装置依然状况良好，于是英国决议将这些资产和15型护卫舰的工程结合起来。在军备方面，当时的提议是在后甲板室安装乌贼反潜迫击炮，最终“火箭”号和“无情”号战舰搭载了“地狱边境”的原型机,其姐妹舰在MK 10的“地狱边境”反潜迫击炮出产前便临时搭载了乌贼迫击炮。该级战舰的反潜武器系统预计搭载8发“投标者”（Bidder）反潜鱼雷（最初的编制要求为搭载12发），并配备4具鱼雷发射管。在最初的提议中，装填过程在甲板室的中心线处进行，不过使用这种方法会在装填过程中出现一些问题。鱼雷从艏楼甲板入水的过程也存在一些问题，不过最后得以克服。英国的最终方案是搭载8个单管发射器，不进行重新装填。不过该系统设计完成后并没有很多战舰采用，因此“投标者”鱼雷也就没有用武之地了。15型搭载的声呐为170型和174型，主武器为双联装4英寸MK 19舰炮，由近距离盲射指挥仪控制，安装在船尾。没有选择船首，是因为这样会遮挡住新型低舰桥的视野，而且战舰逆流行驶时会暴露出较大目标。同时战舰还搭载了1座双联装40毫米MK 5博福斯舰炮，由ST指挥仪控制。虽然这些武备看起来很轻，但其实比原来驱逐舰的武备重了不少（从150吨增

① 发动机方面的问题参见：DNC Correspondence Volume 74 (NMM).
战后各种战舰的建造过程参见：Eric Grove Vanguard to Trident (London 1987).
皇家海军总共造了4艘41型防空护卫舰，分别为“豹”号、“山猫”号、“美洲虎”号（Jaguar）和“美洲豹”号（Puma）。61型航空引导护卫舰则有“索尔兹伯里”号、“奇切斯特”号（Chichester）、“林肯”号（Lincoln）和“兰达夫”号（Llandaff）。41型护卫舰“黑豹”号（Panther）在完工之前就被卖给印度了，除此之外该级别还有2艘战舰是专门给印度建造的，之后战舰命名委员会将她们命名为“美洲狮”号（Cougar）和“猎豹”号（Cheetah）。（会议记录保存在英国政府的海军图书馆）

② Conway's All the Worlds Fighting Ships 1947-1995, pp516-17.

③ DNC Correspondence Volume 72 and Volume 76 (1) (NMM); and ADM 167/133: 1949 Board of Admiralty Memoranda (PRO).

1951年7月拍摄的“火箭”号，15型护卫舰的原型舰。前德国驱逐舰“无双”号（Z38）的试验表明，在靠近船首一侧安装防溅板能有效地保持艏楼干燥，于是“火箭”号也如法炮制，但是并没有起到很大作用，后续其他战舰也就没有安装了。［由世界战舰协会的亚伯拉罕斯爵士（Abrahams）收集］

加到179吨）。安装这些武器需要空间，减重（尤其是高处）也显得十分重要。有人还考虑为其配备用于反水面舰艇的“幻想”（Fancy）高挥发性过氧化氢鱼雷，但最终这个想法连同武器本身一起被否决了。

设计工作由助理总监N. G. 霍尔特（N. G. Holt）主导，他采用了延伸至船尾的铝制艏楼。能做出这样的决定相当勇敢，因为这意味着英国要在船上建造几乎是当时最大的铝制结构。虽然设计出来的结构相对来说还算平直，但是由于铝的低模量（负载和延伸），设计时要考虑的主要问题是挠度而不是应力。在连接铝制结构和钢制结构的过程中，还很可能会遇到电化学腐蚀的问题，为了避免电化学腐蚀现象，工作人员在生产过程中会先把一根扁钢棒焊接在甲板上，然后用绝缘材料把铝用螺栓或者铆钉连接起来。之后，战舰的服役过程似乎没有出现过什么问题。

露天甲板上有一个很大的作战指挥室。传统战舰上是没有舰桥的，船长在作战指挥室控制战舰，只能用一个潜望镜来观察外面的情况，不过最后生产的3艘战舰的作战指挥室上方已经有较小规模的舰桥了。露天甲板上层建筑的前端还有一个带大窗户的操舵位，然而英国却没有测试其在各种天气条件下的可行性，最后他们才发现这个操舵位根本不能用。声呐罩龙骨上的大缺口也是一个棘手问题，因为当时的结构理论还无法解决，最后设计人员只能依靠所谓的“工程判断力”寻求解决方法。船首至船尾的通道具有很高的适用性和实用性，有了这条通道之后，船员们再也不用冒着被打湿的风险在甲板上穿行了。

改造的驱逐舰总数为23艘，其中12艘在海军船厂施工，剩下的则派发到了商用船厂，另外英国海军还照此标准改造了4艘澳大利亚驱逐舰和2艘加拿大驱逐舰。改造1艘战舰大概需要2年时间，虽然预计成本高达60万英镑，但是她们都达到了当时世界顶尖反潜战舰的水平，并且服役时间也高达15~20年。[①]

① ADM 167/133: 1949 Admiralty Board Minutes and Memoranda (PRO). 设计的主导人员是诺曼·E. 甘德利（Norman E. Gundry），同时英国还特意感谢了协助建造师在准备阶段做的工作。

航空引导护卫舰（62型）

1948年8月，在改造R级驱逐舰的基础上，又有人提出了航空引导护卫舰的设想。其雷达系统最初设计为293Q型、2座277Q型、960型和2座262型雷达，武器则为1座双联装4英寸舰炮、1座双联装40毫米博福斯防空炮和1座单管乌贼迫击炮。1949年9月，计划正式开始，改造目标为5艘现存的M级驱逐舰，预计成本为每艘38.6万英镑。当时该级别战舰又叫做“航空引导护卫舰改造舰队”，着实有点冗长，所以之后就给她分配了一个型号。

1951年12月，英国优化了战舰的雷达配置，变为293Q型、960型、974型、982型和983型雷达。原型艇为“马恩”号(Marne,M级)和“米格斯”号(Myngs,Z级)，随后还有4艘剩下的M级战舰以及一些中型驱逐舰，比如“肯朋费尔特”号(Kempenfelt)、“特鲁布里奇”号(Troubridge)、“瓦格尔”号(Wager)、“幼兽”号(Whelp)、“萨维奇”号和“雌熊”号[Ursa,替代“格林威尔”号(Grenville)]。不过中型驱逐舰无法搭载982型和983型雷达，所以这些战舰随后就被62型计划除名了。1954年大审查之后，英国又废除了4艘M级战舰的改造计划，只把“步枪手”号(Musketeer)作为后续可能用到的原型艇保留下来。但是“索尔兹伯里”号预计1955年9月之前就可以准备就绪，所以测试也用不到“步枪手”号，那么再改造“步枪手”号就有些浪费钱了。①

反潜护卫舰(16型)

该级别实际上是战时驱逐舰向反潜护卫舰改造的简化版，研发工作与15型同步进行。最初设想是在完全改造10艘战舰之后再部分改造10艘，之后又改为总共18艘战舰全部按照完全改造的编制要求进行，虽说是按照这个标准，但是战舰的战斗力肯定会有所下降。在设计这一批战舰时，设计师整体保留了基础驱逐舰的船型，对舰桥进行了一定优化，空出了1个作战情报中心的隔间、雷达室和1间封闭的驾驶桥楼；强化了船体前端的结构，让战舰能更好地逆流航行。战舰搭载1座双联装4英寸MK 19舰炮，本来预设安装在A炮位，后来移动到了B炮位，这样可以改善在高海况下的上浪情况。同时其还搭载了1座双联装40毫米MK 5舰炮，不过在最终版的设计中被换成了5门单管40毫米MK 9博福斯高射炮。实际上，大部分战舰最后安装的都是1座双联装MK 5舰炮和3座单管40毫米MK 9博福斯高射炮，搭配293型目标侦察雷达。反潜武器主要是1座双管乌贼反潜迫击炮，一次可装填20发炮弹，备弹量为120发；另外当初还预备安装4具无重新装填的反潜鱼雷发射管，不过最后只保留了基础驱逐舰原本的4具21英寸鱼雷发射管。另外此舰还安装了170型攻击声呐和174P型中距离搜索声呐。

这项改造的原型艇是“不屈”号(Tenacious)，随后又有6艘T级的应急驱逐舰进行了部分改造工程，另外英军还改造了1艘O级、2艘P级驱逐舰，加起来正好是一开始设想的10艘。O级和P级战舰的续航能力相对较弱，改造后，其从20节3000海里减少到了20节1700海里。部分改造的成本为26万英镑，

① ADM 138/798: Aircraft Direction Frigate Conversions (NMM).

1955年5月拍摄的“出渣工”号（Teazer）。其是经过部分改造的16型战舰，保留了之前驱逐舰上的鱼雷发射管，注意鱼雷管尾端甲板室上的乌贼反潜迫击炮。

远远低于完全改造的60万英镑，另外理论上的改造时间也能从28个月缩短至10个月，这也是计划早期的重要考虑因素之一。不过这些战舰的反潜武器较弱，而且一旦完全改造的战舰能够投入使用，就没有继续生产部分改造战舰的必要了，但是英国已经下达了相关装备的订单。[①]

反潜护卫舰（12型）

1947年底，英国对反潜护卫舰航速的要求还是25节，输出功率20000轴马力，续航能力15节3000海里，不过到了1948年初，编制要求就提高到了航速27节,续航能力15节4500海里。当时皇家海军需要应对来自三个方面的水下威胁：首先是典型的“二战”潜艇，水下航速为7节，可以由“湖”级应对；其次是敌方与B型中型潜艇［“海豚”级（Porpoise）］性能相当的潜艇，水下航速为17~18节，需要航速为27节的护卫舰应对；第三是水下航速能够达到25节的高挥发性过氧化氢潜艇，当时皇家海军正在设计两艘这样的潜艇，即“探索者”号和“圣剑”号（Excalibur），而俄国也在利用德国的高挥发性过氧化氢技术，要对付这种潜艇需要航速为35节的战舰。用速度克服这样的威胁至少需要10年的时间，因此舰载直升机成为了解决问题的答案。到了年底,海军部委员会批准升级设计方案，以应对B型中型潜艇的威胁。[②]

起初，由于海军优先考虑设计针对驱逐舰的反潜护卫舰改造方案，导致设

① ADM 167/133 and /135: 1949 and 1951 Admiralty Board Minutes and Memoranda (PRO).

② ADM 116/5632: Ship Design Policy Committee (PRO). “二战”末期的潜艇探测器无法检测到航速在18节以上的目标。

① 按照“利安德”级的标准进行改造后的 12 型“罗斯西”号战舰（Rothesay）。可以看到起降黄蜂直升机的甲板（占用了 1 座反潜迫击炮的位置）和直升机库，在 40 毫米博福斯高射炮的位置还可以看到海猫近距离导弹系统。（D. K. 布朗收集）

② 1960 年初完工的“罗斯西”号战舰，是第二批 12 型护卫舰中最先完工的。从视觉效果来说，与“惠特比”级战舰相比，她最大的特点就是烟囱变大了。原本预计她会搭载海猫近程防空导弹系统，但是直到生涯后期，经历下一次改装之前，她使用的都是 40 毫米博福斯高射炮。（世界战舰协会）

③ 1956 年 8 月拍摄的“托基”号的鸟瞰图。注意首部尖瘦的线型。该级别中的几艘战舰还在中部给鱼雷发射管安装了装载滑车。（D. K. 布朗收集）

①

②
F107
③
ROTHESAY
F107

1956年8月拍摄的“托基”号（Torquay，12型一级反潜护卫舰）。注意为了抵御核爆而设计的小型圆柱烟囱，其之后被大型圆顶烟囱取代。（D. K. 布朗收集）

计工作因为人手不足而进展缓慢。其实一度有人想把一等护卫舰的设计工作推后5年，先建造性能较差的护卫舰，但这个想法最后被驳回了。1950年2月，草图设计准备就绪，只等待海军部委员会的批准。草图中战舰的标准排水量上涨到了1840吨，采用新型的Y100蒸汽轮机，传动系统输出功率为30000轴马力，不过续航能力由原来要求的15节4500海里降低到了12节4500海里。设计初期计划安装的反潜武器为2座乌贼反潜迫击炮，最后上交时换成了2座“地狱边境”反潜迫击炮。最开始还计划安装反潜鱼雷，不过当时这种武器没能研发出来，而且研发出来后的效果也不好。舰炮设置保持了最初设想的双联装4.5英寸MK 6舰炮，不过还是为新型的3英寸L70舰炮做了准备。雷达设置最开始预计为277Q型测高雷达和293Q型目标指示雷达，服役时还安装了262型近距离防空火控雷达和275型远距离防空火控雷达。搭载的声呐包括162型、170型和174型（最后换成了177型）。

烟囱一开始是为了抵御核爆炸而设计的，但是最后因为太丑就被取消了。根据英国海军造船部亚瑟·洪诺尔爵士的表述，与之前的防空版和航空引导版战舰相比，该舰的船体纵骨数量减少了，所以设计上可以说是进行了简化。N. G. 霍尔特和R. W. L. 高恩（R. W. L. Gawn）所设计的船体尾部干舷较高，再加上其吃水较深，船首线条较尖细，所以船尾可以形成一个很好的浮力中心（参见第十二章中“利安德”级的照片和模型）。为了在燃料较少的情况下保持战舰的稳定，英国把该舰的压载水舱装在了燃料舱的下面，如果燃料快用完了，水就会通过一个复杂的系统进入燃料舱内。以上想法都是海军部实验技术研究所的高恩爵士结合海上经验以及大量测试研究出来的成果。

12 型护卫舰（某种程度上还包括 41 型和 61 型）最大的特点就是其船首一端高度的提升。12 型战舰船首的线型较尖细，所以船尾位置只能安装像双联装 4.5 英寸 MK 6 舰炮这样体积较大的炮台，这又进一步迫使舰桥向船尾延伸。MK 6 炮台的高度和重量都比较大，为了保证船上值班人员的视野开阔，炮台只能尽量装得低一些，这样也能提高战舰的稳定性。如此一来，舰桥便延伸到了舰中部较平稳的位置，值班人员的行动也更加方便，这也是该级战舰作为海船让很多人称赞的一点。41 型和 61 型战舰的线型没有这么细，但是同样也调低了 MK 6 舰炮的位置，令其外形上和 12 型很相似。很大一部分人都认为这几艘战舰之所以有良好的耐波性，尤其是保持甲板干燥的能力，都是因为这种独特的轮廓。D. K. 布朗曾经在 23 型护卫舰的概念设计阶段尝试采用这种设计方法，想把最高干舷稍微往舰桥尾端移动一段距离，因为有迹象表明，在那个位置上海浪会越过甲板。理论上来说，12 型战舰可以把柴油发电机放置在较高的船首位置，最大程度地远离汽轮发电机，这是一种很好的止损方法。但是由于柴油机的尾气会弄脏油漆，英国就把“利安德”级的柴油机搬到了中部，通过桅杆排气，这个方法在布朗看来完全是胡闹。

12 型护卫舰和之后的双轴双桨护卫舰都有两个船舵，这大大提升了战舰的转向性能，转向圆的直径可达到 3.5 倍船身长。同时还搭载了 12 英尺低转速螺旋桨（220rpm），传统驱逐舰的螺旋桨直径为 10 英尺 6 英寸，改进之后战舰的静音速度几乎翻了一倍。[①]

海军部批准了设计草图之后，该级战舰就被冠上了“12 型一级反潜护卫舰”的名号。有 6 艘战舰按照原定设计（“惠特比”级）出厂，还有 9 艘则进行了小小的改进（“罗斯西”级），这 15 艘战舰收编于英国皇家海军。除此之外，本来还有 2 艘要收编的战舰给了印度，还有 3 艘给了南非，还有 4 艘是直接在澳大利亚生产的。原版和改进版的差别并不是很大，“罗斯西”级最主要的优势就是可以搭载海猫导弹系统，同时还拆掉了巡航涡轮，这也反映了这一批战舰日后的用途会更倾向于加入舰队，而不是像一开始计划的那样作为护航战舰。之后“罗斯西”级的战舰全都按照“利安德”级的标准进行了改造，“惠特比”级除了更换被腐蚀的外壳之外，整个生涯都没有进行过什么改造工作。

二级反潜护卫舰（14型）

战争时期，“花”级和“城堡”级战舰扮演着二级反潜护卫舰的角色。随着

① ADM 167/135: 1950 Board of Admiralty Memoranda, ADM 281/149: 1950 Director of Naval Construction – Progress Report (PRO); and A Century of Naval Construction by D. K. Brown.

“部族”级战舰的舰桥位置比较靠近船首，所以战舰会有些颠簸。第一种由洪诺尔爵士设计生产的螺旋桨是 C256 型，当时布朗是这个项目的测试官员。在此之前，只有航速为 6~8 节时，螺旋桨才能保持静平衡。

各种新威胁出现，英国决定要新设计一款小型护卫舰。1945 年 6 月的一项研究给出了如下设计方案：排水量 1000 吨，搭载单管 4 英寸舰炮，1 座双联装 40 毫米博福斯高射炮和 4 座双联装 20 毫米厄利孔高射炮。其还带有 2 座乌贼反潜迫击炮，装备 20 发炮弹，同时还有 15 发深水炸弹。航速为 20 节，续航能力大概是 15 节 4000~5000 海里。除了这样一份大纲，这份设计后续没有任何进展，随着敌对行动停止，该计划也宣告中止。[1]

1947 年 3 月，由于一级反潜护卫舰的生产进程可能会延后，英国又开始考虑研发一种新型的中型护卫舰。该设计方案提出之后，英国建造的战舰都在某些方面十分相似：蒸汽驱动、反潜武器先进，但相对而言，水面武器就比较弱。但是这个想法很快也被打消了。1948 年 10 月，有人认为可以生产一批搭载“亨特”型传动系统的反潜护卫舰，但是研究表明这种想法并没有什么实质性的效果，很快也被驳回了。[2]1949 年夏天，由于英国需要在控制成本的情况下扩大舰队的规模，二级护卫舰又重新回到了讨论范畴之中。初步设计是要搭载柴油发动机，但是其由于成本问题并没有采用，剩下唯一可供选择的动力装置，其输出功率只能达到一级护卫舰的一半。这一批战舰仍然把重心放在了反潜任务上，她们装备了 2 座“地狱边境”反潜迫击炮和反潜鱼雷，搭配当时最先进的声呐（和 12 型上装备的一样）。防空武器最初设为舰桥上 1 座双联装、1 座单装 40 毫米博福斯炮塔，但是海军部实验技术研究所的研究表明这样的编排无法满足要求，最后改成了 3 座单装 40 毫米博福斯高射炮。[3]

这一批战舰的预计建造周期比“二战”时的“花”级战舰仅仅长了 3 个月，实际上设计的复杂程度却远远高于战时战舰，其中收编皇家海军的 12 艘战舰（“布莱克伍德”级）中的大部分耗时都在 3 年以上。从结构上来说，该级战舰相当脆弱，尤其是在冰原水域执行完渔业保护任务之后，战舰都需要经过规模较大的强化措施。其艏楼还有一个两层甲板高的裂缝，容易造成应力集中，还很容易在随浪的影响下撞到船尾。14 型战舰在其单螺旋桨结构后方有一个大船舵，这个船舵无法在一般的码头进行拆解，所以相关人员就把它设计成上下部分可以分开的形式，每次舰船停靠前都要先把它拆下来。这种可拆卸的零件很容易在出海

① D. K. Brown, "The 1945 Sloops-Designer's View", Warship World Vol 3, No. 3.
② ADM 138/830: Destroyers and Frigates General Cover (NMM); G. L. Moore, "The Blackwood class Type 14", Warship 2001-2002.
③ ADM 167/135: 1950 Board of Admiralty Memoranda (PRO).

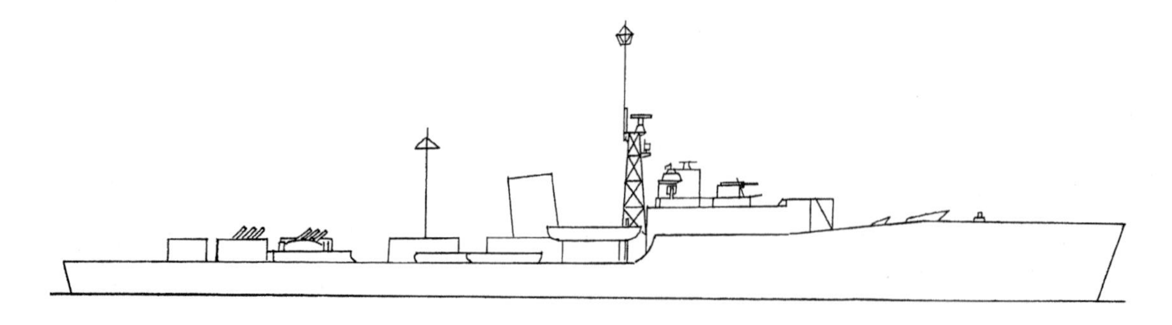

14 型二级护卫舰。1949 年 8 月的初步设计草图，可以看到已经有了一些最终版设计的影子，只不过烟囱是斜的，上层建筑上还有博福斯防空炮。（莱恩·克罗克福德根据 NMM DNC 记录中的原始图片绘制）

1956年6月拍摄的“凯普尔”号14型二级反潜护卫舰。其主武器为船尾的对水面MK 10反潜迫击炮。虽然很多人认为这艘战舰的武器（包括各种传感器）较弱，但是对于这种规模的战舰来说，这样的军备已经很棒了。

时掉落，且掉落之后也经常不会及时重新给它装上。设计“部族”级战舰时，为了解决这个问题，相关人员安装了2个靠得很近的大型船舵，他们还希望能够通过这种设置引导螺旋桨滑流，从而助力转向。在实验过程中，设计人员引入了襟翼舵的设置，方向舵旋转45度，尾翼的转角可达到其两倍。

这一批战舰的住宿条件相当艰苦，在执行渔业保护任务时，有一半的奖金都是付给船员的。战舰命名委员会在给该级战舰命名时，考虑过遵从“二战”传统的类似于“克罗默蒂湾”号（Cromarty Firth）和“多诺赫湾”号（Dornoch Firth）这样的名字，不过海军部并不认同。[1]随后这一批战舰都以海军部里著名的官员命名。事实证明，“布莱克伍德”级战舰是一批很好的反潜战舰，这也反应了英军的设计初衷。

11型护卫舰

这份设计实际上挺神秘的，引发了人们的种种猜测。按理，11型本该是第一批反潜护卫舰。在各种不正常现象里，最值得注意的就是其与41型和61型战舰使用的是同样的发动机，但是这一批战舰的航速又不足以满足任务的需求。她们在预计成本与一级反潜护卫舰持平的情况下，作战能力还赶不上二级反潜护卫舰。所以这份设计看起来不太能放上台面来讨论。

另一种可能是海军考虑建造的一种配备三角柴油机的护卫舰。在海军采用数字编号体系后不久的1950年10月，一份提交给海军部委员会的备忘录提出要开发一种复合式发动机。里面的注释写道：“这种体积与第一海务大臣的办公桌差不多的发动机，能够输出6000轴马力的功率。”可能有相关人员认为，只需要在护卫舰中搭载8个这样的发动机，航速就能够达到35节，就可以有足够

[1] Ships' Names Committee Minutes (Naval Library, Whitehall).
其余建议的名字还包括“比尤利湾”号（Beauly Firth）、“马里湾”号（Moray Firth）、“彭特兰湾”号（Pentland Firth）、“索尔威湾”号（Solway Firth）和“威斯特雷湾”号（Westray Firth）。

的动力去对抗苏联任一高挥发性过氧化氢潜艇。然而这种发动机其实是为摩托鱼雷艇设计的，沿岸扫雷舰使用的版本为了提升使用寿命，还调低了额定功率。上面提到的新版复合式发动机可能还需要数年时间才能投产。

还有一种可能，是 11 型其实是 14 型“布莱克伍德”级战舰的最初版本，但其和最终生产的 14 型有本质上的区别。毕竟正是因为这份设计，英国更改了实行 50 多年的编号制度。虽然这一点并没有找到任何相关记录。

出于一些无法解释的原因，英国没有使用这个数字——很有可能是因为行政人员的“怪癖”。现在没有证据能够支撑上述的任何猜测，也没有哪一个人对当时的设计过程有足够的了解，所以这个谜团一直没有解开。

三级护卫舰（17型和42型）

1950 年 6 月，国际政局动荡，因此英国决议要设计一种能够大批量生产的简单战舰。虽然一级和二级护卫舰的初衷都是为了大批量生产，但是两者即便在战争时期也很难达到较快的生产速度。最初的设计选项由柴油机驱动，排水量分别为 950 吨和 800 吨。前者搭载 1 座“地狱边境”反潜迫击炮和 4 具固定鱼雷发射管，由 4 个 ASR 1 柴油机提供动力，航速为 22 节；后者更简略，武器只有 1 个乌贼反潜迫击炮和 2 具反潜鱼雷发射管，只有 2 个 ASR 1 柴油机，航速仅为 19 节。二者都搭载 1 座双联装和 1 座单装 40 毫米博福斯高射炮。

之后短短 5 个月内，英国对战舰的需求急切上升，似乎回到了战前的那一段时期，也就是设计“狩猎”级战舰的时候。英国在东海岸需要能够防空，同时能够抵御快速攻击艇袭击的护卫舰。当时上述两种战舰的研发工作正在同时进行，但是进展比较缓慢，而且也很难同时满足两种需求。1951 年底，反潜护卫舰（17 型）的动力系统改成了更实用的单轴蒸汽轮机，其带有一个锅炉，排水量几乎与 14 型持平。防空护卫舰（42 型）则采用了双轴双锅炉的配置。42 型主武器最初设想的是采用从美军进口的 3 座 3 英寸 L50 舰炮，但是 1952 年 1 月英国方面开始对美军的资源产生怀疑，随后其决定改为安装 3 座单管 4 英寸 MK 25 舰炮。维克斯公司研发的这种通用型舰炮，即使是没有任何武器生产经验的工程公司，也能够生产出来。

英国方面认真考虑过把 1954—1955 年预算里的所有型号都造一个原型艇出来，不过直到 1953 年底，他们才发现这么做根本不可能让他们在 1954 年 12 月之前下订单。设计工作远远没有完成,当年夏天英军还再一次更改了编制要求,那时,英军甚至都没有确定 42 型用什么船体。1953 年 6 月，战舰命名委员会提出了新的战舰名，给 17 型战舰搭配各种湾的名字，42 型则用各种宝石命名，其中包括“玛瑙”（Agate）、“琥珀”（Amber）、“玉”（Jade）和“黄晶”（Topaz）等 12 种不

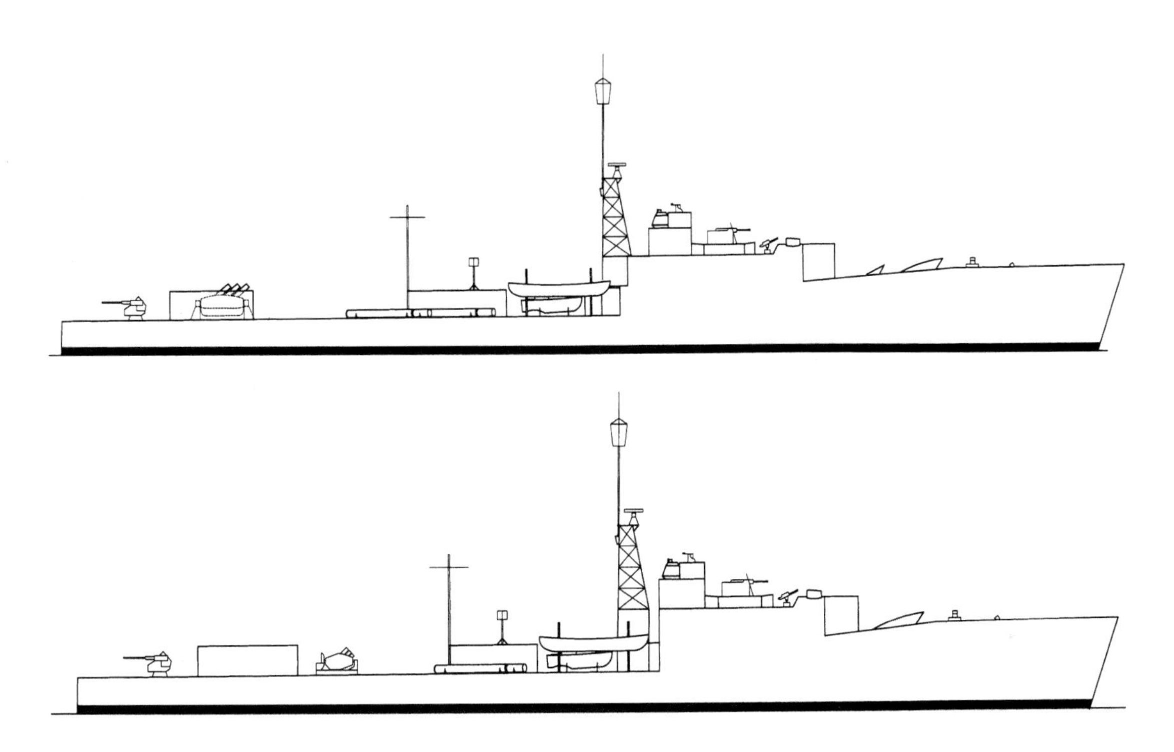

1950 年 6 月出台的两种 17 型三级反潜护卫舰设计。这实际上就是柴油驱动的简化版 14 型战舰，然而由于设计速度较慢，相关人员对这种战舰的效率持怀疑态度。（约翰·罗伯茨根据 PRO ADM 1/22001 的原始资料绘制）

同的宝石。17 型的设计工作已经进行到可以提交给海军部委员会审议的阶段，但在正式展示前就被叫停了。当年底，英国正式宣布放弃这两个级别的战舰，同时不再加购已经在生产的 14 型二级护卫舰，转而研发新型的、较为开放的通用船体护卫舰（参见下文）。[①]

反潜护卫舰（18型）

由于 16 型部分改造战舰的预期操作性能招致诸多不满，1950 年夏天，英国又构思了这样一份设计。海军建造总监对部分改造版本的战舰并不满意，他认为不应该在这种无法匹敌现代潜艇的装备上浪费驱逐舰宝贵的船体以及动力装置资源。1951 年初，相关人员提出要用这一级别的护卫舰取代 15 型的部分改造以及两种战舰的完全改造方案。18 型战舰相对 16 型而言，最大的提升就是其安装了 2 座“地狱边境”反潜迫击炮，搭配 170 型声呐，之后又换上了更好的 177 型声呐。18 型的防空能力也得到大幅度提升——搭载双联装 4 英寸舰炮，由近距离盲射系统控制（CRBFD），而没有使用简单的测速仪系统（STD）。上述的军备设置除了 277Q 型测高雷达和 4 具鱼雷发射管之外，几乎与完全改造版的战舰相同，然而成本却从 60 万英镑下降到了 40 万英镑，改造时间也减少了 3 个月。

1951 年 4 月，英国计划将“诺布尔”号（Noble）驱逐舰作为改造的原型艇，其余 4 艘 N 级驱逐舰预计会紧随其后。1953 年 7 月，该计划进一步扩展，“特鲁布里奇”号和“萨维奇”号以及 Z 级的 4 艘战舰也将进行改造，同时英国

① G. L. Moore, "The 1950s Coastal Frigate Designs for the Royal Navy", Warship 1995. 其他建议的名字还包括“烟水晶”（Cairngorm）、“珊瑚”（Coral）、“红玉髓”（Cornelian）、“水晶”（Crystal）、“红锆石”（Jacynth）、“猫眼石”（Opal）、“红玛瑙”（Sardonyx）和“绿松石”（Turquoise）等。

还在考虑是否将Z级剩下的战舰也一并改造。上述的所有计划都没能取得进展，因为当时在建的护卫舰实在太多了，之后的大审查算是为这些计划画上了一个句号。[①]

通用船体护卫舰

虽然17型和42型驱逐舰宣告流产，但英国还是迫切需要一种能够大规模生产的低成本护卫舰。战舰规模可能稍大一些，具备反潜或者防空能力，就像"湖"级和"海湾"级一样。英国方面还是希望所有假设都能够造一个原型艇出来，这样可以最大程度避免量产时会遇到的问题。防空版搭载2座双联装4英寸MK 19炮塔、1座双联装40毫米博福斯高射炮和1座乌贼反潜迫击炮，反潜版则搭载1座"地狱边境"反潜炮和2座双联装40毫米高射炮。

这份设计在一定程度上参考了"黑天鹅"级的设计方法，看上去很有吸引力。不过随着设计工作的进行，这一战舰在武器方面的落后越来越明显，其防空和反潜能力都相当有限。第一颗氢弹爆炸后，各国都意识到此类战舰在战争时期无法大规模生产了，这项计划也就彻底宣告终结。有趣的是，这项计划取消之后，英国又开始谋求一种既能够批量生产，又有足够水准的战舰。[②]

"部族"级护卫舰（81型）

通用船体护卫舰计划失败后，英国开始着手研发一种在防空、反潜、航空引导三方面都能达到二级护卫舰水准的战舰，其还要能胜任"冷战"时期的"管制"任务。因为在定义上，护卫舰只能有一种用途，所以这艘多用途的战舰应该称为护航舰。[③]初步研究后，该战舰将搭载2座双联装4英寸MK 19舰炮、1座双联装40毫米高射炮、1座"地狱边境"反潜炮和反潜鱼雷发射管。在航空引导方面，战舰预计将搭载从美军进口的SPS 6C雷达。不过对于这艘战舰来说，其舰炮装备主要用来进行对岸轰炸，所以原定的双联装4英寸舰炮改成了单装4.5英寸MK 5舰炮，雷达也换成了英国的965型雷达。同时英国还考虑过搭载鞑靼人防空导弹和双联装3英寸L70舰炮的可能性。

81型护航舰。图为1955年中期的设计，搭载2座双联装4英寸MK 19舰炮，1座MK 10反潜武器，不搭载直升机。注意其简单的烟囱设置，这是海军建造总监维克托·谢泼德爵士的要求，他退休后不久，这份设计就被更改了。（约翰·罗伯茨根据PRO ADM 167/139的原始资料绘制）

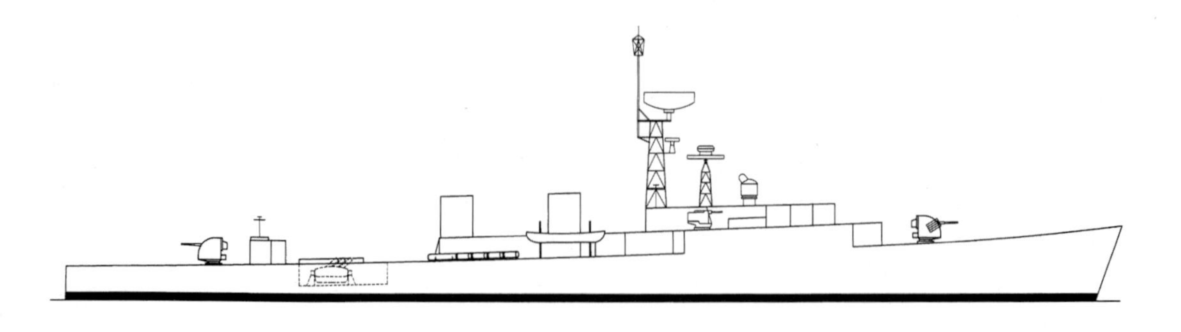

① ADM 167/137: 1951 Board of Admiralty Memoranda (PRO); and ADM 138/810: Type 18 Frigate (NMM).

② 这一段源于D. K. 布朗的阐述，他曾经在这项计划里工作过。

③ 有人发现皇家海军向北约承诺过会建造70艘护卫舰，为了达到这一指标，"部族"级战舰被归类到了"81型通用护卫舰"中，这在定义上是相互矛盾的。

早期81型“部族”级通用护卫舰的模型。注意战舰上并没有搭载直升机，双联装40毫米博福斯防空炮和桅杆并排装在一起。（D. K. 布朗收集）

虽然看上去很老旧，但是“部族”级战舰其实引入了很多当时的新兴技术[①]，其动力装置更是走在时代前沿，采用了燃气轮机与高压蒸汽轮机复合动力。其蒸汽轮机的大小是根据倒退所需功率设计的，因此这艘战舰在前进时，输出功率是超过了需求的，由于这部分额外的输出功率，战舰能够很轻松地达到最大速度，随后设计人员决定要优化船型，以实现航速达到18节的高速巡航。离港6个月后，满载条件下，此战舰的最大速度为24节。战舰外观呈“低柱状”，浮力集中在船中部和两端，当时的设计人员觉得这样可以提高战舰的耐波性（事实上并不会）。Y设计（1945）中的“尼普顿”级战舰采用的也是这种外观，其最开始参考的是“一战”时期的战列巡洋舰“光荣”号的设计方法。

战舰的船体采用了美国人希德（Schade）提出的一种创新工艺，并首次考虑了硬化镀层的抗弯强度。[②]此人认为，在生产结构复杂的战舰时，战舰不可避免地会产生一些缺陷，这种设计的精妙之处就在于其能够保证这种缺陷不会继续恶化。[③]上层建筑最初设想是采用铝制结构，甚至在其中一份研究里，两块甲板上所有的东西都采用了铝制品。直到经历了15型炮口焰和冲击波的问题，有

① 当时的设计工作室里贴了很多外形方案，大家准备投票表决，但是海军建造总监维克托·谢泼德爵士认为这个团队不需要这么民主，直接说出了他的选择。（D. K. 布朗所述）

② 肯·罗森（Ken Rawson）和海军造船研究所会面之后，在给皇家海军学院准备新的结构课程时提出了这种想法。他结合了希德的图纸，重新测试了战时驱逐舰的结构，结果表明这种新方法能更好地预测缺陷存在的区域。（D. K. 布朗口述）

③ 之后一艘战舰遭遇了一次异常的波浪冲击，而当时对其服役寿命的预估也证实希德的想法是对的。（D. K. 布朗口述）

“阿散蒂人”号，81型通用护卫舰的原型艇。图上黄蜂直升机的起降甲板看起来较窄。（D. K. 布朗收集）

关人员才彻底打消了这一想法。

为了避免振动，桅杆的振动频率应该不受螺旋桨叶片转速的影响，这在没有计算机的那个时代其实相当困难。[1]在初步设计中，桅杆的地基非常深，一根桅杆甚至都穿过了军官室的桌子。因为采用了非对称结构的传动系统，整个战舰的布局都受到了很大的限制，设计人员不得不重新设计整个前半部分，才能把桅杆和桌子分开。上甲板发射井里，反潜迫击炮的射击轨迹覆盖了整个露天甲板，因此舰桥不得不向船首移动。虽然“部族”级和“利安德”级战舰在航行时船员对振动的整体体感差不多，但是由于舰桥的位置比较靠前，“部族”级战舰罗盘室里的振感较大。

“部族”级是第一批采用上下铺并且实现空调设备全覆盖的战舰，其成本比“利安德”级要高得多（虽然“利安德”级战舰整体来说比较简单）。在各种复杂授权（涉及隐秘合约）的约束下，动力系统的生产数量有限，最后只产出了 7 艘战舰。因为在设计层面花费了较多心血，审计长也认为只生产 4 艘战舰不太划算。[2]这一小批战舰对舰队来说是极大的补充，她们可以提供在战舰上使用燃气轮机的宝贵经验，为之后的“郡”级驱逐舰及其后续战舰扫清障碍。在大多数人看来，这一级战舰的生涯是相当成功的，大部分战舰的服役时间达到了 20 年。

① D. K. 布朗花了 3 个月的时间计算、验算桅杆的设置方法。

② ADM 167/146: 1956 Board of Admiralty Memoranda (PRO).

1969 年 8 月拍摄的“尤利娅勒斯”号（12 型通用护卫舰），其和早期的“利安德”级战舰在外表上很相似，后来战舰机库顶上的 2 座单管博福斯高射炮换成了海猫导弹发射器。注意船尾留给 199 型可变深度声呐的深井。（D. K. 布朗收集）

“利安德”级护卫舰（改进版12型）

这份设计出台于1959年，是基于当时已经服役三年的12型改进的。军备方面主要的变化包括引进2个海猫导弹发射器，取缔之前的博福斯防空炮；反潜鱼雷发射管从1950年的12具减少到只剩4具；“地狱边境”反潜炮的数量从1座加到了2座；最重要的是，其可操作搭载MK 43和MK 44反潜鱼雷的P.531黄蜂直升机；此外，其还搭载了Cast 1型可变深度声呐（199型）和最新的965型空中预警雷达（与“郡”级驱逐舰上的一样）。动力系统的设置基本上延续了12型战舰的方法，只是把“罗斯西”级使用的巡航涡轮机给淘汰了，因为该级战舰的定位是舰队护卫舰而不是护航舰，其所需的巡航速度远远超出了巡航涡轮机的承受范围。当时该级战舰作为整个舰队最外层的保护船只，舰队中心是航母，中间一层是导弹驱逐舰。离港6个月后，其续航能力为满载条件下12节4500海里。通过取消单独压载舱，把压载舱安排在燃料舱内部的方法，战舰的燃料储备量上升到了450吨，不过压载舱也可能会受到燃料舱的污染。同时战舰的宜居性也得到了提高，宿舍里安装了空调，还改善了舰桥和作战指挥室的布局。柴油发电机从锚链室移到了别的地方，废气可以从前桅杆排除，但是之前那种独特的升高版艏楼还是保留了下来。因为这份设计的优势确实很明显，英国就此决定不再生产“部族”级战舰，同时让之前已经订购的3艘12型护卫舰按照这种新设计来生产，这一批战舰的预算也从410万英镑增加到了420万英镑，新建战舰的成本预计会达到425英镑。[①]

在1963到1973年间，总共有26艘“利安德”级战舰为皇家海军服役。这些战舰并不是根据某一份设计生产的。其中，前16艘战舰船宽41英尺，后10艘则加到了43英尺；前10艘的传动系统使用的是Y100，之后6艘使用的是Y136，最后10艘使用的则是Y160系统，这都是结合实际经验做出的调整。该级舰均采用电压为440伏特交流电力系统，不过早期“利安德”级的发电量只有1900千瓦，后期型“利安德”级的发电量增加到2500千瓦。她们在服役前10年的3个服役周期中计划接受两次短期整修，此后再接受一次大规模整修。[②]

装备依卡拉系统的“利安德”级战舰（第一批）

澳大利亚设计的依卡拉反潜导弹一开始是打算给82型驱逐舰使用的，但是1966年的国防审查把82型驱逐舰的数量减少到了仅剩1艘，所以英军只能把多余的系统安装在其他战舰上。最初的计划是建造一种伊卡拉导弹驱逐舰，但由于海标枪导弹驱逐舰（42型）优先度更高，所以需要尽快找到其他军舰来安装伊卡拉导弹。海军最初需要5艘这样的军舰，因此1967年产生了是为计划中的最后5艘“利安德”级（FSA 41–45），还是为即将长时间整修的前5艘“利安德”级安装伊

① ADM 167/157: 1960 Board of Admiralty Memoranda (PRO). 原本给“罗斯西”级订购的“福依”号（Fowey）、“黑斯廷斯”号（Hastings）和“韦茅斯”号（Weymouth）更名为“阿贾克斯”号（Ajax）、“黛朵”号和“利安德”号。

② D. F. Whittam (RCNC) and A. J. Watty (RCNC), "Modernising the Leander class Frigates", Trans RINA (1979).

1973年拍摄的“利安德”号。其正在发射当时搭载的依卡拉反潜系统。（D. K. 布朗收集）

卡拉导弹的讨论。在新舰上安装这种武器的成本预计为70万英镑，而在现有战舰上安装这种武器的成本初步预计为每艘150万英镑，1968年2月减少到105万英镑。综合来看，把系统安装在正在进行改造的战舰上应该是最好的选择，因为这样可以在早期就把依卡拉系统部署完毕，而且数量上弹性也比较大。不过这也是要付出代价的，“利安德”级的生产数量从最开始的3艘减少到了2艘。[①]

改造内容包括卸除双联装4.5英寸MK 6炮塔及其附属的三型中程火控系统指挥仪；卸除965型雷达；在之前的舰炮位置，也就是舰桥首端处建造一道围栏和一间作战指挥室；把导弹和鱼雷都放进弹药库。这批战舰还具有自动化的作战情报中心，以及新型声呐和通讯设备。舰炮方面，战舰搭载了2个单管40毫米博福斯高射炮，防空导弹则选择了2座四联装海猫导弹发射器。除此之外，这次改造还优化了空调系统，动力系统也升级成了锅

搭载依卡拉系统的“利安德”级战舰“伽拉忒亚”号，其正在进入德文波特船厂的护卫舰改造设备。这种大型泊位就是为了进行像“利安德”级这样的改造而设置的。（D. K. 布朗收集）

① DEFE 24/239: Ikara/Leander (PRO).

1979年4月拍摄的“利安德”级12型战舰“弥涅尔瓦”号。其已经在原来4.5英寸MK 6舰炮的位置上安装了飞鱼导弹。（迈克·列侬）

炉内柴油燃烧法，更新了所有的电线电缆，宿舍条件也提升到了最高标准，之前两台300千瓦的柴油发电机也换成了500千瓦。这次改造还引入了排水燃料系统，从而提高了战舰的稳定性。在此之前，该级别战舰的稳定性一直存在较大问题，似乎从来没有完全达到过皇家海军的标准。另外，此次改造最后还是保留了黄蜂直升机的配置。1970—1978年，总共有8艘战舰［“利安德”号、“阿贾克斯”号、“伽拉忒亚”号、“水中仙女”号（Naiad）、“尤利娅勒斯”号、“奥罗拉”号（Aurora）、“林仙”号（Arethusa）和“黛朵”号］在皇家海军船坞完成改造，成本在760万英镑到2300万英镑之间，每艘战舰的平均改造时间为3年。

装备飞鱼导弹的“利安德”级战舰（第二批）

第二批“利安德”级战舰并没有安装依卡拉系统，而是选择了飞鱼对舰导弹，同时还安装了一种新型的反潜鱼雷，配备了新型的计算机辅助作战情报系统（CAAIS）。这一批战舰改造时拆掉了反潜迫击炮，填平了发射井，从而扩大了飞行甲板和机库，可用来操作“山猫”反潜直升机。同时，其还加强了海猫导弹系统，在机库顶安装了2座四联装发射器，另外还在艏楼的飞鱼导弹前方加设了1座发射器。飞鱼导弹的一对发射器分别向左右舷倾斜出船身，以此来避免和海猫导弹互相干扰。战舰的住宿条件也得到了改善，英国优化了空调系统，更换了所有的电线电缆，与装备依卡拉系统的那一批战舰基本保持在一个水平上。原本计划会有8艘战舰照此标准进行改造，不过后来缩减到了7艘［分别是“克利奥帕特拉”号（Cleopatra）、“菲比”号（Phoebe）、“西留斯”号（Sirius）、“弥涅尔瓦”号（Minerva）、“阿贡诺”号（Argonaut）、“达那厄”号（Danae）和“佩内洛普”号（Penelope）］，第八艘战舰“朱诺”号（Juno）在罗赛斯船厂改造成了训练领航舰。保留下来的 7 艘战舰在 1973 年到 1982 年间由德文波特船厂进行施工，成本在 1380 万英镑到 4770 万英镑之间，每艘战舰的平均改造时间为 2.5 年。

装备海狼导弹的“利安德”级战舰（第三批）

“利安德”级的最后 10 艘战舰船宽较大，因此稳定性较好，所以其除了飞鱼导弹之外，还可以加装海狼点防空导弹系统和2016型声呐。考虑到重量的限制，这一批战舰拆掉了烟囱盖，还卸下了预计 45 吨颜料（80 多层），这些都可以很好地提升战舰的稳定性。10 艘战舰预计会全部进行改造，其成本不断上涨，最后定格在 6000 万到 7970 万英镑之间。1978 年 3 月，该项目正式开工，但直到 1984 年 12 月，其才总共完成 5 艘战舰的改造工作，每艘战舰的改造时间都在 3 年 ~4 年之间，剩下的没有经过改造的战舰在 1981 年的国防审查后就取消了。[1] 完成改造的 5 艘战舰分别为“安德罗墨达”号（Andromeda）、“卡律布狄斯”号（Charybdis）、“丘比特”号、“赫尔迈厄尼”号和“斯库拉”号；未经改造的战舰分别是“巴克坎忒斯”号（Bacchante）、“阿喀琉斯”号（Achilles）、“狄奥美狄”号（Diomede）、“阿波罗”号（Apollo）和“阿里阿德涅”号（Ariadne），1982 到 1992 年间，这几艘战舰全部被卖给了智利、巴基斯坦和新西兰的海军。

事实证明，该级舰是皇家海军建造的设计最为成功的战舰之一。持续建造时间长于预期，因为海军参谋部难以就其后继舰达成一致，而后来的 22 型为了满足需求，变得更大、更昂贵。英国还为澳大利亚（2 艘）、智利（2 艘）、荷兰（2

① Whittam and Whatty, "Modernising the Leander class Frigates", Trans RENA (1979). 改造的成本参见：Richard Osborne and David Sowden, Leander Class Frigates (World Ship Society 1990).

1981 年 4 月拍摄的“安德罗墨达”号，搭载飞鱼导弹和海狼导弹。（迈克·列侬）

艘)、印度(6艘)和新西兰(2艘)额外建造一些该级舰。

这项改造工程是否物有所值是一个很值得讨论的问题，尤其是这份计划的成本上涨速率远远超过了通货膨胀的速度。这种改造工程带来的最大好处就是能够较频繁地给现存战舰装备上全新的武器，其中有些战舰就在福克兰群岛战争中发挥了关键的作用，如果过度依赖新建的话，武器更新换代的速度会慢很多。不过无可厚非的是，改造的成本还是比较高，几乎赶上新建一艘同水平战舰的成本了。同时工程难度也比较大，因为当时的现存战舰在建造时还没有研发出较好的防腐措施，所以在开始改造之前，工作人员需要对战舰的结构进行大规模翻新。拿“克利奥帕特拉”号作为例子，英国在改造过程中总共更换了85%的纵骨。涂层也是一个很大的问题：燃料舱必须经过喷砂处理之后才能使用高强度环氧漆——这个任务比较困难，而且很让人难受。当时，D. K. 布朗在进入过燃料舱内部之后，才明白这个惨痛的教训，不过他对工作的完成情况很满意。涂料必须在混合后8小时内使用，而且由于产生的扬尘有毒且易燃，所以涂漆时必须中止临近区域的所有工作。刷新机舱的氯化橡胶漆也是一项比较困难的工作。上述这些复杂的工序也是造成该项目缩减的主要因素。

第六章
海标枪导弹驱逐舰

CF299（海标枪导弹）护卫舰[1]

20 世纪 60 年代初,CF299 导弹系统（也就是后来的海标枪导弹）研制完成，当时的研究认为“这种导弹要比 MK 2 型海蛞蝓导弹便宜得多，而且小到可以安装在比“利安德”级稍大一些的护卫舰上。[2]海标枪导弹是一种采用串联火箭助推器的冲压喷气式半主动雷达制导导弹，2 座 909 型跟踪雷达负责照射目标，但其采用的真空管技术并不是非常可靠。发射器每 40 秒可以发射 2 枚导弹，导弹垂直储存在 172 英寸高的转筒式弹仓中。

当时有许多设计方案都带有以下装备：

1 座双联装 CF299 导弹发射器，配备 2 具跟踪雷达和 38 枚导弹
1 座依卡拉反潜导弹发射器，配备 20 枚导弹
1 座 MK 10 反潜迫击炮，配备 60 枚导弹[3]
1 座 SS 11 或 12 导弹发射器，搭配 76 枚导弹

① 虽然早期研究中的舰种是护卫舰，但是最后设计出的成品是 82 级驱逐舰，所以本章章名为“驱逐舰”。
② ADM 205/183 (PRO).
③ 为了减少编制人员，塔珀（Tupper）建议射程较远的依卡拉导弹和射程较近的反潜迫击炮由同一批人操作，因为这两种武器不会同时使用。但海军当局觉得这太困难了。

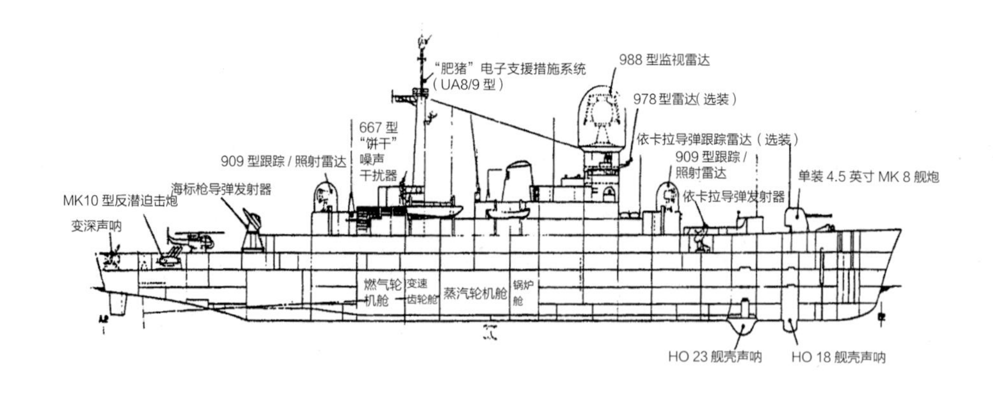

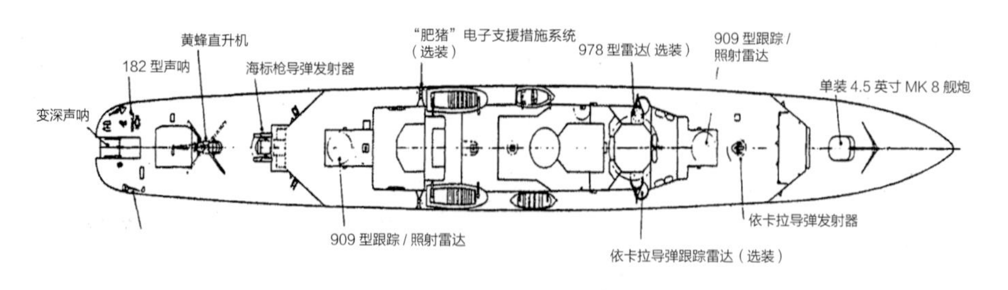

英荷联合研制的雷达和声呐

采用蒸汽驱动的设计方案中，动力系统输出功率为 15000 轴马力或 20000 轴马力，航速为 27 节或 28 节；续航能力 18 节 3000~5000 海里不等。除了蒸汽驱动的设计之外，还有采用燃气轮机的设计方案，不过这个方案变数比较多，1962 年舰船局也明确表示更倾向于采用蒸汽驱动。亚罗斯－海军部机械研究部（YARD）还列出了各种动力系统的初始成本和全寿命成本，其结果也对蒸汽系统有利。

虽然 CF299 的发射器比海蛞蝓导弹小，而且因为采用了垂直储弹，更容易安装，但是该系统采用的储弹滚筒（20 枚）体积较大，还是影响了船首的线形。[①] 海上的导弹补给（RAS），尤其是把导弹从补给位置运送到发射器然后校准的过程，难度比较大，英军敲定导弹的补给速度为每枚 20 分钟。为了保证整个弹药库不会因为某一枚导弹走火而完全爆炸，英国在舒伯里内斯进行了大量复杂的试验。最后英国在火箭发动机口周围安装了高压气罐，如果发生火灾，其就会向火箭口喷水。[②]

海军原本打算预舾装 909 型跟踪雷达的相关舱室，但由于校准雷达和支撑结构刚度的要求而作罢。1962 年，海标枪导弹驱逐舰的预计成本为 840 万英镑，当时“利安德”级战舰的成本为 525 万英镑。排水量在 3400 吨到 4300 吨之间，不过成本和战舰的大小并没有很直接的关系，它主要取决于军备和动力系统。若舰载人员从 275 人增加到 350 人，排水量则会相应增加 200 吨。

1963 年 1 月，英国出台了一份战舰的规模与成本对其航速影响的研究：[③]

表格6-1：战舰的规模与成本对其航速的影响

功率（马力）	航速（节）	排水量（吨）	成本（百万英镑）	动力布局
90000	33	5900	12.75	整体式
60000	31	4600	11.5	非单元式
60000	30.5	4800	11.75	整体式
40000	28	4100	10.5	非单元式

塔珀（Tupper）还告诉了我一个关于其他研究的故事。当时英国要求他给出续航能力加倍所需要的成本。要满足这样的条件，战舰必须在结构上加重 100 吨，还要额外搭载 400 吨燃料，总共需要加重 500 吨。当时给的时间不多，所以工作进行得比较仓促，最后算出来的结果为加重 1 吨成本增加 1000 英镑，500 吨也就是 50 万英镑。但是按道理来说，燃料不会算在初始成本的范畴里，

① 有些研究方案中的备弹量高达 38 枚。这一系统的储弹量理论上是 20 枚，不过实际上经常会装 22 枚弹药，大概是加上了 2 枚训练弹。参见：N. Friedman, World Naval Weapon Systems 1991/92 (Annapolis, 1991), p397.

② 由霍克·西德利公司（Hawker Siddeley）的哈利·梅尔罗斯（Harry Melrose）研发。他研发出这个设备之后就没再工作了，成了一个很受尊敬的工程师。

③ ADM 1/28894 of 31 january 1963(PRO). 特别感谢 E. C. 塔珀爵士对本章节内容提供的帮助（来自 2001 年 8 月 30 日的私人信件）。

而且按照当时的物价，结构上加重 1 吨也绝不至于花费 1000 英镑这么多。更糟糕的是，舰船局主管为了保险起见，把算出来的结果翻了一倍，然后审计长又给它加了一倍，到了等待审批的时候，成本已经上升到 200 万英镑了。想也知道英国肯定不会仅为提高续航能力而批下 200 万英镑的预算。

1963 年 4 月，计划处长建议每年拨款建造 2.5 艘 CF299 护卫舰和 2 艘轻型护卫舰。大概在这个时候，有人提出要建造一种叫做“后‘利安德’级”的经济型护卫舰。CF299 护卫舰的相关研究对于 82 型驱逐舰（“布里斯托尔”级）的诞生非常重要。自 1963 年起，一系列用于补充护卫舰的轻型护卫舰设计开始出现，并演变为未来轻型护卫舰（FLF），这些内容将在下一章讨论。

表格6-2：CF299导弹搭载舰的一些设计方案

研究方案	53A	53B	53E
排水量（吨）	4100	3600	4200
长度（英尺）	400	375	400
宽度（英尺）	45	45.7	45
吃水（英尺）	14.6	13.2	14.8
机械	蒸汽轮机	蒸汽轮机	燃气轮机
轴马力	40000	40000	40000
航速（节）	28	28.3	28
航程/节	5000/18	3000/18	5000/18
人员编制	275	275	275
成本（百万英镑）	8.5	8.4	?

82型（“布里斯托尔”级）

该级别中有 4 艘战舰计划将作为新型航母（CVA–01）的护航舰。[1]其旨在为航母编队提供反水面战舰，反潜以及防空力量，其也可作为巡逻舰或地方舰队防空指挥舰行动，其 4.5 英寸 MK 8 舰炮也能提供优秀的对岸轰炸能力。

虽然直到 1965 年还被归在护卫舰一类，但是相关人员一直把 82 型视作“郡”级驱逐舰的接班人，其实 82 型战舰的导弹备弹量已经从根本上划定了她的舰种。[2]除了 38 枚海标枪导弹（1962 年开始研发）之外，82 型还搭载了依卡拉反潜导弹[3]、1 座 MK 10 反潜迫击炮和 1 座 4.5 英寸 MK 8 炮塔（3 种新型的武器系统）；因为其设定和航母联合行动，所以并没有搭载直升机。主雷达初步设计为英荷

① 1965 年的长期规划中包含了 8 艘 82 型战舰。DEFE 10/511 (PRO).

② “郡”级战舰采用的海蛞蝓导弹使用了捆绑式助推器，水平储弹。“布里斯托尔”级搭载的新型海标枪导弹则将 38 枚备弹垂直储存在转筒里。

③ 一种带有自导鱼雷的火箭，可以锁定周围的可疑潜艇，是英国从 1964 年开始与澳大利亚联合研制的。

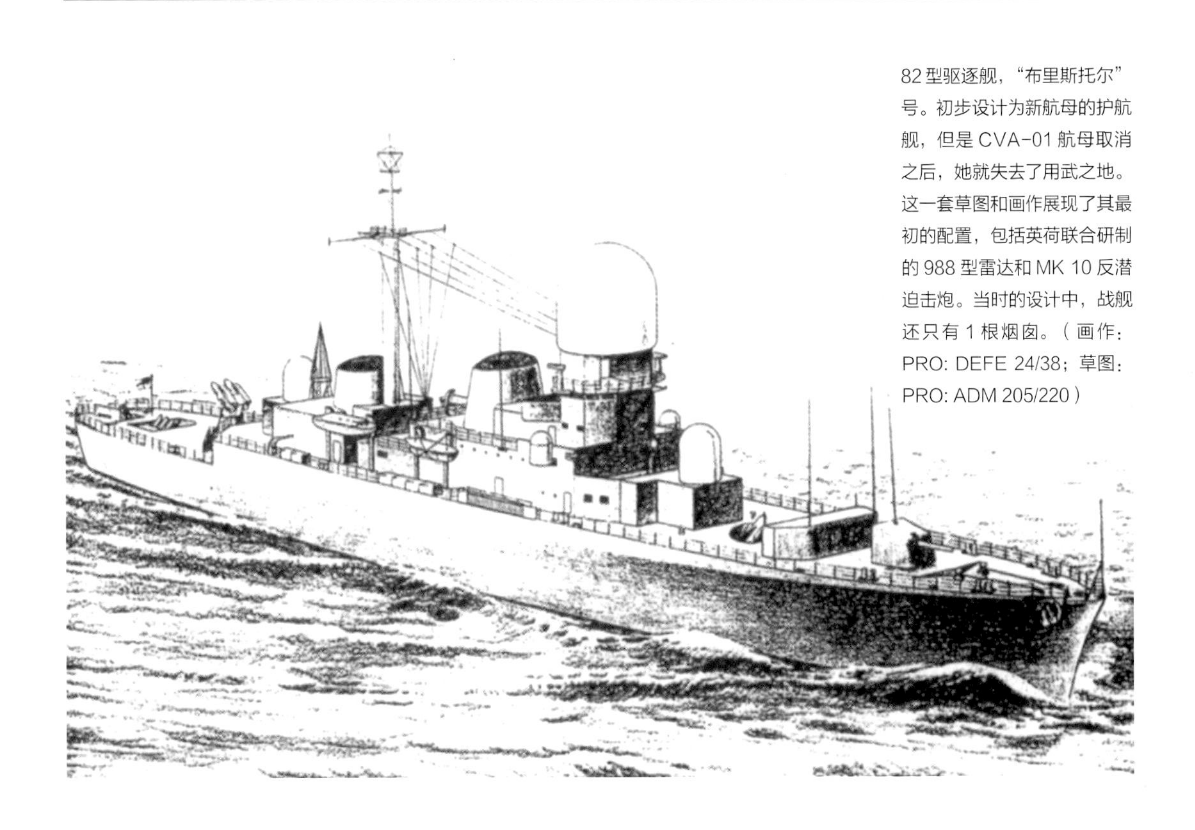

82型驱逐舰，“布里斯托尔”号。初步设计为新航母的护航舰，但是CVA-01航母取消之后，她就失去了用武之地。这一套草图和画作展现了其最初的配置，包括英荷联合研制的988型雷达和MK 10反潜迫击炮。当时的设计中，战舰还只有1根烟囱。（画作：PRO: DEFE 24/38；草图：PRO: ADM 205/220）

联合研制的988型“扫帚柄”雷达。[①]

亚罗斯－海军部机械研究部的早期研究报告中提出过采用全蒸汽驱动的动力系统，不过后来英国决定采用“郡”级驱逐舰的蒸燃联合动力装置。但是要采用该系统的话，英国必须要新设计一种更大规模的蒸汽动力装置，而且一定要使用奥林巴斯燃气轮机，这样一来就无法发挥出标准化生产的优势。塔珀想过把奥林巴斯燃气轮机放在船尾上方，通过电力驱动轴承，以此节省进气口和排气口的空间，他甚至还考虑过采用喷气法，这种方法虽然很不经济，但是确实可以节省很多重量和空间。[②]后续研究中，为了方便燃气轮机进气，设计人员在战舰的尾部安排了2座烟囱。

航母计划取消之后，82型战舰突然就失去了用武之地，但是英国认为还是有必要生产1艘战舰来试验海标枪导弹、988型雷达等军备以及动力系统。[③]988型雷达安装在巨大的圆顶雷达罩中，同时对震动和环境有着严格的要求，因此82型必须采用大型刚性舰桥结构。而这阻碍了前烟囱（用于蒸汽轮机）上方的空气流通，所以塔珀提出了在雷达罩下方设置大型风道的方案，同时打算预舾装一些相关舱室。[④]82型需要结实的甲板结构来满足校准雷达的要求。即便如此，正常航行时仍有必要测量阳光的热量给雷达造成的偏差（几英寸），并将其输入雷达系统进行修正。这里特别要提一下作战数据自动化武器系统（ADAWS-2），

① “扫帚柄”这个名字是荷兰人取的，参考了英荷战争中特龙普（Tromp）使用的毛笔，以此来炫耀英荷战争中荷兰歼灭英国舰队的事迹。英国方面同意使用这个名字的人肯定不知道这一段历史。

② 经常有人提出战舰在概念设计阶段就应该带上1个工程师，然后再让他参与后续的细节设计。但实际上只有极少部分战舰的设计团队是这样的，而“布里斯托尔”级就是其中之一。在设计该级战舰时，埃里克·塔珀（他对本章内容做了极大贡献）就作为工程师加入了概念设计团队，甚至他还考虑过要将此政策扩展到监管层面。他当时还参与了许多新兴装备的设计，其中就包括双体护卫舰和用于发射火箭的双体飞机。

③ 其实荷兰方面已经取消了“扫帚柄”雷达，之后的“布里斯托尔”级战舰搭载的是965型雷达。

④ 一名海军参谋官称这让他联想到了禁卫军——头上戴着高高的熊皮帽，两个耳朵间什么都没有。

该系统相当强大，可以把所有传感器和导航系统的信息整合起来，应用在武器操控的过程中。

“布里斯托尔”号和“郡”级的设计师在同一间办公室工作，以方便设计组及时获得关于早期战舰的反馈。[①]设计师约翰·科茨（John Coates）先前随一艘“郡”级驱逐舰在海上待了3个月，就可能需要改进的地方撰写了一份报告。“布里斯托尔”号是最后一艘在海军内部设计的战舰，其设计人员非常重视第二甲板的时间，这可以确保管道、空调和线路布置正确。舰上环境（温度、振动、冲击和噪音）也有严格的规定。设计人员还研究了人员和储备在舰上的移动情况，并使用作业研究的方法进行了优化。浴室和厕所集中布置在污水处理系统上方的区域内。海军在舒伯里内斯进行了大量有关弹药库安全性的试验，其中就包括前面提到的，往燃烧的火箭喷口注水这种新奇的方法。

1965年，第一艘战舰的预计成本为1625万英镑，后续战舰则为1525万英镑。按照1965年的货币价值来算，该级战舰的成本与之前的“郡”级战舰几乎持平，但是战斗力更强、舰载人员更少。理论上，其舰载人员的数量为

① “布里斯托尔”级和“郡”级的工程师办公桌是紧挨着的。

从右侧两张“布里斯托尔”号的照片中，我们可以看到一些很先进的设备，包括海标枪导弹、4.5英寸MK 8舰炮、奥林巴斯燃气轮机和ADAWS-2系统。（迈克·列侬）

380 人，比“郡”级战舰少了 70 人，考虑到在战舰的服役过程中还会有训练人员以及补充人员，所以战舰上的宿舍总共能容纳 433 人。通过同时建造一批“经济型”19 型护卫舰，驱逐舰的成本还可以维持在计划的预算之内。（参见第七章）

表格6-3：驱逐舰

型号	82型	42型（第一和第二批次）	42型（第三批次）	43型
排水量（吨）	7700	4350	5350	约6000
长度（英尺）	507	410	463	573
宽度（英尺）	55	46	49	59
吃水（英尺）	22—26	19	19	
轴马力	74000	50000	50000	
航速（节）	30	30	31	30
航程/节	?	?	?	?
人员编制	407	312	312	348

塔珀本来在着手出台一套全新的稳定性参考标准，不过有一次他去美国，发现萨钦和高柏（Sarchin & Goldberg）也在做同样的工作，而且已经遥遥领先于他了，所以塔珀就把他们现成的标准应用到了“布里斯托尔”级战舰上（参见第十二章）。[①] “布里斯托尔”号在服役过程中没有出现过任何结构方面的问题，这种情况着实很少见，塔珀觉得这要归功于该级战舰在设计阶段就能够及时解决很多问题。“布里斯托尔”号于 1967 年底下水，1973 年 3 月底竣工，主要用来进行武器试验，在整个生涯都没有进行过大规模升级。1973 年秋，“布里斯托尔”号遭受火灾，受损严重，之后很长一段时间里，其都靠着燃气轮机独立驱动。[②]

1967 年，英国还考虑过将加长的 82 型战舰改成直升机母舰，用来代替“虎”级战舰的可能性。[③]

1966年的驱逐舰与护卫舰研究

取消 CVA-01 航母之后，英国希望增产 82 型战舰，令其在未来充当护航舰的角色（如上，报告中的预计成本为 2075 万英镑），但是同时英国还在研发 19 型护卫舰（参见第七章）。未来战舰委员会（参见第四章）借此机会重新审查了整个护航舰方案，发表了包括驱逐舰、护卫舰，甚至是小型巡逻舰在内的一共 9 份研究报告。[④]虽然其中有些部分放在下一章里讲更合适，不过最好还是把所有护航舰方案作为一个整体进行阐述。英国想要生产采用通用船体的防空舰和反潜舰，就必须面对数量以及质量之间的平衡问题。最后这些研究方案发展成了

① T. Sarchin and L. L. Goldberg, 'Stability and Buoyancy Criteria for US Naval Surface Ships', Trans SNAME (1962).
该标准的制定很大程度上基于对美国海军在 1944 年太平洋台风中损失的 3 艘驱逐舰的研究。

② 火灾发生在燃气轮机室，持续烧了几个小时。所幸当时战舰离新港很近，当地消防队成功扑灭了这场大火。大火过去几天之后，我去参观过这艘战舰。相关人员说，如果在海上发生这样的火灾，可能舰上的工作人员只能选择弃舰逃生。

③ DEFE 16/617 (PRO).

④ Future Fleet Working Party Report Vol 3. DEFE 24/238, 90724 [Originally Secret, now declassified (PRO)].

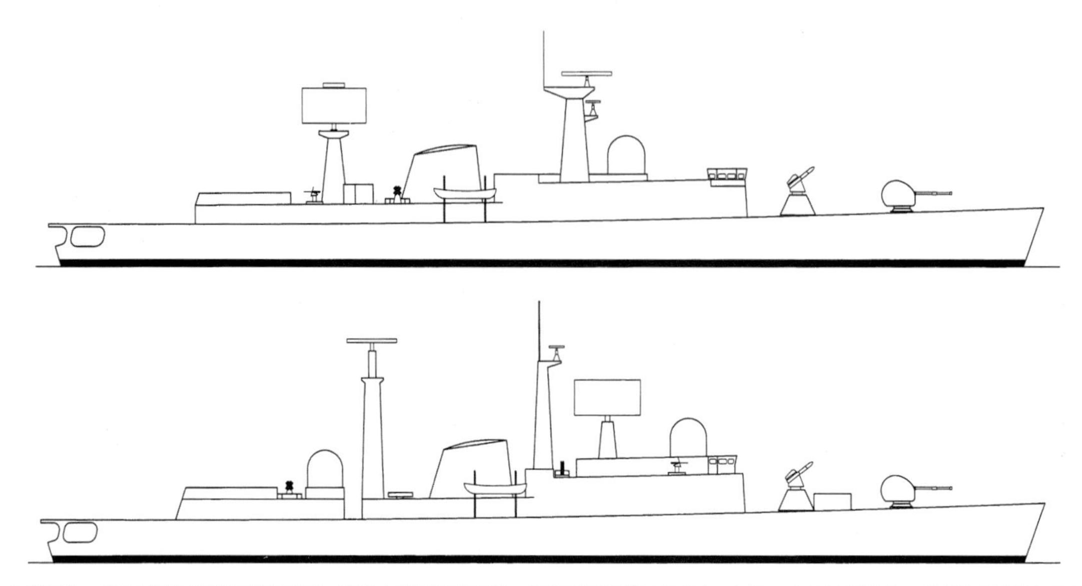

上半部分：1967 年的 42 型驱逐舰系列，搭载 1 座 909 型雷达。如果再稍微增加点成本，加装 1 座 909 型雷达，战舰的作战能力几乎能翻倍。（约翰 · 罗伯茨根据 PRO DEFE 2/239 的原始资料绘制）

下半部分：42 型驱逐舰。这幅图是在 1968 年 2 月为提交海军部委员会审议绘制的。在这一阶段，该型舰搭载了 1 座为 82 型驱逐舰开发的双联装 GWS 30 导弹发射器。（约翰 · 罗伯茨根据 PRO ADM 281/291 中的原始资料绘制）

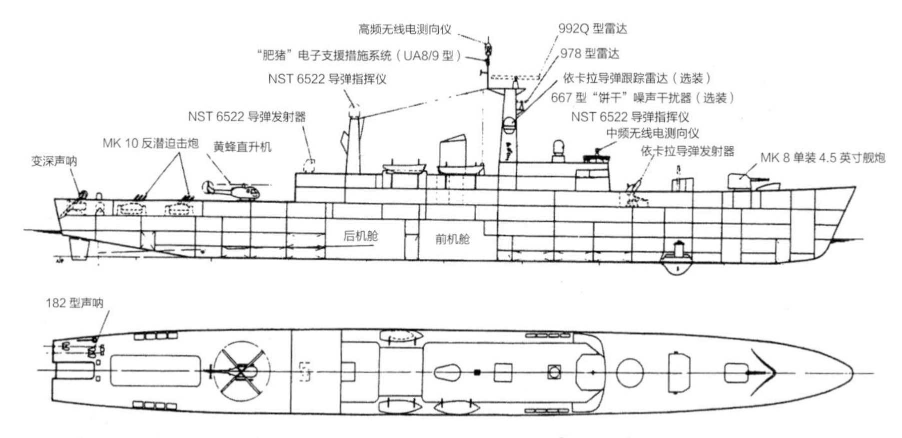

一级反潜护卫舰（381 号研究）。该战舰由柴油驱动（4 台 AO16）[①]，满载排水量 4400 吨，也叫做 17 型，诞生于 1964 年。其带有 2 间机舱；军备方面搭载依卡拉系统、2 座反潜迫击炮、黄蜂直升机以及 1 座 4.5 英寸 MK 8 舰炮，同时还有很完备的声呐系统，其中就包括变深声呐（VDS）。（PRO DEFE 24/238）

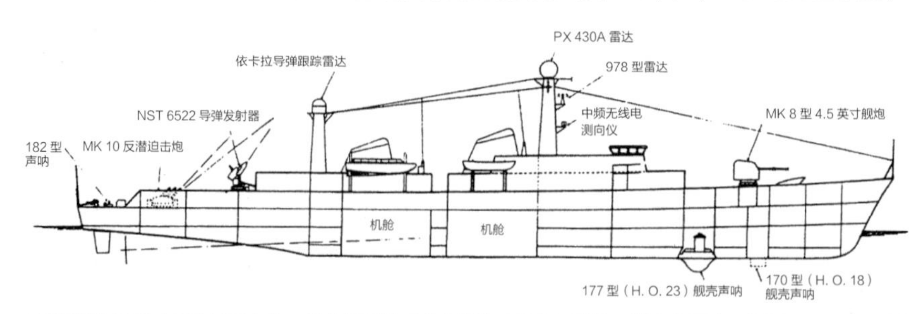

中型反潜驱逐舰（392 号研究）。这份设计的成本限额为 1050 万英镑，排水量最多不超过 3500 吨。该舰的备选装备如下：依卡拉系统、4.5 英寸舰炮、MK 10 反潜迫击炮、直升机与直升机库、变深声呐。但是在上述限制条件下，这些装备里只有前三种符合要求。该舰有两间动力舱，发动机的型号还没有确定，不过大概率会选用 AO16 型柴油机。

① 有人认为如果这份设计要投入生产的话，可能会换一套动力系统，这大概是因为当时正在研发奥林巴斯 – 苔茵动力装置。

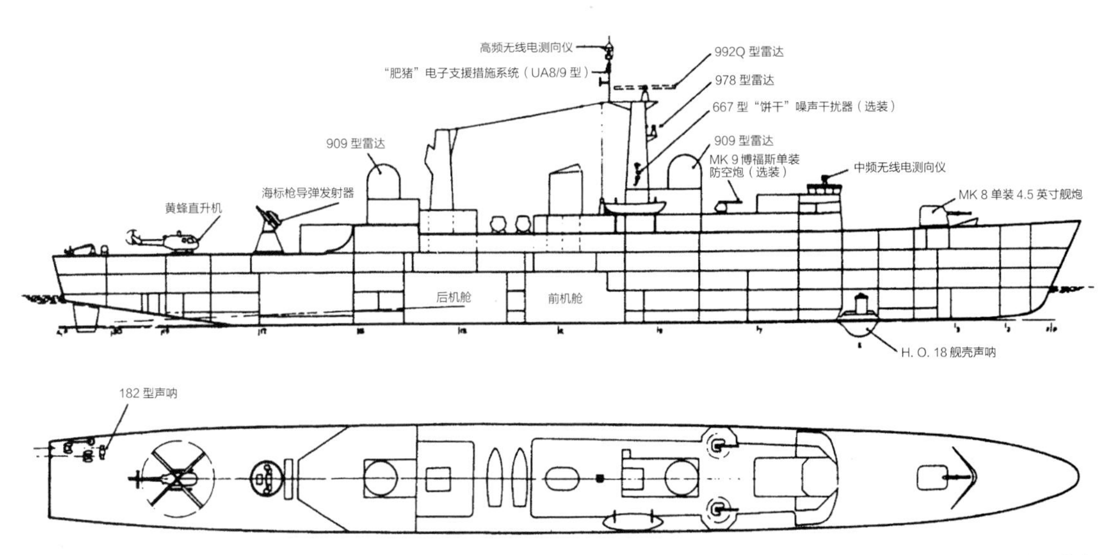

一级防空护卫舰（382 号研究）。其舰体尺寸与一级反潜舰一样，也使用相同的动力装置，但是内部结构不同，因此两者的图纸可能有大部分重合。其搭载海标枪导弹，配备 2 座 909 型探测器、2 座 40 毫米 MK 9 舰炮以及黄蜂直升机。

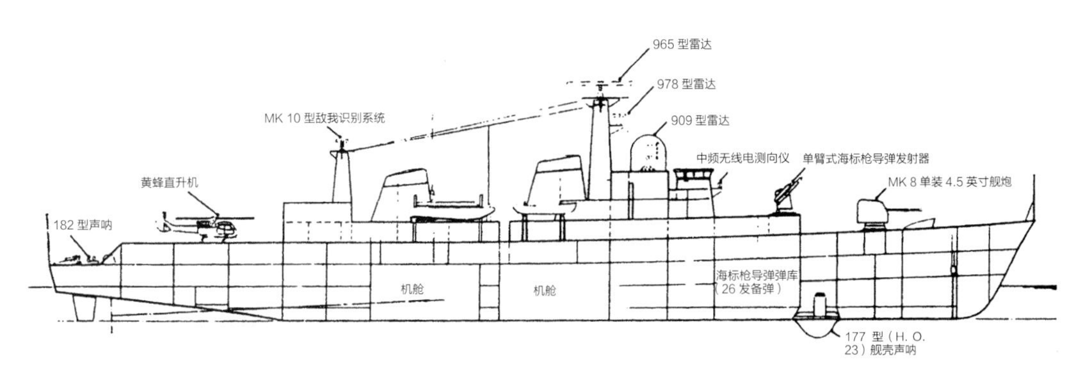

中型防空驱逐舰（391 号研究）。其舰体尺寸与中型反潜舰相同，采用同样的动力装置，但内部结构不同。她搭载一种叫做“Seadaws 100”的主武器系统，这一系统包括单臂海标枪导弹发射器（内有 26 枚导弹）和 1 座跟踪雷达，同时她还搭载了 1 座 4.5 英寸舰炮和黄蜂直升机。虽然 42 型是在此基础上发展起来的，但是两者几乎没有什么共同点。

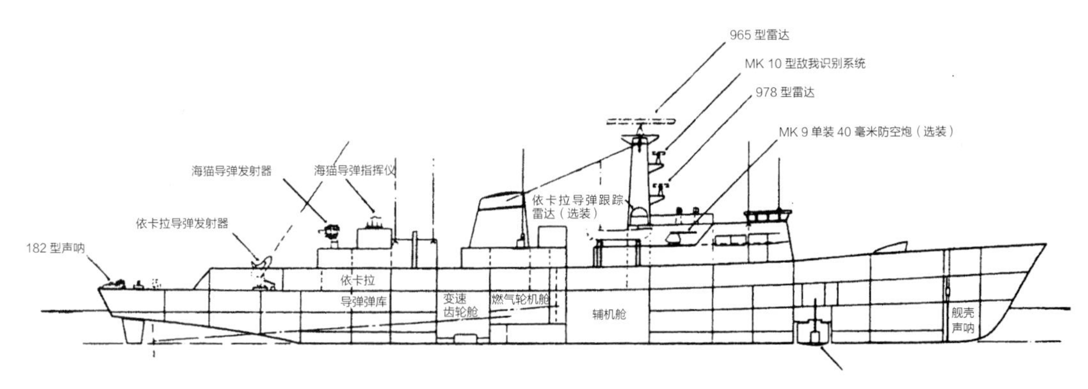

简版反潜护卫舰（390 号研究）。该舰可以说是搭载依卡拉系统的最低配置要求了（垂直安装，无特殊武器）。同时其还搭载了海猫导弹［之后换成了垂直发射的 PX 430 型导弹（也就是之后的海狼导弹系统）］和 2 座 40 毫米舰炮。她的动力装置采用的是奥林巴斯或者苔茵（Tyne）发动机。

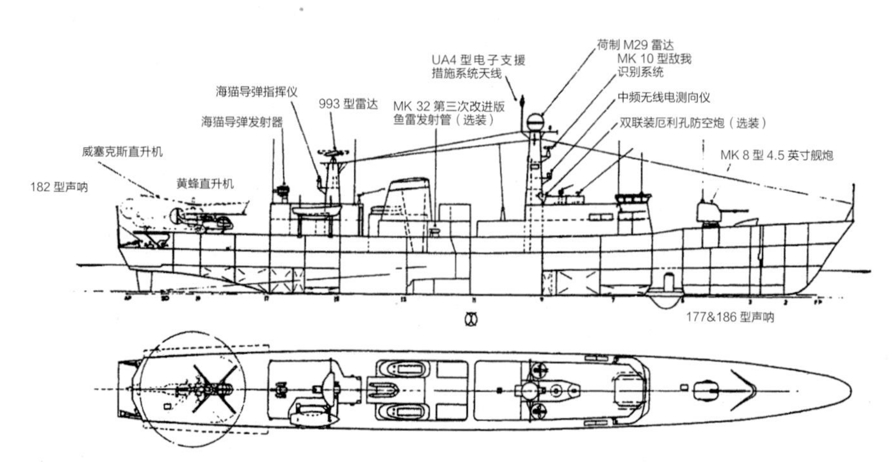

标准版护卫舰（改进版 387 号研究）。19 型的另外一个系列，每轴只有 1 台奥林巴斯发动机（最大航速 30~32 节），另外还有每轴 2 台文图拉发动机以供巡航。军备包括 1 座 4.5 英寸舰炮、海猫导弹（后期改为 PX430A 型，也就是海狼导弹）、2 座双联装 20 毫米厄利孔高射炮、黄蜂直升机停机坪（天气状况良好的情况下还可以起降威塞克斯直升机）、2 具鱼雷发射管、2 座企鹅（Penguin）导弹发射器（一种挪威的对舰导弹）。

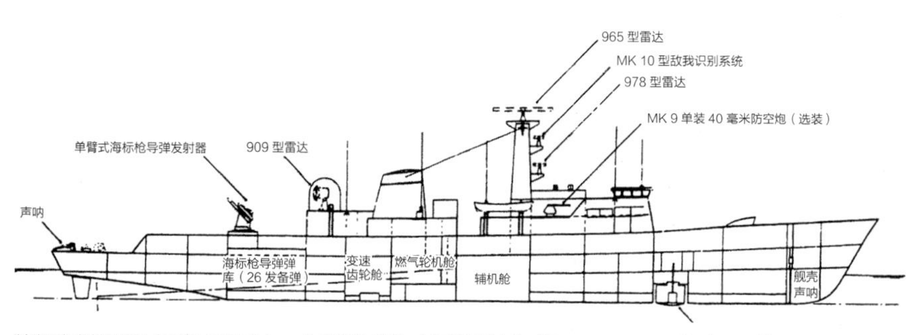

简版防空护卫舰（389 号研究）。主武器系统为上图提到过的“Seadaws 100”武器系统，同时其还搭载 2 座 40 毫米高射炮。舰体尺寸和动力装置同样也与反潜舰相同，但是内部结构不同。通用船体的反潜舰和防空舰其实很难设计，还有许多限制条件。有一点可能很少有人注意到，那就是反潜战舰的设计需要尽量减少噪音。[①]

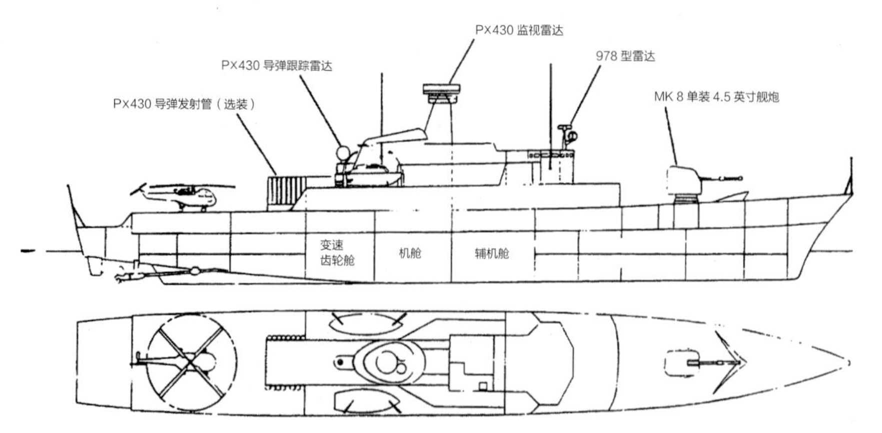

巡逻舰（919 号研究）。该舰的主要任务是维护秩序、保护渔业，以及对付轻装舰艇。因为住宿空间过于狭小，其不能单独行动，必须与基地或者母舰联合作战。军备方面，该舰初步设计将搭载 1 座 4.5 英寸舰炮和 PX430 导弹，不配备声呐，雷达也采用了最低配置。（未来舰队工作组的所有图纸参见：PRO DEFE 24/238）

① 389 号和 390 号简化版战舰研究的详细内容参见：DEFE 24/234 (PRO). 这两艘战舰的设计初衷是要通过减少武器装备来减少成本和舰载人员。如果只使用 1 座单轴柴油机，战舰可以减少 10 名舰载人员，航速会减小到 20 节，船身也可以缩短 20 英尺，大约可以省下 75 万英镑的成本。

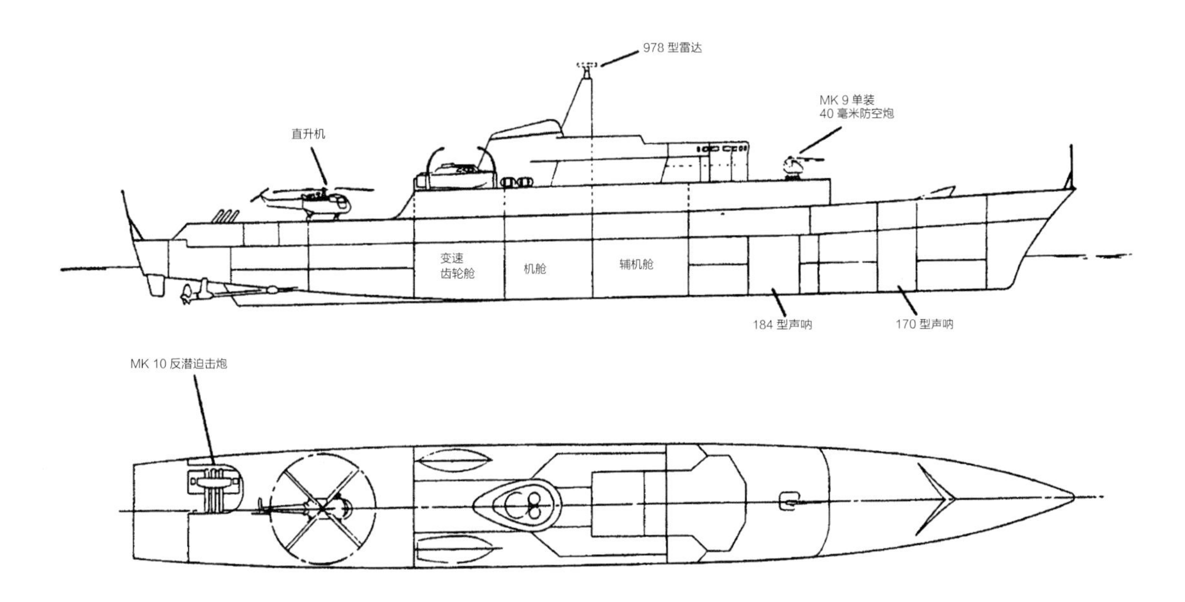

反潜巡逻舰（920 号研究）。在上图战舰的基础上，其还可以作为反潜护航舰。她装备了 MK 10 反潜迫击炮和 1 座 40 毫米舰炮，搭载黄蜂直升机，不过后勤设备有限。其动力系统包括 1 台奥林巴斯发动机和 2 台苔茵发动机，由一个齿轮箱驱动双轴。[1]这份报告中还包括了沃斯珀 MK 5 护卫舰。（Vosper）

42 型、22 型和 21 型战舰，所以可以说，她们反映了当时英国在技术和经济上的最大承受能力。上几页我们按照规模降序给出这些战舰的图纸。

从实际生产出来的成品来看，42 型、22 型和 21 型战舰的配置几乎可以说是顶级的。在配置较高的时候，牺牲很小一部分战斗力就可以节省许多成本，比如一艘战舰其实没必要同时搭载黄蜂直升机、依卡拉系统和反潜迫击炮。而在配置本身就较低的情况下，可能减少一点预算就会使战舰的战斗力大打折扣。

42型

虽然人们通常会把 42 型看作降级版的 82 型（确实可以这么说），但她同样是之前提到的未来战舰委员会审查的各项研究之一，并且也曾经在 CF299 的早期研究方案中有一席之地。42 型（“谢菲尔德”级）的项目主管是 M. K. 珀维斯（M. K. Purvis），他在 1974 年曾经向皇家造船工程师学会（RINA）申诉过这份设计的预算对战舰造成的影响。42 型战舰的初步设计的成本为 1200 万英镑，排水量不得高于 3500 吨。为了满足这个要求，战舰受到了方方面面的限制，甚至为了减少成本，连船身长度都要尽量缩小。[2]一开始海军建造总监给出的预算是 1050 万英镑，后来审计长给第一艘战舰增加了 70 万英镑（10%）的结构预算，又增加了 60 万英镑的武器预算，所以第一艘战舰的总预算最终为 1200 万英镑。之后海军内部就安装第二座目标搜索雷达（目标指示雷达，后来的 909 型雷达）进行了长时间的讨论。虽然这样会让成本增加约 50 万 ~75 万英镑，但可以让 42 型在高威胁环境下的能力几乎翻番。可是 42 型的主要设计目标是在低威胁环境下作战，加装雷达所带来的收益较小。为了节省成本，设计人员曾考虑去掉舰炮或声呐，

① 该方案在多项研究中均有提出，应该是不错的。
② DEFE 24/239 (1967) (PRO).

但后来都被驳回了。海军副参谋长（DCNS）指出，为预定计划（1980—1981 年完成）建造的 13 艘 42 型加装第二座目标搜索雷达的总成本约为 1000 万英镑，低于单舰成本，因此这项提议得到采纳。这是一个大家再熟悉不过的问题：增强武器系统的能力似乎总是一个划算的选择，人们经常说“好钢用在刀刃上”，但在预算被定死的前提下，这可能意味着战舰数量减少，而不是舰队作战能力增强。

英国还考虑过要引入挪威产的“燕鸥”火箭推进反潜深水炸弹。虽然这艘战舰真的很需要加强，但最后这项计划还是没有付诸实践。42 型的船尾是圆形的，所以船尾激起的波浪较高。如果水流不稳定的话，其很容易激起不对称的波浪(两边的波浪高度不一样)，不过这不会对战舰的行动有很大影响。

① 表中的航速为离港 6 个月后在热带水域的航速。从表中数据来看，战舰的船宽好像太小了。之前我们提到过，为了搭载重型蒸汽动力装置，“利安德”级战舰把船宽从 41 英尺加长到了 43 英尺。

② 此处为出坞后 6 个月在热带地区的航速。

表格6-4：1966年的驱逐舰与护卫舰设计[①]

方案代号	381	382	392	391	390	389	387m	919	920
排水量（吨）	4400	4500	3500	3500	2500	2500	2600	1200	1200
长度（英尺）	440	440	390	390	360	360	360	260	270
宽度（英尺）	46	46	45	45	40	40	39	33	33
吃水（英尺）	38½	38½	30½	30½	29	29			
航速（节）	28.5	28.5	28	28	28	28	30	28	28
航程（海里/节）[②]	3500/18	3500/18	4000/20	4000/20			2000/20		
人员编制	325	324	210	210	160	160	154	129	129
成本（百万英镑）	12	12.25	10.5	10.25	9.75	9.5	6.5	4	3.5

“埃克斯茅斯”号，皇家海军的第一艘全燃气轮机护卫舰。烟囱两端进气口的挡板是用来隔绝海水的。（国防部）

“埃克斯茅斯”号

很显然，如果没有十足的把握，英国政府，包括各个政客以及海军部官员是不会批准研发完全由燃气轮机驱动的战舰的。瓦里斯（Vallis）写道：“经过一系列游说之后，高层终于同意把‘埃克斯茅斯’号（‘布莱克伍德’级，14 型战舰）改造成全燃气轮机战舰。”[①]该舰配备 1 台奥林巴斯燃气发生器，其会向一个特殊的动力涡轮机排气，还有 2 台普鲁鸠斯（Proteus）发动机以供巡航。由于该舰由燃气轮机驱动，设计师必须用一些特殊的手段确保海水不会混入空气中，而且必须用防爆容器保护发动机。即使如此，燃气轮机还是一举减少了燃料的消耗量，减轻了战舰上的维护工作，并增加了战舰的实用型，还大大改善了机舱的工作条件。

① Rear Admiral R. A. Vallis CB, 'The Evolution of Warship Machinery 1945-1990', Presidential Address,Trans I Mar E (1991).

当时专业人员对战舰搭载燃气轮机的优缺点已经有了较全面的认识。其产生的气流大概可以达到蒸汽轮机的三倍，75% 的燃烧热都被排出的气体吸收，这种气体的温度可达到 500 摄氏度，战舰的排气速度也可达到每秒 200 英尺。而蒸汽轮机中有 20% 的燃烧热从烟囱排出，还有 60% 的热量排入大海。燃气轮机必须时刻保持气流畅通，因为背压每上升 1 英尺水柱，奥林巴斯燃气轮机的输出功率就会下降 100 轴马力。导气管道也不能有任何阻塞，否则气流内可能会形成破坏性的涡流。奥林巴斯发动机的导气管大概要占到 6 平方米空间，所以可以用来更换主机。导管必须经过滞后处理，因为进气口可能温度较低，而排气口温度很高。

第二批 42 型战舰之一，“南安普敦”号（Southampton）。（国防部）

“谢菲尔德”号。其搭载了用于减少尾气红外线的烟囱，可以看见战舰的左舷没有锚。（D. K. 布朗收集）

另外，使用燃气轮机还需要搭配一台大约 40 立方米大小的盐雾消除器。[1]

当时最好的蒸汽机大概也要占掉这么多空间，且还会比燃气轮机增加大概 15% 的重量。采用燃气轮机可能会增加 10% 的初始成本，但是长远来看，它是可以减少全寿命成本的。另外，燃气轮机冷机启动只需要两分钟，这也是其与蒸汽轮机相比，一个很大的优势。

奥林巴斯/苔茵发动机：42型、21型、22型

42 型舰体较小，成本较低，舰载人员也较少，可以较好地配适全燃气轮机的驱动方法——全速航行时，2 台奥林巴斯发动机将提供动力，每台驱动 1 个单轴和 1 个 CP 螺旋桨（变距螺旋桨）。42 型对巡航速度的要求比之前的战舰要高，其采用的是苔茵发动机。英国欧洲航空公司是苔茵发动机的主要客户之一，在该公司眼里，苔茵发动机是他们用过的发动机中最差的。不过皇家海军的运气不错，因为当时该发动机在飞机上遇到的问题已经得到了解决，所以船用苔茵发动机的效果还是不错的。为了与战舰配适，发动机要增加一个自由动力涡轮，在选材上也要做出一些变化。

这种主动力系统相当可靠，也给发动机的工作条件带来了一次革命性的变化，反倒是辅助动力系统的问题比较多。“部族”级战舰使用的艾伦 500 千瓦燃气轮机交流发电机虽然效率很高，但是结构过于复杂。压气机与热交换器的污染都会造成输出功率下降，但是清洁工作又非常烦琐。“郡”级使用的鲁斯顿 TA 交流发电机相对来说比较简单，性能也比较稳定，但它很笨重，而且效率低下。整个动力系统分成了发电机、奥林巴斯发动机、苔茵发动机、齿轮与发电机总共四个部分，有几个其他级别的战舰也沿用了这种布局。[2]

英国决定要在这几批战舰上采用柴油发电机。在此之前，英国只在护卫舰上搭载过柴油机，而且只在停港时或者紧急情况下才会使用，所以这几批战舰

① S. J. Palmer (CB, RCNC), "The impact of the gas turbine on the design ofmajor surface warships", Trans RINA (1974), p1.

② A. A. Lockyer, "Engineering aspects of the Type 42", Navy (Sept 1970).

在转型过程中遇到了不少问题。由于淡水供应困难，42 型和 21 型战舰都安装了额外的锅炉和蒸汽蒸馏器，这两套设备给战舰的维护工作带来了不小的压力。

引入全燃气轮机驱动后，变化最大的就是动力系统的操作方式，其反应时间更短，燃料的处理方式也不同。舰桥控制等电子控制系统也给实际以及演习时的执勤任务带来了革命性的变化。战舰采用排水法储存燃料，因此战舰需要搭载很先进的燃料清洁系统，尽量把所有的水都分离出来。如果设备出现什么问题，维护人员只能通过更换零件的方法来修理，所以要将零件分好类别，并且尽量保证零件的供应量。[①]战舰的巡航速度取决于苔茵发动机，其在满载条件下每马力小时消耗 0.5 磅燃料（算上辅助器械则为 1.0 磅）。

之前采用的蒸汽动力装置重量较大，在某种程度上能作为一个“压载物”，压低战舰的重心。[②]燃气轮机的进气口和排气口占地面积较大，例如奥林巴斯发动机就占到了 6 平方米，不过这样也有好处——其可以在水面上更换主机。战舰还配备循环水压系统，为起锚机、吊艇架、绞盘、补给门架和升降机供能。因为上述这些设备基本不会同时使用，所以系统的输出功率只需要 17.5 马力。

为了提高转向能力，这几批战舰采用了变距螺旋桨，给螺旋桨的设计［尤其是轴下以及（可动）叶片中的空气流通方面］增加了不少难度。由于轴承及其支架的体积较大，再加上叶片设计上受到的种种限制，导致最后的战舰推进效率降低了 6%。机舱总共需要 20 名工作人员，比蒸汽轮机的少。[③]为了减少红外特征，“谢菲尔德”号的烟囱结构设计得比较奇怪。[④]此外，“谢菲尔德”号还搭载了 2 对“利安德”级同款稳定鳍。燃料舱位于双层底内，所以其中有些燃料舱如果使用后导致重量降低，还可以用水来补足重量。此舰头一次采用了转叶式舵机，节省了大部分的空间和重量[⑤]，同时因为采用了双舵机的设置，战舰转向圆的直径可达到船身的 3.5 到 4 倍长。

军备方面，她们搭载了 1 座双联装海标枪导弹发射器，搭配 2 座 909 型跟踪雷达和 22 枚导弹[⑥]，同时还有 1 座单装 4.5 英寸 MK 8 舰炮。福克兰群岛战争爆发之后，这批战舰加装了各种近防火炮，其中大部分选用了 2 套密集阵近防武器系统（Phalanx CIWS），另外还搭载了“山猫”反潜直升机和机库。这批战舰的宿舍总共可以容纳 300 人，条件与后面几批“利安德”级战舰差不多：官员睡单间，士官和其他船员睡多人间。因为会去热带执行任务，所以战舰上也都搭载了完备的空调系统。[⑦]

在生产过程中，42 型战舰的重量又增加了，这导致英国卖给阿根廷的“海格立斯”级驱逐舰的航速可能达不到合约要求。英国与维克斯船厂共同协商出了减重方案，不过其在改进第一批战舰时，从露天甲板拆掉了太多纵梁，只能通过外部强化来维持战舰稳定。第二批的改进工作倒是进行得非常顺利。

① 因为舰载人员减少，岸上工作人员增加，政客和媒体就以为捡了芝麻丢了西瓜，实际上这一想法大错特错。
② 通常情况下战舰可以通过增加宽度来保持稳心高度，但是由于她浮在水上，所以还是要尽量降低重心。大部分 42 型战舰只有 4 个舱室完全被水浸没，进行相关研究之后，42 型的“考文垂”号有 5 个舱室被浸没，这说明此舰已经达到了降低重心的目的。
③ 结合福克兰群岛战争的经验，在大家都知道肯定赢不了的情况下，蒸汽驱动的战舰更容易控制损害。
④ 这种设计叫做“洛克斯顿弯曲”（Loxton bend），阿根廷的“海格立斯”级战舰也采用了相似的烟囱设计。
⑤ 有点像纵轴转动的明轮，其原本是给 CVA-01 设计的。
⑥ 原本只打算用单装发射器。
⑦ J. C. Lawrence, "The Warship of the 'seventies' ", Navy (Sept 1970).

英国在防腐蚀方面倾注了大量心血，只要是“潮湿”的地方都喷了一层锌防护层，这大大减少了后期的维护工作量。[1]“考文垂”号是这种新兴涂料方式的试验舰。英国在涂料的准备及操作过程中都非常细致认真，其期望通过这种涂料方式处理之后，战舰会更耐腐蚀。之后英阿关系恶化，该试验也宣告终止。“埃

① 可能是有点用力过猛了，后来几批战舰再没有这么认真。

克塞特”号（Exeter）巡洋舰曾经采用过自抛光防污漆涂料，虽然她的蓝色船底（当时只有这个颜色）看起来比较滑稽，但是整体来说效果还是不错的，节省了不少燃料。

1978 年，英国同意将最后 4 艘战舰按照改进版的设计生产[1]：船身加长 50

① 珀维斯认为设计方案改来改去，又改回了他最开始提出的版本。

“曼彻斯特”号。她是第三批加长版的战舰之一，图中该舰正在澳大利亚周围波涛汹涌的海面上航行。根据照片判断，当时海况可能达到 5~6 级，海浪高达 4 米。（国防部）

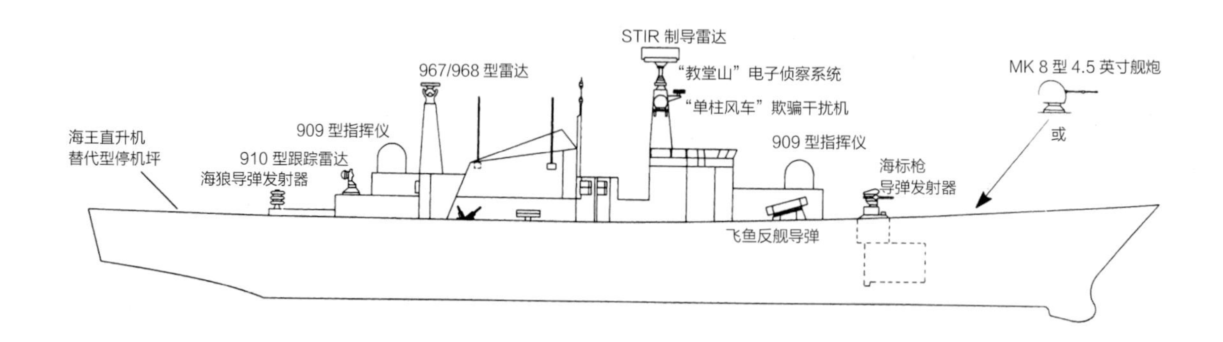

小舰体的 43 型战舰。实际上就是 42 型战舰的升级版，搭载 MK 2 海标枪导弹。英国在模拟战争时就发现她几乎没什么战斗力。（D. K. 布朗收集）

英尺，船宽加长 3 英尺。船身加长的部分都集中在船首，所以动力系统和传统图纸并不需要进行大的变动。战舰加大之后，在同样的动力系统支持下，其航速加快了 1.5 节。这批战舰的结构设计采用了一种新兴的、动态的方法，设计难度较大，最后的成品也有缺陷，所以这一批战舰需要采用额外的强化措施。

一些对比

如果 42 型战舰采用蒸汽轮机驱动，预计将会增重 250 吨，其中动力系统 100 吨、燃料 60 吨、宿舍 50 吨、结构 40 吨。虽然蒸汽动力装置的价格要便宜 10%，但是其连带的结构、宿舍等设备又会补回 7%。相较而言，从整个生涯来看，燃气轮机动力装置的维修费用要比蒸汽轮机少 5%；而且燃气轮机战舰的机舱不需要太多工人——大概可以减少 20 人，这样一来又可以减少战舰服役总成本的 37%。

如果使用柴油发动机，首先动力装置就重了 250 吨，机舱也会加长 20 英尺。在 20 世纪 70 年代燃油危机的影响下，英国曾经考虑过烧煤驱动，不过最后还是决定继续烧油。①

① 有人给烧煤的 42 型战舰画过一幅漫画，画中战舰搭载 4 座又高又细的烟囱，还有球鼻型船首。

大舰体 43 型战舰的艺术画和外形图（下页）。其比生产一大批小型战舰要划算得多，船中间的空地可以起降灰背隼直升机，其在外观上很大程度参考了战前的"南安普敦"级巡洋舰。（国防部）

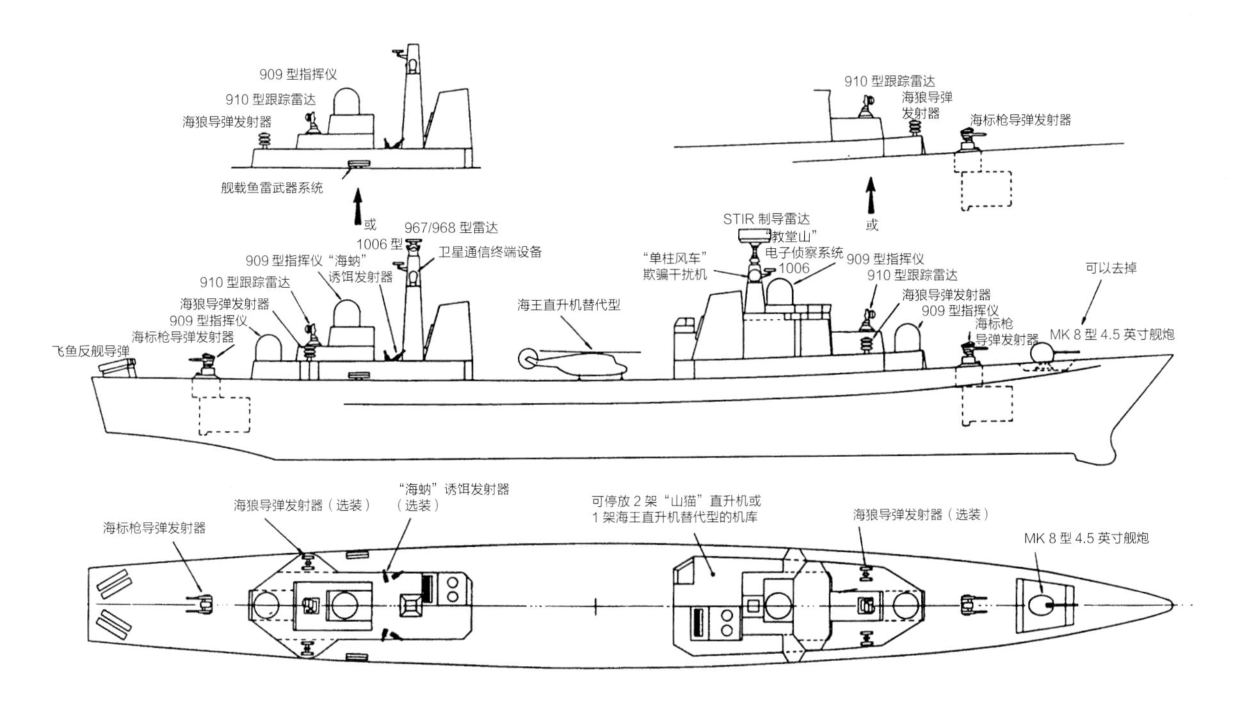

43型和44型

43 型沿用 42 型的标准，不过装备了 MK 2 海标枪导弹。[①]其主要负责保护特遣部队[②]不受空中导弹的袭击，对火力通道的要求为单发导弹搭配 909 型跟踪雷达的配置。43 型总共有 2 款基础设计：规模较小的与 42 型很相似，在船首搭载 1 座双联装发射器，船首和船尾分别安装 1 台跟踪雷达；大舰体的设计在船的两端都搭载了 1 座双联装发射器，而且还有 4 台跟踪雷达。考虑到后续改装、维修等问题的话，所需大舰体战舰的数量可能只有小舰体战舰的一半左右。

因为战舰两端都有导弹发射器，所以直升机停机坪只能放在船的中间位置，两块上层建筑的间隙中。飞行员对这样的排布很不满意，但是随后英军还是找到了可行的解决方法，但是又不得不把两间机舱（每间机舱搭载 2 座 SM1A 发动机）分开，中间夹着两个隔间。从结构保护的角度来看，这种布局还是比较理想的，不过也有人认为船首的长轴很可能会损坏。结合"二战"的经验以及战后大量针对轴损坏情况的试验分析，这一风险并不大。

因为采用了这种布局方式，早期的研究方案里战舰的外观看起来都比较奇怪。最后英国借鉴了战前巡洋舰"南安普敦"级的设计方法，虽然不及其他战舰那么美观，但至少看起来没有那么奇怪了（反正我是这么认为的）。第一份编制草案要求战舰至少能达到 30 节航速，最好是能到 34 节。之后相关人员发现，不管最后采用什么样的设计，4 座 SM1A 发动机都只能提供 31.5 节的速度。[③]在各种设计方案中，有一些方案看起来非常怪异，比如有一份设计只搭载了 2 架

① 我于 1978 年年中开始负责战舰的概念设计。
② 通常为 1 艘小型航母与 2 艘补给舰。
③ 新来的编制指挥官把最高期望航速提高到 36 节，然后问我有没有问题，我当时回答他："没问题，反正怎样都只有 31.5 节。"结果他很生气。为了说服他，我们简单地做了一些预测：如果用 4 台奥林巴斯发动机，航速也只能达到 34 节，还会提高燃料的消耗量，这已经是当时能达到的最大速度了，如果要达到 36 节航速，就要研发新的动力装置，而且可能只能用蒸汽驱动。

北约护卫舰。（D. K. 布朗收集）

海鸥战机，其存在的意义仅仅只是为了证明搭载6架以下的战机非常不划算（参见第七章）。甚至还有人短暂提起过要用核动力驱动战舰，搭载2台核潜艇设备。

随着设计工作的进行，大舰体战舰越来越获得相关人员的青睐。相比生产2艘小舰体战舰，其总生产成本更低，更重要的是需要的舰载人员也更少——当时的征兵难度较大。由1艘战舰控制4条“火力通道”比用2艘战舰控制要简单，而且海军水面武器研究所（ASWE）进行了一系列模拟战争，小型战舰每一次都输了，相比之下大型战舰的结果就好很多。①相关委员会批准了大型战舰的方案，

① 不过后来有人发现那几次模拟应该不能算数，因为每艘战舰发射的导弹量都比实际备弹量要多。真实情况是MK 2海标枪导弹其实无法满足战斗要求，不过不管怎么说，大型战舰的结果都要更好一些。

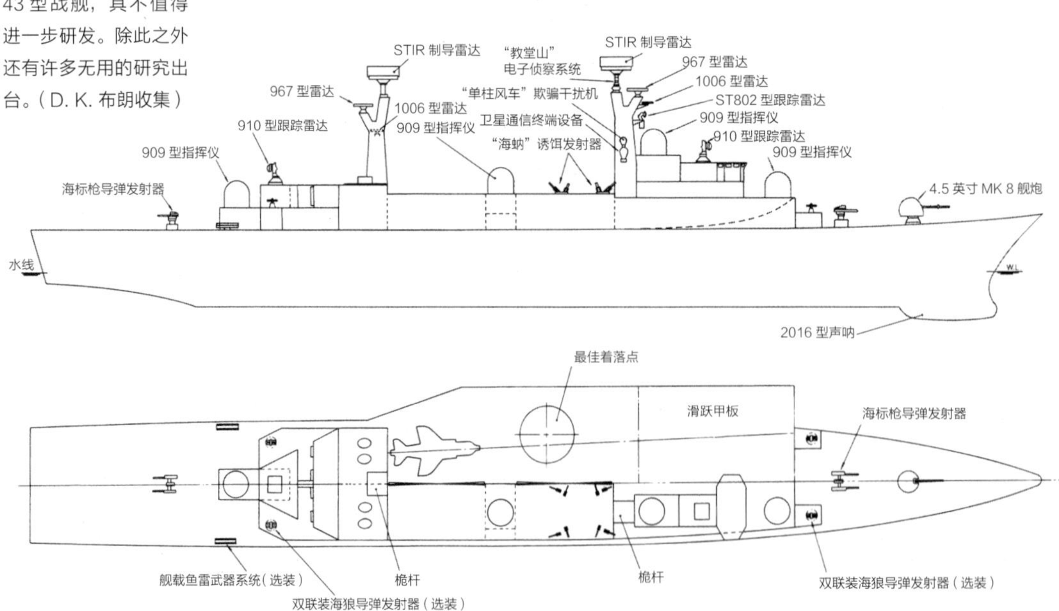

搭载2架海鸥战机的43型战舰，其不值得进一步研发。除此之外还有许多无用的研究出台。（D. K. 布朗收集）

但是政府觉得成本太高了（单价 2000 万英镑），最后在没有相关研究的情况下，英军又构思出了 44 型战舰。

44 型战舰实际上就是 43 型的简化版，除了稍稍加强了反潜能力之外，该舰几乎没有任何作战能力。英国直接把该方案列入可行方案中，不过没过多久，英国就迎来了 1980 年的诺特国防审查，该方案和 MK 2 海标枪导弹一起被否决了。这也是那一次审查中为数不多的明智选择。①当时还期望 44 型战舰能够使用 22 型战舰的船型，不过考虑到海标枪导弹弹药库的体积，我估计是行不通的。

北约护卫舰

英国和美国、法国、意大利、荷兰、西班牙、加拿大以及德国联合研制了一款通用护卫舰。因为各国对于战舰的要求不同,所以工作初期的进展比较缓慢。各方一致认同该型舰的首要任务是保护随行战舰免受来自空中的导弹攻击。因此现有的点防御导弹系统被排除在外，因为它们只能对付直接瞄准搭载舰的目标，而新的导弹系统必须能够对付拦截难度更大的侧行目标。最主要的威胁来自抵近发射导弹的潜艇，这要求导弹防御系统必须具备极短的反应时间。

经过漫长的谈判之后，各国决定进一步开发法意联合研制的紫菀导弹（Aster），但是还没有确定要搭配哪种预警雷达。关于战舰本身，各国主要的矛盾点在于美国海军要求重要舱室必须要有主通道（参见附录 5：对比）。美国海军当时急需英国为其研制的复合燃气轮机，而英国则希望尽量控制自家战舰的成本。

北约通常一次只进行项目的一个阶段，每个阶段只与一个国际财团合作，该阶段临近结束时，各国政府再协商下一阶段的研发方案，然后再针对下一阶段进行招标，每个阶段之间大概间隔 18 个月。几乎很难有同一个公司连续中标，而且就算真的中了两个标，该公司也要对相关人员进行一次大换血，对新的团队来说下一阶段又是一个全新的开始。北约解决这个问题的方法很简单：在项目早期，根据综合表现选定一个公司负责所有阶段的设计和投资，并且各阶段最好由同一个团队负责。

北约护卫舰的项目在第二阶段末期宣告失败，牵头人彼得·张伯伦（Peter Chamberlain）随后提出自己的想法，英、法、荷三个国家将其称为 FUN 护卫舰，意大利参与后成了 FUNI 护卫舰,再加上后来的希腊,最后就叫做 FUNGI 护卫舰。虽然这份研究以及围绕其展开的讨论都是非正式的，但是可以由此看出各国对合作还是有兴趣的。

地平线计划

英国最后和法国、意大利合作，准备围绕紫菀导弹联合研发一种新型战舰，

① 在我看来，与其给这么几艘战舰研发一个新系统，还不如直接花钱购买美国的“宙斯盾”（Aegis）防空系统。43 型应该是完全可以和“宙斯盾”系统搭配使用的。

不过没过多久，英国就决定要采用自己的主雷达。这项计划也没有成功，因为除英国外的其他国家都没有大规模生产的意思，这样就体现不出合作的优势。最后英国认为，船体的编排方案成本偏高，这成了压死骆驼的最后一根稻草。（后续 45 型战舰的相关信息请参见第十四章）

第七章
后期护卫舰

20 世纪 60 年代早期，82 型是英国最主要的护航舰艇计划，其主要是防空战舰，但仍旧具有相当强大的反潜能力。不过其成本较高，所以如果要护航舰的数量达标的话，只能搭配相对廉价的舰艇（普适性较弱）。英国海军希望在未来几年内可以由“利安德”级承担起反潜的任务。当时也有像 17 型（见第六章）这样的大型反潜舰的研究，但是都没有进行下去。当时唯一的远程声呐设备需要安装在船体上，其体积很大，因而需要很强劲的动力系统，且价格也非常昂贵［见下文的“马塔潘”号（Matapan）］。英国曾多次尝试研发一种既经济又实用的反潜护卫舰未遂，直到发明了拖曳阵列声呐，情况才有所好转。

19型

20 世纪 60 年代中期，海军部希望保留一支由大约 90 艘驱逐舰和护卫舰组成的护航舰队，因此其需要每年新建 4 艘战舰，且每艘船使用寿命为 21 年。理想情况下，这些战舰都应该部署海标枪防空导弹和依卡拉反潜导弹，可以说与 82 型（“布里斯托尔”级）非常相似。但计算表明该计划对人力和资金的需求高得离谱，于是英国海军又将注意力转向了混合部队，其由大量人力需求较低的廉价战舰组成。海军部希望在 1971 年至 1976 年之间能够产出 8 艘 82 型和 13 艘 19 型战舰。其余 24 艘船将包括最后两艘“利安德”级和第一艘 82 型战舰。

在和平时期，这款被称为 19 型的廉价战舰主要负责充当海警、巡逻和日常维持和平任务，包括打击枪支走私和渗透、镇压叛乱、保护渔业、救灾和展示国威等，这些都是快速小型舰只常有的任务。[1]在小规模和常规战争中，她将会与更先进的舰只一同执行护航任务。该型舰艇具备很高的航速，具有反快艇能力，同时其也拥有炮火支援能力，除此之外其防空能力也能满足自卫需求。[2]海军希望该编制方案能够在 1965 年中期通过，并希望自己能够在 1967 年底订购第一艘船，且船厂能够在 1970 年底完工。在和平时期，这艘舰只的主要编制要求包括 1 门中型火炮、1 架轻型直升机、30 名士兵，此外还要求高续航能力（15 节 5000 海里）和高爆发航速（40 节），最高持续航行速度则为 28 节。[3]战时则要加上中程声呐、用于黄蜂直升机的鱼雷以及四联装海猫防空导弹[4]，舰船也要有一定的行动信息组织与预警能力。鉴于其信息组织能力有限，她的武器系统将

① DEFE 10/461 的封面引用了一些冷门的行动，其中包括巴勒斯坦巡逻、塞浦路斯战争、与冰岛的鳕鱼战争、马来西亚战争、英属圭亚那战争、巴哈马战争以及一些叛乱镇压行动和救援行动。

② 这一段内容改编自：NSR 7025.
其原是秘密文件，现存于:DEFE 10/461 (PRO).

③ 海军水面武器研究所随后在设计“城堡”级战舰时发表了一篇关于反快艇火炮的论文。若要在 6000 码外快速击杀对手，最好的武器（同时价格至少 10 万英镑）就是百夫长 105 毫米坦克炮（CFS 2 的标配）。但相关人员把它“优化”之后，它的成本就上涨到了 600 万英镑，比当时的战舰成本还要高。

④ 后期战舰则会搭载忏悔者导弹——NST 6522（即之后的海狼导弹）。

由一艘更强大的护航舰只指挥。

在早期的设计研究中，该舰的排水量为1900吨，长340英尺，宽35英尺，采用双轴推进，每轴安装有2具奥林巴斯燃气轮机和2具用于巡航的柴油发动机[①]，总功率达到64000轴马力（热带水域）。其续航能力令人十分感兴趣，特别是在其未来发展方面，后文会对这一点进行讨论。

表格7-1：19型的续航能力[②]

航速（节）	续航能力（海里）	使用的发动机（每根传动轴）
39	700	2台燃气轮机
28	1100	1台燃气轮机
20	1700	1台燃气轮机
18.5	4700	2台柴油机（不推荐）
15	7500	1台柴油机（不推荐）

19型的火炮指定为4.5英寸MK 8单管舰炮[③]，舰员为110人（加上30名士兵），主要是因为有现成的作战情报中心，尽管当时这些设备还在开发中。声呐则选用了177型。

该舰的成本预计为500万英镑，有关人员不断强调这个数字已经是最低限度了，因为该舰几乎没有引入任何新型设备。据了解，同一时期（20世纪70年代）建造的“利安德”级护卫舰的造价将达到900万至1000万英镑（当时的报价是900万英镑，但其他文件显示，“利安德”级护卫舰的造价约为600万英镑），难以相信这款高性能战舰的建造成本仅为“利安德”级的一半。1965年的方案首先在声呐外罩的设计方面就出现了问题，其必须能够承受高达40节的航速，或者也可以设计成能够收回的形式。另一个设计问题则出在螺旋桨上，主要是低速航行时的噪音问题（见下文）。巡航用的柴油发动机预计会有一些杂七杂八的问题，但当时的英国觉得这些问题都不难解决。

大约在这个时间段，海军建造总监A. N. 哈里森（A. N. Harrison）将19型与早期舰艇进行了比较，以显示新设计在空间分配方面的不同。[④]19型的内部甲板面积仅比“果敢”级的大型驱逐舰小2%（550平方英尺），武备重量为180吨，而“果敢”级为410吨，不过武备与作战情报中心占用的空间几乎相同。动力、发电机、电力系统等重达480吨，而“果敢”级则高达870吨，不过19型这些设备所需的空间达到了“果敢”级的90%。另外19型的储藏室扩大了一倍，办公室和车间扩大了35%，人均空间增加了约30%。

一年之内这个方案的设计理念发生了根本性的变化。[⑤]受与印度尼西亚对峙

① 相关人员建议，考虑到使用寿命的问题，4台柴油机在一般情况下不要同时使用。
② 作为对比，“利安德”级的续航能力为28节1200海里或18节3530海里。
③ 后期战舰搭载的是双联装4.5英寸MK 6舰炮，估计是因为MK 8型没有如期交货。MK 6舰炮几乎没有反快艇能力，但MK 8型最后也不是很成功。
④ 参见：A. N. Harrison, A Century of Naval Construction, p230. 不过目前还没有找到原始资料。
⑤ 我曾经专门负责过该设计的流体力学部分，这一段叙述大部分都基于回忆。

的影响（1962—1966 年），英国海军要求该舰以 40 节的航速巡航到新加坡，这意味着其试航航速需要达到 43 节。[1]注意上面引述的 19 型续航能力为 39 节 700 海里，因此其在途中需要多次加油，而这将大大降低平均速度。更糟的还在后头：其螺旋桨的负载情况非常类似于一具放大的“黑暗”级高速巡逻艇的螺旋桨，最初其在 40 节时的使用寿命只有 20 分钟，即使最好的情况下也只增加到 20 小时[2]，因此在前往目的地新加坡的途中需要频繁更换螺旋桨。[3]新上任的第一海务大臣认为把配备世界上最昂贵的螺旋桨的护卫舰派到浅水区去追击第三世界国家海军都能负担的快艇，这简直愚不可及！

为了追求速度，相关人员还考虑过设计一款具有护卫舰功能的气垫船，其最大航速可达到 50 节，最终一份 3500 万英镑的纸面研究出台，但这也不能保证该方案能够成功。为了阻止研究方向继续跑歪，我快速设计了一款 50 节航速传统构型护卫舰。该方案采用“惠特比”级的船体和每轴 2 具奥林巴斯燃气轮机的四轴推进系统。因为航速高达 50 节，螺旋桨会进入超空泡状态，在这种状态下设计就简单多了——可采用变距型螺旋桨，其与“英勇”级快速攻击艇的螺旋桨非常相似，应该不会出现什么大问题。所有的技术都是现成的，有关部门计算出的预计成本为 1350 万英镑。工作人员对此的反应是：“我们不想要一艘 50 节的护卫舰！”不过实话实说，这款设计确实遏制住了气垫护卫舰的发展。[4]

最初关于 82 型和 19 型混合战舰的研究还是存在不少优点的。我在另一本书中对现在所谓的高低搭配（HILO）给出了一些具体的观点，我认为低端战舰应该要在某些方面有一流的表现，就像 14 型（“布莱克伍德”级）一样。[5]该书用了相当长的篇幅来介绍这款最终没有建成的战舰，但是其在探索低端护卫舰的过程中起到了至关重要的作用，引出了 21 型和未来轻型护卫舰的研究，并最终促成了 23 型。未来舰队工作组的研究——在前一章描述过——则促成了承担

① 这种级别的航速对螺旋桨的要求特别高，螺旋桨前沿会产生大量空化泡，并在接近后沿时爆开，产生每平方英寸 100 吨的冲击载荷。在更高的速度下，气泡会在螺旋桨处全部爆开。

② 负责螺旋桨部分的建造师是一个悲观主义者，他坚持认为 19 型的螺旋桨使用寿命只有 20 分钟。乐观点看，我认为可以增加到 20 小时。

③ 之前就尝试过针对固定螺距螺旋桨进行水上改装，也许可变螺距螺旋桨的设计难度更大一些，但也是有可能的。

④ 我本人其实是很喜欢气垫船的，不过前提是在用法正确的情况下。

⑤ D. K. Brown, Future British Sutface Fleet (London 1991).

“战斗”级驱逐舰“马塔潘”号，在战争末期完成验收试验之后就进入了后备舰队。1971 年，英国把该舰改造成了一艘声呐试验舰，阵列长 100 英尺，船体采用了最先进的阀门技术。虽然该声呐最后没有服役，英国也从中获取了不少关于大规模船体声呐的经验［美国海军也计划过利用“斯波坎”号（Spokane）进行相似试验，不过最后放弃了］。（迈克·列侬）

防空工作的 42 型和承担早期预警工作的 22 型。

21型“亚马逊”级[①]

第六章中我们提到，在 1966 年 CVA–01 被取消后，未来舰队工作组经讨论后认为，他们需要一款廉价的护卫舰来取代“利安德”级。政府方面还没有完全明白，用当时的武器和声呐是不可能造出一款廉价而有效的护卫舰的——“大刀”号（Broadsword）已经是最小的且有足够效能的舰只了。经过长时间的争论后[②]，燃气轮机推进装置的必要性越来越明显，因为其可以大大节省机舱的定员。英国沃斯珀·桑尼克罗夫特公司（Vosper Thornycroft，以下简称“VT 公司”）为伊朗建造的 MK 5 型护卫舰的性能给政府，尤其是审计长霍勒斯 · 洛（Horace Law）留下了深刻的印象，这是英国建造的第一艘由全燃气轮机推进的护卫舰。政府认为 VT 公司为皇家海军建造一艘全燃动力的护卫舰只需要 350 万英镑[③]，而与之相比，当时的 16 型“利安德”级护卫舰则高达 500 万英镑（“亚马逊”级的实际成本高达 1440 万英镑，但是其中大部分的增长是由于通货膨胀）。

据说新的建造方案规模大到舰船局无法单独处理，电气系统方面尤其复杂。当时业内普遍认为，廉价的护卫舰可以直接在厂家设计。然而审计长试图完全抛开舰船局，这导致了不少摩擦和实际问题。很多设计的标准都是在格林威治进行培训的时候说的，并没有成文的规定，而且在绑定合同中也很难修改（稳定性标准参见第十二章）。82 型的部分装配考虑采用基于美国海军的“萨钦和戈尔德贝格”标准（Sarchin and Goldberg），VT 公司生产的 MK 5 型护卫舰就是采用的这一套标准。舰船局仍然负责研究稳定性和强度，并要求在第一阶段设计结束时对方案的长度和宽度进行重要更改，以便满足新的行动标准。

竣工时她们搭载了新型的 4.5 英寸 MK 8 型舰炮，并携带了 1 架小型直升机。除了头两艘舰外，其余战舰均搭载了 4 枚飞鱼 MM38 型反舰导弹；所有舰只都搭载 2 台奥林巴斯和 2 台苔茵燃气轮机，日后这也成了护卫舰的标准动力系统，其最高速度约为 30 节，上一章我们有讨论过。这一批战舰的船尾很大，增加重量的时候船尾的吃水也会增加，并导致航速减慢。舰船局和哈斯勒进行长时间的争论之后，最终同意在船尾下方试装一组副翼，使“复仇者”号（Avenger）试航时的平均航速提高了 1.5 节。[④]

关于该级战舰性能的大部分争论都与其铝合金上层建筑有关，这是船体承重梁的一部分承重来源。采用铝合金时，上层建筑的重量只有钢制结构的一半左右，这样可以减少战舰的宽度，从而进一步节省大量的开支。对这一设计的批评大多是站不住脚的：结构形式的铝合金并不像人们常说的那样会燃烧，但会在 550 摄氏度时软化，并且在 650 摄氏度时熔化。典型的由燃油引发的火灾，

① 该项目当时招致了许多不满，甚至有些问题是之前就经历过的。我曾经尝试客观地去讨论项目中出现的问题，并与彼得 · 厄舍就草图进行过讨论，这个人是 VT 公司当时负责设计的官员，之后还将负责管理，我的大部分意见都得到了采用。

② 参见珀维斯对下书的评价：P. J. Usher & A. L. Dovey, "A Family of Warships", Trans RINA (1989).

③ 我很确定 VT 公司从没说过这种话。

④ 尚不明确英国具体在机械方面进行了哪些改进，能让船体的阻力稍稍降低，不过战舰的主要成效还是集中在螺旋桨的性能上。我曾经参与过“盖伊”级（Gay）快速攻击舰的副翼设计（参见第十章），英国大概花了 20 年才在护卫舰上成功搭载副翼。

温度可达到900摄氏度，很明显，即使铝制结构真的融化了，也只是一场重大事故里不值一提的小部分。两艘21型在福克兰群岛受损，但都与铝合金没有丝毫关系。也有人认为，铝合金和钢制结构的连接点会产生腐蚀，但这是一个很常见的问题，VT公司也针对此情况提出了解决方案，因此在服役过程中这个问题也没有出现过。

铝合金的疲劳裂纹倒是一个很棘手的问题，铝的疲劳寿命比钢短得多。01型甲板在生涯早期就开始出现裂纹，并有进一步恶化的趋势。起初，人们采取了一系列缓和措施，其中最好的办法大概是将一片片碳增强塑料粘在长达10英尺的铝合金板上。裂纹的问题很麻烦，但并不令人担心，因为相关人员认为，即使铝结构完全失效，钢制结构也能单独承受几乎所有载荷。然而在1981年，海军造船研究所在一些基础研究的过程中发现了一种前所未有的破坏模式，如

“亚马逊”号，由VT公司设计的一艘21型护卫舰。其船尾很宽广，给直升机甲板提供了很好的空间，不过这也给舰船本身增加了阻力，之后“亚马逊”号依靠加装的船尾副翼，抵消了这一影响。舰桥前方随后又加装了4座飞鱼导弹发射器。（D. K. 布朗收集）

果铝合金严重开裂，这种破坏模式可能导致钢制结构突然倒塌。政府采取了一系列安抚措施，但劳埃德（Lloyd）的一项研究最终证实了海军造船研究所的结果。英国海军还没来得及采取补救措施，福克兰群岛战争就爆发了。21 型战舰被迫投入战斗，不过相关人员对其的建议是避免过度行动。“箭”号的铝合金结构在营救“谢菲尔德”号的幸存者时严重损坏，由于一根钢筋梁需要修整，她被困在了圣卡洛斯水域。在战争期间，21 型在舷侧板的顶部加装了额外的加强筋，即使过了 20 年，21 型剩下的 6 艘战舰依然能继续在巴基斯坦海军正常服役。21 型相当重视住宿条件，其宿舍空间异常宽敞，某种程度上这也是其在皇家海军中如此受欢迎的原因之一。

大约在 1978 年，英国海军为 21 型制订了一个现代化改装计划，增设了海狼防空导弹和更好的声呐。改装需要特别注意对稳定性和强度的影响，最后这两者都找到了解决办法。然而，该改装计划的元老之一，R. 杰克 · 丹尼尔（R. Jack Daniel，DGS）承认，由于干舷至第二甲板（最高防水甲板）的高度不足，该现代化工程被迫流产。21 型只有一组单独的通风系统，而电缆在第一甲板下通过舱壁的开口则会导致火灾产生的烟雾在舰体中扩散。

22型“大刀”级

22 型在构思上被看作是“利安德”级战舰的升级版，两者的相似之处真的特别多。22 型的性能至少要和“利安德”级持平，所以其船型和“利安德”级早期备受好评的结构很相似，杰克 · 丹尼尔（Jack Daniel）出台了早期的几项研究，随后还设计了战舰的前端结构。英国本来希望能和荷兰共同进行设计，不过出于一系列原因，这个想法没能实现。[1]战舰的长度有一定限制，必须要能匹配当时德文波特船厂的护卫舰综合设施的大小。

英国称 22 型是第一艘“公制”设计的战舰，不过其许多装备都是按照英制单位设计的，尤其是传动装置部分，英国还要求其延续 42 型和 21 型的设计标准。使用不熟悉的单位显然会增加犯错的风险，但是可能是因为风险太大了，所以大家都很谨慎，在过程中并没有出现什么问题。

很多人都很好奇，为什么当时英国会同时设计 22 型和 42 型这两款各不相同，但是大小几乎相等的战舰（参见第六章里工作组关于通用船体的各种操作，其中就有搭载依卡拉系统的 42 型战舰）。两者的船型很不一样，42 型受到海标枪导弹弹药库的影响，船首结构比较复杂，一定程度上降低了战舰的适航性。22 型干舷更多，机库和飞行甲板更大，而且军备也很不一样。英国没准也可以考虑设计一种基本舰体，以两种方式完工（“湖”级或者“海湾”级），不过这样的话战舰的规模会变得比较大，可以节约的成本也会减少。而且大部分 22

① 参见：D. K. Brown, A Century of Naval Construction, p258. 其中总结了一部分原因。

1979年2月拍摄的“大刀”号，她是22型的第一艘战舰，采用的还是原始的烟囱设计（十分难看）。（迈克·列侬）

型战舰都在亚罗斯船厂施工建造，42型则在别处，这进一步减少了使用通用船体可以节约的成本。总体来说，两者都使用了奥林巴斯－苔茵的全燃交替动力装置（COGOG），这也是能将舰载人员减少到215人的重要因素（最多时达到250人）。

两者都采用了装在船体的大规模2016型声呐，既拥有被动模式，也有主动底部反弹功能。这种设计是借鉴了“马塔潘”号试验船[1]在测试中使用声呐的大量经验。她们还安装了4座MM 38飞鱼导弹和2座GWS 25海狼导弹发射器，以负责近距离防御，尤其可以针对搭载了弹出式导弹的潜艇进行高频回击。另外，其还配备了一对老式的40毫米L60 MK 9博福斯火炮（之后换成了双联装30毫米），2座三联装“黄貂鱼”（Stingray）鱼雷发射管和2架“山猫”直升机（不过一般只搭载1架）。为了减少红外干扰，相关人员还设计了一系列烟囱布局方案。

收编的时候有人觉得她们体积太大了，说实话确实是这样，这主要是出于减少维修工作的考虑，同时设计人员还要考虑为后续装备留出一些空间。不久之后，英国就发现这款战舰的空间无法容纳下2031Z型拖曳阵及其附属的操作装备。[2]

英国选择亚罗斯船厂为主要承建商，项目经理A. 布尔（A. Bull）及其助手A. J. 克莱顿（A. J. Creighton）建立了一套很成功的管理计划，亚罗斯船厂还临时聘用克莱顿为技术总监，负责第一批战舰的建造工作。[3]

第二批

虽然“大刀”级战舰的4艘战舰比“利安德”级要大得多，但是很快就有人认为其对于未来的各种新型装备来说还是太小了。她们搭载了2031Z型拖曳阵声呐，采用CACS-1控制系统，对作战指挥室空间的要求已经超出了战舰水平。还有人说她们搭载的美式经典外置电子设备SSQ-72、SLR-16和SRD-19对作战指挥室空间的要求甚至更高。[4]

① H. L. Lloyd, "The Type 2016 Fleet Escort Sonar", Navy International (August 1979).

② 经常有人质疑其无法搭载重型绞机，但我认为并不至于，虽然在进行拖曳作业时，声呐阵列本身就会承受很大载荷。

③ 有些记者说英国准备生产最多26艘22型战舰，这完全是对当时财政计划的误解。10年计划中使用的数据都是基于该时期的护卫舰，而财政计划则会假定战舰都是最新款的设计。

④ N. Friedman, World Naval Weapon Systems 1991/92 (Annapolis 1991), p531. 该书甚至还有22型外置天线的照片。

1986年拍摄的“英勇”号，当时是斯贝 SM1B 发动机的试验舰，也拥有可以搭载灰背隼直升机的飞行甲板和机库。第二批的战舰更长，可以安装更大的作战指挥室和拖曳阵列。（迈克·列侬）

6 艘第二批次的 22 型大部分都采用了奥林巴斯 – 苔茵的全燃交替动力装置，但“勇敢”号成了测试更经济的斯贝（Spey）燃气轮机的试验舰。最初，她的 2 台奥林巴斯燃气轮机被换为 SM1A 燃气轮机（37540 轴马力），导致航速下降了大约 1.5 节，不过在 1990—1999 年间，她又换装了 SM1C 燃气轮机（52300 轴马力），把损失的航速补了回来。

第三批 22 型战舰“康沃尔”号，用来替代英国在福克兰群岛战争中损失的战舰。注意船首的 4.5 英寸 MK 8 舰炮，在南大西洋冲突之后，英国才意识到其带来的在对岸轰击方面的价值。（D. K. 布朗收集）

该级别产出 2 艘战舰之后，英国扩大并强化了其飞行甲板，以搭载海王直升机和灰背隼直升机，同时更换了机库，不过一般情况下该级战舰还是只搭载 1 架“山猫”直升机。船尾的宽度因此稍微增加了一些。2015 型声呐装在导流罩里，这样船首就会比较倾斜，锚也在导流罩外面。在天气状况良好的情况下，在导流罩里操作声呐可以很好地避免由于海浪上下起伏而产生的气泡，但是如果海况不好，就会过早地经受海浪冲击。这一对利弊关系很难得到平衡。

第三批

政府批准了用 4 艘改进版 22 型，也就是“康沃尔”级（Cornwall）战舰来顶替福克兰群岛战争中损失的 4 艘驱逐舰与护卫舰的方案。这一批战舰的船体和第二批一样，采用奥林巴斯 – 苔茵发动机。她们并没有一种很明确的角色，搭载的武器都是当时最新的装备。根据战争经验，战舰必须要搭载舰炮，所以她们在船首搭载了 1 座 4.5 英寸 MK 8 舰炮，舰桥后面还安装了 8 个鱼叉导弹发射管，没有采用之前的飞鱼导弹。同时她们还搭载了守门员近防系统以及 2 座或 4 座新型 30 毫米单管火炮，飞行甲板和机库也能容纳 1 架海王直升机或灰背隼直升机。

经济型护卫舰——24型和25型

1970 年左右，在杰克 · 丹尼尔的领导下，英国出台了一系列经济型护卫舰研究，即“未来轻型护卫舰”。没有人能找到关于这些设计的记录，但是可以肯定的是，这在当时并没有引起多大反响，因为那时唯一的远距离声呐规模较大，还只能装在船体上，声呐本身的成本就比较高，同时对战舰的规模也有要求。

1978 年，舰船局主管（丹尼尔）提出了一款经济型护卫舰，这一款在出口市场中很有吸引力，也可以在皇家海军中作为拖曳阵战舰使用，那就是 24 型。[1]他

① 在出口市场里，战舰是否符合皇家海军的要求是一项很重要的指标。

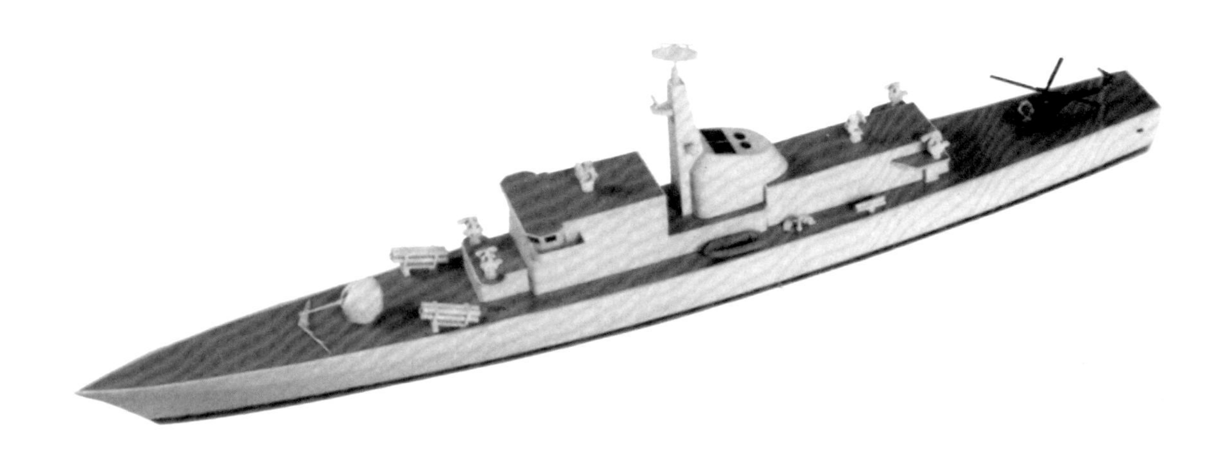

24 型的模型，其设计的初衷是经济型护卫舰，主要用于出口。因为上层建筑较小且只有一根桅杆，所以其在武器选择方面有很大弹性，如果她在皇家海军服役，大概是作为拖曳阵反潜舰。（国防部）

认为其外观可以参考“城堡”级近海巡逻舰，客户肯定会对武装版的“城堡”级战舰产生兴趣，这样就可以进一步推销经济型护卫舰了。这种想法其实是有道理的，因为“城堡”级的上层建筑很小，所以可以在最大范围内满足客户对露天甲板军备的要求。在皇家海军的要求下，战舰尾部甲板下方留有足够的空余高度，足以容纳一座拖曳阵绞机和发动机隔音支架。因为采用了拖曳阵列，即使在经济型护卫舰有限的高度以及空间条件下，她也能探测到远距离的信号。

丹尼尔驳回了早期的各项研究，并于1978年年中将这一研究交给我，让我从一张白纸重新开始，也可以说是从一块干净的屏幕开始，因为该舰是第一艘采用电脑辅助设计系统的战舰。我和我的助手大卫·安德鲁斯在联合编写的一篇论文中写道，当时设计该舰的宗旨确实符合“不清楚就不动手”的老话。[①]举个例子，因为船的顶部要安装一套天线，需要增加一根桅杆，但这样会导致战舰的体积明显增加，最后，大家决定放弃那一套天线。

虽然设计总体来说比较简单，但是令我们很欣慰的是，设计的过程相当严谨，为了让战舰看起来帅一点，我们都可以绞尽脑汁。我们最终设计的结果会交到亚罗斯船厂进一步加工，他们缩小了尾部甲板下方的空间，这导致战舰无法搭载拖曳阵列，也无法安装发动机的隔音支架，照此现状来看，这艘战舰完全不符合皇家海军的标准（他们还真的多加了一根桅杆）。因此也没有哪个买家看上这艘战舰。

我们还随意设计了一些该战舰的变体，其中有一份设计是在船首搭载一架海鹞直升机，还采用滑跃式起飞法。这实际上是在用归谬法对当时一些商用船厂在设计上的谬误进行控诉，1架和6架海鹞直升机所需的维修空间和人员几乎一样。另一份变体的设计采用风力推进（弗莱特纳转子）来降低噪音。这种方法是可取的，不过声呐所需要的辅助动力比推进动力多，所以风力推进并不能

① 1987年纽约，我和D. J. 安德鲁斯在工程师协会举办的“战舰成本及能量”座谈会上提出：“经济型战舰并不简单。”当时人们总是问我俩各自在多大程度上帮助了设计的发展，我们一致认为每人占到四分之一，剩下的进展都是在讨论中进行的。

风力推进的变体设计。（国防部）

25 型的艺术画像。24 型在市场受冷之后，设计团队把她进一步研发成了一款性能与 22 型持平，成本仅为 22 型四分之三的战舰。虽然她本身没有得到采用，但是其大部分构思，包括柴电静音发动机，都在 23 型中有所体现。（国防部）

很有效地减少动力装置和螺旋桨的噪音。

24 型宣告流产后，我们又回到最初的研究方案上。我们将其设计成一款成本仅为 22 型的四分之三（只有一根桅杆），性能与其基本持平的战舰，即 25 型。随着时间推移，这份设计越看越靠谱，我们提出采用柴电结合的巡航发动机，在超静音模式下，战舰可以使用位于上层建筑中，噪音离海路径较长的柴油发动机。当时英国批准，甚至可以说鼓励前线设计工作组自由发挥，不过我们还是需要在下一季度的战舰与武器协调会议上获得批准，才能进行进一步研究。

正当我们觉得 25 型越来越像那么回事的时候，政府下令新的护卫舰成本必须限制在 22 型的三分之二以下。控制成本实际上是一种很新颖而且很成功的方法，因为在设计发展的过程中，战舰的重量并没有很大的增长，而且这种方法也最小化了上级对设计层面的干预——“只要不超过 1 亿英镑，你想怎么设计都可以”。23 型就采用了先进的积木式建造方法，很好地控制了生产成本，使其能够在所限成本范围内将性能最大化，其最终目标和我们设计的 25 型很接近，采用了包括柴电结合发动机在内的大部分设计方法。

轻型护卫舰（1963年左右）

该系列战舰中配置最低的就是 352 号研究[1]，其排水量为 1960 吨，搭载双轴柴油发动机，输出功率为 20000 轴马力，航速为 26.5 节。[2]武器方面则搭载 1 座单管 40 毫米火炮和 1 座双联装 MK 10 迫击炮，成本为 400 万英镑，其数据处理装置可以向载有依卡拉系统的战舰传输信息。如果将成本提高到 650 万英镑（“利安德”级为 525 万英镑），就可以造出一款战舰，排水量 2700 吨，搭载输出功率为 30000 轴马力的蒸汽发动机，航速 27 节，配备依卡拉系统（24 枚导

① ADM 1/28609 (FRC/P63.16) (PRO).

② 有趣的是，舰船局认为单轴的功率就可以达到最大 20000 轴马力。哈斯勒的海军试验工作组负责设计螺旋桨，他们认为自己设计的螺旋桨可以匹配更高的输出功率。当时他们对自己设计的螺旋桨的信心与日俱增。

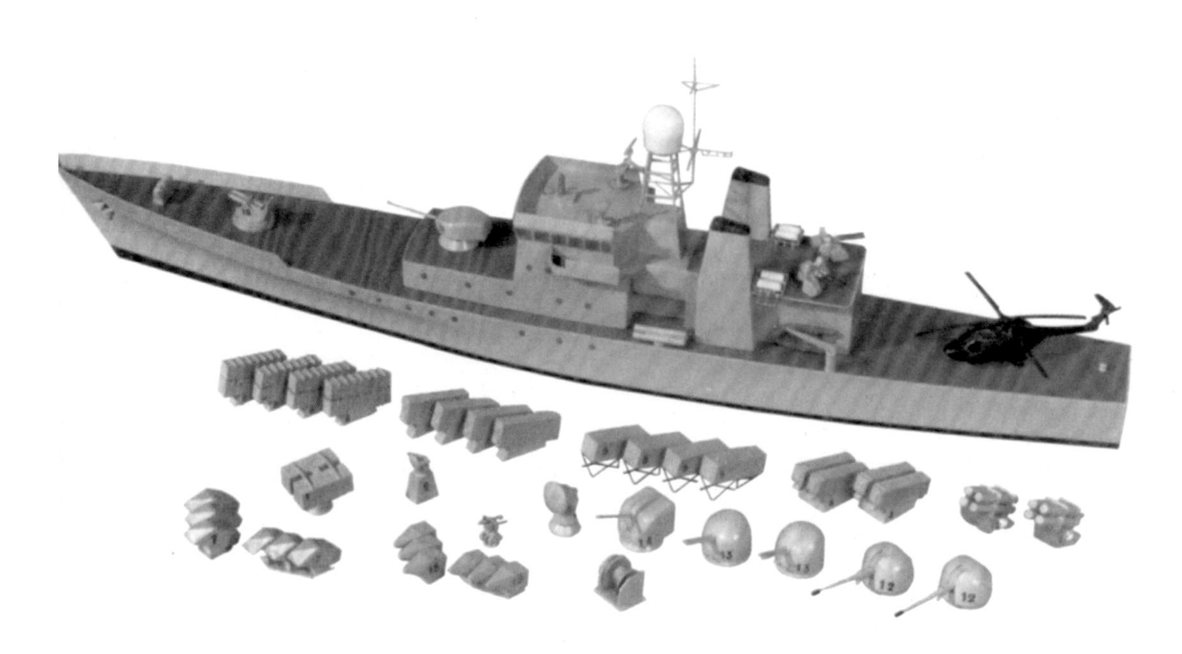

根据“城堡”级近海巡逻舰设计的重装轻型护卫舰。这个模型展示了一些军备方面的选择。（国防部）

弹，全向信标）以及 1 座 4.5 英寸舰炮。

在设计“城堡”级近海巡逻舰的过程中（参见第十章），我们造了一个重装版的模型在皇家海军装备展览中展出。虽然没有什么计算依据，但是这套方案大概率是可行的。这份设计好像并没有引起很多人的注意，所以我们也没有继续研发下去。快到圣诞节的那段时间，大家精力都比较旺盛，所以我利用了两周的时间，把这部分设计延伸到了一款基于“城堡”级设计的拖曳阵战舰上。这次实践挺有趣的，也带来了一些根本上的改变。该舰不能产生太大噪音，所以大部分装备都要满足战舰的标准，且电力系统的频率和峰值也要保持稳定。在这些要求下，该舰必须要在军舰厂进行施工，日常开支也不能太吝啬，最后就导致其预计成本高达 2500 万英镑（不包括军备），远远超过了近海巡逻舰的

针对皇家海军的拖曳阵战舰研究。其可以起降灰背隼直升机并且进行燃料装填，还搭载了小型舰炮防止遭遇劫持。（国防部）

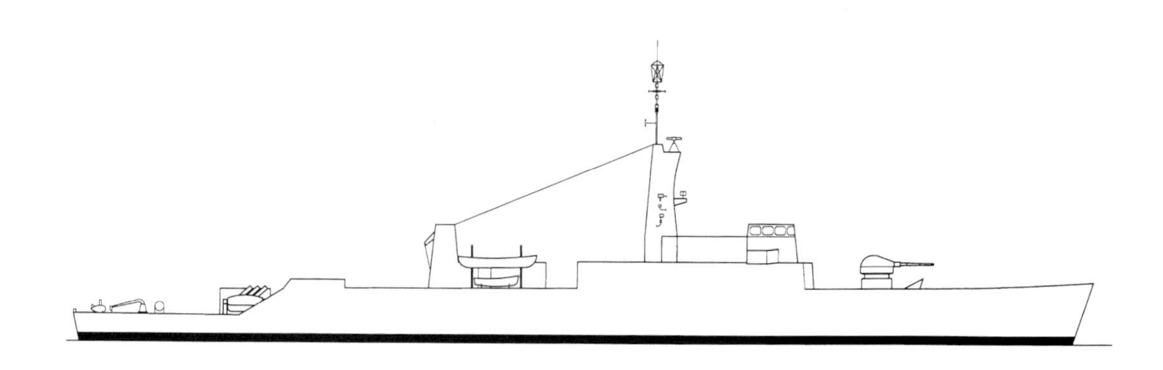

600 万英镑。如果算上全部装备，其成本可能会高达 3500 万英镑，这大概是当时英国可以承受的最高成本了。如果还要加上一定的自卫能力，成本就会直逼 23 型，超过 1 亿英镑。对战舰来说，成本的上升有一个“鸿沟”，比如这一艘就是在 3500 万 ~1 亿英镑之间，我们不可能把成本控制在这个范围内。经济型航母也有类似的情况，而且“鸿沟”还更宽一点。

为了在船尾搭载拖曳阵直升机甲板，战舰长度增加了 10 米左右。这套甲板适用于皇家海军所有的直升机，其有一定的燃料、弹药填充设备，但是没有维

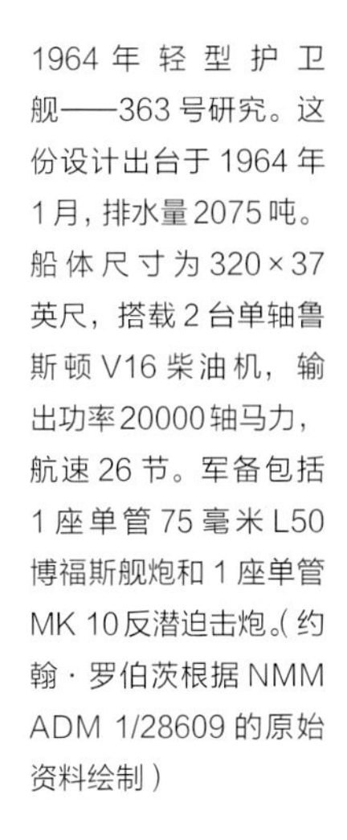

1964 年轻型护卫舰——363 号研究。这份设计出台于 1964 年 1 月，排水量 2075 吨。船体尺寸为 320×37 英尺，搭载 2 台单轴鲁斯顿 V16 柴油机，输出功率 20000 轴马力，航速 26 节。军备包括 1 座单管 75 毫米 L50 博福斯舰炮和 1 座单管 MK 10 反潜迫击炮。（约翰·罗伯茨根据 NMM ADM 1/28609 的原始资料绘制）

另一份针对小水线双体船变体巡逻舰的研究。相对传统舰只而言，在适航性相等的情况下，这种设计的大小缩减了不少，但是该设计最后并没有被进一步研发下去。（国防部）

之后英国根据一款快速双体船设计的轻型护卫舰。（国防部）

早期的 23 型研究，可以很明显地看出来与 25 型很相似。（国防部）

另一版较便宜的 23 型设计。（国防部）

修设备，也没有机库。经过一番讨论之后，我们增设了 1 座单管 30 毫米舰炮来“防止劫持事件”。我们还考虑过要提升战舰的航速，但是当时使用的编排方式不太合适，不过要改进的话，就需用到轻型结构，这会增加战舰的成本。我们还曾经短暂考虑过小水线双体船（SWATH），这也衍生出了很多版本。[1]

英国明确指示这款战舰旨在提升护卫舰队的力量，并增加更多的传感器。我们的提议得到了很认真的关注，但是最后还是被驳回了，因为政府方面可能觉得这只是一款经济型护卫舰，并不能有效地提升舰队的战斗力。之后议会国防委员会考虑了所谓的“高低配混合”方法（HILO），也就是用性能较差的护

① D. K. Brown, Future British Surface Fleet (London 1991).

航舰支援高性能护卫舰。但是这些政客近乎嘲讽地驳回了这个方法，他们认为世界上的所有政府都会选择只生产便宜的战舰，然后拖延主舰的生产计划。

23型，“公爵”级

1981年初，英国出台了一份23型轻型反潜护卫舰的编制大纲①，大纲要求该舰要控制噪音，最小化雷达回波区（REA），以及在中等航速下有较好的续航能力，适航性也要好，同时还要搭载能起降大型EH 101直升机②的飞行甲板和机库，而在这些条件下，该舰的成本也不得高于1980年的7000万英镑。③EH 101（灰背隼）直升机的大小总是受到诟病，我会在第十一章里，将其和“二战”中的剑鱼（Swordfish）轰炸机做比较。

23型还采用了之前为25型设计的电力巡洋推进系统，其可以提供足够的辅助动力。④为了隔离噪音，设计师把两台柴油发动机放在一号甲板上，电力发动机直接和轴连在一起，这样就避免了齿轮箱的噪音。单这样做的后果就是该舰无法使用噪声相对较小的固定螺距螺旋桨。⑤该舰的轴转速也较低，这样一来，其在主要转速及频率下产生的噪音基本上与喷水推进器相当，成本却远远低于喷水推进系统。事实证明该发动装置（包括大型低转速螺旋桨）非常划算，不但可以提供良好的续航条件，同时也让该级战舰成为当时世界上噪音最小的水面战舰。英国也在陆地上针对电力发动装置，包括2台柴油发动机进行了测试。

英国采用女神程序（Goddess）拟定并测试了战舰外形的主要参数。其菱形系数（C_P）低，而中横剖面系数（C_M）和水线面系数（C_W）较高，船首的V型较深，可以最大程度地减少砰击。⑥为了防止前倾，V型结构一直延伸到水线以上，干舷也比之前的战舰要大。舱底的龙骨和鳍安装在一起，很深，但是比较短。船体侧边向外展开，不但可以削弱雷达信号，还可以在战舰由于超重或者破损出现下沉情况时，提升战舰的稳定性。早期的报告也证实了她具有良好的适航性。

英国出台的第一项设计研究为一款107米长的战舰，其成本超过了原本的预期，而且在操作层面还有比较严重的问题。这款设计没有机库，这样一来，直升机在没有保护措施的情况下很容易失去战斗力，而且它自身也没有自卫系统。为了削减成本，设计师采取了一系列极端措施，其中还包括去掉主发动机。⑦他们在结构方面也做出了一些调整。重新设计之后，该舰的长度达到了115米，搭载单管海狼系统和基础机库，成本则高达7000万英镑。1982年有关人员递交了该设计方案，最后获得了批准，英军还给这艘战舰加设了1个发动机和1座海狼导弹发射器。为了能够搭载海王直升机和EH 101直升机，船身长度又增加了3米，多出来的空间一定程度上缓和了动力系统和宿舍区域的拥堵情况。

福克兰群岛战争之后，结合其中得来的经验，英国又对该设计进行了进一

① 英国把“23”这个型号分给了一款大型的反潜舰，但是该项目一直没有开始，所以后来只能直接跳到“24”“25”型。

② 该直升机本应叫EHI 01（European Helicopter Industries），后来因为一次打错字，其就变成了EH 101。之后又是因为一次失误，它的名字从枪鱼（Marlin）变成了灰背隼（Merlin）。

③ Admiral Sir Lindsay Bryson, "The Procurement of a Warship", Trans RINA (1985), p21.
当时围绕其的讨论范围很广，而且很激烈。

④ 这个系统不如当时的全燃交替动力装置，不过可与“利安德”级持平。

⑤ 我认为可变螺距螺旋桨在轻载条件下可以和23型采用的螺旋桨一样安静。

⑥ 即战舰的两端较细，中部较大，水面线也较宽。

⑦ 我怀疑这里有一点归谬法的意思。

步调整，加设了1座4.5英寸舰炮，以提供对岸轰炸能力，海狼导弹也改为边缘不带排气设备的垂直发射系统，火力通道从3个增加到了5个。电缆并没有像之前一样直接暴露在外，而是采用了昂贵的气封技术。该舰还安装了一套很完备的监管系统，相关人员可以随时了解战舰的受损状况。同时设计师还缩小了船舷和甲板内衬的覆盖范围[1]，因为它们会阻碍战舰的防漏和消防工作。这些措施基本上有利有弊，且在设计人员内部也有不少争议。

① 只在厨房和医务室有。

这份设计的一个主要特点就是其舰载人员较少，所以许多较轻的维修工作只能等战舰返航时在陆地上完成，设计师不得不尽量减少内衬的面积，但这又使得战舰很难保持清洁。该怎么权衡战舰的清洁度和损害控制难度之间的利弊呢？最开始设计师设计的舰载人员数量为167人，结合福克兰群岛战争的经验后，战舰扩大到123米，舰载人员也增加到了185人。如果按照加设了多少武器和传感器来看加长战舰的成本，看起来还挺划算的；但是如果按照加了多少人来看，就非常昂贵了——每增加一个人，便会增加80000英镑的高额成本。该舰在维修方面的问题给其在全世界范围内的部署造成了不小麻烦，不过这也不是该级战舰的主要目的。宿舍主要集中在3个区域，军官住在上层，上等兵住在船首（大部分在二号甲板），下等兵则住在船尾。这样的编排方式缩小了服务范围，对隐私也有好处。

这份设计的船体在战舰当中很少见：其甲板和船底为传统的纵向结构，但是侧边采用了横式骨架。这种结构让战舰加重了40吨，不过节省了一大笔成本。还有一个意料之外的好处，就是减少了海水囤积的部位，进而可以减少腐蚀。我们可以预想到把横向和纵向骨架连起来的难度应该不小。海军造船研究所测试了各个船体部件的最大功效，其中在HULVUL测试中，一个大规模的船体部

23型的“马尔博罗”号（Marlborough）战舰。其独特的烟囱结构、船体侧边和上层建筑结构都可以削弱雷达信号。（国防部）

件进行了一次水下爆炸试验，结果相当不错。

第一艘战舰“诺福克”号（Norfolk）在亚罗斯船厂的设备更新工作完成之前就开始建造了，其单位重量限制在55吨之内，下水前总共完成35%的工时，下水之后的工作成本要比下水前高了几倍。后续的几艘战舰都是先完成60吨中的一个个部件，然后在一个大组装室里装成一个400吨的大件，之后再进行下一步操作。60吨的部件可以旋转，可以进行平焊，更容易安装电缆。采用这种方法后，后续几艘战舰下水时的排水量上涨了35%，有80%的工时是在下水前完成的。英国在1984年10月订购“诺福克”号,最终工厂于1989年11月交货，之后亚罗斯船厂总共承建了11艘该级战舰，亨特船厂也承建了4艘。因为要在两个不同的船厂生产，设计师们总共需要用微缩胶片转移大概12000张图纸。[①]

“矮胖护卫舰”

20世纪80年代早期，桑尼克罗夫特和贾尔斯联合公司（TGA）提出了一系列为他们研发出的先进发动机而设计的护卫舰方案，并得到了由希尔－诺顿公爵主导的非正式委员会的支持，他们的总结如下：

> 他们认为将战舰的外形改为矮胖型带来的好处将体现在维修费用、建造时间、简化布局等各个方面，并且不会对操作带来负面影响。实际上他们还进一步宣称这样的战舰舰体更稳定、适航性和操作性更强、甲板间的空间更大、住宿条件更好，能搭载的武器也更多。

经过长期宣扬之后，政府签订了合同，单独评估一款由劳埃德船级社设计的护卫舰。合同中要求桑尼克罗夫特和贾尔斯联合公司参照23型（“公爵”级，S102）战舰的编制要求，结合他们自己的看法设计一款战舰。这次代价高昂的评估几乎是从各个方面印证了官方设计方法的正确性。[②]

① D. K. Brown, “The Duke Class Frigates examined”, Warship Technology, Part I 1989 (3), Part II 1989 (4).

② Warship Hull Design Inquiry, HMSO 1988.

第八章
潜艇

战后早期，英国的精力主要集中在带有高挥发性过氧化氢推进系统（来源于德国的“沃尔特”系统）的中型B级潜艇上。英国把前德国的一艘17型U1407艇改名为“陨星”号（Meteorite），作为试验艇使用。[1]英国早期的设计研究为一种双螺旋桨艇，重量1700吨，每轴6000轴马力，水下最大航速为21节。英国希望第一艘舰艇能在1947年下水，并于1950年完工。到1948年，英国发现高挥发性过氧化氢潜艇的未知数太多了，最后其决议只生产1艘试验艇。之后英国又增产了1艘，大概是因为当时需要针对打击快速潜艇的武器进行测试。

试验舰主要有三个方面的功能：

测试高挥发性过氧化氢动力系统

研究快速潜艇的机动性和操控性

研究反快速潜艇的武器

英国的“探索者”号和“神剑”号试验艇分别于1956年和1958年竣工，在此之前她们的主要任务就被指定为反潜战训练。为了布置高挥发性过氧化氢容器和冷凝器，其艇体截面形状较深，耐压壳体下置在外部壳体内。主压载水舱所能提供的储备浮力只有9%，而不是通常的16%，因此她们的适航性并不是特别好。艏部设有1个两侧配备通海阀的压载水舱，艉部设有2个，舯部也有1个。附件尽可能地进行了简化——只有一个没有绞盘的锚。舰桥结构也仅仅满

“探索者”号，在短期内曾是世界上最快的潜艇，航速27节。该系列战舰在对抗快速潜艇的战术中起到了至关重要的作用。动力系统噪声比较大，所以有时候有人会戏称她们为“水下警报”。（国防部）

[1] D. K. Brown, Nelson to Vanguard (London & Annapolis 2000), p117.

U1407，前德国的 17C 型潜艇，在英国研发高挥发性过氧化氢推进装置时更名为“陨星”号。现保存在巴罗因弗内斯的一所船坞里，那里已经改造成了一个很棒的博物馆。［W. 克洛茨（W. Cloots）］

足水面航行的最低要求，非常低矮，因此也非常潮湿。船体里面安装了 1 部潜望镜，1 根柴油机进气管，蓄电池通风管，信号指示浮标和高挥发性过氧化氢膨胀室，没有安装通气管。

和 U 级潜艇一样，在水面航行时，该艇也使用 1 个柴油机来驱动电动机。为了保持纵向平衡，柴油机置于舰艇前端原先用于安装鱼雷发射管的地方，同理电池的位置也很靠近船首。所有的高挥发性过氧化氢装备都集中在前端无人的涡轮室里，这样可以减少泄露的风险，从而降低火灾隐患。[①]涡轮的控制设备都集中在前舱壁的前端，离总机和操作室很近。高挥发性过氧化氢的物料存放在 PVC 包装中，置于耐压壳体外的自由浸水舱里。该艇全速状态下可续航 3 小时。燃油储存在耐压壳体内，位于操作室下方。

即使其螺旋桨已经很大了——预计比舰艇的最大宽度还长 1 英尺 5 英寸，有稳定鳍保护——但还是不能满足所需动力的要求。高速潜艇在模型试验阶段出现了一些问题，不能达到其最大功效（参见下文的“海豚”级），冷凝器的吸收功率也不能确定。在制定编制要求的时候，相关人员还很确信该舰能达到 25 节航速，甚至很可能达到 27 节。“探索者”号第一次测试时，其护航舰为一艘“布莱克伍德”级战舰，其最大航速只能勉强达到 27 节，但是她在没有任何准备工作的情况下，只用一个锅炉就可以跟上潜艇的航速。

① 火灾隐患确实减小了，但并没有完全消除，这些战舰被称作“爆炸者”号（Exploder）和“刺激者”号（Exciter）是有原因的。

平衡水舱和辅助水舱都符合正常标准，设计人员还为高挥发性过氧化氢的使用加设了特殊水舱。英国在逃生装置上花费了大量的精力，虽然看起来不是很吉利，尤其是考虑到高挥发性过氧化氢潜艇的特殊性，但这也是英国战后评估安全设备的第一份成果。舱壁强度很高，艇内设有 1 个逃生舱，也可以使用指挥塔逃生，柴油机舱的舱口也可以作为逃生出口。她的纵骨非常平直，所以就算触底了，也可以保持平衡。

虽然会吓到船员，但事实证明这两艘潜艇在发展水面战舰应对高速潜艇的战术方面极其有用。美国海军和苏联海军都放弃了各自的高挥发性过氧化氢潜艇设计，这证明了英国设计团队的成就。[①]

操控性

潜艇只能在很浅的海域进行操作。战时潜艇的安全深度只比舰艇本身的长度稍微大一点。“探索者”号的潜水深度为 500 英尺，达到了其长度的两倍以上，这主要是由于其采用了一种新型钢材——碳锰钼钢（UXW，参见第十三章）。即使这样，在 27 节（每秒 45 英尺）的航速下，该舰还是很快就会达到危险深度。[②]像浸水、水面线拥挤、液压故障这样的紧急情况，并没有很多时间可供舰载人员切换至备用系统。离水面太近的话，高速航行也有一定危险，因为潜艇很有可能会撞上正在行驶的船只。

就算没有紧急情况，潜艇的操作性和机动性也存在很大问题。战后早期，英国针对潜艇这部分性能的研究在理论方面和试验方面都没有完全发展起来。当时

① 团队中的一个领导成员——埃利诺·麦克尼尔（Eleanor MacNair）协助了这一部分的编写。
② 船首朝下 30 度的情况下，该舰的垂直下潜速度为每秒 22.5 英尺。

哈斯勒基地里，旋转臂正在操作一个潜艇模型。该旋转臂的最大直径为 90 英尺，转动时可以测量模型所受的力和力矩。如果要实现“上浮和下潜”这样的动作，模型就会被侧身放置。（国防部）

的测试方法非常简单，就是测量船体各部分以及各个附件的力和力矩的变化，然后在水面上操作潜艇模型直行。早期这段时间英国没有弯道水池，无法进行弯道测试，而 L. J. 赖迪尔（L. J. Rydill）则提出可以在直道上测试弯曲的模型[①]，从而获得弯道的结果[②]，“探索者”号在设计过程就使用了这种方案。之后，哈斯勒造了一个 400×200 英尺，深 18 英尺的水池以供操作试验，该模型还可以装在旋转臂上进行弯道测试，弯道的最大半径为 90 英尺，深度为 9 英尺。模型既可以直立着测试转向力，也可以侧卧着表征潜水动作。之后英国研发出了平面运动机构（PMM），在直道上也可以上下颠簸，还可以在试验中采用磁回路控制的自由运动模型。

英国把这些测试结果代入描述潜艇航行路线的微分方程中进行计算。海军部实验技术研究所（AEW）的科学家——汤姆·布思（Tom Booth）负责这个项目很多年，但是并没有得到相关人员的认可。操作性研究的一个重要目的就是定位船首水平舵。皇家海军更偏向于使用弓形水平舵，这对舰艇的操作有好处，尤其是在潜望深度下；但是弓形水平舵噪音比较大，会影响到被动型声呐的工作，所以美国海军更倾向于采用围壳舵。关于这一点，其实两国的态度也不是绝对的，我很清楚地记得在一次拉丁美洲会议上，美国军官比较中意弓形水平舵，而英国代表团则希望把水平舵安装在鳍上。

可循环柴油发动装置的研究也取得了很大进展，其排出的尾气与高挥发性过氧化氢中的氧气混合之后，可以重新使用。[③]

噪声控制

不管是英国海军还是其他国家的海军，新型现代化潜艇的主武器都是以声自导鱼雷。这样一来主动声呐的作用就受到了限制，因为主动声呐会暴露自身的位置，而当时现有的声呐并不适用于被动操作。[④]综合以上两点，未来的潜艇必须能控制噪音，以防敌方的鱼雷和深水炸弹攻击，而且其平台也要尽量保持安静，这样舰载人员才可以在不被被动声呐发现的情况下听到敌方舰艇的声音。

在潜望深度下，螺旋桨空泡也是一个问题，不过一般情况下只要再下潜一点，高水压就会阻止空泡的产生。然而，即使在深水条件下，不均匀水流中的螺旋桨叶片也会产生低频脉冲压力。很少有人想到流线型的结构可以改善螺旋桨的工作条件，还可以很有效地减少螺旋桨和水流产生的噪音。战时，英国就通过改进设计方案和加工手法控制过动力系统的噪音，其主要是采用了弹性机垫，但是这些远远不够。

战时潜艇的现代化

在战争末期，因为流线型设计的“撒拉夫”号潜艇（Seraph）能够胜任高

① 罗顿城里的科学博物馆里还收藏着一个弯曲模型。
② D. K. Brown, A Century of Naval Construction, p315.
③ 埃利诺·麦克尼尔在私人谈话中透露的信息。
④ 1951 年，本文作者正在“战衣”号（Tabard）上服役，当时的上尉就在寻求一种在被动情况下定位敌方的数学方法。

速移动的训练目标，S 级的 5 艘战舰也照此标准进行了改造。英国给“撒拉夫”号“加了一层肉”，以抵挡训练鱼雷的攻击。“苏格兰人”号（Scotsman）的发动机更加强劲，输出功率可达 3600 轴马力，最大航速 16.3 节，其尝试过包括完全舍弃舰桥水平舵在内的很多不同配置。她可以说是各种想法和螺旋桨等装备最实用的试验台。[①]

1951 年到 1958 年间，英国改造了 8 艘战时 T 级潜艇，加长了这些潜艇的艇身[②]，令其可以多搭载 2 台电动机，从而使输出功率加倍，把水下航速提升到 15.4 节，其还可以加设每小时 6500 安的电池模块。改造后的舰艇呈流线型，卸下了火炮和外部管道，加装新的高附鳍潜望镜、通气管等等。武器方面，改造后的舰艇搭载了 MK 23 型反潜鱼雷，还准备搭载“幻想”（Fancy），一种使用高挥发性过氧化氢的反水面战舰武器。不过 1959 年，“西顿”号发生爆炸后，英国应该就取消了“幻想”炮弹，最终她们搭载了著名的 MK 8 鱼雷。[③]声呐方面则是搭载了 186 型、187 型和 197 型声呐。

还有 5 艘采用铆接结构的 T 级潜艇也将艇身改成了流线型，蓄电池容量升级至每小时 6560 安培。这使得她们的航速提高了 1.4 节，而且相当安静，其将主要用于反潜战训练。现存的 14 艘 A 级潜艇也接受了类似的现代化改造。[④]这些经过改造的舰艇为皇家海军做出了不少贡献，使得英国能够针对第一代高速潜艇的战术进行研究。

“海豚”级

1948 年，英国皇家海军认为其潜艇的首要任务就是进行反潜战，所以他们不得不花费大量的时间去给水面反潜战舰、反潜战机寻找训练目标，以及研发反潜战术。另外英国还很有可能会用潜艇去对付苏联的商船，以支持英国在北极的行动，这一企划有可能还会覆盖到波罗的海和黑海区域。德国的 21 型潜艇已经向世人展示了传统科技的力量，虽然其中各种技术（包括下潜深度、电池容量、电动机功率和流线型船体）在当时都已经发展得很成熟了[⑤]，但是这艘舰艇的设计理念仍然可以说是很先进、很新颖的。当时英国的希望首先是通过这些技术来改造现有的舰艇，其次则是设计一艘柴电结合的新型战舰。

英国在 1951 年 4 月下单了由 R. N. 牛顿（R. N. Newton）和 E. A. 布罗肯夏（E. A. Brokensha）设计的 6 艘“海豚”级潜艇，1954 年又追加了 2 艘。该级别潜艇比 T 级略大，但是其实长度更小，其采用的新式设计方法以及碳锰钼钢的新结构极大地优化了该艇的下潜深度。在海军造船研究所进行测试的过程中，有一款机舱很长的模型报废了，所以最后的设计方案加装了大量的深肋骨。她们在服役过程中噪声异常地小，这绝大程度上归功于设计师对细节的严谨以及其机

① 英国也认真考虑过换一艘新的“试验船”，不过模型测试和电脑模拟的可靠性越来越高，所以再投入这么多成本其实并不明智。

② “战衣”号（Tabard）、“脚尖”号（Tiptoe）、“王牌”号（Trump）和“权杖”号（Truncheon）增加了 20 英尺的艇身；“缄默”号（Taciturn）加长了 14 英尺；“塞莫皮莱”号（Thermopylae）、“图腾”号（Totem）和“特尔平”号（Turpin）加长了 12 英尺。

③ “梵西”实际上是为了配合高挥发性过氧化氢而由 MK 8 火炮改造而成的。1959 年 6 月 16 日，“西顿”号当时与其母舰“梅德斯通”号（Maidstone）正停靠在波特兰港，一枚“梵西”鱼雷在船上发生爆炸，导致其当场沉没。

④ “联盟”号（Alliance）潜艇保存在戈斯波特的潜艇博物馆里。

⑤ 1860 年的“刚勇”号也结合了传统技术。

械设备采用的机垫。

其发动机是在西德雷顿的海军工程实验室（AEL）进行设计的，满足一号海军标准度量（Admiralty Standard Range I, ASR I），该级舰船在查塔姆船厂生产，机舱的研发过程完全在图纸上进行，这是很不同寻常的。虽然这些舰艇的设计在某些方面显得有些过于激进[①]，但是总体来说还是很成功的。设计师很注重舰艇的空调系统等影响宜居性的问题。船首的 6 具鱼雷发射管都装备了高速换弹齿轮，所以鱼雷的换弹速度很快，不过这些齿轮的重量较大，而且也不是很靠谱。和之前的潜艇相比，该级潜艇可以在更深的水域发射鱼雷。水下续航能力预计会达到 4 节 55 小时，比之前皇家海军的任何一艘舰艇都要高出至少三倍。

1955 年，时任海军建造总监的维克托·谢泼德爵士解释了潜艇的水下速度为何会从 17 节降低到 16 节，他将其归咎于舰艇使用了推进效率较低的降噪螺旋桨，还认为相关人员在模型测试阶段预估战舰的最大能力时不够严谨。[②]电力工程总监就辅助设备的载荷进行重新评估之后，舰艇的水下电力驱动续航能力又进一步下降。当舰船航速为 4 节时，辅助设备的载荷大概和推进所需的能量相等。这样一来，舰艇在 4 节航速下的续航能力就从 55 小时下降到 40 小时。碳锰钼钢的问题（第十三章会进行讨论）又使得舰艇的下潜深度从 625 英尺缩小到了 500 英尺。1953 年，设计师为了配合机械重量上涨，将艇身加长了 4 英尺。事实上，尽管该级潜艇最终并没有达到最初设定的水准，她们估计也是当时北约最好的潜艇[③]——比苏联的“威士忌”级潜艇要先进得多。她的下潜深度比“威士忌”级和德国的 21 型（两者都为 400 英尺）要好，比“威士忌”级快，虽然比 21 型慢 1 节，但产生的噪音远比这两款舰艇小。

得益于在“苏格兰人”号上进行的各种试验，该级潜艇采用了降噪螺旋桨。一开始由于舰艇尾沿的涡流，螺旋桨很容易产生“鸣叫”，涡流从一边流向另外一边，刺激螺旋桨叶片共振，又使得涡流越来越严重。据说其从苏格兰西海岸

① ADM 157/139（PRO）文件中有一篇论文，原本是保密的，其详细叙述了该级舰艇的最终性能与初始设计之间的差距。

② 只有很早期的设计方案搭载了降噪螺旋桨，但之后的设计表明，这一设备并没有减少推进效率。用模型来预估战舰性能的这一问题在附录 2 的“雷诺系数”部分会有解释。

③ 美军的“刺尾鱼”级（Tangs）潜艇水下航速设计为 18.3 节，不过只能达到 16 节，这也是“海豚”级设计航速下降的原因之一。“刺尾鱼”级潜艇可以下潜至 700 英尺，由于定义的不同，在比较潜艇之间的下潜深度时需要格外严谨。

英国用“苏格兰人”号做了很多流线型实验，还测试了很多实验性的螺旋桨。（D. K. 布朗收集）

“缄默”号(Taciturn)，早期经过改造的T级潜艇，电池和发动机都优化了，还采用了流线型设计，速度更快，噪声更小。(D. K. 布朗收集)

“安德鲁”号潜艇，A级流线型潜艇，不过她没有额外增加动力。(D. K. 布朗收集)

采用铆接的T级潜艇不适合进行大规模改造，不过有5艘潜艇，比如图中所示的1954年的“不懈”号(Tireless)，本身就是流线型，可保留自身机舱，对于反潜战的训练来说，她的噪声已经很小了，非常实用。(D. K. 布朗收集)

“海豚”号，战后第一艘投入使用的潜艇，在当时，她的噪声可以说是出乎意料地小。（D. K. 布朗收集）

的克莱德河口驶离时，长岛的监听站可以听到一种类似鲸鱼的声音。[①]美国海军也有类似的问题，他们在理论和实际两个方面都进行了大量的讨论，并尝试寻找一种通过控制涡流或者减幅来防止振动的方法。幸运的是，“海豚”级潜艇的螺旋桨在康诺利关于螺旋桨强度的研究出台之前就设计完了（参见第十三章），

① 螺旋桨改进之后，该艇可以在不被探测到的情况下从自由女神像旁边浮出水面。

所以其强度偏高。这样一来，我们就可以在螺旋桨的叶片上挖一些凹槽，里面填充吸音材料，彻底解决鸣叫的问题。[1]

该级潜艇配备了先进的声呐套组，再加上舰艇本身出色的降噪能力，她们在自身整个漫长的服役生涯中，都一直发挥着很重要的作用。她们的水下最大航速大约为16节，水面的续航能力大约为9000海里。

① 大多数其他级别的潜艇尾部都是V型的，事实证明，经过几次尝试之后，这种形状可以很好地减少涡流。
② 排水量和长度略有变化。

表格8-1

	改装“T”级	流线型艇体“T”	“海豚”级
水下排水量（吨）	1734[2]	1571	2303
长度（全长，单位：英尺）	293	273.5	290.25
潜深（英尺）	350	300	500
柴油机功率（制动马力）	2800	2500	3680
电动机功率（轴马力）	6000	1450	6000
水下最高航速（节）	15.4	9.5	16
乘员	68	50	71
鱼雷发射管数+备用鱼雷数	6+14	6+5	8+22

“奥伯龙”级（Oberon）

皇家海军的13艘“奥伯龙”级潜艇实际上是“海豚”级的升级版。能够催生出更优秀的二代设计是一份优秀设计的参考标准之一。之前“海豚”级用的碳锰钼钢不是很好装配，所以设计师这次换成了QT28钢，再加上设计方法的

“奥菲斯”号，和“海豚”级潜艇很相似，但是使用了更好的钢材，结构上也做了优化，所以“奥伯龙”级的潜艇可以下潜得更深，噪音甚至比“海豚”级的更小。（D. K. 布朗收集）

进一步完善，该艇的下潜深度得到了更大的提升。该艇还采用了特殊的 T 型肋骨，淘汰了“海豚”级采用的深肋骨，这样一来就可以统一大小。该级舰艇还在噪音控制方面进行了进一步改善，一开始其声呐套组几乎和“海豚”级的一样,不过大部分该级潜艇在 20 世纪 80 年代对其进行了升级。“奥图斯”号（otus）还在 1989 年测试了潜射鱼叉导弹。

除了在皇家海军服役,英国还为澳大利亚（6 艘）、加拿大（3 艘）、巴西（3 艘）和智利（2 艘）建造了同型艇。[①]该级潜艇在皇家海军中的服役寿命很长，接近 30 年，她们居然在服役末期依然是世界上最安静的潜艇。[②]

微型潜艇——“棘鱼”号（Stickleback）

“冷战”初期，有人担心苏联的微型潜艇可能会在港口和河口布设核武器。这 4 艘“X”级微型潜艇表面上是为进行对抗训练而建造的，但最近有消息称，皇家海军打算回敬苏联人,在列宁格勒（现在的圣彼得堡）附近布设“蓝色多瑙河”（20000 吨 TNT 当量，重 10000 磅）或者“红胡子”（重 2000 磅）核弹。

“棘鱼”号在 1958 年卖给了瑞典，1977 年又回到英国在杜克斯福德的帝国战争博物馆中进行展出。“鲱鱼”号（Sprat）租借给了美国进行反潜战训练。“鲦鱼”号（Minnow）的指挥官理查德·康普顿·霍尔（Richard Compton Hall）指出，对和平年代的行动来说，该艇的安全系数太小了。

1953年的设计

从 1952 年开始，关于“海豚”级成本的争议不断涌现，海军规划总监认为，至少收编皇家海军的那一部分潜艇可以设计得更简单一些，这样才可以在现有资金的范围内生产更多舰艇。对于在北极执行任务的潜艇，其实可以适当地降低水下航速（经验显示其实航速对作战的影响并没有想象中的大）。鱼雷气动发射的最大深度也比最大下潜深度要低，只有 300 英尺。因为一般来说，一发鱼雷就可以击沉一艘潜艇，所以潜艇并不需要很大型的炮弹，装填速度也没必要很快。不过要做到一发击沉，需要很精密的火控装置，还需安装深度控制装置。

因为要控制舰载人员的数量，舰艇的自我维修能力很弱，这样一来就需要频繁地造访母舰，因此船内也没必要空出很大的储存空间。艇艏有 4 具鱼雷发射管，配备 10 发炮弹，再加上 1 条干扰弹发射管（2 发干扰弹或者反舰鱼雷），看起来似乎很足够了。其实“海豚”级完全还可以再搭载 1 座 4 英寸 MK 23 舰炮，不过因为舰艇主要负责反潜战，最后并没有装上。如果选择加装舰炮的话，预计艇身会加长 2 英寸，排水量也会上涨 40 吨。[③]小型的潜艇也会比“奥伯龙”级的潜艇更适合波罗的海和黑海的行动。

① 战后英军成功地卖出了“惠特比－利安德”级护卫舰和“奥伯龙”级潜艇，两者都具有各自舰种中最顶尖的配置，价格自然也不低。“沃斯珀”MK 10 型护卫舰也是如此。英国的各个船厂都致力于出售经济型护卫舰，这种销售策略其实很可能是错误的。

② “玛瑙”号（Onyx）保存在伯肯黑德市,“豹猫”号（Ocelot）潜艇则保存在查塔姆船厂。

③ 关于这份设计更加详细的信息参见：N. Friedman.The Post War Naval Revolution,(London & Annapolis 986).

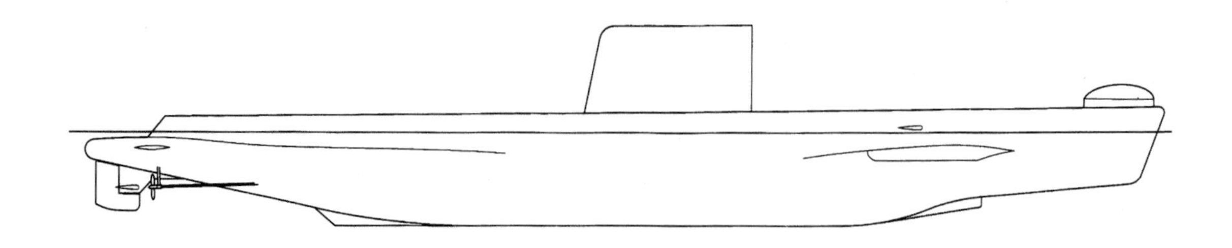

1953年低噪音潜艇的设计。这项研究保留在哈斯勒海军试验基地的文件中，1955年，相关人员针对单螺旋桨和双螺旋桨的效率进行了实验，结果显示单螺旋桨的效率更高。（约翰·罗伯茨根据PRO ADM 226/300的原始资料绘制）

1952年12月，英国指定了编制方案（1953年修订），也完成了一些设计研究。这也是相关人员第一次就单轴还是双轴的问题进行严肃的讨论。单轴在推进力方面的优势比较明显（快1节），而且噪音也更小，但是单轴的固有缺点就是冗余配置不足，很少有相关人员愿意冒这个险，而且如果采用单轴的话就不可能装尾轴管。1954年底，英国预计生产6艘双螺旋桨艇，以及可能会生产9艘单螺旋桨艇，她们被暂时命名为“玻瑞阿斯”级（Boreas）。[①]该级潜艇主要强调的是静音航速，不过也要求水下航速达到10节（通气管航行状态下是8节），水上航行速度11节，对电池的续航能力要求为4节30个小时。最后照此要求设计出来的潜艇排水量为1100吨。之后英国还设想过一个改进版本，此版本搭载可循环柴油机，既可以供巡逻使用，又可以在航行时帮助潜艇通气，同时此版还大大提升了舰艇的宜居性，有人甚至提出了艇内餐厅的环境问题。

1953年开始的设计工作在1955年被叫停。有人认为在核战争中频繁依赖母舰支援的做法是不可取的。同时战时大规模建造军舰的概念也已过时。第一海务大臣昆汀·霍格（Quentin Hogg）亲自到访巴斯，为项目的取消和设计人员浪费的精力表示歉意。这一举动得到了设计人员的赞赏。

2400型，“支持者”级潜艇[②]

20世纪70年代中期，英国海军关于是否要新研发一种柴电结合的潜艇来取代“奥伯龙”级进行了激烈讨论，主要是因为当时经费紧张，有人希望将经费全部投入核潜艇的研发工作中。攻击型核潜艇（SSN）的作战能力更强，但是成本较高，而且柴油舰艇更适合浅水域的行动，在较低成本下就可以满足训练要求。在此次争论的影响下，英国出台了5份设计研究，水下排水量从500吨到2500吨不等，船体统统采用NQ1钢，都是单壳体潜艇，水下速度大约20节。

经过漫长的讨论之后，英国选中了一份排水量1850吨的设计，根据海军参谋目标进行研发，采用英美德三国的现有武器以及声呐，进一步研究之后，排水量涨到了1960吨。最后总共有3套不同的方案被递交，其中就包括这个1960吨的版本。2号方案排水量2250吨，武器更加先进，其中就包括鱼叉反舰导弹，成本也高出了15%；3号方案排水量2650吨，成本则高出了5%。英国

① ADM 205/106 (PRO).
② 此节主要信息来源：P. G. Wrobel, "Design of the Type 2400 Patrol Class Submarine", Trans RINA (1985).
经过皇家造船工程师学会的批准后使用。

最后选择了2号方案，同时与维克斯船厂（VSEL）达成合作。后者希望利用一款2500吨、续航能力更强、武器搭配更具弹性的战舰来扩大出口订单，最后双方各退一步，将排水量定在了2400吨。舰艇搭载的传感器包括汤普森（Thompson）的圆柱型船首阵列声呐、PUFFS微型被动测距声呐、侧舷阵列声呐、拦截声呐，还有由“特拉法尔加”级（Trafalgar）的DCB系统演变而来的火控系统。总体来说，该艇的武器和声呐套件比“特拉法尔加”级更先进，成本也更高。“奥伯龙”级的排水量和新型潜艇很接近，将这两者进行比较可以最清楚地看出新型潜艇的优点。

表格8-2

	2400型	“奥伯龙”级
水下排水量	2400	2450
长度（全长，单位：米）	70	90
耐压壳直径（米）	7.5	5.5
潜深（米）	最大200	最大150
巡航时间（天）	49	56
柴油机功率（兆瓦）	2×1.4①	2×1.28
电动机功率（兆瓦）	4.0	2×2.24
水下最高航速（节）	20	16
乘员	46	71
鱼雷发射管数+备用鱼雷数	6+12	6+18

潜艇的耐压壳体采用NQ1钢，其几乎是一个均匀的圆柱体，只在船尾处稍稍有所回缩，内肋骨采用的则是NQ1或HY80钢。船首的圆顶舱壁给设计师带来了不小的麻烦，艇上有6条直径0.8米的管道、2条直径1.0米的涡轮通气管②以及武器装载舱都需要开口。英国在进行了几次大规模的模型试验后，经过有限元分析，证实了该设计还是安全的。

设计师还针对水下性能对壳体形状进行了优化，在水面上该艇所需动力大概是“奥伯龙”级的两倍，但是水下只需要一半多一点。哈斯勒进行了大量的模型试验以及模拟，以确保舰艇具有良好的操控性，特别是在高速转向时避免下潜深度变化的能力，以及在下潜深度变化后将艇身打直的能力。壳体、鳍和套管的形状设计都将会让进入螺旋桨的水流尽可能的平缓，从而减少噪音。③

整套动力系统都使用了弹性机垫，这样既可以减少噪音传播，也可以抵御水下的爆炸。动力驱动的武器存储和装载装置格外受到好评，该艇还采用了最先进的降噪涂层工艺。艇鳍上有6根桅杆——2个潜望镜、2个通气管、1个早

① 采用增压型帕克斯曼·瓦伦塔柴油机。
② 鱼雷发射装置。
③ 英国考虑过用小的玻璃钢套管来包裹像舱门这样的外部设备。

“支持者”级的 4 艘潜艇是和平红利的受害者，其在“冷战”后那一段时期几乎无人问津。她们拥有很强大的武器以及声呐套组，噪声也非常小，最后被借给了加拿大。（迈克·列侬）

期预警雷达和通信设备，还带有 1 座 5 人的指挥塔。舰艇主要由三个部分组成：末端为逃生设备，机舱前还有两块甲板；该艇的空气净化设备在当时是最高标准，相关人员还很用心地简化了舰艇的维修和保养工作；同时，其还安装了反渗透设备。

“支持者”号于 1990 年竣工，其余 3 艘同型艇赶在 1993 年结束前竣工。事实证明，只要克服了鱼雷发射管的问题，该级潜艇可以说非常成功。1995 年，英国出于经济上的考虑将其摆上货架，最后租借给了加拿大。虽然也许由于对艇上设备不熟悉，加拿大一开始很难上手，但绝对可以说，他们捡了个大便宜。

潜艇的逃生与救援

在整个战争时期，大部分潜艇事故都发生在浅水区域，且经常都是因为发生了碰撞。一份关于海洋深度的研究表明，大陆架的深度一般不超过 600 英尺，从大陆架迅速跌落到深海地区之后，潜艇的生存几率几乎为零。如果一艘潜艇在水下无法浮上水面，我们几乎可以断定该潜艇的一个或多个部分遭到了浸没，暴露在了海水的压力之下。虽然有可能设计出能和耐压壳体一样抵御下潜压力的舱壁，但是这种舱壁的重量过大，会大大限制潜艇的性能。所以，一般来说，在设计舱壁时，相关人员只预设其能抵御很小的水压，只要稍微超过限制深度，舱壁就会出问题，而一旦出现问题，舱内人员便几乎没有生存的希望。

1939 年 6 月，“西提斯”号（Thetis）潜艇的悲剧发生之后，英国海军上将邓巴·内史密斯（Dunbar Nasmith）成立了逃生与救援委员会，但是他们在战争时期几乎没有什么建树。1946 年 4 月，原委员会成员，海军少将 P. A. 鲁克 – 基恩（P. A. Ruck–Keene）成立了一组新的委员会。[①]这一组成员的工作成果非常

① H. J. Tabb (RCNC), "Escape from Submarines, A Short Historicalreview of Policy and Equipment in the RN", Trans RINA (1975), p19.

珍贵，是战后该领域所有工作的基础。值得一提的是，委员会认为最困难的情况是事故发生时，幸存者仍然在潜艇内部，这样的话则要确保幸存者在水下的时间尽量短，而且去除空气中的二氧化碳其实比提供氧气更重要。当时常规的逃生方法为首先淹没整个艇体以达到压力的平衡，然后幸存者再一个个潜到逃生通道的舱口，并在到达水面的过程中使用纯氧的戴维斯逃生装置。这样一来，幸存者会在水下停留很长一段时间，在这段时间内，氧气、氮气，特别是二氧化碳，都可能是致命的。

英国研发了一种单人逃生塔，可以尽可能地减少幸存者暴露在水压下的时间，同时其还决定要训练船员如何自由上浮。在水压下让肺部吸满空气，其中的氧气就足够支撑到一个人到达水面了，不过最大的问题在于如何快速地呼出气体以避免对肺部造成损伤。英国在堡垒基地（Fort Blockhouse）造了一个 100 英尺高的逃生塔以供练习。接下来的工作集中在空气净化方面，英国研究了美军的逃生舱，而且研发出了定位装置、浮标等一系列设备。

英国还研发了一款逃生服，以保持幸存者上浮、保持干燥，以及舒适，但是在 1950 年 1 月 12 日，“威猛”号（Truculent）潜艇在泰晤士河口与货船相撞时，这种逃生服还没有投入使用。1951 年 10 月，英国成立了潜艇逃生常务委员会（SCOSE）。之后英国又发明了一种更简化的单人逃生舱（OMEC），在 300 英尺深度的水压下，幸存者的逃生时间不超过 3 分钟。内置呼吸系统（BIBS）则为等待逃生的人提供了纯净的空气（经过测试的富氧系统）。

“翠鸟”号（Kingfisher）潜艇救援舰在 1954 年到 1959 年间搭载的都是美军的逃生舱。早期“海豚”级潜艇的接合环和舱壁可以抵御 800 英尺水压，但由于后勤工作无法及时到位，且很难将该逃生舱置于已经遇难的潜艇上，所以美军的这种逃生舱被放弃了。

20 世纪 60 年代早期，英国意识到自由上浮不仅局限于 150 英尺深度，训练有素、身体素质较强的人可以从 300 英尺，甚至 600 英尺的深度浮上来。1963 年 5 月，J. S. 史蒂文斯（J. S. Stevens）上校发起了一次审查。这次的目标在于增加逃生深度、逃生塔，取消逃生通道。在和美军研究了他们救援潜艇的使用之后，英国决定取消救援舱。这次审查强调了潜艇在战争中的角色，认为其必定会承受一定程度的风险。英国还考虑过在不使用高压气体的条件下，于深水区域使用吹压载舱。一般情况下，要达到此目的，都会引入类似无烟火药这样的爆炸方式，在深水区给吹压载舱提供抵御水压所需的高压气体，潜艇浮出水面时必须迅速排出高压气体，否则若造成舱室爆裂，潜艇就无法上浮了，因此潜艇还需要有很大的位于侧舷的排泄口。这次审查还涵盖了舱壁强度和泵的性能。早期定位的能力十分重要，所以信号浮标都装有无线电、测向仪、烟幕罐和水下电话。“阿耳忒弥斯”号（Artemis）潜艇沉没1天之后，就有3名被困人员成功逃生（1971年7月1日）。

在核反应堆以及空气净化系统正常工作的条件下，核潜艇的船员可以生存很长一段时间。[①]1963年之后，相关人员开始思考加压速度是否足以实现300英尺以上的自由上浮。皇家海军生理实验室（RNPL）进行了一系列测试，模拟了300~500英尺的逃生过程。1965年，“奥菲斯”号（Orpheus）潜艇在地中海演练了一次480英尺的逃生（在500英尺深度倾翻）。20世纪70年代中期，戈斯波特潜艇总部和“海豚”号（Dolphin）训练基地的训练员们在马耳他海岸600英尺深处从“奥西里斯”号（Osiris）中完成了逃生。指挥塔在加压之前就被完全浸没，在此条件下，逃生人员暴露在水压下的目标时间为30秒之内。之后英国还派遣了经过特别训练的士兵进行更深层次的演练，一般水平的船员在装备完好的情况下，有很大概率能从300英尺深度逃生，有些船员甚至可以达到600英尺。

① 核潜艇如果遇难，其实是很难救出幸存者的，基本上只要船首被浸没，一切就结束了，2002年俄罗斯的“库尔斯克”号（Kursk）潜艇就是这样。

第九章
核潜艇

海军很快就发现了核动力潜艇的潜力[①]，丹尼尔 1948 年递交海军设计师学会的报告中就表明了对核潜艇的兴趣[②]，报告主要讨论了核武器方面，同时也提到了核动力。由牛顿和之后的史塔克领导的造舰局潜艇设计组提出的早期研究方案采用的是气冷反应堆，有点类似于英国第一座投入运行的核电站——科尔德霍尔 (Calder Hall) 核电站使用的大型机组。相应地，潜艇本身规模也很大：1950 年出台的第一份设计为一艘双螺旋桨艇，排水量大约 2500 吨，水下航速 25 节。[③]核反应堆的规模在接下来的一年内还在不断扩大，潜艇也跟着越来越大。下一份设计的排水量上涨到 3400 吨，航速下降到 22 节。之后英国重新设计了一份机动性较强的潜艇，还搭载了防震装置，这样一来排水量就涨到了 4500 吨，航速再一次下降到 20 节，耐压壳体的尺寸从 25 英尺加大到了 31 英尺。经过一系列设计之后，英国最后得出结论，潜艇并不适用石墨慢化的气冷反应堆。

20 世纪 50 年代早期，鲍勃・牛顿（Bob Newton）手下的潜艇研究方案主要由西德尼・戴尔（Sidney Dale）及他的助手基思・福格（Keith Foulger）[④]主导，他们还参与了“海豚”级潜艇和之后高挥发性过氧化氢潜艇的设计。位于哈韦尔的原子能研究中心团队也只是部分参与了攻击型核潜艇项目的研发，该团队包括后来的机械工程教授 J. R. 邓沃斯博士（J. R. Dunworth）和高级海洋工程师赖特顿（Lt Righton）。为了保护核反应堆舱不受震动干扰，海军建造总监的团队想要效仿传统的设计，把它安装在弹簧上，其失败了很多次，最后认为这种方式无法实践。

1953 年，海军内部越来越认可核潜艇的重要性，但是政府已经下令要把有限的研发资源直接投入核电站中。研究中心的工作还在继续，只是优先

罗兰德・贝克，领导了早期核潜艇的项目（还有北极星导弹舰艇）在预算之内按时完工，之后其获得了骑士勋章。这张照片是他在加拿大设计“圣罗兰”级（St Laurent）护卫舰时拍摄的，当时他的职位是建造准将。（D. K. 布朗收集）

① D. K. Brown, A Century of Naval Construction (London 1983).
② R. J. Daniel, "The Royal Navy and Nuclear Power", Trans RINA Vol. 90 (1948). 日本投降后丹尼尔马上访问了广岛，并参加了比基尼测试。
③ 本章节中的所有数据前均可以加一个“大约”。
④ 我很感谢基思・福格对本章节的贡献。

级较低，科研人员主要在集中研发水冷和液态金属冷却法。同时美军的水冷核反应堆原型机在1953年达到了临界，在里科弗（Rickover）上将的推动下，“鹦鹉螺”号（Nautilus）潜艇也在1954年9月服役。

1954年，一个由海军工程上校S. A. 哈里森－史密斯（S. A. Harrison–Smith）领导的海军小组在哈维尔成立，并与潜艇设计组保持联络。1955年，这个小组的规模得到大幅扩大，为实现岸上潜用核动力装置在1961年运行的目标，上级为研发分配了足量的铀235。[①]当时的研究重点在压水式反应堆上，A. E. 里维斯（A. E. Reeves）深度参与了反应堆屏蔽的设计，其重量对于潜艇的性能十分关键。这也是英国头一次在战舰设计过程中大规模引入电脑。本质上来说，反应堆屏蔽系统外任意一点的辐射剂量都应该要把反应堆各部分的剂量加起来再计算，这也就意味着在使用早期较落后的电脑时，设计人员需要考虑大量的立体几何问题，对编程的要求也很高。事实上，后来辐射监测期间的测量值与计算得出的数据相当接近，这反映了里维斯和海军小组所作的贡献。新来的同事一般都对吸收伽马射线所需要的铅数量以及成本感到相当惊讶，然而其实吸收中子用的厚制无暇聚乙烯要比之贵得多。

1956年，财政部批准在敦雷造一个岸基动力装置原型机，敦雷坐落在原子能管理局（AEA）附近，但并无附属关系。英国希望该装置能在1960年1月前开始运行，并在1962年中期建成相应的潜艇。因为优先级不高，所以该方案发展得比较缓慢。海军小组很快得出结论，最适合潜艇的核动力装置是使用浓缩铀的压水式核反应堆。核反应堆的主要承建商为维克斯·阿姆斯特朗公司（工程），罗尔斯·罗伊斯公司为分包商。为了能在1957年初进行零功率试验[②]，相关人员必须在1956年底之前，完成堆芯部分的设计。

当年里科弗上将在访问英国的时候，邀请了斯塔克斯领头的一批英国团队参观美国海军的设备，这也直接促成了英国一些计划上的改变。1957年，英国停止了导弹巡洋舰的研究，由斯塔克斯和丹尼尔领导的设计团队以及相应的承建商就变成了核潜艇的团队。他们设计出的核动力装置以早期布罗肯夏[③]的工作成果为基础，与美国的S5W动力装置很相似。[④]在比尔·肯德里克（Bill Kendrick）和其他海军造船研究所的工作人员的影响下，英国的舰船在壳体结构方面要比美国先进很多，不过L. J. 赖迪尔在1957年的一篇文章中，则指出了英舰壳体的疲劳失效问题。

直到1957年，英国手上的3个主要项目进展得都很顺利，在敦雷建造的动力装置原型机，以及在南安普敦基于超级马林公司之前的作品建的反应堆与机舱的全尺寸木质模型[⑤]也接近完成。哈韦尔研发中心的专家人数扩大到了160名。为潜艇方案提供信息的海王星零功率反应堆也在1957年11月达到临界（1959

① Vice-Admiral Sir Ted Horlick,"Submarine Propulsion in the Royal Navy", Trans I Mech E (1982) (54th Thomas Lowe Gray Lecture).

② 反应堆正常运行但是不输出功率。

③ 在G. H. 富勒（G. H. Fuller）和D. 亨利（D. Henry）的帮助下。

④ 美国甚至怀疑这是因为英国采取了间谍行动（参见：A Century of Naval Construction），但是确实没有。

⑤ 这个模型一开始是在敦雷，后来被维克斯公司搬到了南安普敦。

年搬到了德比）。所有这些成果最后汇聚在一起，英国在真正意义上独立研发出了自己的核潜艇，也就是后来的“刚勇”级核潜艇。在下一章我们会提到，虽然美国希望通过提供现成的核动力装置［“鲣鱼”级（Skipjack）使用的S5W］来加快英国核潜艇完工的进程，不过这实际上反而拖慢了进度。有些人认为，既然可以直接使用美国的动力装置，也有了一部分可以参考的设计理念，英国没有必要再新建一个岸基原型机。

敦雷的动力装置在反应堆压力容器和主回路的钢材选择上有不小的争议，主要集中在奥氏体不锈钢①和低合金钢在各种腐蚀、焊接方面的优劣性。②最终英国选用了低合金钢，这种钢材的表现也远远超过了当时的预期，因为低合金钢会在表面形成一层抗腐蚀的氧化膜，可以将设备的寿命至少延长17年。不过制造与装配的过程就没有想象中的简单了。

敦雷的潜艇壳体模型使用的是低碳钢，如果反应堆舱内发生了严重的事故，这种钢材的强度将无法承受其带来的巨大压力。当时计划这部分超压要排入一个快速形成的真空环境中，这听起来挺容易的，但是实际上很难做到，不过只要和钢化玻璃联系起来，所有问题都迎刃而解了。制造商（皮尔金顿公司）一开始还不确定自己的原材料能不能达到要求，不过在经过几次测试，碎了几个板子之后，他们证明了他们的材料是足够优秀的。反应堆舱周围环绕着一个大水箱，在起到屏蔽作用的同时，还能维持低温。结构上的工作完成之后，相关人员通过海试得到反应堆的内部压力为每平方英寸145磅，舾装完成之后又测出其气压为每平方英寸126磅。10000立方英尺体积的该气压下的气体，总能量相当于10吨TNT，设计人员当时必须要说服所有的权威人士，该设备是安全的（其中包括我本人，当时我正站在该设备上），舰船发生重大事故的可能性并不大，但是不能忽略有阀门脱落的风险。

1959年，大部分在哈韦尔进行的研发工作已经完成，海军小组也随之解散，大部分成员调往“无畏”号（Dreadnought）项目组。爱德华兹教授则调到了格林威治的皇家海军学院，并在那里设立了核潜艇工程的长期课程，为以后的核潜艇做准备。③

1963年，在敦雷的潜艇试验堆（DSMP）完工了。④最初其使用的镍合金小口径管道还有一些问题，但在1964年，其就换成了铬钼低合金钢。⑤之后的很多年，原型机都没有出现过问题，对皇家海军核动力装置的研发和其技师的训练起到了至关重要的作用。⑥

“无畏”号

1956年底，英国批准了1艘核潜艇的编制草案，1957年2月，美国同意向

① 奥氏体指的是钢的晶体结构，铁合金可以有很多原子排列方式，奥氏体则为面心立方。当合金成分中的铬达到17%时，材料的耐腐蚀性能最强。

② 更多技术讨论参见：Horlick, Note 5 above.

③ 格林威治拥有训练用的“杰森”零功率反应堆，其坐落在由克里斯托弗·雷恩设计的唯一一座反应堆厂房里。当时当地议会宣称格林威治必须是“无核地区”。

④ 我对其进行泄露测试的标准远高于“无畏”号。

⑤ Horlick, Note 5 above.

⑥ 霍立克提到了辅助动力系统（常规的蒸汽动力）中存在的一些问题。

英国公开一部分核方面的信息，之后英国国防部长对美国进行了访问。同年晚些时候，美国海军的“鹦鹉螺”号核潜艇访问英国，为国防大臣和第一海务大臣进行了演示航行。1958 年 1 月，美国总统和英国首相签署了一份协议，英国将购买一套完整的核潜艇动力装置，也就是后来的 S5W。1959 年，作为协议内容的一部分，英国指派了国防部一支由“矮子”上校科特米思顿（Cotmiston）领导的团队前往匹兹堡的西屋电气公司。由海军建造指挥官基思·福格以及电动船公司旗下戈尔斯顿船厂的工程师罗杰·贝里（Roger Berry）、雷吉·道恩（Reggie Down）组成另一支团队，确保英国收到了与“无畏”号有关的所有潜艇设计信息。那段时间里，维克斯公司、罗尔斯·罗伊斯公司、海军工作人员（设计方面）和美国专家等团队经常到访巴罗和德比两座城市。日后的首席海军建造师基思·福格表示，目睹英国的第一艘核潜艇下水是他一生中最激动人心的时刻。

1957 年 3 月，这艘核潜艇的名字定为“无畏”号，除此之外英国还考虑过“火神”号（Vulcan）和“雷霆”号（Thunder）。[①] 11 月份，罗兰德·贝克（Rowland Baker）[②]成立了“无畏”号项目组（DPT）。项目组主要负责建造以及企划，但他们需要向舰船局总监直接汇报设计方面的情况。[③]为了能够顺利搭载美军的动力装置，“无畏”号的尾部要和美国的“鲣鱼”级潜艇一模一样[④]，而前端则沿用英国早期的设计方法，主要由共形声呐组成。英国一直很担心英美两国的技术是否能完美地配适。[⑤]罗尔斯·罗伊斯公司新建立了一个罗尔斯·罗伊斯联合公司（RRA）[⑥]来对接美国的西屋公司，同时负责生产供给英国的所有潜艇动力装置。

“无畏”号的下潜深度是由美国的动力系统设计决定的，但还是比现役的英国潜艇要好得多。因为潜艇的速度、机动性和火力较强，所以其肯定会频繁地下潜到最大深度，这样一来，壳体的疲劳寿命就是一个很重要的标准。为了减缓这方面的问题，耐压壳体的端部被设计成了准球形圆顶，机舱壳体直径减小的地方同样如此。英国还为该潜艇特别研发了一款叫做 QT35 的新型钢材，而且会定期进行细致的裂痕检查工作。一开始，因为钢材中夹杂了泥土，该潜艇还出现过一些裂痕，但是焊接方式改进之后，这个问题就解决了。1983 年，“无畏”号完工，20 年后才退役。[⑦]

“无畏”号的水平舵和美军设计相比更靠近艇尾，这一部分原因是要配合皇家海军喜欢的内部结构，另外，在模型试验时，英国也发现调整水平舵位置可以有效地减少潜艇高速航行时的摇晃情况。经过漫长的讨论之后，英国决议把船首水平舵向船尾移动，而不像美军一样装在鳍上，美军这样的配置更适合低速下的操控，尤其是在潜望镜深度下，但是也会影响声呐的性能。[⑧]

哈斯勒基地进行了大量的螺旋桨模型试验，潜艇的性能和噪音控制主要受

① 我记得“超原子”号（Upanatom）才是呼声最高的。
这个名字的记录参见：ADM 1/26779 (PRO) and many others.
② 这位杰出建造师的个人介绍参见：Warship 1995.
③ 管理方面的内容详见：A Century of Naval Construction.
贝克引入了很多当时很新颖的管理方法。
④ 因为赖迪尔的研究表明了很严重的疲劳断裂问题，所以我们更改了压强减小处连接件的直径。
⑤ 该潜艇艏部和艉部之间的舱壁上还有个标识，上面写着：“查理请注意，你现在正进入美国区域。”这句话是在模仿《“冷战”柏林》的经典语录：“管理来自不同半球的配件真的像一场噩梦——我就像是配件委员会的主席。”
⑥ 与维克斯·阿姆斯特朗公司和福斯特惠勒公司联合建立。
⑦ 赖迪尔在疲劳方面的想法是正确的。
⑧ 该艇还缩小了鳍的大小——所有的设计都是不断妥协的过程。

1960 年的“特拉法尔加”日（10 月 21 日），“无畏”号在巴罗下水。（D. K. 布朗收集）

到壳体周围以及流入螺旋桨的水流影响。壳体周围的水流和潜艇之间会有摩擦力，从而损耗一部分动力，如果水流可以通过螺旋桨，那么损耗的这一部分动力基本都可以补足。一般情况下，螺旋桨越大，则效率越高、噪音越小，但是大型的螺旋桨转速较低——最大的螺旋桨模型直径超过 300 英尺，转速小得简直难以置信。[1]这种螺旋桨显然已经过了“越大越好”的极限了，所以稍微小一些的螺旋桨可能更好。[2]一直以来我们都知道单螺旋桨的效率比双螺旋桨更高，但是，其实一开始，各国海军都喜欢双螺旋桨，因为这样能多出两条轴线的冗余。[3]美国的“大青花鱼”号（Albacore）可以说确立了单螺旋桨的优势地位。“无畏”号还安装了伸缩式推进器。[4]

“无畏”号的前端要搭载大型的声呐和 6 具鱼雷发射管，其采用了很新颖的鱼雷发射系统，可以在很深的水域发射鱼雷。有人认为，高表面光洁度可以有效地降低潜艇的噪声，同时还可以增加航速，所以“无畏”号的表面光洁度很高。

大约到了 1960 年，有人认为设计上的改变太频繁，会影响潜艇的完工时间，贝克则下令任何设计上的改变都需要他亲自批准。我在 1961 年加入了“无畏”号项目组，一开始负责所有项目的辐射屏蔽和核安全工作（包括敦雷和“刚勇”级潜艇），一年之后北极星计划启动，我就成了监管“无畏”号完成的员工。要让贝克同意变更设计是一个比较可怕的事情，一般工作人员拿到相关文件后会被派去待上一天左右，基本上一进门他就会把文件丢到你身上。贝克是在泰晤

① 大直径低转速的螺旋桨并不一定噪音就很低，但是却是控制噪音不可或缺的条件。
② 当时我正在哈斯勒基地进行螺旋桨设计的工作。据说当你不再认为是螺旋桨在推进战舰，而是把战舰看作水流进入螺旋桨的障碍物时，你就成了一个真正的螺旋桨设计师（大概需要半年时间吧）。
③ 甚至有过一个螺旋桨搭配四个轴的研究。
④ R. P. Largess & H. S. Horwitz, "Albacore-The Shape Of The Future", Warship 1991.

进行调试之前，正在进行测试的“无畏”号（注意悬挂的英国民船旗），当时艇身上还涂了舷号。（D. K. 布朗收集）

士河的船上长大的，对英语的运用可以说是炉火纯青，在抱怨设计改动时更是可以发挥到极致。[1]

英国在巴罗把所有可能发生的事故都测试了一遍，设计师保证即使真的发生了事故，每天核泄漏的量也不会超过1%。这项工作的难度很大，有好几个周末，我都在健康与安全督察员诺斯沃西（Norsworthy）的监管下，于巴罗进行这方面的工作，好在最终还是收获了成功。下一步就是辐射调查：首先在反应堆第一次达到临界时大致排查一下，确保没有什么很严重的问题；然后等待反应堆达到最大功率——虽然中间推迟了几次，但是最大功率的调查还是顺利进行了。有媒体宣称我们早期的核能装置不重视安全问题，相关人员看到了简直气不打一处来。我们每一个人都很努力，而且还有像诺斯沃西这样的人时刻监管着，也没出现过什么错误。之后我们在艾伦岛测试了潜艇的航速，当时测速的方法是由潜艇拖着一个浮标，再由岸上的经纬仪去测定浮标的速度。唯一的问题就是当时那块地的主人在他养的鹿进入发情期之后，就不让我们用了。

这部分内容只涵盖了核潜艇设计与调试过程中诸多问题的冰山一角。举个例子，据说其实空气净化装置的设计难度比核动力装置还要大，单单是检查空气净化程度的仪表就够我忙了。氧气通过电解合成，二氧化碳用洗涤器去除，此外还要算上 CO 和 H_2 产生的烟草烟雾。垃圾处理也是一个很棘手的问题，艇上的垃圾用袋子封好，用一个类似小鱼雷发射管的排出器喷出艇外。“无畏”号的住宿条件也要远远优于之前的潜艇。

[1] D. K. Brown, "Sir Rowland Baker", Warship 1995.

1963年4月，“无畏”号准时完工，也没有超支，她可能是当时唯一一个做到这两点的大型国防项目，这与贝克的执行力、决心以及他给工作人员带来的热情密切相关。[1]如果不是要把注水系统的接头按照英国标准重新焊接一次，本来还可以提前6个月完工［据说美国的“长尾鲨”号（Thresher）潜艇就是因为焊接头失效沉没的］。[2]

该艇在咬合方面存在一些问题，只是都不严重。为了解决震动问题，我们必须更换美产的涡轮机，但是罗赛斯船厂没有针对QT35专业训练过的焊接工人。[3]

① “无畏”号的军官和船员也非常出色，很多人都获得了将级军衔，其中不乏高学历人才。
② 即使完工日期提前，也依然比美军的“鹦鹉螺”号慢了6个月。
③ 原本是我负责待在码头，在每次“无畏”号归航时排查航行遇到的问题，但是后来我放弃了这份工作，因为我收到的唯一一份投诉是军官用的烤面包机把涂料烧坏了。
④ 该章节中的详细数据都来自已经出版的刊物。
⑤ 其实还有人要求我设计搭载4英寸舰炮的方法，主要用于对岸轰炸。

表格9-1：详细参数[4]

尺寸	265英尺9英寸×32英尺3英寸×26英尺
排水量	3500/4000吨
轴马力	15000/28节
人员编制	88
武备	6具21英寸鱼雷发射管[5]

“刚勇”级潜艇

设计该级潜艇的初衷是为了把“无畏”号的前端转移到敦雷正在研发的潜艇原型艇上，贝克的想法是要让每个级别的核潜艇都针对三大部件之一（前端、核动力装置、主机舱）进行改变，这样一来其他部件也不可避免地要发生变化。为了减少对声呐的干扰，设计师把艇首的水平舵向艇尾移动了一段距离。水平舵周围的湍流占到了“无畏”号水下阻力的10%。“刚勇”级的下潜深度也稍微有所提高，达到了英国动力系统的极限，同时其还装上了一种叫做“打蛋器”（Egg Beater）的可伸缩推进器，如果主动力系统瘫痪了，该推进器将由电池驱动，至少可以保证潜艇安全返航。就算主发动机和主齿轮箱安装时都配备了减震浮筏，但是主齿轮箱的噪音还是比较大，所以“刚勇”级在静音航行时会采用涡轮电

1966年5月拍摄的“刚勇”号，因为没过多久舷号就被擦掉了，所以这种带舷号的照片很稀有。（D. K. 布朗收集）

后期的“刚勇”级潜艇“丘吉尔”号。（D. K. 布朗收集）

凯莫尔·莱尔德公司承建的“刚勇”级潜艇——“征服者”号。她在福克兰群岛战争中，击沉了“贝尔格诺将军”号（General Belgrano），确保了阿根廷的主要水面战舰舰队无法出港。（D. K. 布朗收集）

力装置驱动主轴。[①]为了获得良好的纵向平衡（这也是核潜艇一直以来的问题），设计师还重新设计了几个水舱的位置，加长了艇首的长度，所以最后设计出的潜艇长度较大。

结合“无畏”号使用美产动力装置的经验，英国对敦雷潜艇试验型号的核动力装置进行了一些改进：主回路及其附属设备都改用不锈钢，反应堆压力容器还是采用的低合金钢，但是焊接上了不锈钢内衬。总体来说，整个系统都变得更加简单，所需阀门的数量也减少了。

美国的“长尾鲨”号潜艇沉没时，“刚勇”级在世界上已经属于顶尖水平了。两名英国的助理建造师针对“长尾鲨”号的沉没进行了电脑模拟，最后指向的可能原因是一根5英寸管道的焊接口失效了。两国在这次悲剧发生之后都进行了大量的调查，调查内容除了事故本身，还包括核潜艇在设计和操作上可能出

① 该级潜艇原本叫做“顽固”级（Inflexible），但是由于该艇搭载了可伸缩的部件，所以这个名字听起来又不太合适，还遭到了有关部门的抗议。

现的其他问题。调查之后进行比对，我们发现“刚勇”级潜艇没有犯任何重复的错误。在我看来，“刚勇”级潜艇在当时是战后英国设计的各种战舰里最完美的一艘，这也反映了布罗肯夏[1]（初期工作）、总建造师丹尼尔及其助手福格（出台了最终设计并目睹其竣工）对工作的细致程度。相关人员还为所有级别的潜艇都制作了一份操作限制图，不同的深度都有对应的最大安全速度和平面角度（比如，全速状态下不能下潜到最大深度）。该级潜艇的下潜深度为300米，成本从2400万（“厌战”号）到3000万英镑［“征服者”号（Conqueror）］不等。

1960年，英国下达了“刚勇”号潜艇的订单，其于1966年7月竣工，9个月后，“厌战”号也随之完成。受北极星计划的影响，英国有一段时间没有继续订购核潜艇，直到1965年10月才下单了“丘吉尔”号（Churchill，核潜艇04型），随后又重复生产了2艘潜艇［“征服者”号和“英勇”号（Courageous）］。因为北极星计划的优先级较高，所以“刚勇”级潜艇的进展受到了一定程度的拖延，结合在敦雷发现的问题，设计师换掉了所有的镍合金管道和装备。

“无畏”号的QT35钢面板虽然做工精良，但是也产生过一些裂痕。在英国研发出更好的钢材之前，早期的“刚勇”级潜艇采用的都是美国的HY80钢材。该级别的5艘战舰在服役期间都有很出色的表现，“征服者”号是第一艘成功击沉敌方战舰（阿根廷的“贝尔格诺将军”号巡洋舰）的核潜艇。1990—1992年间，这些潜艇的主回路出现了破损，随后英国就让她们退役了。这些问题虽然都能修好，但是考虑到其防卫系统已经比较老旧，剩下的寿命本身也不长，所以修理并不划算。

表格9-2：详细参数

尺寸	285英尺×33英尺×27英尺
排水量	4400/4900吨
轴马力	15000轴马力/28节
人员编制	103人
武备	6具21英寸鱼雷发射管

北极星计划

1962年，美国空军的天箭导弹计划取消。原本这种导弹也可以用于英国空军的3V轰炸机，这样一来，英国便不得不开始研究另一种核威慑力量。很快英国就发现，美军潜艇用的北极星导弹系统最贴近英军的要求，S. J. 帕默尔（S. J. Palmer）带领一支技术团队前往美国学习了美国海军的627型弹道导弹战略核

[1] 布罗肯夏是“无畏”号和“刚勇”级的主监察员。

潜艇（SSBN–627）的设计方案。麦克米伦首相和肯尼迪总统于1962年在拿索进行了一次会晤，他们在口头上确定了英国可以获取北极星武器系统及相关技术，1963年4月，协议正式达成。[①]整个计划将由麦肯齐上将（Mackenzie）负责，并由贝克负责潜艇的设计与建造工作，以及武器系统的安装，这次他也叫DPT，但这次代表的是“北极星”导弹技术主管（Director Polaris Technical）。[②]与此同时，贝克也对核潜艇项目持有主管权。

英国针对如何得到搭载北极星武器系统的潜艇想了一系列方案，其中包括复制627型弹道导弹战略核潜艇的设计方案，以及直接从美国购买美产潜艇。甚至还有人认为可以把“刚勇”级潜艇切成两半，不过可能因为招致太多不满，这一想法很快就被驳回了。最后的设计方法很简单：把美军“乔治·华盛顿”号（George Washington）[③]的导弹舱插入“刚勇”级的艇首和艇尾中间。话虽这么说，但是现实生活中哪有那么简单的事情。因为船员人数增加了，住宿空间也要加大，甚至还要提高住宿标准来应对长距离的航行。该艇比普通“刚勇”级潜艇要长，其中，导弹舱占了一半的功劳，剩下的也是为了迎合与导弹相关的各种需求。

舰艇导弹舱和武器舱里的肋骨、舱壁、甲板等设施都需要和美军的战舰一模一样，这就意味着要把“刚勇”级潜艇的耐压壳体直径从33英寸减小到30英寸。[④]外部压载水舱和原始的设计一样，放置在船首和船尾，为舰船提供8%的储备浮力，但是仅仅这样还不够，为了达到足够的下潜速度，英国还安装了内部压载水舱，储备浮力也达到了12%。

改造艇采用了蒸汽动力系统，由早期的A型反应堆堆芯驱动，输出功率为14520轴马力，新艇水下航速为21节。后来的B型堆芯输出功率为19250轴马力，水下航速23节，它的使用寿命也更长，两款型号的水面航速分别为15.25

① 谈判的细节参见：P. Nailor, The Nassau Connection (London 1988).

② 贝克曾问过潜艇部队的指挥官，那些参与北极星导弹潜艇项目的技术人员能不能佩戴皇家海军潜艇兵的饰带，答曰：“不行，你这是在没事找事。”

③ 其实这艘美军战舰叫“拉法耶特”号（Lafayette），但是英国人总是叫她“乔治·华盛顿”号。

④ 可能听起来也就那么回事，但是核潜艇内部的结构其实是很紧凑的，就算只缩短3英寸也不容易。

“决心”号（Resolution）潜艇，第一艘搭载北极星导弹的舰艇，其正在驶离朴茨茅斯港口。（D. K. 布朗收集）

节和 16 节。[1]电池驱动下，舰艇的航速为 4.5 节，而 700 马力的沃德·莱昂纳德（Ward Leonard）电力涡轮系统可以在静音条件下提供 6.75 节的航速。主动力装置和“刚勇”级潜艇一样，都配备了减震浮筏，静音航速 15.75 节（离港 6 个月后）。因为改造艇的电力负载较大，英国还改进了蒸汽轮机发电机，输出功率达到 2000 千瓦。另外还有 2 台柴油发电机，水面航行时每台输出功率 290 千瓦，通气管航行时则为 230 千瓦。这两台柴油机主要用于反应堆冷态启动、电池充电、提供直流电源以及紧急驱动。除此之外，该艇还搭载了一种叫做“搅蛋器”（Egg Whisk）的可伸缩紧急螺旋桨，该螺旋桨可以提供“3 节以上”的航速。该艇还多安装了一组电池，用来在反应堆紧急停机之后重新启动。

设计上预计改造艇的下潜深度可以达到 750 英尺，主舱壁也可以抵御当量的压力。她总共有 2 座逃生塔，1 座在前端，1 座在电机室。有人指出这艘潜艇的尾部可能无法容纳下全体船员（带余量），而且从该艇的外部结构来看，她无法在地面上保持直立。任何事故都要控制在潜艇的反应堆舱内，该舱室经过了非常严峻的测试，可以承受每平方英尺 240 磅的压力。

在发射导弹时，潜艇的下潜深度不能有很大的浮动，所以就需要很精密的悬浮控制系统。英国自己研发了一套系统，性能非常好，要远远优于美国的系统。

1963 年英国下单了 4 艘搭载北极星武器系统的舰艇[2]，为了不过分抢夺核潜艇项目的资源，英国让凯莫尔·莱尔德公司（Cammell Lairds）担任第二承建商，还往该公司指派了一名建造师作为项目经理。贝克采用了 PERT 管理方法，在电力船舶公司和维克斯公司的帮助下，又一次按时、按预算地完成了任务。厄尔·蒙巴顿在 1968 年元旦授勋时亲自举荐贝克，授予他下级勋位爵士（对平民来讲这是一份殊荣），随后贝克就退休了。英国很注重舰艇的修整工作，整个服役周期都在基地里保留了 2 艘弹道导弹战略核潜艇。[3]

表格9-3：详细参数

尺寸	425英尺×33英尺×30英尺
排水量	7500/8500吨
轴马力	15000轴马力/25节
人员编制	143人
武备	16枚北极星A3弹道导弹［弹头后来换为英国设计的“萨瓦兰”（Chevaline)核弹头］，6具21英寸鱼雷发射管

“快速”级（Swiftsure）潜艇

20 世纪 60 年代中期，英国设计出该级潜艇之后，我们可以根据之前的经验，

① 包括这些数据在内，这部分的大部分内容都来自 DEFE 24/90（PRO）中的设计草图报告。

② 本来计划是 5 艘，但是政府后来取消了 1 艘，这样一来就需要很好的维修、调整和储存条件。

③ D. K. Brown, A Century of Naval Construction (London 1983).

整体地评估一下核潜艇的性能。对潜艇而言，最主要的性能就是航速、下潜深度以及降噪能力，而英国希望在这一份设计中对以上三方面性能都做出改进。虽然“快速”级是根据“刚勇”级的经验设计的,但绝不是所谓的“改进版‘刚勇’级”，而是一款全新的舰艇。设计团队由诺曼·汉考克（Norman Hancock）领衔[1]，他没什么设计潜艇的经验，但是对水面战舰很在行，而且还有一大帮优秀的员工。受北极星计划的影响，一直到1964年，汉考克及其助手W. G. 比尔·桑德斯（W. G. Bill Sanders）[2]拿到研究报告一年之后，设计团队才最终成形。1961年，英国批准罗尔斯·罗伊斯联合公司研发功率更大、使用寿命更长的B型反应堆堆芯。

耐压壳体整体几乎呈圆柱体，早期的潜艇因为壳体回缩，影响了壳体的疲劳寿命。不过这样的设计影响了压载水舱的容量，进而又影响了储备浮力。英国这次还采用了一种比QT35钢强度和纯度更高的钢材。设计人员对各个系统的安全性能非常上心，因为它们有可能暴露在最大下潜压力之下，而且潜艇还带有低压运行的淡水冷却系统，该系统本身利用海水与热交换器冷却，有一小段管道暴露在水压之下。注水系统中的许多部件都是采用的大型镍铝铜合金(NAB）铸件。为了确保铸件的质量，英国在铸造工艺上下了很大的功夫。

这份设计还改进了船体及其附属设备的外部构造，皇家航空研究院（RAE）在1923年一篇关于飞艇形状的报告中帮了大忙——毕竟这两者都是在三维流体中运动的物体。有趣的是,皇家航空研究院提出的两种最适合飞艇的外形,在“一战”时期哈斯勒基地设计R级潜艇时就提出过。潜艇尾端设计得比较钝，主要是为了给尾部提供浮力，同时因为推进器和壳体周围的水流有着良好的相互作用，这个设计对推进效率也有好处。如果端部太钝的话，会引起紊流分离，进而影响舰艇的推进效率。当时的流体动力学还无法完全解释这一现象，但是大家都知道紊流分离在模型上更容易发生，所以当时设计师选用了一种恰好能够在模型上产生分流的形状，这样在真正的潜艇上就不会出现紊流分离了。

该级舰艇还缩小了舰桥水平舵，与此同时潜望镜也变得更短了。船首水平舵装在轴线上，声呐套组的后方，这样的水平舵在低速操控的情况下效率最高。水平舵是可伸缩式的，这样可以控制噪音。在中速航行的时候，水平舵会伸出来；高速航行时，出于安全考虑，其通常会伸得更长。

该级别中有几艘舰艇没有采用单螺旋桨，而是选择了喷水式推进器。[3]喷水式推进器与由定子和转子组成的水力涡轮机很相似，两者都有很多叶片，且周围有很多精密的导管。这种推进方式可以使舰艇在移动中及压力下更好地控制水流，而且还比螺旋桨效率更高、噪音更小。该项目在位于特丁顿（Teddington）的海军研究实验室进行，由亚历克斯·米切尔（Alex Mitchell）牵头，是当时研发过程最漫长的项目之一。几年之后，英国把这项技术带去了美国。“冷战”时期，

① 这艘舰艇的动力系统尾端有一处用来提供浮力的空地，人们将其称作“汉考克眼”。

② 未来英国海军造船部的一把手。

③ P. L. Vosper & A. J. Brown,"Pumpjet Propulsion–A Splendid British Achievement", lecture to RINA (Western Branch) 1996.

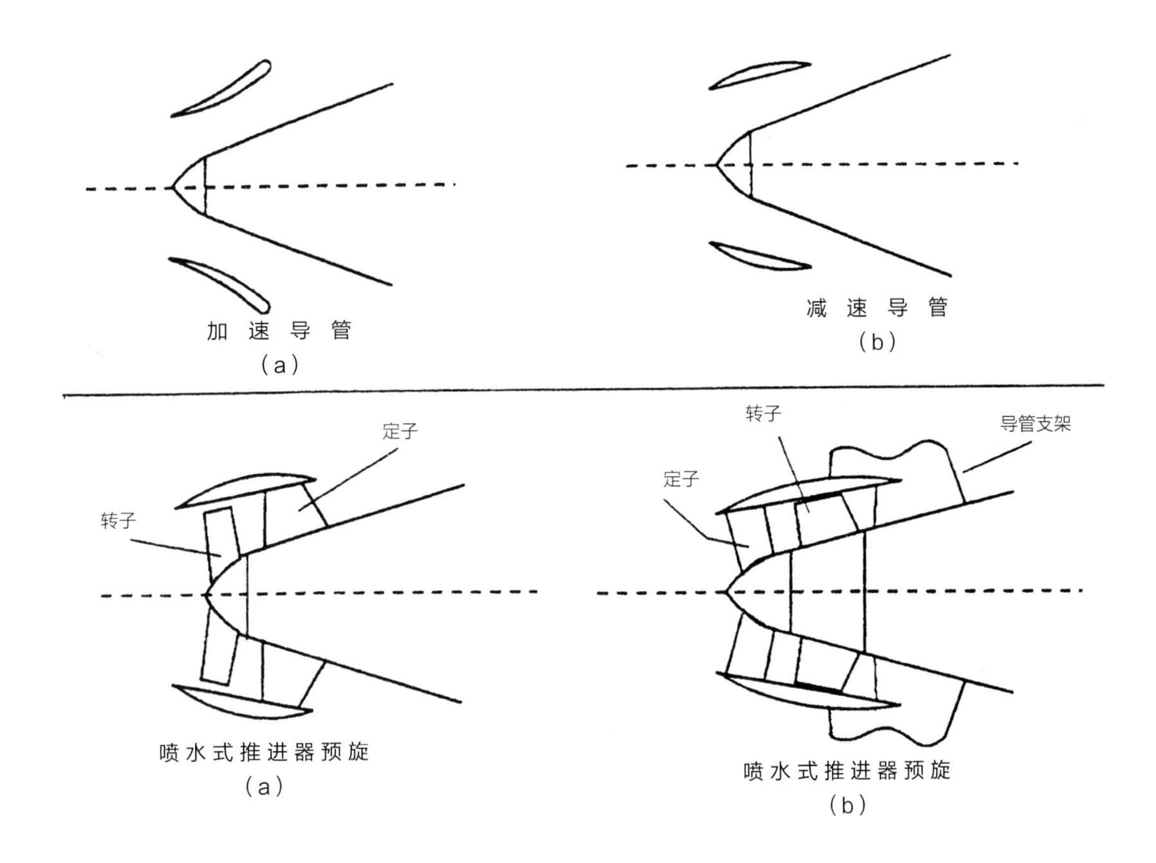

喷水式推进的图解。加速管道效率高，而减速管道噪音低。一般来说，采用前涡流推进还是后涡流推进会根据维修工作的复杂程度决定，前涡流推进的转子和轴更容易取出。（皇家造船工程师学会）

苏联潜艇的特点就是速度快、下潜深、噪音大，而英国潜艇相对来说较慢、较安静，美军潜艇则介于两者之间。

英国在控制机舱噪音这方面下了很大功夫，很多装置都配备了减震浮筏。在中等航速下，潜艇会关闭噪音较大的循环水泵，用集水器的冲压效应进行冷水循环。安全性能也是经过层层把关，做出了许多细节方面的改进。为了简化机械系统，设计师也是煞费苦心，毕竟要在“刚勇”级这种设计水平的战舰的基础上再进行改进并不是一件很容易的事。[①]

1967 年 11 月，英国下单了该级别的第一艘潜艇——“快速”号，并于 1973 年 3 月完工，第六艘（最后一艘）则在 1981 年 5 月完工。1967 年底，英国给敦雷潜艇试验型号装上了 B 型堆芯，其在 1968 年 9 月达到临界值。当时英国让堆芯大功率地运行了两年，以此来检验堆芯的可靠性，同时也测试了它的使用寿命。

当初在研发高挥发性过氧化氢推进系统的时候，英国就成立了巴罗海军研发中心（ADEB），现在为了测试“快速”级潜艇的辅助动力系统（无核），英国又对其进行了翻新。[②]问题还是不少的，减震筏的强度不够，所以有部分齿轮会失效。原本英国打算让原型艇运行 6 个月，一直到正式的“快速”级潜艇做好准备，但是最后她只运行了几个星期。之后英国做了一个大胆但是成功的决定——令

① 霍立克曾言：“不管是什么东西，只要你不装上它，它永远都不会给你添麻烦。”
② 由“战斗”级驱逐舰的锅炉提供蒸汽。

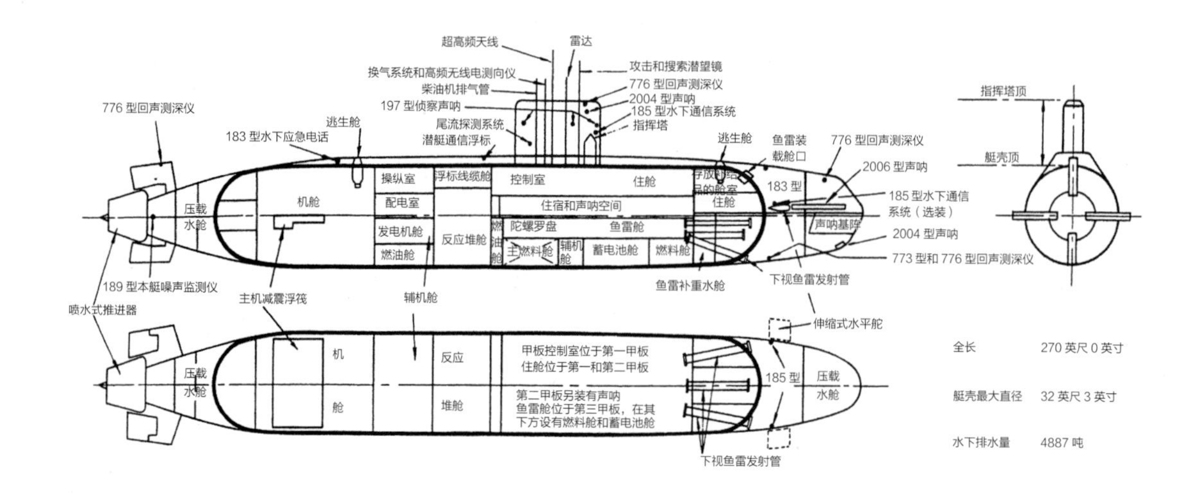

“快速”级潜艇的布局。其他级别也差不多。（PRO DEFE 24/238）

“快速”级潜艇于 1970 年 4 月开始测试。

在“快速”级潜艇的建造过程中，通货膨胀比较严重，因此这一级潜艇的成本从 3710 万英镑（“快速”号）涨到了 9700 万英镑［“辉煌”号（Splendid）］。潜艇的服役成本按照 1976 年的物价为一年 380 万英镑。

主声呐的位置调整到了潜艇下边，这样一来就不得不把鱼雷发射管移到艇尾，还要让它有一定角度，这样鱼雷就只能腾出 5 发弹药的装载空间了，即使采用快速装填的设置也无法弥补。“快速”级在控制噪音以及可靠性两方面都超出了预期。控制噪音主要归功于设计人员对细节的苛求，他们在测试过程中清理了大量发出噪音的部件。可靠性则归功于设计上的简化，同时也要感谢设计人员对细节的关注程度。

表格9-4：“快速”级的详细参数

尺寸	272英尺×32英尺4英寸×27英尺
排水量	4400/4900吨
轴马力	15000轴马力/30节
人员编制	116人
武备	5具21英寸鱼雷发射管

“特拉法尔加”级潜艇

下一级别的潜艇叫做“SSNOX”“SSNOY”和“SSNOZ”，英国针对其出台了大量的设计研究，其中也有很优秀的设计，但是成本太高了，之后相关人员决议“特拉法尔加”级潜艇应作为“改进版‘快速’级”来考虑。1981 年 7 月，13 型核潜艇“特拉法尔加”号下水。1968 年英国就开始了 Z 型堆芯的研究工作，并在1971年最终完成。为了配合敦雷潜艇试验堆进行大改造，1974年，英国开始对Z型堆芯进行测试。从项目的早期设计一直到临近完工这段时间，福格都是项目经理，之后则由亚瑟·库克（Arthur Cook）接任。

“特拉法尔加”级的动力系统和“快速”级一样，壳体也基本相同，艇身稍微加长了一点，用来增设一些装备，与此同时其也牺牲了一些航速。因为“快速”级动力系统的可靠性已经经过了实践证明，所以设计师的精力主要集中在降噪问题上。当时针对机械设备的降噪基本上已经达到极限，再往下控制的成本会越来越高，所以这次主要集中在消声和阻力方面——“特拉法尔加”级是头一批在壳体采用消音片的潜艇。“快速”级在服役过程中只有减震筏出了问题，所以这一次相关人员重新设计了减震筏。

巴罗海军研发中心已经扩建到了极限，而且离生产泊位很远，位置不太方便，所以英国建立了一个新的机构，叫潜艇动力安装与测试中心（SMITE）。该机构竣工时正好赶上给“快速”级（核潜艇12型）的后几艘潜艇进行生产测试，之后也有很多潜艇是在这里进行的测试。之前，英国会给各个级别潜艇的动力系统造一个全尺寸木质模型，模型制造比较费时，也不方便进行调整，而且成本也高，所以英国决定只给“特拉法尔加”级造五分之一大小的模型。[1]通过可移动电镜，该模型的各种信息可以直接传输给电脑，折弯机可以根据这些数据去制作管道——“特拉法尔加”级总共有5000根左右的管道是在工厂造的，而“快速”级只有不到500根。剩下的管道则采用了比较耗时的传统方法，用一根线去比对舰艇上需要的管道，然后把线当做样品送去工厂。

“特拉法尔加”级相对“快速”级的改进主要集中在降噪方面，随着降噪功能更好的部件不断出现，后续的舰艇降噪能力越来越强。她们是第一批使用了降噪涂层的战舰（消声片），不过之后很多早期战舰也加装了。据说“特拉法尔加”级的电力驱动模式比“奥伯龙”级的噪音还小。她们还搭载了子鱼叉导弹。

我并没有具体提到声呐、电子设备以及指挥系统，相信大家也都明白这些东西都是一级比一级好的。

“前卫”级潜艇

1980年，英国政府宣布计划购买美国的三叉戟导弹系统，装备在4艘新型弹道导弹潜艇上。英国方面原计划购买C4型导弹，但是这种导弹已经停产，后继维护得不到保障。最后，英国还是购买了D5型导弹，每枚导弹配备8枚独立的分导式核弹头（MIRV）。导弹舱的直径和美国海军的“俄亥俄”级核潜艇相同，但是整体长度有所缩短，因为英国潜艇只装载16枚导弹，而不是像美国潜艇那样装载24枚导弹。这些导弹在佐治亚州的国王湾基地维护。

① 科技发展得很快，物理模型很快就被电脑模型取代了。

“前卫”级的艇首和艇尾是在“特拉法尔加”级的基础上设计出来的，做了不少改变，其中最重大的改变就是装上了全新的 PWR2 型反应堆，该反应堆在敦雷已经进行过测试了，比“特拉法尔加”级上搭载的反应堆要先进很多。[1]一开始，“前卫”级使用的是比较早期的堆芯，其在服役期间会进行一次更换，更换过后，新的堆芯会一直用到舰艇退役。威慑力较大的舰只必须得做好隐蔽工作，因此“前卫”级还在艇首安装了一套新型的声呐套组[2]，同时还采用了很先进的降噪手段。为了最大化该级别威慑力量的持续性，相关人员下了很大功夫简化舰艇的维修工作。

当时该级别是皇家海军中规模最大的潜艇，由巴罗的维克斯船厂承建，使用了老德文郡码头处一个巨大的装配车间，这样一来，整个潜艇加上后续较大的部件都可以集中在一处隐蔽。该级潜艇还采用了一种“滚出式”的下水方法，先用一个同步滚轮系统把整个潜艇转移到一个同步升降的船台上，然后再下降到水里。法莱恩基地（Faslane）也装了一个类似的升降机。英国在 1986 年到 1992 年间陆续下达了该级战舰的订单，其中，“前卫”号于 1992 年完工，并在 1994 年进行测试之后开始服役［注意，此处的相关内容，在第十四章论至“机敏”级潜艇时还会提及］。

① 这部分的大量内容都由三叉戟潜艇的项目总监，布莱恩·沃尔（Brian Wall）提供。

② 英国的2054型声呐套组。

英国造了一个潜艇的大型复制模型，来测试各种装备抵御爆炸震动的能力。当时，第四大桥上（背景中的桥）来往的人总会被各种爆炸吓到。（D. K. 布朗收集）

第十章
小型舰只

随着“冷战”局势越来越紧张，尤其是在1950年6月朝鲜战争过后，苏联进军西欧的可能性越来越大，英国的海岸随时都可能变成战场。战机、潜艇以及各种高速战舰都可以布雷，甚至可能在战前秘密地部署。潜艇可能会渗入河口，也可能会埋设核武器，同时苏联也在大量研发快速攻击舰。为了应对这些潜在威胁，英国设计并生产了大量的扫雷舰、海防艇和快速巡逻舰。之后的几年，英国集中应对雷阵威胁，生产出了一小撮性能很强的战舰，其中不乏一些新颖的想法。

W. J. 比尔·霍尔特

早期的项目由W. J. 霍尔特领导，从20世纪30年代末期开始，他一直负责小型战舰的设计。[①]他是一个很敏锐的水手，在设计双桅杆非磁性战舰“研究”号（Research）时，因为其前桅采用的是横帆，他还特意到一个横帆式的帆船上待了一段时间。[②]战争期间，他领导了港口防御机动快艇（Harbour Defence Motor Launch，HDML）、费尔迈尔B型炮艇、D级战舰、蒸汽动力炮艇、坎珀和尼克尔森公司（Camper & Nicholson）的鱼雷快艇等一系列舰只的设计；改进了英国动力艇的结构设计工艺；在缅甸的钦敦江造了2艘小炮艇。[③]甚至有一年圣诞节，他是在开往冰岛的费尔迈尔B型艇上度过的。他完全有资格领导下一

① D. K. Brown, A Century of Naval Construction (London 1983).

② J. Maber. "The 'Nearly Non Magnetic' Ship", Journal of Naval Engineering 25/3 (June 1980).

③ W. G. S. Penman and D. K. Brown, "The Chindwin Flotilla", Warship 19 (1981).

“比尔德斯顿”号（Bildeston），一艘“顿”级扫雷舰，竣工时采用了矮烟囱布局。（P. A. 维卡里）

代战舰的设计。J. T. 雷文斯（J. T. Revans）是他设计战后舰艇的主要助手之一，其为这一章节的内容提供了很多帮助。

反雷舰（MCM）

早至19世纪50年代的克里米亚战争，沙皇俄国的海军便在波罗的海部署了第一枚漂雷[①]；在1904—1905年与日本的战争中，其又使用水雷取得了更大的战果。[②]“二战”时期，苏联似乎没有大规模布设水雷，虽然他们根据1919年英国在德维纳河布设的M型沉底水雷开发了一款磁性水雷。战后有大量证据表明苏联正针对水雷战进行大规模的准备工作，这一猜测在朝鲜战争中也得到了部分证实。[③]

1950年左右，苏联估计每个月都要在英国水域布置4500~6000枚水雷。根据经验，1艘商船要25~30枚水雷才能炸沉，而英国最多可以承受50艘商船的损失，这就意味着我们应该把水雷的有效数量降低到1500~2000枚。进一步测试之后，情况变得更糟了：水雷必须通过接触、磁场、声场以及压力等多种信号触发，而且我们必须得在相对应的位置同时触发2到3种信号，这样一来我方战舰需要检查同一片水域12次，才能最终确认该区域是安全的。所以，我们需要数量较多的反雷舰，而且特征还不能太明显。未来的战争中可不会有渔船改造舰的一席之地。

英国制订了大量不同型号舰只的计划。1951年的“战争计划”指出，如果新设计方案迟迟无法商定，就生产50艘改进版的“阿尔及利亚人”级（Algerines）扫雷舰。1954年5月，英国计划生产5艘远洋扫雷舰、167艘沿岸扫雷舰和167艘近海扫雷舰，并且多次强调这些战舰中的绝大多数最后完成时会被搁置起来作为战争储备。远洋扫雷舰总体来说还不错，是“阿尔及利亚人”级的升级版，设计得非常精细，她在1953年获批。[④]其排水量为1522吨，蒸汽驱动，自由航行时航速可达17.5节，扫雷时航速为11.5节。不过没过多久英国人就意识到，钢制船体的战舰并不能在当代的水雷战中有所建树，于是1955年的大审查就把该项目取消了。

“顿”级沿岸扫雷舰（CMS）

“顿”级沿岸扫雷舰[⑤]的规模就要小很多了，其压力场特征小，是一艘采用铝制框架加木制外板的无磁性船体。她的自由航速为15节，而在拖曳9吨重的扫雷具时，航速为12节。在该速度下，拖曳扫雷具和脉冲磁扫描仪所需要的能量是驱动的5倍。同时该舰还需要搭载无磁性三角柴油发动机（参见后文），不过当时这种发动机还没问世，前几艘战舰则搭载了性能较差的盟立发动

① B. Greenhill and A. Giffard. The British Assault on Finland (London 1988).

② D. K. Brown, "The Russo-Japanese War. Technical Lessons as Perceived by the Royal Navy", Warship 1996.

③ C. A. Utz, Assault from the Sea-the Amphibious Landing at Inchon (Naval Historical Center, Washington 1994).

④ 大部分计算工作都是首席制图人员斯特恩（Steane）进行的，我记得他写完了9个工作本。相关的图纸参见：E. Grove, Vanguard to Trident.
远洋扫雷舰计划的生产数量一直在变，取消的时候为21艘，之后取而代之的是20艘沿岸扫雷舰，不过这也在后来被取消了。（参见：ADM 205/97 PRO）

⑤ 原本她们是以昆虫命名的，并根据所配装备的不同，加上红、蓝、绿、金等颜色词前缀。但试想一下，你能接受在一艘名叫“绿蜈蚣”号的战舰上服役吗！因此，蒙巴顿将军在1952年否决了这种荒谬的想法。

另一艘沿岸扫雷舰“希克尔顿”号(Hickleton)，这艘“顿”级后来出售给了阿根廷，更名为“内乌肯”号（Neuquen）。这张航拍图展示了扫除锚雷、音响水雷和磁性水雷所需装备的体积和复杂程度。（D. K. 布朗收集）

机（Mirlees），后来才换成三角柴油机。另外，铝制框架和甲板横梁之间形成了一个导电回路，当战舰在地球的磁场中运动、切割磁感线时，会自发形成电流，电流又会产生磁场。英国找到了相应的解决方法：在桅杆顶部安装一个传感器，它会检测电流的形成，并利用一种特殊的消磁线圈把电流抵消掉。[①]当时英国本来已经设计好了一款全木制沿岸扫雷舰，但是涡流效应的问题解决之后，这份设计就被放弃了。另外英国还设计了一款由沿岸扫雷舰［“索普”级（Thorpe）］演变而来的猎雷舰，甚至下了 3 艘的订单，但是在开工之前就被取消了。

“顿”级设计得非常成功，皇家海军生产了 118 艘，其中大部分后来都转移到了别国，即使这样，法国、加拿大以及荷兰还是增产了几艘。[②]虽然铝制框架会有腐蚀问题，但是一般来说，“顿”级战舰的寿命还是比较长的，还在英国服役的战舰加装了塑料护套，以保护木板。后来英国又把其中的 18 艘改造成了猎雷舰。为了在低速时保持良好的敏捷性，这些战舰还配合 193 型声呐安装了一种“主动”船舵。有部分“顿”级被用在了测试上。其中，“海伯顿”号(Highburton)用于使用例如聚环氧乙烷这种高分子减少阻力的试验，最后这个试验获得了成功，阻力减少了 30%，但是高分子材料价格昂贵，目前还没有找到更经济的方法。她还参与了一些实验性螺旋桨的测试，为其他猎雷舰挑选最适合的螺旋桨。“肖尔顿”号（Shoulton）则是搭载了第一套实验性喷水式推进装置（参见第九章）。推进装置的管道和转子之间的间隙比较窄，如果有碎片飞入的话很容易造成堵

① 测试期间曾对停泊在码头的试验舰进行强制横摇试验。通过让船员从船的一边跑到另一边的方式引发横摇。这是威廉·弗劳德（William Froude）在 19 世纪 70 年代提出的方法。

② 我曾对该级舰进行过几次倾斜试验，参见附录 4。

塞，这也引起了相关人员不小的担忧。但是不久之后，有一块铁路枕木碎片在“肖尔顿”号航行时飞进了推进器里，再飞出来时已经变成了火柴棍，而且最后并没有给“肖尔顿”号造成什么损坏。

近海扫雷舰（IMS）

“汉姆”级近海扫雷舰的规模甚至更小（满载排水量159吨）。该级别的前37艘战舰（编号为2601—2637）采用了与“顿”级类似的铝制框架，因为这批战舰主要在浅水区域工作，所以涡流效应更加严重。之后有56艘（原书为54艘，系计算失误）战舰（编号为2701—2739以及2777—2793）采用了全木制的结构，船宽稍微增大了一些。[①]“汉姆”级的规模实在太小，无法搭载任何新式装备，她们完成扫雷任务之后基本就退役了，只有一小部分还在继续发挥余热，不过也只是做一些辅助性的工作。水雷的改造弹性很大，所以反水雷舰艇也必须有一定的可调节性。12艘“利”级近海扫雷舰也采用了类似的铝制框架，虽然她们的官方名称是二型近海扫雷舰，可是她们并没有搭载扫雷装备。该级的任务是猎雷，但是又没有找到合适的设备，所以只能派船员下水手工猎雷。

① 最初的近海扫雷舰和二型近海扫雷舰严重超重，稳定性很差，需要压舱物。

“克兰汉”号（Cranham），一艘全木制近岸扫雷舰。尽管是一种不错的船，但是她们太小了，无法适应后来的扫雷装备。

“艾维利”号（Averley），一艘二型近海扫雷舰。尽管定名为“扫雷舰”，她们却没有安装扫雷装备。其任务是猎雷，但是设计中的声呐未能实现，因此只能让潜水员搜索水雷。（D. K. 布朗收集）

以上扫雷舰在海上的适航性都很不错，但是毕竟是小型战舰，海况不好的情况下还是会有剧烈的摇晃。虽然“汉姆”级的规模更小，但是很多人都觉得她在海上的表现更好，大概是因为采用了“顿”级的高桅杆设置，海风发生了分流。[1]“顿”级猎雷舰搭载了沃斯珀公司的鳍板稳定器[2]，国家物理实验室做试验时也用了这种稳定器，试验内容是在船首下方装一个固定的叶片，来缓和船体的上下浮动，试验结果表明这种设置有一定的益处，但是叶片出水时的冲击太大了。[3]

鉴于当时所处的环境，该项目是必须进行下去的，而且也发展得很顺利，绝大多数都按计划直接进入了预备组。虽然渔船不能在战争中有所作为，但是渔船的船员数量众多，可以招来操作“顿”级和“汉姆”级战舰。设计方案也很健全，所以很多小船厂也可以参与生产工作。英国当时对水压水雷还是一筹莫展，虽然其针对类似塑料袋（之后发展成了一种用来装油的橡胶套，人称世上最大的“避孕套”）和袖套的设计方案投入了很多心血，但始终没有收获成功，这也使得英国渐渐地把精力从扫雷舰向猎雷舰转移。

三角发动机

1943 年，罗伊·费登爵士（Roy Fedden）成立了一组委员会，负责监管鱼雷快艇专用的高动力低重量柴油发动机。[4]英国决定采用海军工程实验室发明的三角发动机[5]，每三个双作用汽缸为一组，成倒三角形，整个发动机有 9 个或 18 个汽缸。

1946 年 8 月，海军首先和英国电力公司签订了发动机的生产合同。研发工作从 1947 年初开始，研发地点在内皮尔市（Napiers），由萨蒙斯（Sammons）爵士领导，花费 150 万英镑（当初预计为 200 万），耗时 3 年。这种发动机的重量大概是当时同等级产品的五分之一。标准版的发动机主要用于快速巡逻艇，“顿”级战舰采用的则是一种降级版（铁路机车也是[6]），主要是因为其磁场特征较弱，后来的“狩猎”级反水雷舰艇还搭载了一种磁场特征更弱的版本。后来英国还设计了一款混合版三角发动机，在尼恩发动机（Nene）的基础上设计了一种燃气轮机，插入三角形中间，利用三角发动机的尾气作原料，可输出 6000 制动马力，不过后来和轻型沿岸部队的计划一起被取消了。

“福德”级海防艇（Ford）

朝鲜战争时期，苏联有一种快速潜艇，可以渗透英国的河口以及港口，袭击英国的海运作业，甚至可以部署核弹。为了应对这一威胁，W. J. 霍尔特设计了一款海防艇，总共 20 艘，大部分于 1951 年下单（最后 2 艘于 1955 年才下单）。[7]

① 在讨论“桑当”级（Sandown）各种参数的过程中，这些论文被重新翻出来了。
② 我觉得这并没有什么用。
③ 稳定鳍会把空气引入冷却水的入口，这对发动机的工作有影响。
④ ADM 167/135 (PRO).
⑤ 海军工程实验室同时还负责研发大型舰只的海军部标准动力组 1 型（ASR 1）柴油机。市面上的发动机总有各种各样的问题，政府部门能够真正研发出两款很不错的发动机是非常了不起的。据说汽缸的设计是由容克公司（Junkers）的飞机柴油发动机演变而来的［工程师首席制图员，H. 彭沃登（H. Penwarden）］。参见：Le Bailly, From Fisher to the Falklands (London 1991), p80.
⑥ K. Hill, "The 'Deltic Revolution' 40 years on", Backtrack (Feb 2001).
⑦ 英国似乎订购了 24 艘，但其中竣工的只有 20 艘。参见：Conway's All the World's Fighting Ships 1947 - 1995, p536. 有一艘未成舰的船被倒过来，用作了查塔姆造船厂的办公室。

“沙尔福德”号（Shalford），第一艘竣工的海防艇。该舰艉部装有三管乌贼反潜迫击炮，且存在严重的超重问题。（国防部）

这一款的船型参考了战时的蒸汽炮艇，虽然很适合海运，但是因为没有舭龙骨，所以摇晃得比较厉害。[1]

该海防艇总共有三个轴，两翼搭载帕克斯曼（Paxman）主发动机，中间的轴则搭载了小型的福登（Foden）发动机。反潜武器原计划为1座单管乌贼反潜迫击炮，但这并没有实现。最终“沙尔福德”号搭载了1座普通的三管乌贼反潜迫击炮，其余各舰则搭载了2个深水炸弹投射器和2个深水炸弹投放架，此外还搭载了1座单装40毫米MK 7防空炮。该级海防艇大部分都服役到了1966—1967年。

和该章节提到的很多早期战舰一样，该级战舰也是朝鲜战争的产物。海军建造总监部门当时严重负载，很难保证每一个关键设计的计算过程都有两名助理建造师参与，负责“福德”级计算过程的两名工作人员也的确都不是助理建造师。我监督了几个设计过程，并且发现了大量的错误。设计人员的等级越高，工作压力就越大，甚至连霍尔特都是分身乏术。[2]“沙尔福德”号的满载排水量应为108吨，其中还包括后来加上的9吨，但是我在测试的时候发现其实际排水量竟然达到了148吨。[3]检查之后，我发现是因为在计算过程中忽略了大量烟囱、机座等设备。[4]

快速巡逻艇

战争末期，快速巡逻艇的作用非常大，尤其是在北海到波罗的海区域，因为德军裁员，苏联有了可乘之机。英国采取了一系列紧急措施，解决了战时轻型沿岸舰的各种缺陷。

发动机的问题最严重，英国总共采取了两种方法——燃气轮机以及柴油发

① “沙尔福德”号的船长第一次在恶劣天气下出海就抱怨自己的船不安全。于是海军派来了一位富有经验的助手，他曾在战争中指挥过费尔迈尔“B”型炮艇。他发现“沙尔福德”号中没有人搭乘过比“果敢”级小的舰船出海。“沙尔福德”号很正常，只是需要更多的扶手。

② ADM 167/143 (PRO).审计官报告列举了许多设计出现问题的例子。“汉姆”级近海扫雷舰和81型之前的所有护卫舰都出现过错误，其中“惠特比”级的一个严重错误直到最后一刻才得以纠正。

③ 这是我记忆中的数据——它们已经深深地印在我的脑海里，我认为这个数据是正确的。

④ 基于此，我倾向于直接选择一种可靠的母型船调整推算，这样出现遗漏的概率更少。如果这两种方法给出的答案明显不同，我自然会觉得有问题。

动机，而且最后都获得了成功。首先，英国在坎珀·尼克尔森公司的 MGB 2009 型机舱中大都会搭载维克斯公司（Metropolitan-Vickers）的加特里克（Gatric）发动机，以驱动中轴。这种设置方法虽然验证了燃气轮机驱动的可行性，但是也有两个主要问题：一是考虑如何在吸入的气体中隔绝盐水；二是外部噪音过大——2009 型机舱的舰桥在烟囱和进气管中间。①

罗尔斯·罗伊斯公司的 RM60 发动机要先进得多，其采用了一种复杂的循环系统，在低速下也能保持较低耗能。之前的“灰天鹅”号（Grey Goose）蒸汽炮艇就搭载了 2 座这种发动机，使用效果非常好，也很稳定。但是这种发动机对于巡逻艇来说规模过大，所以最后并没有采用——很可能会用于 45 型护卫舰。②

战时舰艇的武备也存在问题。战争结束后，一种重 8 英担的 4.5 英寸炮出海测试，成了炮艇的主要武器。③其能以每分钟 10 发的射速发射 15 磅炮弹，不过初速较低，只有每秒 1500 英尺。战后海军尝试研制第一种有效的巡逻艇炮，CFS 1（Coastal

① C. E. Preston, Power for the Fleet (Eton 1982).
第 11 页写道：“（噪声像是）尖叫声、咆哮声和呜咽声的混合，最主要的是尖叫。”

② “灰天鹅”号在 2001 年仍能保持漂浮状态。

③ 1946 年 9 月，装备这种巨大火炮的鱼雷快艇 528 号和 5008 号出现在约克郡。它的原型是一种陆军榴弹炮，由莱弗里斯少校设计。其发射的高爆弹可以对轻型结构造成毁灭性打击，但是高弹道和不稳定的炮座使这样的打击十分难以取得。

摩托炮艇 MGB 2009，第一台船用燃气轮机的试验平台。（D. K. 布朗收集）

成为试验平台的“灰天鹅”号，装有两台 RM60 燃气轮机。这项设计在当时拥有超前的技术水平。（国防部）

Forces System 1)，但由于尺寸在开发过程中不断膨胀，最后不得不放弃。[①] CFS 2（一种 3.3 英寸炮）发展自早期百夫长坦克使用的发射 20 磅炮弹的火炮，并配备完整的炮塔稳定系统。[②] 1957 年 3 月，“大胆先锋”号（Bold Pioneer）搭载此型火炮出海测试，尽管出现了一侧偏重的问题[③]，但还是取得了成功，打出了较高的命中率。但在 1957 年 9 月，皇家海军取消了沿岸部队的计划，该项目也随之流产。[④]

1946 年，英国利用早期的原型舰对船体进行了测试：沃斯珀公司设计的鱼雷快艇 538 号[⑤]船体完全采用的胶合板，而桑德斯－罗公司［Saunders–Roe，桑德斯工程与造船公司，位于博马里斯（Beaumaris）］设计的鱼雷快艇 539 号船体则是采用的铝合金[⑥]，两者都由 H. R. 梅森（H. R. Mason）负责测试。这两艘原型艇都在船体构造方面提供了许多有用的经验教训，后来的大部分快艇都采用了铝制肋骨覆盖木制外板的构造。

H. R. 梅森还设计了两款较长的船体（121~122 英尺）的原型舰，比较了尖舭船体与圆形船体的优缺点。因为尖舭船体的内部空间更大，所以她在海试之前就获得了一部分人的青睐。据了解，这两者从来没有同时进行过海试，这主要是因为动力系统的稳定性不够。她们都搭载 2 套加特里克公司的燃气轮机，2 套梅赛德斯公司的柴油发动机（从鱼雷快艇上卸下的，后来换成了三角发动机），航速大约为 42 节（设计航速为 48 节）。1953 年 1 月，“大胆先锋”号下水，同年 7 月，“大胆导航者”号（Bold Pathfinder）也下水了。鱼雷快艇可以通过调节叶片角度达到更高的航速，虽然这一批原型舰也有相应的设备，但始终没有实际尝试过。后来快速巡逻艇的情况发生变化，这些原型舰也撞上了死胡同。

朝鲜战争爆发后，英国于 1950 年下单了 12 艘“快乐”级（Gay）战舰，这是沃斯珀公司战时战舰的升级版，于 1953 年开始服役。舰炮方面，“快乐”级搭载了 1 座 4.5 英寸和 1 座 40 毫米的舰炮，鱼雷方面则搭载了 1 座 40 毫米防空炮和 2 具 21 英寸鱼雷发射管。该级战舰的设计师是 J. T. 雷文斯（J. T. Revans），在海军部实验技术研究所的建议下，他将战舰的重心向船尾调整了一段距离，

① 有人提议把它装进“玛丽王后”号邮轮。
② CFS 2 的整体重量为 301 磅，这是在高速巡逻艇的高加速度下可以承受的最大重量。
③ 因此需要加上 5 英担（约 254 千克）的配重。
④ 这种火炮的一种变型曾考虑装备在“城堡”级近海巡逻舰上。
⑤ 该艇原为 1944 级的最后一艘，但在 1944 年底留作测试用途。
⑥ 可能采用了海军部的船型。

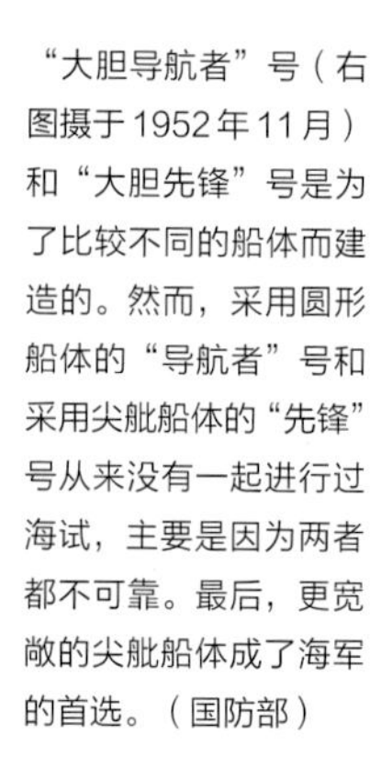

“大胆导航者”号（右图摄于1952年11月）和“大胆先锋”号是为了比较不同的船体而建造的。然而，采用圆形船体的“导航者”号和采用尖舭船体的“先锋”号从来没有一起进行过海试，主要是因为两者都不可靠。最后，更宽敞的尖舭船体成了海军的首选。（国防部）

“黑暗”级是一种多用途战舰，可以根据不同的任务迅速改装：装备4.5英寸炮和40毫米炮各1门的炮艇；装备1门20毫米炮和4具鱼雷发射管的鱼雷艇；装备1门40毫米炮和6枚水雷的布雷艇；或是如这张“黑暗角斗士”号（Dark Gladiator）照片所示，装备1门40毫米炮的小艇。（D. K. 布朗收集）

“快乐百夫长”号（Gay Centurion）。“快乐”级快速巡逻艇在服役初期存在严重的艉倾问题，但后来这个问题通过安装压浪板解决了，还提升了航速。这张照片中可以看到艉封板上压浪板的支撑条。（D. K. 布朗收集）

1957年，“大胆先锋”号在艏部安装CFS 2型火炮的原型。它在试验中非常成功，但那时皇家海军已经不再需要快速炮艇了。（世界船舶学会）

减小了航行时的阻力，从而增大了航速。[①]初次完工时，她们的最大航速可达到40节，不过船尾纵倾比较明显，水面与最长舱室的中间底部相交，给结构造成了破坏。[②]雷文斯建议在艉封板加装压浪板，调整航行时的纵倾，让舱壁来承受其影响。虽然模型试验表明，这样做会降低1.5节航速，但英国最终还是决定在一艘战舰上采用襟翼。[③]因为螺旋桨的效率得到了大幅度提升，所以在测试时，该舰的航速其实达到了44节。[④]压浪板完全放下时，，全速满舵转向的危险性较大，有时甲板边缘会被淹到水下。

1950—1953年，英国下单了雷文斯设计的"黑暗"级巡逻艇。[⑤]炮艇版的武备配置与"快乐"级相同，鱼雷艇版则改为1门40毫米炮和4具鱼雷发射管。"黑暗"级有2台18缸的对置活塞三角发动机，可输出5000制动马力，不过当时这种发动机还没有实际运行过。发动机输出的有效功率大小很大程度上取决于转速（"黑暗"级搭载的三角发动机转速为每分钟960转）。在第一次测试时，该发动机最快只能给战舰提供22节的航速，更改了螺旋桨的设计之后，其最终达到45节。[⑥]不过在这种航速下，螺旋桨的寿命仅有20分钟，尝试了许多新设计之后，寿命又增加到了20小时。1957年，皇家海军取消沿岸部队之后，大部分"黑暗"级战舰都随之退役了。[⑦]

1954年初，在雷文斯的领导下，英国开始了极快速巡逻艇的研究，这项研究大约在1960年，也就是沿岸部队解散后，完工。[⑧]这批巡逻艇要能够在黑夜的掩护下"巡航"到荷兰沿岸，参加一次战役并返航。这样一来战舰的持续航速须达到50节，英国考虑了很多方法，其中就包括采用半浸式螺旋桨，[⑨]之前提到的混合版三角发动机也正在研发当中。不过事实证明，直接搭载3台普鲁鸠斯发动机也可以解决问题，而且对于短航程、高航速的任务来说，这种设置也最轻便。按照这份设计建造的2艘"英勇"级战舰预计会搭载CFS 2舰炮和1座单管40毫米炮，根据不同的任务需求，该舰的军备可以进行很灵活的调整——搭载1座40毫米炮、4具鱼雷发射管时，她便可作为鱼雷艇，同时她也可以充当布雷舰、突袭舰等等。

雷文斯在进气装置上下了很大功夫，满载时，进气装置必须在控制盐分混入的条件下每小时吸进200吨空气。早期的战舰通常会超重，不过"英勇"级战舰采用了某种手段，由沃斯珀公司进行计算，舰船局核查通过。最后这批战舰都按照设计重量完工，这也证明这种方法确实可行。对轻型战舰而言，重量必须从基础设备开始就得到控制。

这份设计的研发工作由沃斯珀公司负责，其在第一次测试时就达到了50节航速，这也反映了该公司的工作能力，他们拥有自己的流体动力学部门，当时由赫尔曼·雷德（Hermann Rader）掌管。[⑩]1969年1月，英国下单了之前取消

① 整个关于快速巡逻艇的内容要归功于J. T. 雷文斯在2001年7月写给我的一封私人信件。杰夫·赫德森也给予了很大的帮助。

② 我的第一项工作就是尝试设计合适的加强筋，但没有成功。

③ 测试使用的压浪板由海岸部队基地赫奈特的造船工人制造。高恩博士担心有发生跃水现象的风险，但这并没有出现。

④ 我花了大约20年的时间才让人们相信压浪板至少对一些护卫舰有好处。最后，安装改进型襟翼鳍的"复仇者"号在测试中的航速提高了约1.5节（参见第七章）。

⑤ 包括"黑暗侦察兵"号在内，该级艇一共订购了19艘，但"黑暗骑士"号在1957年11月下水后被取消。"黑暗侦察兵"号采用的是全铝结构。

⑥ 表现最好的是一具略有修改的E艇（德国鱼雷艇）螺旋桨。

⑦ 主要是因为重新武装的德国海军接管了波罗的海航道。

⑧ J. T. Revans & Cdr A. A. C. Gentry, "The 'Brave' Class Fast Patrol Boats", Trans RINA (1960), p367.

⑨ 甚至有人打算在舰艉安装明轮。

⑩ 在50节的航速下，整个螺旋桨的后部将会被空泡，这使得它的设计问题比40—45节时，螺旋桨只有部分区域被空泡更容易解决。即便如此，这依然是沃斯珀公司和雷德的伟大成就。

的3艘“弯刀”级衍生舰，以作为水面战舰反快速巡逻舰行动的练习用高速舰。在设置好尾压浪板后，这些训练舰的表现还是相当不错的。[①]1971年，英国特批沃斯斯珀公司一款长144英尺的私有财产为“固执”号（Tenacity），1973年2月开始作为渔业保护战舰。

① 雷文斯需要通过“借鉴”的方式才能保证其新工作中的压浪板设置正确。
② 我曾在这样海域下登船调查。

“城堡”级近海巡逻舰——个人说明

因为“城堡”级是唯一一批按照我的设计进行建造的战舰，请允许我针对该级别进行较大篇幅的叙述，她们绝对值得这个待遇，而我将采用第一人称来编写这一部分。

1975年，在新的国际规则下，英国必须要扩大专属经济区的渔业保护舰队。英国首先收编了苏格兰渔业部的“朱拉”号（Jura），证实其能够满足要求后又下单了5艘（后来升至7艘）由类似战舰组成的“岛”级战舰。一年之后，相关人员又进行调整，我成了主要水面战舰设计的负责人。我们主要负责43型驱逐舰的细节设计，不过当时她还处在概念阶段，我们至少要一年之后才能开始工作。后来上级决定让我们先针对第二代近海巡逻舰进行设计，这看起来更像是在给我们练手，毕竟我已经18年没有设计过战舰了，团队里其他人的经验甚至比我还少。

近海巡逻任务相比“热战”有许多不同之处：百分之百的“杀戮”是没有必要的，我们只需要通过抓捕行动来震慑其他不法分子就够了。虽然“岛”级16节的航速遭到了批评，但是欧洲水域的拖网渔船航速基本不会超过12节。即便如此，航速要是再快一点自然更好。渔业工作在5级海况下（浪高4米）几乎无法开展，在更恶劣的海况下展开登舰抓捕行动毫无意义。[②]

当时英国还针对一款稍微加强了的“岛”级战舰进行了初步研究。我坚持认

“林迪斯法恩”号（Lindisfarne），一艘“岛”级近海巡逻舰，其以良好的状态服役多年。（D. K. 布朗收集）

为，将如此高规格的支出投入到细微的改进中是不划算的，除非能有很大改进，否则我们不应该再购入“岛”级战舰了。[①]争论的焦点主要是直升机甲板，首先我们排除了舰载直升机的方案，因为“山猫”直升机的成本比战舰的成本还要高，而且如果采用“山猫”直升机的机库，就没办法再装更大型直升机的降落甲板了。为了能够在救援任务中起降海王直升机和灰背隼直升机，并且为其填充燃料，战舰的确需要一块大型甲板，包括财政部在内的政府部门很快批准了这一方案。[②]

很多人都批判“朱拉”号和“岛”级的摇晃情况太剧烈了，于是我针对舰船摇晃对人类行为的影响进行了文献调查。[③]“岛”级的战舰大小都相差无几，外形上与战时的“花”级战舰很相似。我比较了对“花”级（205 英尺）、“城堡”级（252 英尺）和“河”级（301 英尺）职业生涯的各种主观描述，最后以“一战”时期海军 S 级驱逐舰的外观为参考，暂时认定 80 米（262 英尺）是最佳的船身长度。同时，阿德里安·劳埃德博士（Adrian Lloyd）也采用了一种新型的电脑模拟技术，将战时战舰及各种其他船只同我设计的新舰外形放在一起进行了一系列长度的比较。最后根据他的实验结果，我把船身长度减至 75 米。

75 米这个长度超出了对空间的硬性需求，不过其也有着很重要的作用。飞行甲板可以搭载灰背隼直升机，[④]还大大减缓了仰首和上下起伏的程度。因为有多余的空间，我还可以把住宿及工作的区域安排在船中的位置，那里受晃动的影响最小，舰桥的位置几乎就在船的正中间。

这些布局是在与渔业保护战舰的舰长、苏格兰海事方面的负责人和一位开明的拖网渔船船主的讨论中发展来的。我还搭乘过“幼天鹅”号（Cygnet）出海，结果途中遇到了风暴。新舰使用的发动机和“岛”级相同，但分开布置在不同的机舱内，以应对进水。长度的增加使得该型舰的航速提升至 19 节。带有大型

① 我们还研究了气垫船、飞艇和水翼艇，最后一个船型令海军下定决心购买“极速”号。
② 海上作战需求处长这位非常有效的中校起了很大的作用。
③ 参见第十二章。
④ 福克兰群岛战争期间，支奴干直升机曾在该级舰上着落。

“利兹城堡”号（Leeds Castle），一艘更大的近海巡逻舰，可以停放 1 架海王直升机（事实上，支奴干直升机也能在“城堡”级上着落）。注意船体舰桥后部之前部位的折角和高干舷。（国防部）

瞭望台的烟囱桅赋予了她们独特的外观，后来24型护卫舰的研究方案也沿用了这一设计。我们希望出口“城堡”级战舰，所以画了很多草图，还造了一个搭载各种重型武器套组的模型（参见第七章）。虽然没有计算结果的支撑，但是我认为就算成本较高，该方案也是可行的。海军部实验技术研究所针对皇家海军使用的舰炮进行了一次有趣的实验，实验要求是在6000码外，且不进行重新装填的情况下，解除恐怖分子的导弹威胁。百夫长坦克炮（105毫米）的成绩最好，而且成本也最低，只有10万英镑。但是参谋部决定对其进行改进，将仰角提高到90度并加装机械装填系统，导致其成本提升到600万英镑，所以该级战舰最后搭载了40毫米L60的博福斯炮。

我的草图设计在业内广为流传，我邀请了一些公司对其进行改进，并且互相竞标。我们设计了一个很精细的评分标准，以此作为我们选择承建商的依据，最后我们选择了霍尔·拉塞尔公司（Hall Russell）。让我感到惊讶的是，大家都对这个决定没有什么异议。

1982年初，我在“利兹城堡”号观看了直升机的降落测试。测试在埃迪斯通礁附近展开，当时的海浪高度超过4，米但波长很短。试飞员的话非常有趣：降落的限制因素是横摇角，而不是护卫舰的垂直速度。他证明自己能在5级海况下着舰。大半个下午我都和阿德里安·劳埃德一起待在瞭望台上，他就船型带来的影响给我提了许多意见。船首的大幅度外飘和折角设计出自我之手，我提醒他注意浪花飞溅的情况，即使在这相当恶劣的海况中，前甲板也能保持干燥。他反驳我说，只有我设计的大幅度外飘才会激起浪花，如果我听从他的建议，就不会有浪花——但我依然认为自己是正确的。

设计的排水量为1350吨，后来我们又把一些闲置空间加上燃油，计算出了额外的满载排水量为1500吨。福克兰群岛战争爆发时，这批战舰作为运输船，被塞得重达2050吨。[1]我在设计时给她们装上了巨大的舭龙骨（参见269页的图片），因此在试航期间，我们很难让她们的横摇达到能够测试稳定鳍的程度。打仗时，两艘战舰的稳定鳍都因为轴的疲劳时效脱落了，但是没人注意到有任何改变。战后的海上报告对战舰的评价很高。[2]不过从测量摇晃程度的结果来看，我怀疑指挥官夸大了她们的优点，毕竟指挥官一般只待在船正中的舰桥里。

“极速”号（Speedy）水翼艇

自20世纪20年代起，皇家海军就对水翼艇展现出了浓厚的兴趣，不过之前所有的项目都以失败告终了。[3]1978年，波音公司针对水翼艇在渔业保护方面的应用发表了几篇论文，美国的海岸警卫队使用的是格鲁曼公司（Grumman）的“弗拉斯塔夫”号（Flagstaff）水翼艇。近海巡逻舰的研究表明，在成本不高的情况

① 这是我记忆中的数据。
② D. K. Brown, "Service experience with the 'Castle' class", The Naval Architect (Sept 1983), p255. 还有后来的通信记录。
③ D. K. Brown, "Historic Hydrofoils of the RN", High Speed Surface Craft (April 1961).

下，水翼艇还是有其优点的——这也意味着要对现有工艺进行改进。英国也参加了北约针对反潜战研发的拖曳阵列水翼艇的研究（700—1300 吨）。结合以上条件，英国有充分的理由购入一艘试验船。出于经济上的考虑，时间非常紧迫，当时只有波音公司的一种喷射水翼船（Jetfoil）能在规定时间内就位。[①]第二年，由我参与的“极速”号水翼艇在普吉特湾进行航速试验时已经可以达到 43 节了。[②]波音公司交货的时候该艇只有船体和动力系统，VT 公司作为分包商对其进行了武装。完工后，她开始了漫长的测试，但后来这个项目却被诺特的国防审查砍掉了。我对她的总结是：“该做到的都做到了，想做到的大部分也做到了。”

第二代反水雷舰艇

大约在 1960 年，英国成立了一个委员会，负责下一代反雷舰的工作。委员会由位于特丁顿的海军研究实验室领导，其研究范围十分广泛。该团队来到哈斯勒基地的时候，其余人大概以为他们会沿用传统的方法，不过事实并非如此。[③]我们选择了一种双体船的结构，能够搭载更宽的工作甲板，有足够的空间可以添加设备。当时首选的推进系统是在甲板上方安装两个大型的空气螺旋桨（末端为直升机旋翼），以屏蔽空气中的噪音，此外还会搭载大型的舷外发动机，用来在安全的水域巡航。第二选项依然是双体船结构，不过是利用往复式蒸汽机驱动船体之间的明轮——这个点子的来源还要追溯到 1890 年的一次噪音试验上，那次试验使用了一种蒸汽式的拖轮，其在特定频率下的噪音很低。还有很多不错的点子也是借鉴了很久远的经验。

当时英国围绕着这批战舰的类型有过一些争论，有人认为这批战舰应当同时胜任猎雷舰和扫雷舰的角色，也有人认为应该将两种角色分开。最后出于人力以及经济成本的考虑，英国还是选择了结合舰的方法。当时一种在海底爬行的“潜艇坦克”的设计也很受青睐。

“狩猎”级的发展

虽然说已经限定了下一代反水雷舰艇要充当猎雷舰和扫雷舰两种角色，但是舰艇在其他方面还是有很多选择的，其中船体是采用胶合木板还是玻璃钢（GRP）这个问题就引起了不少争论。[④]英国对两种材料都进行了全尺寸试验，并且都进行了水下爆炸试验。一开始这两种结构的表现都不是很好——据说一个玻璃钢模块在爆炸之后会变得像小麦片一样，不过结合经验进行改进之后，都变得还不错。当时的胶合木板中塑料胶的含量很高，有人就戏称其为木钢。

还有很多问题需要解决，比如用哪种玻璃纤维和树脂[⑤]；是采用夹层结构、框架结构还是单层结构——当时有人认为使用玻璃钢的话会有较高的火灾风险，

① 格鲁曼公司无法满足我们非常紧迫的时间要求，而当时罗德里格斯没有足够大的水翼艇。

② 她在特殊的减重状态下以每小时 50 海里的航速通过验收。

③ 当时，海军部实验技术研究所有一个非常不合理的名声——守旧，就像我们在降噪螺旋桨、潜艇控制等方面领先世界一样。

④ 注意“玻璃纤维”（Fibreglass）是一家公司的商标，我们最好避免使用。

⑤ D. Henton, "Glass Reinforced Plastics in the Royal Navy", Trans RINA (1967).

"极速"号，一艘由波音公司制造的喷射水翼船，其在竣工后交付英国。我曾在普吉特海湾参加了该舰的前期海试，那时她的航速达到了每小时50海里。（D. K. 布朗收集）

不过只要选对材料，这种风险完全可以避免。"勒德博利"号（Ledbury）就曾经遭受过燃油起火的灾情，火灾在800摄氏度的高温下持续了3个小时，但是相对来说，其结构并没有受到太大损害。[1]此外，该舰的材料还可能存在吸水问题，不过在大量测试之后，这个问题也得以克服。

英国尝试的第一种玻璃钢结构是夹层结构，用两层玻璃钢外壳包裹住一个"盒状"的玻璃钢内核，这种结构在猛烈的冲击下会失效。之后也试过更好的夹层结构，但这种结构的问题在于在爆炸或者火灾之后都无法检查结点是否安全。随后英国决定采用带框架的单层外壳结构，皇家海军的三代反水雷舰艇全都是采用的这种结构。起初，在爆炸的负载之下，该结构的框架有可能会从外壳脱落，所以"狩猎"级的框架和外壳是用螺栓连在一起的。"桑当"级的舰船采用了更先进的树脂成分，就没必要这么麻烦了。船体使用厚制单层结构也可以，但是和英国成熟的设计相比就没有什么明显的优势了。20世纪80年代中期，国防部设计了一种玻璃钢船体，由哈尔马特公司（Halmatic）负责生产，他们没有采用框架结构，而是使用了一种用纵向褶皱强化的单层结构。事实证明这种设计的成本低，而且在强度测试和爆炸试验中都有不俗的表现，不过"桑当"级已经来不及使用这种设计了。[2]

"威尔顿"号（Wilton）[3]

之后英国决定造一艘原型舰来试验新材料在服役条件下的使用情况。原型舰和"顿"级一模一样。英国拆解了"德里顿"号（Derriton），她的动力系统、

① 灾后，我们切下了许多小块以备检查。该舰的舱壁和甲板使用了很好的隔热材料，远离火源的一侧几乎没有发热。
② 我想这个船体可以卖掉，变成居住船。
③ R. H. Dixon, B. W. Ramsay & P. J. Usher. "Design and Build of the GRP Hull of HMS Wilton", RINA Symposium on GRP Ship Construction, London 1972.
这本论文集的其他论文也都是相关题材。

“狩猎”级“阿瑟斯通”号（Atherstone）。由于需要严格控制磁场特征，该级舰在建造过程中重量几乎没有增长，各舰之间也几乎无法区分。（沃斯珀公司）

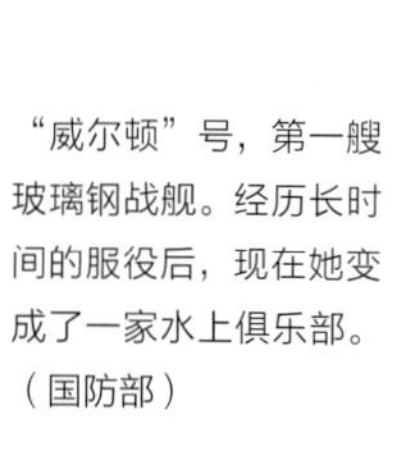

“威尔顿”号，第一艘玻璃钢战舰。经历长时间的服役后，现在她变成了一家水上俱乐部。（国防部）

装备等都转移到了“威尔顿”号上。“威尔顿”号完工时会是世界上最大的塑料船，她的主船体表面积为10000平方英尺，甲板、舱壁、上层建筑的表面积为15000平方英尺，都是采用的玻璃钢，总量达到130吨，用了900000平方英尺的玻璃纤维。（“威尔顿”号的预计寿命为60年，现在已经过了一半了，她应该作为世界上最大的塑料船被好好保存下来。）

玻璃钢虽然抗拉性很强，但是刚度不够，这样的结构很容易弯曲。根据早期测试的经验，在设计中这样的缺陷是可以存在的，所以之后设计出的结构对应力很敏感——能承受的最大应力大概为每平方英寸1吨。VT公司很注重员工的训练及安全，苯乙烯溶剂很容易引起火灾，对健康也有影响，所以必须严格控制并监测其用量（有些人完全无法忍受苯乙烯）。玻璃纤维可能引起皮炎，但是只要留心了几乎就不会有问题。

建造"威尔顿"号的过程没有遇到什么很大的困难，她漫长的服役生涯中也没有遭遇过什么麻烦。早期确实遇到过水下设备腐蚀和涂料的问题，但是找到合适的材料之后，这个问题很快就解决了。不过她很容易发生事故，早年经历过两次碰撞和一次小火灾。有一次碰撞事故直接把船头都撞掉了，好在模具一直都没被销毁，相关人员很快造了一个新的船头，给她用胶粘回去了，这也反映了玻璃钢材料在维修方面的便捷性。大部分除漆剂都会损坏玻璃钢，所以在涂漆之前都会给玻璃钢加上一层环氧聚酰胺保护膜。

玻璃钢结构并不便宜——建造"威尔顿"号的时候（1973年完工）每吨要花费5500英镑，相比之下，钢船体为每吨1500英镑，一艘战舰下来相当于贵了50万英镑。不过这只是原型舰的价格，"狩猎"级项目进行的时候价格只有原型舰的一半。

学习曲线

在持续的建造过程中，由于管理人员和工人会不断进行学习（比如研究各种操作的捷径），且固定成本（包括工具等）也会随着产量平摊开，所以任何产品达到一定数量之后，其单位成本就会大幅降低。这种情况即为"卡科（Caquot）定律"——量产物品的直接建造成本与其被建造出来的单位数量的四次方根成反比。

这一定律的极佳范例是第二次世界大战中批量建造的商船——比如自由轮、胜利轮和T2油轮，随后沃斯帕建造的"狩猎"级自然也遵循了这一规律：第十一艘"狩猎"级所消耗的工时仅为第一艘的一半多一点。巴罗（Barrow）建造的核潜艇和亚罗斯公司（Yarrows）建造的"利安德"级的成本也随着产量的增加出现了很大的降低，尽管下降的速度相对较慢。[①]

但需要注意的是，只有在同一造船厂进行连续建造的情况下，才能通过学习曲线来节省成本，而将建造任务分配给两个厂商时则很难做到这一点，除非订单总量大到足以让两个建造厂都获得足够的建造数量，否则往往只有订单较多的那个厂才会出现成本下降。学习引起的成本下降不是自动产生的，其需要管理层和工人们主动去学习研究如何节省工时和材料。

"狩猎"级

"狩猎"级是扫雷舰和水雷搜索舰的结合。充当扫雷舰时它们会拖曳新式的

① 卡科定律给出的指数为0.25；巴罗造船厂的核潜艇对应指数为0.32；亚罗斯造船厂的"利安德"级对应指数为0.13。后两者只是笼统地说明，核潜艇并不是一样的，"利安德"级也不是来自同一个大订单。第十二艘"桑当"级成本只有首舰的55%。

奥罗佩萨（Oropesa）型扫雷具来清除锚雷，或者采用干扰式扫雷具来清除磁性水雷和声引信水雷。这意味着“狩猎”级需要搭载十几种特殊设备，包括浮子、分流器、发电机、监视器等等。这些设备都需要电线和电缆，因此舰上还需要搭载大型绞盘和滚轴。在扫雷状态时，该舰的螺旋桨必须提供高达数吨的拖曳力才能拉动这些装置。采用大直径低转速的螺旋桨可以尽可能地降低噪音，但拖曳扫雷具时的水流情况与自由航行或搜索水雷时的情况存在很大的不同，降低噪音也就更加困难了。

作为搜寻舰时，她们需要使用安装在舰体上的193M型声呐去定位水雷。如果探测到了可疑物体，“狩猎”级会绕着它转圈以识别它（通常可以通过不同角度阴影的区别来进行识别）。如果该物体有可能是一枚水雷，“狩猎”级就会放出一艘法国产PAP 104型微型遥控潜水器并通过闭路电视来进行近距离观察。如果基本可以确认其就是一枚水雷，PAP就会投放爆破炸药，当PAP安全撤离后，炸药便会将水雷引爆。

SRN-4型海峡渡轮作为反水雷舰的想象图。她可以携带“狩猎”级的所有装备，并以至少相同的航速作战——在部署时的航速可以达到65节。（D. K. 布朗收集）

为了保证“狩猎”级的压力特征较低，设计人员需要严格控制全舰的重量。在早期的减重计划中，该舰成功减重70吨，但建造时，这一小部分的“节省”

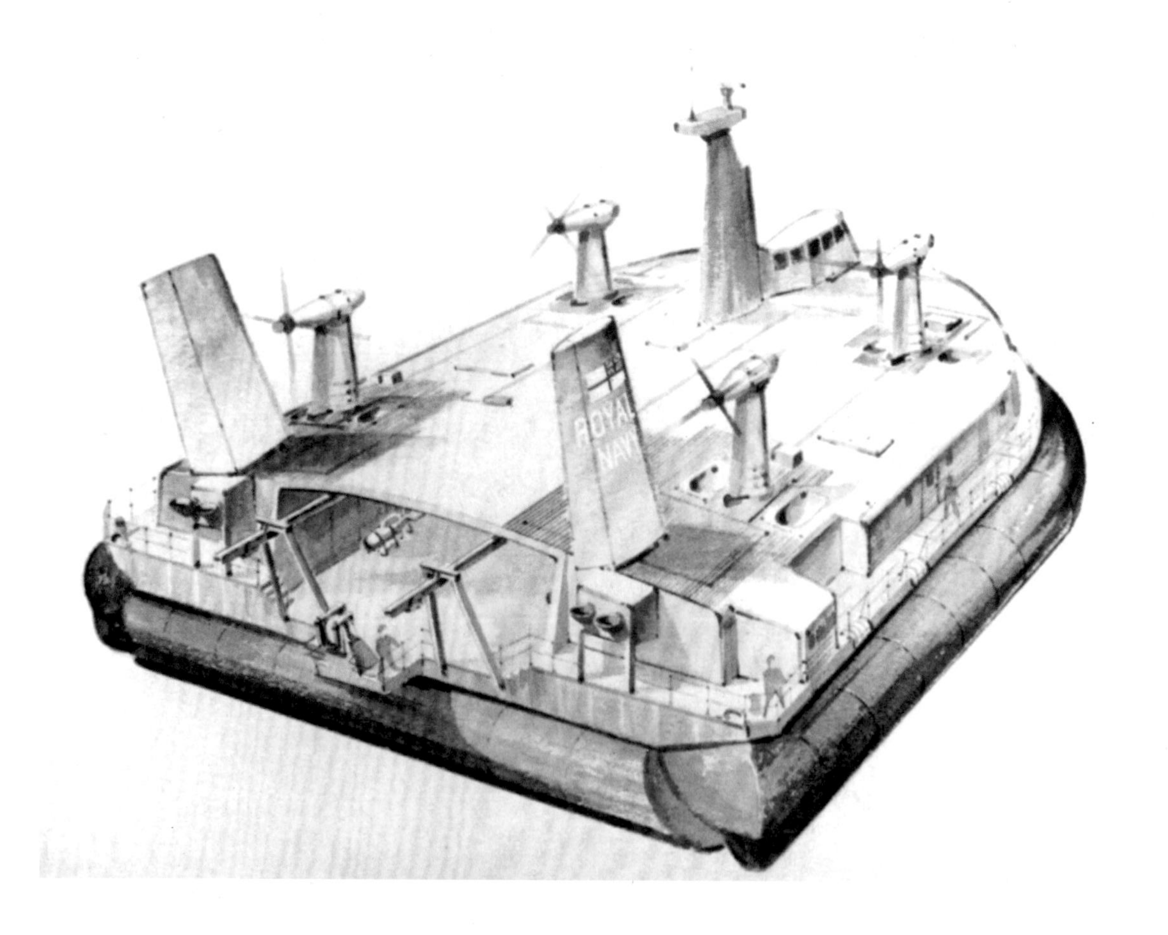

依然没能实现。[1]虽然“狩猎”级采用的磁性材料非常有限，但该舰仍旧需要进行消磁处理。主发动机和交流发电机都采用了经过低磁处理的九缸（Deltics）型发动机，同时该舰还安装了3台弗登式（Foden）发电机。发动机和发电机均安装在4个浮筏上，浮筏则悬挂在水线上方的舰体托架上。这些用于玻璃钢制军舰的、非常巧妙的浮筏是由滑翔机制造商斯林斯比公司（Slingsby）设计的。在超静音条件下，螺旋桨由辅助发动机连接的液压马达驱动。“狩猎”级拥有1具舰首侧推器（也采用了特殊的静音设计）和2具面积很大的艉舵，其操纵性能极佳。

气垫船几乎不受水雷爆炸的影响，正如针对一艘旧式SRN-3型气垫船（这张照片的右下角）所做的测试那样。水柱落下后，试验人员登上该舰，发现她的发动机、雷达和无线电仍能工作。（英国气垫船公司）

伍尔斯顿公司（Woolston）建造了一个全尺寸的模型，该模型在得到设计师和运营商的批准之后再不会进行任何更改。伍尔斯顿还在岸上组装了一组动力单元并进行了测试，该设计是与VT公司合作完成的，VT公司为此准备了7000张图纸（以及4000张设备图纸）。“狩猎”级在1978年至1988年间总共建造了13艘，其中2艘由亚罗斯公司建造，其余的则由VT公司建造。第一艘“狩猎”级为“布雷肯”号，造价2400万英镑，该级最后一艘虽然工时下降了一半，但是由于通货膨胀，其成本并没有大幅度下降。建造过程中虽然遇到了一些问题，但最终都得到了克服。“狩猎”级的舰体是绝缘的，因此需要安装像类似避雷针的精密电气接地系统。玻璃钢制舰体无法遮挡电子系统舱室对外散发的无线电，因此该级舰需要安装特殊的屏蔽层。“狩猎”级上的舰炮是为和平时期的巡逻任务准备的，战争期间这些舰炮都会被拆除，以减少该舰的磁性特征。[2]

乘坐“布雷肯”号出海时，许多舰员都表示出现了晕船，设计人员为此重新检查了模型试验和计算机模拟结果，但还是没有找到任何原因以解释这一状况。但“狩猎”级的二号舰完成后却没有人出现晕船，第二批舰员在“布雷肯”号重新服役时同样没有晕船。一位海军医生找到了原因：“布雷肯”号的第一批舰员在服役于其余战舰时都患过疾病！

1991年海湾战争结束时，“狩猎”级上的探雷系统虽然已经比较陈旧，但仍然可以良好地运行。英国的5艘“狩猎”级处理了各种复杂的水雷，其余盟友则处理了大量的锚雷。[3]有一个故事应该很多人都知道——我方舰队在一艘美国战列舰及其舰队的率领下返回科威特城时，美国海军上将向5艘小小的“狩猎”级发出信号：“在战争中带领我们的是你们，和平后入港时带领我们的还是你们。”

一些前方支援单元（Forward Support Unit）被塞进了集装箱里，这些模块可

① A. J. Harris, "The 'Hunt' Class Mine Counter Measures Vessels", Trans RINA (1980), p485.

② 在为1991年的海湾战争做准备时，该级舰加装了火炮。但在抵达战区后，他们发现作战指挥室中，没有连接数据链的舰船被禁止使用武器！

③ D. K. Brown, "Damn the Mines!", USNI Proceedings (March 1992). 当时我正在“杜维尔顿”号上。

以很方便地装上“狩猎”级，并让其具备进行某些特定操作的能力，1991 年战争期间，“加拉哈德爵士”号后勤登陆舰上就安装了前线支援单元集装箱。[①]为了在远洋上将备用声波扫描设备从前线支援单元运送到“狩猎”级上，英国海军购买了 1 艘沃斯珀的气垫船，并对这艘船进行了改装，但在该计划试行之前，诺特审查（Nott Review）就将其取消了。

气垫扫雷舰，MCM（H）[②]

三军通用气垫船部队（Inter-Service Hovercraft Unit）成立于 1961 年，距离 SRN-1 型气垫船首次横渡英吉利海峡的历史性壮举只过去两年。20 世纪 70 年代中期，人们注意到了气垫船在反雷舰中的作用，1976 年我接手时，其中的大部分作用已经在全尺寸试验中得到了证实，并且前任负责人已经绘制了气垫扫雷舰的轮廓图，这款气垫扫雷舰是在商业用途的 SRN-4 型跨海峡汽车渡船的基础上设计的。该舰可以携带并操作“狩猎”级所采用的所有设备进行扫雷工作，并在此类海况下保持至少相同的速度。

商用的 SRN-4 型气垫船达到了静音指标，并且其磁性特征也非常低，因此只需要稍加改进，就完全可以满足要求。其压力特征很低，也很特殊——甚至有可能直接用压力特征来清除采用压力引信的水雷。它的静音效果在转弯时——大约占航时的 10%——达到了指标，这一点与“狩猎”级不同。这些较低的信号特征都是属于气垫船的固有优势，不需要额外加装昂贵的设备或采用特殊的安装方式来降噪，也不需要进行频繁的监测。水雷爆炸试验则是在老旧的 SRN-3 型气垫船上进行的，它经受住了 7 次 1100 磅弹药的爆炸，最后一次爆炸结束后，该船也只有裙板（skirt）出现了脱离。当从水雾中再次出现时，它仍处于气垫悬浮状态，其商用雷达和无线电也仍旧可以工作。

SRN-4 型气垫船所采用的挂架式螺旋桨赋予了它非凡的机动性和航迹保持能力，在海况恶劣时其表现要比“狩猎”级更好。气垫船也可以像“狩猎”级一样使用 193M 型声呐，虽然气垫扫雷舰通常采用双拖曳式侧面扫描声呐来定位水雷。气垫船可以以 70 节的航速进行快速的部署。[③]在战争期间，气垫船部队会通过集装箱式支援系统在任一海滩上操作（尽管由于较高的噪音，它们在和平时期不怎么受欢迎）。该船安装了一个用于维护操作的内置千斤顶系统。

计算气垫船的成本是很困难的，它们的建造成本要比“狩猎”级低得多，但运行成本却非常高。同时让气垫船的寿命超过 20 年也是一个巨大的挑战，我们为此尝试了各种方法，所有方法都毫无悬念地显示出气垫船的成本优势（我们还计算了美国海军采用的直升机扫雷系统的成本，不出所料，它们非常昂贵）。从总干事（丹尼尔）往下到舰船局都是支持气垫船的，但工作人员和声呐小组

① 该集装箱用于支援美国海军的舰船和 5 艘“狩猎”级。
② C. M. Plumb & D. K. Brown, "Hovercraft in Mine Countermeasures", High Speed Surface Craft Conference, Brighton 1980.
③ 长途航行需要频繁地补给燃油，因此实际部署的航速只有 45 节，但这也是“狩猎”的三倍。

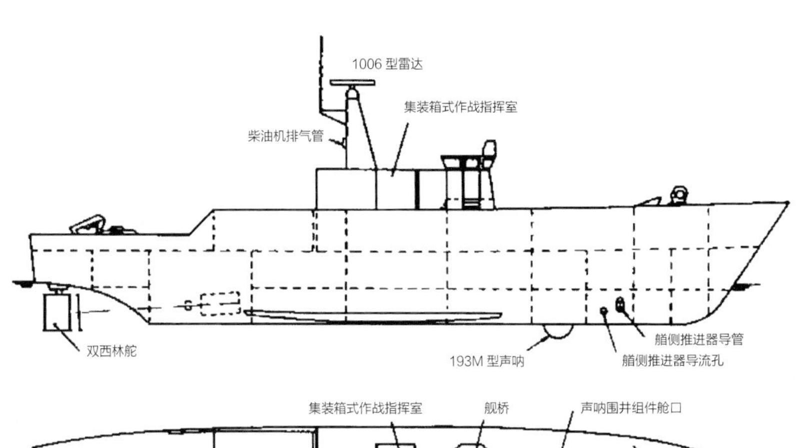

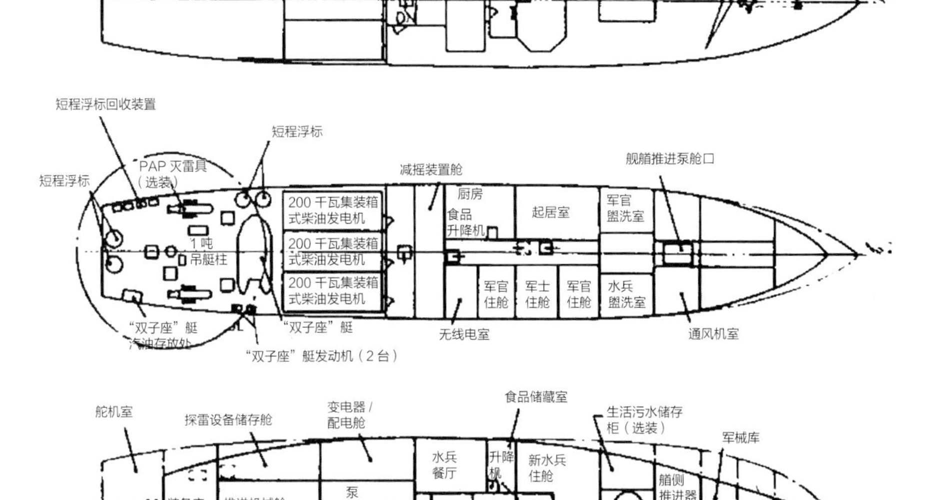

上图及左图：多用途猎雷舰，其成本只有“狩猎”级的三分之一。柴油发电机、作战指挥室和声呐都安装在集装箱内。作者认为这是自己最引以为豪的设计。（根据国防部的外形图绘制的艺术画）

却提出了反对的意见。这场漫长而激烈的争论在没有公开的情况下落下帷幕。英国海军最终也没能得到哪怕一支采用反雷舰气垫船的部队，这是我工作中的最大遗憾之一。我前往德黑兰、吉隆坡以及曼谷对气垫船进行了推销，但唯独缺了英国海军，客户们对此难以信服。

防爆多功能干扰式扫雷系统（ERMISS）

未来的水雷可能会进行伪装（比如伪装成岩石），甚至埋在海床底下，搜索水雷将变得非常困难，各国海军对此越来越担心。防爆多功能干扰式扫雷系统是一个可能的解决方案，它最初由美国人提出，并得到了北约其他国家的支持——包括法国、英国、荷兰和德国等（北约 PG14）。防爆多功能干扰式扫雷系统的原理与反水雷舰艇上其他类型的扫雷系统完全不同，其设计特征保证了当扫雷系统通过雷区时，即使下方的水雷起爆也不会对系统造成严重损害。[1]

该系统由一套可充气的外围橡皮管组成，比较类似于一艘充气小艇，不过体积要大得多（完成后排水量达到 18000 吨），而且具备自行能力。它以类似鸡蛋盒子的形式支撑着筏体，使其漂浮在水面上。每个单元格的底部都采用了柔性的隔膜进行密封，并通过注水来进行精密的深度调节。筏体和大海之间的空间会受到轻微的压力，这些压力会提供一部分升力，但防爆多功能干扰式扫雷系统并不是一款气垫船。研发人员们希望这些变化的气压能产生调谐信号。为让防爆多功能干扰式扫雷系统能够模 拟各种可能的舰船目标，其还安装了噪音和磁性发生器。

在对部分充气结构进行初步全尺寸测试后，研究人员发现，充气结构可以抵抗系统下方水雷的爆炸。为了给这个计划立项，各方人员进行了漫长的谈判，我接手防爆多功能干扰式扫雷系统时，该项目的完成率只有 5%，我看不到任何能完成这项工作的希望，同时英国在项目开发阶段提供的贡献也很少。这是一项有趣的任务，可以为国际联合项目积累各种经验。[2]项目的进展也在日渐提高，我将该项目移交给下一位继任者时，其完成率已经上升到了 10%。但是很遗憾的是，最后一次爆炸试验失败了，随后该项目就被放弃了（笔者认为这一项目是可以完成的，只是需要付出很大的投入，与此同时，其他解决扫雷问题的方法也已经指日可待）。

多用途猎雷舰（UMH）

20 世纪 70 年代末，杰克・丹尼尔（舰船局总监）意识到，虽然“狩猎”级是非常优秀的扫雷舰，但她们高昂的费用却让英国皇家海军感到非常吃力。杰克・丹尼尔建议建造一些搭载廉价扫雷系统的反水雷舰艇来完成那些较简单的

① H. W. Groning, "A New Concept in Mine Countermeasures", International Defence Review (1979).

② 其他国家团队的领导大多才华横溢、招人喜爱；其中三人不仅在自身从事行业中达到了顶尖水平，社交生活也很精彩。

任务，对“狩猎”级进行补充，让后者可以专心于处理较困难的任务。当时的首席海军建造师约翰·科茨（John Coates）开展了两次争论激烈的会议，期间我们（我那时是前沿设计负责人）集思广益，对丹尼尔的想法进行了深入研究。但是我们很快就发现，扫雷舰的成本根本不可能降下来，因为拖曳扫雷具需要很大的牵引力，进而就需要强大的发动机，以及很大的舰体。但是建造廉价版“狩猎”级似乎是可能的。

根据著名的工程规则，“如果有疑问，那就排除它”，我们很快又设计了一个方案：在一个没有参与“狩猎”级计划的造船厂里建造了简单且没有安装设备的玻璃钢制舰体。该舰的上甲板安装了3台柴油发电机，在工厂时，工作人员就将每台发电机装进了国际标准集装箱里。作战指挥室和附属设施也在工厂进行了组装和测试。声呐设备可以安装在一个非标准的集装箱内，但这个集装箱也可以采用普通的集装箱装卸设备进行装卸，我们让大型快艇制造厂将这些设备整合在了一起，这些设备包括了193M型声呐和PAP型扫雷潜航器。把所有设备都安装在上甲板导致该舰出现了一定的稳定性问题，最后设计出来的结果显示，它比饱受非议的“胖护卫舰”还要短粗得多。

我们的运筹数学家（operational research mathematician）伊恩·史密斯（Ian Smith）研究了“狩猎”级的原始参数，发现其为了前往近海水域扫雷，将信号特征控制得非常严格。而现在则不需要维持这么高的信号控制水准了，最浅作业水深要求也有所放宽，由此我们可以采用更多的商业标准设备。我们的目标是让该舰的成本仅为“狩猎”级的三分之一，这是很可能达到的目标。丹尼尔接受了初步报告，并将报告交给了相关工作人员。[①]

然而这些新舰却在英国政府处得到了不当的“改进”：配备新式的昂贵声呐、新式舰炮等等。原计划的廉价扫雷舰消失了，“桑当”级应运而生。直到现在为止，多用途猎雷舰仍旧是我最喜欢的设计。在21世纪英国皇家海军削减反水雷舰艇的数量后，“桑当”级发挥了难以替代的作用。

“桑当”级

尽管这款新舰的设计灵感来自多用途猎雷舰，但除了都没有安装扫雷装备，她们几乎没有什么共同之处。[②]其竞争者可能是一种全新的设计、单舰体的“狩猎”级、三体扫雷舰（Tripartite MCMV）或气垫船。我们邀请了可能的建造厂在计划初期就工作人员提出的初步指标发表意见，最后再决定对这些新舰进行重新设计。[③]新的设计工作由VT公司主导，航运部的伯纳德·拉姆齐（Bernard Ramsay）则提供指导意见。

同时我们还对新舰舰体结构的材料和设计进行了二次审查，结果如下

① 我得到了职业生涯中最好的称赞。丹尼尔说：“虽然这不是我想要的，但是我喜欢。”

② 其设计源于为沙特建造的轻型扫雷舰。

③ 我特别喜欢英国气垫船公司的评论：虽然她们无法满足12节时的续航能力要求，但可以满足50节时的续航能力要求。

表所示：[1]

表格10-1

结构	成本	重量	耐冲击性	防火性	防磁性	生存性
胶合板	中等	低	差	差	优秀	差
非磁性钢	非常高	高	优秀	良好	良好	良好
铝	高	中等	良好	差	良好	中等
无加筋的厚壳式玻璃钢	高	非常高	良好	优秀	优秀	良好
玻璃钢/泡沫夹层结构	低	低	中等	差	优秀	中等
加筋玻璃钢	中等	中等	良好	优秀	优秀	良好

这样的舰体对输入的变化非常敏感。在与德国海军的一次会议上，他们用几乎相同的理由拒绝了玻璃钢制舰体，转而选择了非磁性钢。[2]德国人拥有丰富的钢铁制造经验，他们认为钢铁的建造成本更低，缺乏使用玻璃钢的经验导致他们认为玻璃钢非常昂贵，英国人的看法正好与他们相反。

巡逻舰的信号特征水平虽然没必要控制得像扫雷舰那样严格（提供拖曳任务的母舰需要率先经过水雷），但仍然很严格。英国海军以建造成本、易维护性、耐久性、耐火性等6个性能为评估标准，对包括玻璃钢、木材、钢材、增强水泥等6种不同的材料进行了评估，结果表明“狩猎”级所采用的单层玻璃钢结构在综合性能上具有明显的优势。[3]新材料和新技术的发展使得舰体材料得到了进一步改进，例如适应性树脂的出现使得再无必要用螺栓把船壳固定在肋骨上。

2具沃伊特－施耐德（Voith-Schneider）摆线式螺旋桨使“桑当”级很轻易地达到了极高的操纵性能。商用制造标准导致了较高的动力机械和流体噪音，但由于国防部研究机构的计划时间过于漫长，最后制造商已经可以把信号特征控制在可以接受的水平。“桑当”级安装了船首推进器，还安装了计算机船控系统来辅助操作其复杂的推进/操纵设备。为了保护舰员免受触雷爆炸产生的伤害，居住舱室被安置在了舰体舯部区域，但这样会令艏部干舷比“顿”级和“狩猎”级的小得多。[4]“桑当”级安装了一款新式可变深度声呐——2093型，同时还安装了新式的30毫米口径舰炮。

第一艘“桑当”级于1985年订购，并于1988年4月下水。“沃斯珀”级采用了全新的舾装方案，即在安装玻璃钢外板前便进行舾装。但由于昂贵的声呐设备，最后她们的价格和“狩猎”级一样高。在“桑当”级的发布会上，该项目的总经理（彼得·厄舍）自豪地说，“桑当”级不仅是英国海军第一款采用电脑设计的舰船，同时也是英国海军第一次将所有的建造物资调度都交给电脑完

[1] A. Bunney, "The Application of GRP to Ship Construction", RINA Junior (1986).
[2] 一种磁性极低的特殊合金。
[3] 我不太相信这些结果。它们很容易被操纵，以得到预先设想好的答案，如果答案不符合预期就会被抛弃。但这样做还是很值得的，因为它可能会暴露出海军自身为了偏见而抛弃答案。D. K. Brown, "HMS Sandown – the third generation", Warship Technology 8 (RINA 1989).
[4] 起初我并不同意这点，但最后被之前提过的，那篇对比“汉姆”级和“顿”级的老论文说服了。

成。[1]毫无疑问，“桑当”级的服役历程非常成功，英国海军采购了 12 艘，沙特阿拉伯则订购了 3 艘，西班牙也订购了 1 艘正在建造的改进版。但如今水雷威胁仍然非常严重。

① 这句话的说服力被技术总监的女儿的话略微削弱了一些。她说：“虽然那艘船是我爸爸设计的，但他对计算机一窍不通。”
② N. Friedman, Naval Weapon Systems (Annapolis 1989), p450.

大深度特种扫雷器（EDATS）

20 世纪 70 年代早期，北约开始注意到苏联的集群湾型（Cluster Bay）水雷。[2]这些水雷固定在靠近海底的地方，一旦探测到潜水艇，就会向她发射由火箭推进的战斗部。英国海军为此设计了一种特殊的扫雷器，这种扫雷器可以贴着海床前进，并使用爆炸性切割器切割这类水雷的系泊设备。因为这些水雷只会被潜艇激活，所以可以采用构造非常简单的扫雷器。

1978 年，英国海军租用了一艘拖网渔船，以对这款新式扫雷器的原理进行验证，随后其在 1980 年订购了 12 艘“河”级拖网渔船。“河”级是由位于洛斯托夫特（Lowestoft）的理查兹（Richards）公司设计并建造的，其在一艘石油钻井支持船的基础上进行建造，舰船局为此投入了大量的资金。和平时期，这些船则被当作皇家海军后备队（RNR）的训练舰使用。

最初“桑当”级要比“狩猎”级便宜得多，但后来该级安装了更为先进的装备，导致其最后的成本跟“狩猎”级差不多，还好性能也有了提升。图为一艘“桑当”级正在使用福伊特－施奈德推进器原地转向。（迈克·伦农）

第十一章

直升机航空母舰、两栖战舰和其他项目

自第二次世界大战以来，英国海军建造了许多辅助类舰艇，同时还进行了大量的理论设计与研究，这些战舰在其中扮演了非常重要的角色。这些辅助舰艇主要包括支援特遣舰队的补给舰，以及在登陆时支援陆上部队的两栖战舰。虽然她们设计复杂、价格昂贵，但其对战斗的成功来说至关重要，因此这类战舰也必须具有一定的自卫能力。其自卫能力究竟需要达到何种程度，总是能引起各种争论，还由此产生了这类战舰到底应该由英国皇家海军，还是由英国皇家辅助舰队（RFA）使用的争论，这个争论可能会指向令人惊讶的结果，具体情况详见本章后面的具体事例。

廉价型直升机航空母舰

第二次世界大战时，护航航母和两栖战舰的成功运用催生出了廉价型航空母舰的概念，随后又催生出了直升机航空母舰的概念。英国海军在海鸥(Seamew)型反潜机上进行了一定的早期研究，但是海鸥反潜机实在太小了，无法有效地对抗现代潜艇。这也说明了问题的核心：一架有效的现代反潜飞机需要比战时的剑鱼大得多，也昂贵很多。

表格11-1

	剑鱼攻击机	海鸥反潜机	灰背隼直升机
重量（千克）	4200	7270	14200
长度（米）	10.9	12.5	22.9
翼展，折叠状态（米）	5.2	16.7（不可折叠）	6.0
机组人员（人）	2~3	2	6
维护人员（人）	2	?	13

飞行员在战斗期间需要在一个与其他舰艇和飞机进行通讯连接的作战指挥室内接收简报。大量的飞机、训练有素的机组人员和完整的电子设备都需要大量的资金支持，因此无论如何压缩舰体成本，都必须为自卫系统留出一定的余度，至少令其能够安装一组包含作战情报中心的点防御系统。同时该舰还应该

尽可能地减少该舰的信号特征，细化分舱，加强抗冲击性能以及消防设备性能等。这些要求都会导致高昂的成本，使其在各种意义上逼近反潜航空母舰。

廉价型直升机航母的部分功能是必须的，但必须严格界定其任务角色，以避免导致“水多加面，面多加水”的恶性循环，这反过来纠正了航空母舰也可以以低廉的价格获得这一观点。这些战舰和她们搭载的补给以及舰载机，无疑是一个高价值的目标，因此其需要装备垂直发射型海狼（Sea Wolf）防空导弹、完整的作战情报中心和通信设备、尽可能低的信号特征。英国政府对这些成本的估算表示了怀疑。另一个设想则是将各种任务综合起来：在一艘补给舰上搭载数架直升机。“维多利亚堡”级（见下文）可以在后部机库中搭载 4 架灰背隼直升机，其还拥有一块面积很大的飞行甲板。虽然这是一个有价值的解决方法，但它同样存在问题，由于纵倾的存在，舰体较长的舰船艉部的垂直颠簸非常剧烈，而且其甲板上的气流情况也很复杂。

英国海军在 1980 年左右进行了不少研究，以将补给舰和直升机航母的任务不同程度地组合在一起。最简单的设想是在补给舰前方设置一个箱形机库，后部则布置拥有 3 个起降点的大型飞行甲板。这种布局只能容纳最多 6 架舰载机，如果数量超过 6 架，舰载机在机库内部的移动就会变得非常困难。[①]如果需要容纳更多的舰载机，就要采用传统的航空母舰设计。其需要布置岛式上层建筑；带有 5 个起降点的飞行甲板，飞行甲板下方还需要 1 个大型机库；2 具升降机也必不可少，只布置 1 座的话，其可能会因为意外或损坏而完全失去机库与飞行甲板间的转运能力，不过可以运载灰背隼直升机的升降机可不便宜。这种配置可以为垂直 / 短距起降舰载机提供有限的支持：该舰的飞行甲板可以供其临时着陆、加油和重新挂载有限的武备。但要想让该舰拥有操作垂直 / 短距起降舰载机的完整维护设施，其体积和成本就会达到反潜航空母舰的水平。

关于这些战舰到底应该由英国皇家海军，还是由英国皇家辅助舰队使用的讨论，持续了很长一段时间。这个讨论非常有趣，如果由英国皇家辅助舰队使用该舰，虽然可以减少舰员数量，但他们的工作人员工资更高、休假时间更长，居住空间也要设计得更大，以使其更有吸引力，总体来看，其成本与让英国海军人员使用似乎相差无几。英国皇家辅助舰队坚持让这款战舰使用商用柴油机作为动力，不愿意使用燃气轮机，理由是使用燃气轮机需要对英国皇家辅助舰队的舰员进行特殊培训。英国海军则相反，他们坚持使用燃气轮机作为动力，而不希望使用商用柴油机，理由是使用商用柴油机对海军人员来说一样需要进行特殊培训。在成本的对比上，两个方案又一次几乎没有差别：大型柴油机和燃气轮机一样，并不便宜。最初英国海军提出的人员配置只需要 1 名指挥官级别的战舰司令官（CO），但航空中队长的军衔一般是中尉，因此战舰司令官也

① 见第四章，在“无敌”号的早期研究中也得出过类似结论。

两种具备一定补给能力的廉价型直升机航母设计方案。在上层建筑后部布置机库的设计（上图）只能搭载大约6架直升机，超过6架会让机库内的调度变得十分困难。要想搭载更多直升机，几乎不可避免地要采用“全通式甲板”航母（下图）。这两种设计都没有最终完成，但其中一些想法却在之后的“海洋”级中付诸实践。（D. K. 布朗收集）

不可避免地需要提高军衔。同时舰员的规模也需要有很大程度的增加，其中甚至包括助理、1位牙医和一些指导军官（气象学家）！

这两种方案都存在一个主要问题：操作舰载机的需求使得该舰的左舷几乎不可能布置任何补给平台，而右舷的补给平台数量可能也不会超过2个。为了防止战舰受损后进水［其会导致舰船倾覆，就像1987年的“自由企业先驱”号（Herald of Free Enterprise）一样］，而采用类似航空母舰的方案的话，机库甲板就必须布置在足够高的位置，但这并不容易，需要增加战舰的体量。

最后得出的结论毫无疑问地宣布这两种角色并不相容，但是其中的大部分思路都在“海洋”级直升机平台登陆舰（LPH）上实现了，为了支援两栖作战而设计的直升机航母具有非常高的价值。她可以与商船船队一同行动，这些商船的信号特征会掩盖直升机平台登陆舰的信号特征，而且由于不需要面对反登陆手段，该舰可以适当地减少自卫火力的强度。但这样做也是有风险的，因为直升机平台登陆舰对作战的成功至关重要，如果该舰损失掉，将会产生一场灾难。

“阿耳戈斯”号（Argus）

在福克兰群岛战争期间，英国海军征用了1981年在威尼斯（Venice）附近建造的“竞争者贝札特”号（Contender Bezant）集装箱运输船，并将其改装成了一艘直升机航母。战争结束后，其又被恢复成集装箱运输船（见下文）。这艘船于1982年6月抵达福克兰地区，改装完成后，其可以搭载9架直升机［包括部分支奴干（Chinooks）重型直升机］和4架鹞式战斗机。这艘船上安装了2座烟囱和2座大型龙门起重机，但这些设备阻碍了舰载机的操作。

然而英国海军仍然对这艘船表示出了很大的兴趣，并想用她来替代“恩加丁”号（Engadine）航空训练舰。1984年3月，哈兰德与沃尔夫公司以6300万英镑的价格购买了这艘船，并进行改装，之后她被重新命名为“阿耳戈斯”号。[1]这艘船存在一些之前完全没有料到的问题，比如该舰采用了石棉和含铅油漆。该舰在没有装载货物的情况下，稳定性大过头了，但英国海军采用了两个巧妙的办法解决这一问题：第一个办法，对该舰进行改装，改装后安装的全新上层建

① Anon, 'RFA Argus, a new airtraining ship for the RN', Warship Technology (May 1987).

“阿耳戈斯”号，原为福克兰群岛战争中征用的商船——“竞争者贝札特”号，后来海军购买了该舰，并通过大规模改装将其改为直升机航母。（迈克·伦农）

筑有 7 层甲板高，并采用了比较容易制造的 8~10 毫米厚的厚板建造，重量达到了 800 吨——仅新的桅杆就重达 26 吨；第二个办法，将舱口盖倒置并在形成的浅托盘内填充总计 1800 吨的混凝土，同时该舰还移除了 2 具重达 55 吨的 18 吨容量升降机的舱口盖。①

“阿耳戈斯”号拥有一套 link11 和 link14 型全舰数据链（naval communication fit）。该舰可以搭载总计 253 名英国皇家辅助舰队、英国海军和空军的人员，并可以装载包括 1000 立方米航空煤油（AVCAT）在内的 3500 吨燃料，以执行航空任务。原来的动力设备得到了保留，但海军在改装时对其进行了修改，使其可以使用海军标准的柴油。“阿耳戈斯”号还改善了分舱结构，主机舱和辅助机舱已经用舱壁分隔开，竖直通道（shaft tunnel）也已经与机舱分隔开。改装完成后，“阿耳戈斯”号的满载排水量达到了 28081 吨，是当时英国海军所有服役军舰中最大的一艘。

“阿耳戈斯”号可以搭载直升机，并运输鹞式战斗机，但是不能有效地操作鹞式战斗机。其标准搭载模式包括 12 架鹞式战斗机和 6 架海王（Sea King）直升机。“阿耳戈斯”号担任司令部或者医疗船时，对各种参战部队来说价值无穷，但其作为直升机航母的价值会更大。其姐妹舰“竞争者阿金特”号（Contender Argent）的改装计划被取消了，并在许多年后被“海洋”号取代。

阿拉帕霍系统（Arapaho）与“依赖”号

20 世纪 70 年代，美国海军试图开发一种集装箱设备（即阿拉帕霍系统），这种设备可以在 3 天内安装到商船上，具备在 15 天内支持 4 架海王直升机运作的能力。由于缺乏资金，这一设想进展缓慢。该项目于 1980 年重新启动，英国皇家空军对这一项目很感兴趣，在 1982 年战争急需直升机载舰时，他们决定租借美国的设备。虽然相关的谈判在 1983 年初就完成了，但对应的设备还没有准备好。

18 个集装箱和 69 个机库和飞行甲板的组成模块在 5 月前抵达了英国，之后又在英国加装了 55 个集装箱用于提供住宿、供水和污水处理设备以及商店等。这些集装箱在 9 月底安装完毕，两个月后达到了使用状态，1983 年 12 月开始试验。试验舰是在福克兰群岛战争期间作为飞机运输舰的“天文学家”号（Astronomer），现在已经更名为“依赖”号。

“依赖”号数年的服役经历令人满意，但预先构建并可以在紧急情况下安装的快速安装套件（rapid-fit kit）这一概念被认为是不切实际的。船舶的变化太大，套件的设计必须适合各种特定类别的船，而这些船舶还需要提前做好准备。正如在福克兰群岛战争中看到的，对作为运输工具的集装箱运输船进行快速改装可能

① 据说，其中一具已经安装了舷外发动机，正在贝尔法斯特湖上作为牛群渡船（cattle ferry）使用。

具有相当高的价值，但是她们永远无法与真正的直升机航空母舰相提并论。

海上补给

早在 1902 年，英国皇家海军便进行过海上加煤实验，1906 年又进行了海上加油实验。[1]虽然这两项试验据说都取得了成功，但随后英国皇家海军几乎没有对其进行进一步的发展。第一次世界大战期间，英国海军没有进行海上加油的记录，在两次世界大战之间也没有对其产生什么兴趣：大英帝国在遍布世界各地的基地里布置了各种燃油仓库和加油设备。然而到了第二次世界大战初期，很明显英国没有多少护航舰能够在不中途补加燃料的情况下横渡大西洋，因而每支护航队都配备有一艘油船，她可以从艉部方向为护航舰加油，1943 年，英国海军就已经对横向加油进行了试验。[2]到了太平洋战区，舰队补给的压力大增，相关的需求也变得迫在眉睫。[3]与美国海军相比，皇家海军的舰队速度慢、不可靠，而且人力昂贵。战争结束后，英国海军做出很大的努力，来弥补这一短板。

英国海军进行了许多试验，这些实验主要由“布拉瓦约”号（Bulawayo，前德国“诺德马克”号）完成。[4]她的第一项任务是开发一种自适应型绞车，当两艘船的支架由于难以避免的横摇和其他运动而发生彼此间的相对移动时，该绞车将随着这些相对运动自动放出或者收紧。让两艘（或两艘以上）的船只密切配合行动是非常复杂的，而且可能会导致不小的危险［就像 1976 年“美人鱼”号（Mermaid）撞沉“费蒂通”号（Fittieton）扫雷艇一样］。当 2 艘船并列航行时，两船之间会出现吸引力，同时还会出现将两船艏部分开的转矩。这一现象大体是安全的，但存在一种过渡情况：即当较小的船从大船的船艉方向靠上来时，

① H. W. J. Chislett, "Replenishment at Sea", Trans RINA (1972), p321.
其中，运煤船为“特拉法尔加”级的“穆里尔”号，油轮为“胜利”级的“石油”号

② 试验船为“漫游者”号。详见：R. Whinney, The U Boat Peril (London 1986).

③ Vice-Admiral D. B. Fisher, "The Fleet Train in the Pacific War", Trans RINA (1953), p212.
这篇论文原发于 1948 年，之后应官方要求撤回。1953 年，其又在未经商议的情况下出版。

④ G. Jones, Under Three Flags (London 1973).

“格兰杰堡”号是一艘干货补给舰，排水量为 22750 吨，1976 年下水。该舰最多可以同时运作 4 架海王直升机，不过通常舰上只有一架直升机。（迈克·伦农）

福克兰群岛战争期间，这艘征用的商船——“天文学家”号成为一艘临时的直升机航母，其机库由集装箱制成。后来海军购买了该舰，更名为“依赖”号，用于测试美国的直升机航母改装套件——阿拉帕霍系统。在这张摄于1986年5月的照片中，1架鹞式战斗机正停放在该舰的甲板上。（迈克·伦农）

其艏部会被吸往大船。我们通过模型试验和谨慎的试航确立了安全的接近步骤。

大约在1970年，英国海军已经确立了快速而有效的操作规范，同时研发和装备了相关的硬件设施。为了确保所有有关操作都可以在实践中保持一致，这一阶段英国海军大约55%的燃料补给都是在海上进行的。通常的加油方法是通过支索平台进行侧面加油，但如果两个侧面加油位置都被使用了，也可以在船尾进行加油。尽管英国海军越来越多地采用直升机来进行物资转运（VERTREP），但支索平台同样可用于转运重量达到4吨的固体物资。

补给船：“维多利亚堡”号

这一概念最初被非正式地称为“一站式补给舰”，这是对其非常恰当的描述，因为她可以在一次补给行动中提供各种燃料、干货和弹药。这些船的设计存在大量的限制因素，其中许多因素并不明显。为了方便加油，她必须要能够靠近大多数的海军燃料库，因而这些燃料库的码头长度就限定了补给船的最大长度。根据协议，她将由英国皇家辅助舰队人员操纵，所以其必须尽可能地符合商船的标准。海员联合会（seamen's union）和运输部门都表示会额外留意她，尽管他们提供了帮助，但每一项款项仍需要进行谈判和详细解释。商船标准禁止了在油箱或弹药运载舱内住宿，但该船的船员众多，而船上几乎载满燃料和弹药，将两者完全隔离开来是不切实际的。由于这些危险的运载品，该船必须拥有反应迅速的消防系统，因此海军需要使用永久性填充的消防水管，这些水管必须采用昂贵的青铜管道，而不能采用便宜的钢管。争论还在继续，按照油轮标准配备的设备需要占用很大的上甲板空间。

英国海军很快就发现了这是一艘非常有价值的船只，如果她损失掉，将会危及整个行动，因此海军为其增加了垂直发射的海浪防空导弹、设备控制室以及数据链通信等设备，成本也随之上升。早期评估中，该船的造价令参谋和大臣们大吃一惊，他们认为这艘船简直像镀了金一样昂贵。过了很长一段时间之后，英国海军举行了一场竞标，但是这场竞标因为报价过高而不了了之。英国海军

"乔治堡"号（Fort George）是一艘32500吨的补给船，她具备补给燃料、干货和弹药发射的能力，通常搭载3架大型直升机，如有需要的话，其也可以运作5架直升机。（迈克·伦农）

仍旧没有气馁，他们很快又举行了一场竞标，哈兰德与沃尔夫公司赢得了竞标。最终完工的"维多利亚堡"号与舰船局（布朗/安德鲁斯）的草图设计非常相似，虽然其出现得晚了几年，而且远远超出预算。

两栖舰队

1958年1月，参谋长邀请海军部研究一下对日渐老化的两栖舰队进行替换的问题，海军部在1个月后成立了1个研究小组。[①]预计进行替换的部队包括2个突击营及其支援部队。[②]该研究小组于1958年10月发表报告，他们考虑了3组设计：

船头卸货，靠岸式坦克登陆舰

船尾卸货，非靠岸式坦克登陆舰

船坞登陆舰（LSD）

英国海军考虑过美国海军的设计，但最后还是放弃了，因为美国海军的设计比自家需要的更大更复杂，价格也过于昂贵了。

靠岸式坦克登陆舰的舰艏吃水大小取决于其所搭载的车辆和装备的涉水能力，根据具体型号的不同，舰艏吃水大约在5至6英尺之间（百夫长坦克是双驱动的，可以涉水）。这一因素同样也限制了舰艉吃水，艉部吃水需要迁就海滩的坡度。英国海军的规划人员希望该舰能够在坡度比为1/120的海滩上进行抢滩登陆，这意味着该舰的吃水较小，螺旋桨的直径也不大，其舰体虽坚固，但

① ADM 1/29139, October 1958, originally Top Secret (PRO).

② 每个营由1050人、16辆坦克（百夫长）、8门自行火炮和60个3吨重物组成。

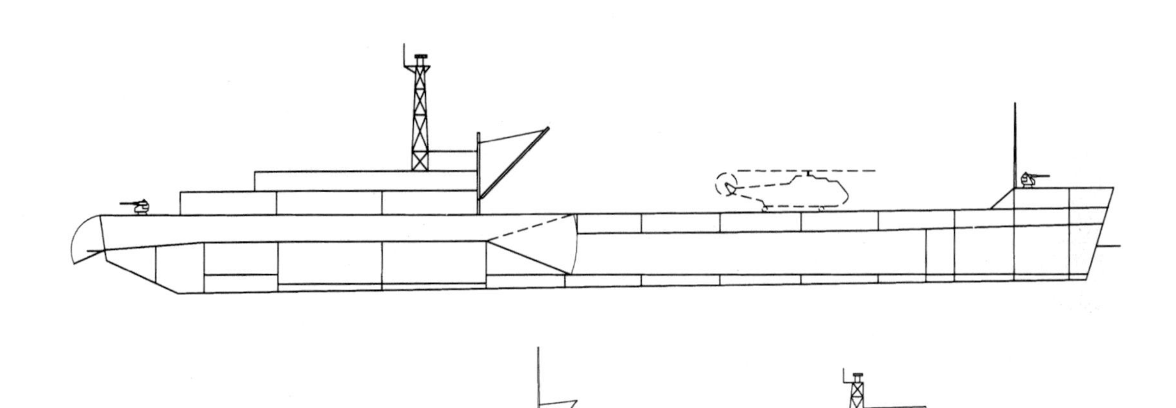

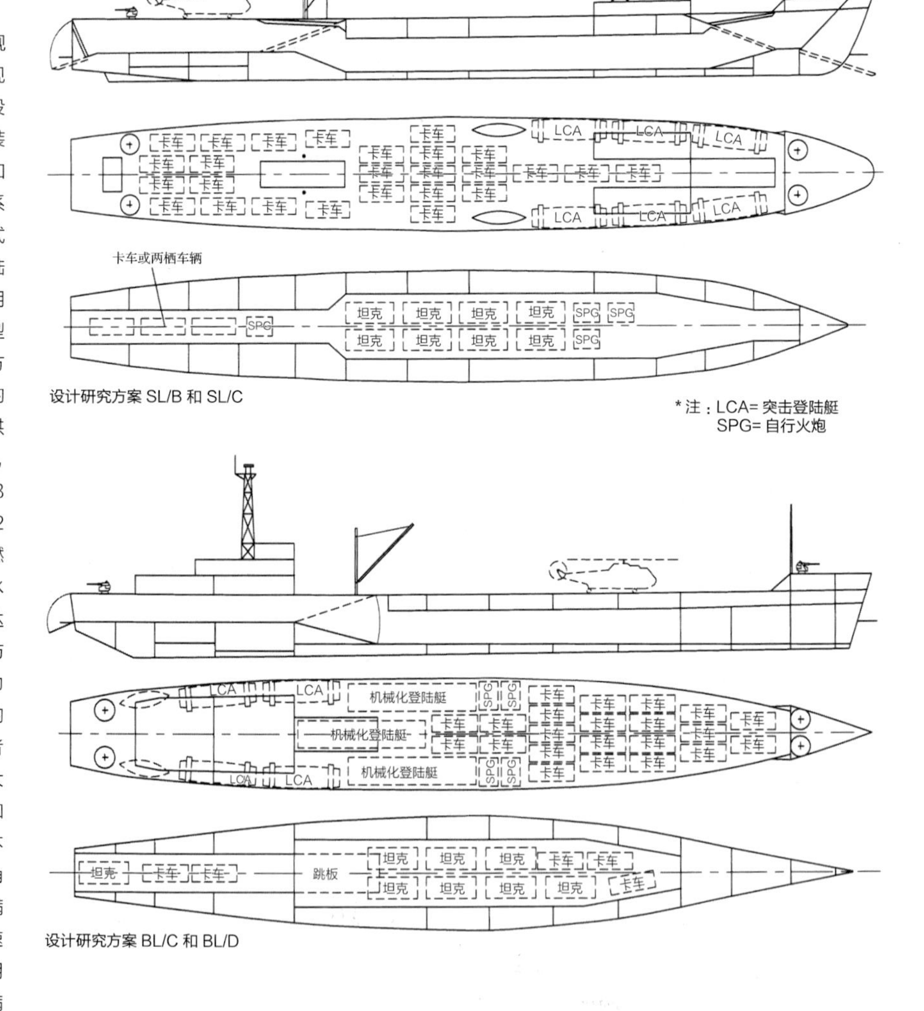

1958 年的坦克登陆舰方案。1958 年时出现了 5 个坦克登陆舰的设计方案，她们都可以装载总重 676 吨的坦克和其余车辆，其中 SL 系列是采用船尾卸货模式的非靠岸型坦克登陆舰，BL 系列则是采用船头卸货的靠岸抢滩型坦克登陆舰。SL/A 方案由 20000 轴马力的 Y100 型蒸汽轮机提供动力，在满载排水量时，其最大航速可以达到 23 节。SL/B 方案则由 2 座 10000 轴马力的燃气轮机驱动，满载排水量时其最大航速可以达到 19 节，外观上则与采用 4 台 6000 轴马力三角式柴油机驱动的 SL/C 基本相同，后者在满载排水量时的最大航速为 16 节。BL/C 和 BL/D 的方案外观基本相同，前者由 4 台三角式柴油机提供动力，满载排水量时的最大航速为 14 节，后者则采用 2 台燃气轮机驱动，满载排水量时的最大航速为 16 节。注意各个方案船体和舰桥设计的区别。（约翰 · 罗伯茨根据 PRO ADM 1/29139 的原始资料绘制）

航海性能并不好。美国海军的计划方案仅要求在坡度比为 1/50 的海滩上抢滩登陆，这样的船只拥有更强的远洋航海性能，但是其可以进行抢滩的海滩数量非常有限。

英国海军展开了两项靠岸式坦克登陆舰的研究方案，其中一个方案采用了 4

台6000马力的柴油发动机,另一个方案则采用了2台10000马力的G6型燃气轮机。英国海军没有对最大航速超过17节以上的方案进行研究，其造价过高，而且这一最大航速只能在海况良好时才能达到。每艘坦克登陆舰将搭载半个营的部队。

通过船尾卸货的非靠岸式坦克登陆舰几乎没有任何限制，各个方案的最大航速都在18至24节之间，其中采用“惠特比”级（Whitby）的Y100型蒸汽轮机的方案达到了24节。不过这类登陆舰仍旧有一个重大问题：其搭载的车辆装备需要通过船尾的坡道转移到机械化登陆艇（LCM）上，显然这项工作只能在非常平静的海况下进行，即便如此，其转运速度也很慢，需要5个小时才能完成相关工作。

更大的船坞登陆舰方案是在美国海军船坞登陆舰28型（“托马斯顿”号）的基础上进行研发的，但其可以省略一些比较昂贵的设备，她可以装载1个满编营。这一方案最后发展成了“无恐”级船坞登陆舰,我们将在下文进行详细介绍。该船船坞可以容纳9艘机械化登陆艇或者3艘机械化登陆艇加1艘通用登陆艇（LCU）。较小的船坞登陆舰方案则可以装载2/3个营以及6艘机械化登陆艇。英国海军建议对坦克登陆舰的抢滩能力和船坞登陆舰的收放能力进行模型试验（船坞登陆舰非常宽大的船尾造成的水流可能会导致其放下的登陆艇突然转横）。

预估的花销很有意思：

表格11-2

	成本
抢滩式坦克登陆舰	2750000至3000000英镑，还需要加上6艘单价15000英镑的突击登陆艇（LCA）
船艉卸货式坦克登陆舰	3000000至3500000英镑，还需要加上4艘单价15000英镑的突击登陆艇以及3艘单价50000英镑的机械化登陆艇
船坞登陆舰	5000000至8000000英镑

以下数据为1958年的币值，以供比较：

表格11-3

	成本
重新建造的坦克登陆艇（LCT）8型	600000英镑
坦克登陆艇9型[1]	900000英镑
机械化登陆艇7型	35000英镑
机械化登陆艇8型	60000英镑
重新建造的坦克登陆舰3型	2500000英镑
美国海军的船坞运输舰（LPD）	3000万美元

① 没有找到任何有关这艘船的记录。

“无恐”号和“勇猛”号两栖突击舰[1]

战时美国海军设计建造的船坞登陆舰[2]在支援两栖作战方面具有巨大的价值，英国海军在完成上述1958年的研究之后，便决定设计和建造两艘类似的舰艇。两舰均以美国海军的“罗利”级（Raleigh）船坞登陆舰为基础建造，英国方面已经得到了该级舰的设计图，还有一位设计师彼得·洛弗（Peter Lover）随舰出海考察了“罗利”号。

该舰的初步设计于1960年完成。[3]按照设计，她们可以运载登陆部队、坦克和其他交通工具，并可以使用其自行搭载的小型登陆艇进行登陆作业，并具备有限运用直升机的能力，与此同时她们还将担任“旅”级指挥舰。该舰的吊艇架可以搭载4艘突击登陆艇2型，每艘可以运载35名士兵。其所搭载的机械化登陆艇9型则可以装载2辆百夫长坦克或者4辆3吨级卡车，运载总重可以达到100吨。英国人在1960年时，认为不会有比百夫长更大的坦克了，但卡车的重量仍旧可能会继续增加。机械化登陆艇（即后来的通用登陆艇）装载于位于该舰舰尾的坞舱内，因此搭载体积较小的机械化登陆艇是比较理想的方案。但这导致了一个非常严重的设计问题：她们永远无法达到设计要求的载重量。不过尽管如此，“无恐”级还是在福克兰群岛战争中起到了非常巨大的作用。按照设计要求，该舰所搭载的全部部队及其物资可以通过5次装卸全部送上岸。

注入压舱水大约30分钟后，吃水就会达到坞舱甲板的位置，之后还需要使用4具水泵进行时长15分钟的注水，才能让坞舱内的水位达到要求。显然坞舱内

① 有一段时间，“突击舰”这个类别被认为是“政治不正确”，它们有一系列别称。
② 以罗兰·贝克（Rowland Baker）的设计研究为基础。
③ ADM 167/157 (PRO).

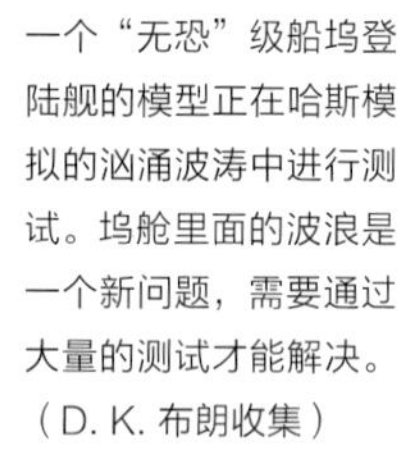
一个“无恐”级船坞登陆舰的模型正在哈斯模拟的汹涌波涛中进行测试。坞舱里面的波浪是一个新问题，需要通过大量的测试才能解决。（D. K. 布朗收集）

的海浪会造成不小的问题，为了改善这一情况，英国海军在哈斯勒进行了大量的模型试验。如果有需要，即使在船坞注水的情况下，该舰仍旧可以达到16节的最大航速。

该级舰拥有面积很大的直升机甲板，但没有配备机库。直升机甲板上拥有两个起降点，但是在满载车辆时，其中之一的使用会受到影响。计划中她们将使用威塞克斯（Wessex）直升机，但其需要承载车辆载荷的飞行甲板非常结实，因此她们实际上具备使用更大型直升机的能力。正常情况下，该级舰可以容纳400名士兵（最多至700人）、15辆坦克、6门自行火炮和多达50辆3吨级卡车。她们的自卫火力较弱：最初仅安装了4座海猫舰空导弹和2座40mm高射炮，不过"勇猛"号在2001年时增设了密集阵近防武器系统。

表格11-5："无恐"级的详细参数[①]

满载排水量	11540吨
舰体尺寸	长523英尺，宽80英尺，满载吃水20英尺
航速	22000马力时航速为20节
燃料及续航	载油2040吨，续航能力20节5000海里，自持能力6个月
舰员	450人

① 1960年时，其造价预计为850万英镑。

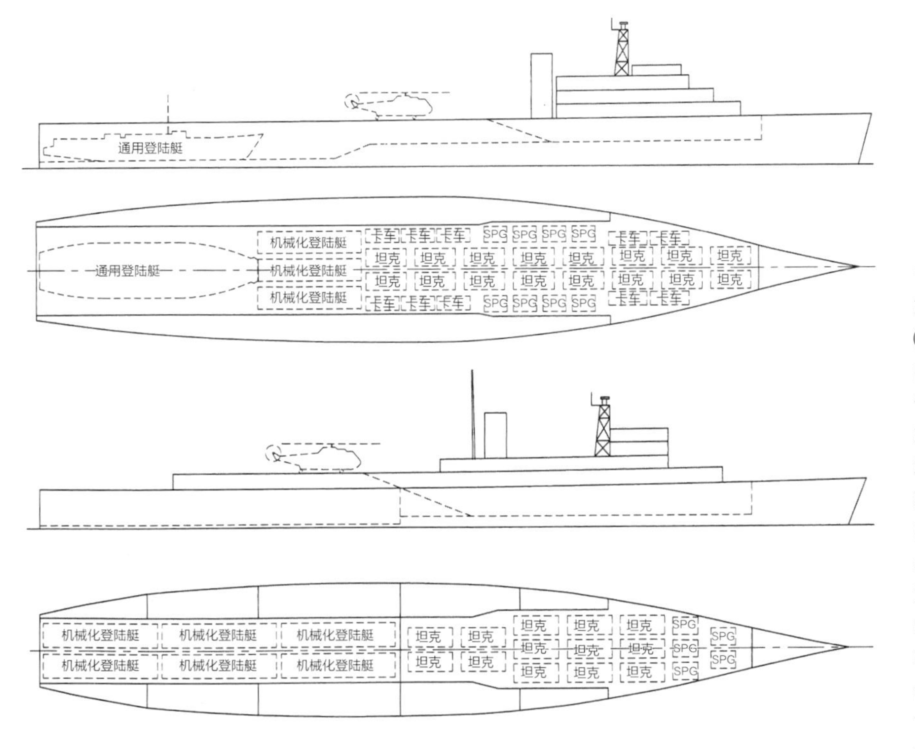

1958年的船坞登陆舰方案。研究方案DUA（上图）和DUB（下图）的最终成果就是"无恐"号和"勇猛"号。两个方案均由两台功率为20000轴马力Y100型蒸汽轮机提供动力。DUA和DUB满载排水量时的最高航速分别为20节和22节；满载排水量分别为11500吨和8000吨。（约翰·罗伯茨根据PRO ADM 1/29139中的原始资料绘制）

英国海军在1962年的两栖部队扩张计划中采购了2艘“无恐”级，这两艘舰于1965年至1967年完成。在福克兰群岛战争以及其余地区的多次行动中，她们发挥了难以替代的巨大价值。

“海洋”号直升机平台登陆舰

该舰的主要任务是搭载和操作1个由12架海王或灰背隼直升机组成的航空中队，并为其提供相应的维护，她将以此支援两栖部队。同时该舰在正常情况下还可以容纳500人（最多可达800人）的皇家海军陆战队（Royal Marine）突击队以及他们的车辆。该舰还能搭载最多6架“山猫”直升机，其飞行甲板具备操作支奴干重型直升机的能力（不过支奴干无法进入“海洋”号的机库内），在必要情况下，该舰甚至可以运输并操作轻载状态下的海鹞战斗机。[①]

英国海军在1992年2月发出了设计和建造招标书，并于1993年5月与维克斯造船和工程有限公司签订了合同。[②]位于克莱德（Clyde）的克瓦纳公司下属的戈万造船厂（Kvaener Govan，原名为“费尔菲尔德”）将负责该舰的舰体、主要动力以及许多非军事设备的建造。该舰于1995年10月11日下水，虽然受到了一些损坏，但经过修理和进一步的舾装后，其很快就在1996年11月使用自身的动力驶向巴罗。在所有军用设备安装完毕后，伊丽莎白女王二世于1998年2月20日在巴罗将其命名为“海洋”号。

“海洋”号混合使用了军舰和商船的建造标准。其舰体设计类似于“无敌”号航空母舰，但要更加短粗一些。其分舱设计符合英国海军的标准[③]，机库甲板下方没有贯通前后的通道，全舰共分为5个防火区和3个核生化防御区（NBCD）。除了下甲板和采用商船标准的舰艏和舰艉外，她的纵向结构完全符合劳埃德标准（Lloyd's rules）。[④]该舰使用的钢材采用了商用标准，在低温下具有良好的延展性。其水线以上的部分外形平整简洁，既便于制造，又可以尽量减少雷达反射面积。

“海洋”号拥有英国皇家海军舰艇史上最大的机库：该舰的机库长111.3米，宽21米，最小净空高度6.2米，并配备了2台长16.75米，宽9.75米的升降机和2道防火屏障。其飞行甲板上布置了6个直升机起降位，并拥有可以停放6架“山猫”直升机的停机区。“海洋”级还拥有1条长达130米的起飞跑道。该舰的车辆甲板位于第四甲板，其长度为47.5米，宽度为23.25米，净高度则为4.0米，车辆甲板拥有1个侧面坡道和1个船尾坡道。“海洋”级的自卫武器包括3座密集阵近防武器系统和4座双联装30毫米舰炮，并带有1个基于ADAWS 200的非常强大的指挥控制系统。该舰的吊艇架可以装载4艘MK 5型车辆人员登陆艇（LCVP），这款登陆艇由VT公司设计建造，可以装载35名海军陆战队队员及其装备，最大航速为15节。[⑤]“海洋”号还搭载了1艘太平洋22型刚性充气

① Anon, "HMS Ocean –A new helicopter carrier", Warship Technology, RINA (March 1998).

② 据称，斯旺·亨特公司以71百万英镑的差距竞标失败。由于这次失败，该公司直接进入了破产管理。

③ 即3个舱室被淹没时不会沉没。

④ 她在舰体侧面为登陆艇设置的大侧开口需要特殊的设计和额外的审批流程。

⑤ 该吊艇架还可以操作荷兰的MK 2突击登陆舰。

艇（RIB），以作为救援船使用。

“海洋”号拥有 2 个独立的发动机舱，每个发动机舱都安装了 1 台功率 6750 千瓦的皮尔斯蒂克（Pielstick）型可倒转发动机，并通过减速齿轮箱驱动主轴。

“兰斯洛特爵士”级后勤登陆舰

这些登陆舰于 20 世纪 50 年代在运输部门的指导下开始设计，完工后由商业公司特许经营。她们拥有一个直升机甲板，可以运载 16 辆主战坦克、34 辆其余各种车辆和 534 名士兵。该级舰是按照商用标准建造的，其不需要在敌方控制的海滩强行抢滩登陆，但是在港口遭到破坏的情况下，她们可以在适合的海滩与“麦克弗洛特”（Mexiflotes）机动登陆浮箱一起装卸部队及其车辆。由于她们往往被归类为商船，根据商船的规则，她们如果出现了搁浅，就必须靠岸进行检查，因此在计划入坞之前，她们仅练习了一次抢滩登陆。该级舰于 1980 年被英国皇家辅助舰队接管。

大型后勤登陆舰

1980 年，“爵士”级已经难以满足英国海军的使用需求了，英国海军要么对其进行大规模改装，要么就直接购买新舰替换她们。英国人为了说明他们的要求，举行了一次会议，陆军只想要一艘滚装运输船，其能够配备足够坚固、可以运载主战坦克的车辆甲板和坡道[1]，并在局势日益紧张的情况下，可以迅速对北海对岸进行增援，但是英国皇家海军陆战队和海军则提出了更详细的要求：该舰需要在挪威北部逗留数周，然后在登陆行动中装卸海军陆战队及其重型车辆。

该级舰原本应该由英国皇家辅助舰队操纵，并尽可能地采用商船标准。但是很多部队都把她们当成了住宿船，因而她们除了需要搭载登陆艇，还需要搭载救生艇。这款巨舰的长度将达到 650 英尺，排水量则会达到 11500 吨。不过这项计划没有继续进行下去。[2]

“加拉哈德（Galahad）爵士”级

在福克兰群岛战争失去了上一艘“加拉哈德爵士”号之后，斯旺·亨特设计并建造了一艘替代舰。新舰是一艘多用途战舰，其可以搭载着 15 辆“挑战者”主战坦克及其他车辆，还可以携带“麦克弗洛特”机动登陆浮箱和 400 到 500 名士兵。作为备选项，她还可以操作最多 6 架灰背隼直升机，这些直升机停放在坦克车辆甲板上，并通过 2 台大型升降机送往拥有 2 个起降点的上甲板。在 1991 年的海湾战争期间，她作为一艘反水雷舰艇补给船，用集装箱式的前方支援单元为 5 艘“狩猎”级和 3 艘美国海军的扫雷舰提供了支援。[3]她可以使用自

① 陆军代表表示愿意接受旋转式坡道，以节约成本。令我惊讶的是，坡道制造商表示，其标准坡道的安全系数非常高，只需小小改动便能搭载坦克。

② 在第二次会议之前，我有一份设计研究报告，其中有一张 650 英尺长、排水量 11500 吨的舰船大比例图纸。在会议的末尾，我展开了这份图纸，对话和我所预料的一样。
皇家海军陆战队上校：“那不是我们想要的。”
布朗：“但这是你们要求的。”
陆军上校冷淡地说：“计划进行登陆的峡湾如果没有 650 英尺长，你们会遇上麻烦的！”
会议休会。

③ 她的主人在这艘舰的性能上倾注了最大的热情，但他仍然希望能有更好的 MK 2 型。

1999年1月停泊在马奇伍德的“海洋”号。她的船体设计以“无敌”级为基础。（迈克·伦农）

1991年海湾战争期间，“加拉哈德爵士”号充当了5艘“狩猎”级、3艘美国扫雷舰以及“赫克特”号的支援舰。（D. K. 布朗收集）

己的起重机，在20小时内将集装箱装上目标舰，如果两栖登陆顺利的话，她上岸的速度会更快。

“阿尔比恩”号和“堡垒”号船坞运输舰（LPD）①

英国海军用这两艘全新的船坞运输舰直接替代了老旧的“无恐”号和“勇猛”号。事实上新的设计团队已经向其前辈们表达了深深的敬意，其中就包括了最

① 船坞运输舰（LPD）中的“P”被皇家海军解释为了“平台（Platform）”，这是一个荒谬的说法。而美国海军将其解释为“人员（Personnel）”，这才是合理的。

现实的致敬：他们直接沿用了之前的那些设计——尤其是难度很高的船坞设计，如今的新设计与之前的老设计非常相似。

英国海军在20世纪80年代初期全面审查了自己的两栖部队，并在1985年决定继续新建2艘船坞运输舰。随后英国海军为3项为期1年的设计研究提供了资助，但是这些研究并没有得到令人满意的结果。唐斯（Downs）和埃利斯（Ellis）给出的理由如下[①]：首先，国防部没有投资竞争性研究；其次，设计资源需要划分给3个竞争者，并且时间很短，研究深度不够。[②]1990年，英国海军重新开展了一项研究，只有一个承包商被禁止参与设计和建造阶段。[③]最后估计的新舰总费用比原计划的预算高出约30%。之后英国海军又进行了另一项研究，并在1994年对设计和建造方案进行了招标。维克斯造船和工程有限公司是唯一的投标者，但是他们的报价远远超出预算。经过长时间对成本节约措施的讨论，双方最后商定出了一个可以接受的价格。[④]

该级舰的有效载荷几乎与其前任完全相同：正常情况下可以搭载305名士兵（最多可以搭载405人）、31辆大重量车辆或者主战坦克、36辆轻型车辆和30吨货物。其船坞可以容纳4艘MK 10型通用登陆艇[⑤]（或者1艘美国海军的气垫登陆艇），同时可以在吊艇架上搭载4艘MK 5人员登陆艇（LCP）。除船尾坡道外，该舰在右舷还布置了一个侧面坡道，同时用内部坡道将车辆甲板和坞舱以及直升机甲板相互连接起来。飞行甲板上布置有2个可供灰背隼或海王直升机使用的起降点，而第三个位置则用于停放直升机，这一飞行甲板也可以供1架支奴干重型直升机起降。该级舰没有机库设施，但搭载有一些直升机的辅助设施。对于装备齐全的部队如何进入该舰的集结区，以及进入甲板或坞舱，英国海军给予了高度的重视，为此该级舰安装了用来移动军需品和重型设备的高架轨道。

该舰的船型开发非常困难，因为其大部分重量都集中在舰艏，而舰艉则相对空旷。进行了大量的模型试验和流体力学计算后，该舰的总功率比最初的设计方案降低了超过34%。该舰的分舱设计符合《海上人命安全公约》（SOLAS）1990年标准（即2个舱室进水也不会沉没），消防设备也符合英国海军标准，位于车辆甲板侧面的水密隔舱也可以提高其生存能力。[⑥]

该舰的船型符合劳埃德的快速货船标准，但其具有更高的水密分舱标准，舰体尺寸也随之稍加增大——比目前的设计吃水大2米左右。该舰的舰体外板是钢制的，可以在低温下保持不错的性能。为了提高对爆炸冲击的抵抗能力，该舰还进行了一些修改。该舰的疲劳寿命设定为经受100000000次海浪冲击（30年）。

根据常用航速范围以及机动性的要求，该舰采用了柴油机－电力推进系统。

① 这部分具体内容参见一场研讨会的论文（经过允许）：D. S. Downs and M. J. Ellis, "The Royal Navy's New Building Assault ships Albion and Bulwark", given at RINA Warship '97; and also the article "HMS Albion" in Warship Technology (May 2001).

② 我非常赞同这些观点。

③ 有经验的设计团队被排除在外，实在是一个非常奇怪的做法。

④ 有趣的是，有一项节约成本的措施是增加船的尺寸，以使舾装更容易。经常有人这么提倡，但这似乎是英国第一次尝试。

⑤ MK 10型通用登陆艇采用了直通式装载甲板，并在甲板两端布置了坡道，以加快在坞舱内的装卸速度。该型登陆艇可以装载1辆“挑战者2型”主战坦克。

⑥ 很好。贝克在“二战”中做对了，没有像现代的“罗尔斯·罗伊斯”舰船一样。

在巴罗下水的“堡垒”号船坞登陆舰。（英国宇航系统公司）

这套系统的发动机舱仅需 60 名舰员就能完成操作，仅为“无恐”号的三分之一。该舰还安装了舰艏推进器。该舰所需的舰员总数为325人,“无恐”号则多达550人。

因为陆军指挥官和海军特遣部队指挥官在行动的早期阶段均会以该舰为旗舰，所以其拥有一套非常精细的指挥与通信系统。

表格11-6：“堡垒”号的详细参数：

满载排水量	18500吨（坞舱注水时为21500吨）
舰体尺寸	长176米，宽28.9米，吃水6.1米
动力及航速	输出2x6兆瓦时，最大航速18节
自卫武器	2座守门员近防武器系统，2门20mm舰炮
雷达设备	1部996型和2部1007型雷达

“阿尔比恩”号将在 2003 年初进行试航。

辅助船坞登陆舰［前身为后勤登陆舰（ALSL）的替换项目］

1998 年 7 月的《战略防御审查》试图大幅提高英国海军的两栖作战能力。几乎在同一时间，贝德维尔（Bedivere）爵士提出，进一步延长那些老旧的后勤登陆舰的服役期限（SLEP 计划），这并不是一个高效的选择。英国海军对自身需求进行重新审查后，提出了后勤登陆舰计划，该舰可以运载部队及其车辆和其他设备，并带着它们参与进攻行动。她们还可以为已经上岸的部队提供后勤

“挑战者”号是一艘海底作业船，设计用于探测和打捞位于深水的军品。她还没来得及证明自己的价值，就成了国防预算削减的牺牲品。（迈克·伦农）

支援，并参加人道主义行动，或者作为宿舍船使用。[1]

2000年12月，英国海军与斯旺·亨特公司签订了一份设计并建造2艘后勤登陆舰的合同，2001年11月，他们又从BAE防务公司的戈文（Govan）处订购了另外2艘。[2]这款新舰将比她们所需要取代的“爵士”级大得多，其满载排水量将达到16000吨，长度则达到176米。她们由柴油电力系统驱动一对全向推进器，最大航速为18节，与其他两栖战舰的速度相当，其还拥有一具船首推进器。一项研究显示该舰的稳定性符合《海上人命安全公约》1990年标准，这一点不足为奇，该舰在建造过程中选择了可以在浮冰中航行和操作的钢材。她们为轻型防空火炮预留了安装位置，但该火炮没有实际安装。其没有在上层建筑布置机库，但在舰艉布置了一个大型飞行甲板——可能拥有1个直升机起降点，可以操作达到支奴干或者鱼鹰（Ospreys）体型的重型直升机，并带有1个停机位。该舰还拥有1个可以容纳1艘通用登陆艇或者2艘车辆人员登陆艇的坞舱。正常情况下，她们可以搭载350名士兵（最多可以达到700名），车辆搭载量则达到了其前辈的2.5倍。该舰布置有1条船尾坡道和1条侧面坡道。该舰可以不用靠岸，仅采用她们自己携带的“麦克弗洛特”机动登陆浮箱进行卸货。该款由“海洋”号和“阿尔比恩”级发展而来的船只拥有一个与众不同的特点：从泊位通往集结区，并延伸到飞行甲板和坞舱的部队舷梯非常宽敞。

2003年2月，该级的首舰——“拉格斯湾”号（Largs Bay）下水，其预计于2004年7月投入使用，戈文建造的第一艘该级舰将于2003年10月下水。“湾”级的单舰成本为9500万英镑。

“挑战者”号海底作业船

这艘船需要完成大量非常困难的任务，这给船舶和设备的设计带来了不小的麻烦。在浅海使用时，她会通过船载式声呐来搜索海床；在深海使用时，她

① 英国展示了辅助后勤登陆舰的设计细节。Warship Technology, RINA July 2000.

② 她们将以“莱姆湾”号和“拉格斯湾”号的名字取代以前的“杰兰特爵士”号和“帕西维尔爵士”号。另一对备选名为“芒特湾”号和“卡迪根湾”号。其设计将以荷兰的“鹿特丹”号为蓝本。

① P. J. R. Symons and J. A. Sadden, "The Design of the Seabed Operations Vessel", Trans RINA (1982), p41.

② 关于船员到底选派皇家海军还是皇家陆军的问题，一直以来都有争论。为保险起见，英国最后选择了一组皇家海军的舰员。

则会通过拖曳式无人潜水器来搜索海床。她需要搜索并发现海床上的物品，并使用加压潜水钟或带有潜水员锁定设施的潜水器回收这些物品。这些物品可能是英国海军或者北约在测试过程中丢失的军械，也可能是苏联人丢失或者故意放置的装置。

英国海军考虑了诸多方案，比如用 2 艘船来完成任务、改装现有舰船以及使用多船体，最后其选择了单船体。该船在船尾安装了 2 套沃伊特 – 施耐德式推进单元，并拥有 3 个由计算机控制的船首推进器，她还安装了卫星定位系统。潜水钟通过位于舯部的竖井进行操作，无人潜水器则在船尾上方进行操作。为了减少沉没的可能性，她是按照英国海军的受损后稳定性标准进行设计的。如果她下沉时，潜水员正好位于减压舱，就会出现一些特殊的问题。该船为此准备了一条压力密封管，能够令潜水员在这种情况下前往高压救生艇上。皇家造船工程师学会的一篇论文[①]讨论了一些已经克服的问题，那篇论文的描述比本文要详细得多。这些功能都很昂贵，因此该船的成本几乎达到了一艘护卫舰的程度。

表格11-7：“挑战者”号的详细参数

标准排水量	6500吨
舰体尺寸	长127米，宽18米，满载吃水10.85米
动力	由5台拉斯顿（Ruston）型16缸柴油机驱动3.3千伏发电机，2台6缸港口柴油机
船员搭载	186人[②]

“挑战者”号于 1984 年完工，但很快成为国防预算削减的牺牲品，并被出售。最后一次听到其消息是在 2001 年，当时她正在非洲开采海床上的钻石。

英国海军曾多次试图设计并建造一艘破冰船，以取代进行南极工作的前布网船“普罗杰克特”号，但最后都因为成本原因而放弃了。该图是“特拉·诺瓦”号的设计图。这艘令人印象深刻的破冰船（或海洋调查船）在设计上汲取了加拿大、美国和斯堪的纳维亚国家的经验。其满载排水量为 7000 吨，舰体长 278 英尺，宽 64 英尺。其动力方案包括 4 台总功率 15000 制动马力的拉斯顿 AO 发动机，也考虑过 ASR 1 型柴油机。1967 年，为了节省开支，这一计划被取消了，她的替代品是外购的极地船（Polar Ship）——“忍耐”号［Endurance，前“安妮塔·丹”号（Anita Dan）］。（约翰·罗伯茨根据 PRO DEFE 24/90 中的原始资料绘制）

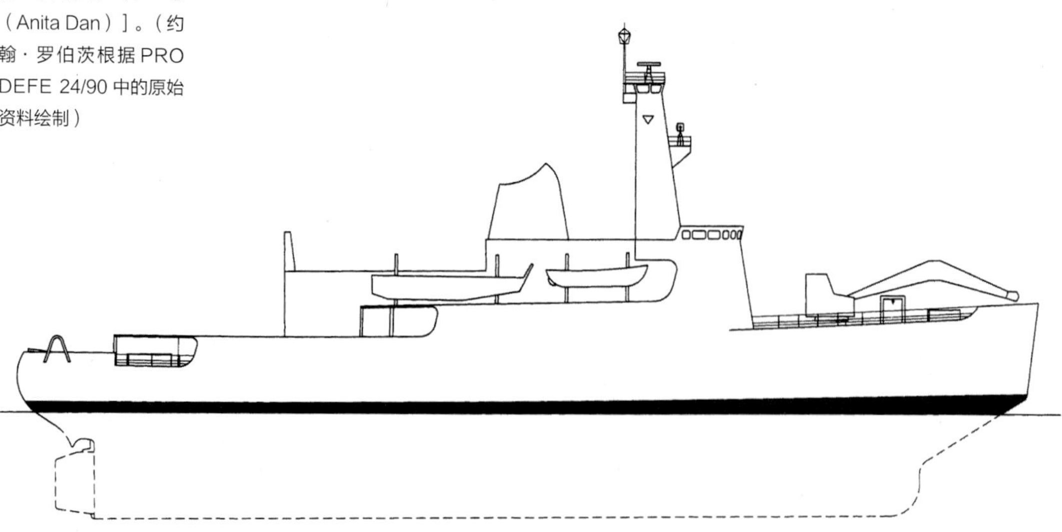

破冰船

20 世纪 50 年代中期，英国海军决定增加福克兰群岛部署的军舰数量，并希望建造 1 艘破冰船，美国海军慷慨地提供了“风”级（Wind）的图纸。因为要采用英国的发动机，所以该舰需要增加船体长度，其成本也随之上升，这导致该项目最后被放弃。随后英国海军选择了只需进行少量改装的“普罗杰克特”号（Projector）布网船。几年后，另一项设计的研究取得了更详细的进展，但也因成本问题被取消了。这艘破冰船原本预计被命名为“特拉·诺瓦”号（Terra Nova），她的替代舰则是在福兰克群岛之战中出名的“忍耐”号（Endurance）。

第十二章 船舶工程

到目前为止，英国军舰仍旧由海军部或者国防部进行设计。具体设计由舰船局或其前身——造舰局以及总工程师等组成的小型设计团队执行，过程中需要用到大量由专业部门提供的专业知识。这些知识涉及传统的船舶工程领域对稳定性、速度、适航性和强度等方面的研究，而总工程师和电子工程总监则拥有自己的专家小组，以对齿轮或电池等进行研究。英国海军造船部与皇家海军工程处合并后，一些研究小组也相应地被合并了，包括材料（钢铁结构和涂料等）、隐形设计、消防系统以及适航性等各个方面的小组。

曾经，这些专家会负责解答设计部门的问题，他们要么根据自己的经验做出答复，要么在必要时委托相关研究机构（如海军部实验技术研究所、海军造船研究所、海军工程实验室、海军部材料实验室等）做出答复。这种交流具有很高的价值，因为繁忙的设计部门经常会出现问错问题的情况，理解错误或应用错误的情况也很常见。随后这些专家部门开始制定相关标准，他们首先制定出《通用船体规范》，随后又制定了《海军工程标准》。这些标准开始应用后，专家部门就被授权监督相关部门的遵守情况，宣布其“通过”，或者在必要时责令其进行修改。

这些标准都来自那些不怎么美妙的经验教训，并根据技术发展和可用材料的变化进行了修订。这些标准必须与时俱进。常常有设计师试图挑战这些标准，但是，忽视这些标准中蕴含的智慧，这种做法显然是愚蠢的。[1]

稳定性

未受损的战舰

早在1870年左右，人们就已经明白船舶未受损时的稳定性规律，随着本世纪末机械辅助设备的问世，连计算也变得单调乏味起来。[2]虽然在20世纪早期，各国海军已经掌握了船舶的稳定性规律，但舰船受损后的稳定性情况计算却非常复杂，在现代计算机出现之前，相关人员只能对其进行一些简单的比较计算。本书只概述这些基本原理。

战争结束后的几年里，英国海军在稳定性计算方面的主要进展包括以下两项：第一，稳定性的最低可接受标准有了更加明确的界定；第二，引入了功能

① D. K. Brown, 'Defining a Warship', Naval Engineers Journal, ASNE (March 1986). 该书的最后两句话被装裱起来，挂在华盛顿初始设计公司（Preliminary Design）的墙上，并附有作者签名。

② 有关稳定性的完整内容已经在我之前的书中解释过了。详见：Warrior to Dreadnought, p207, and also in The Grand Fleet, p199.

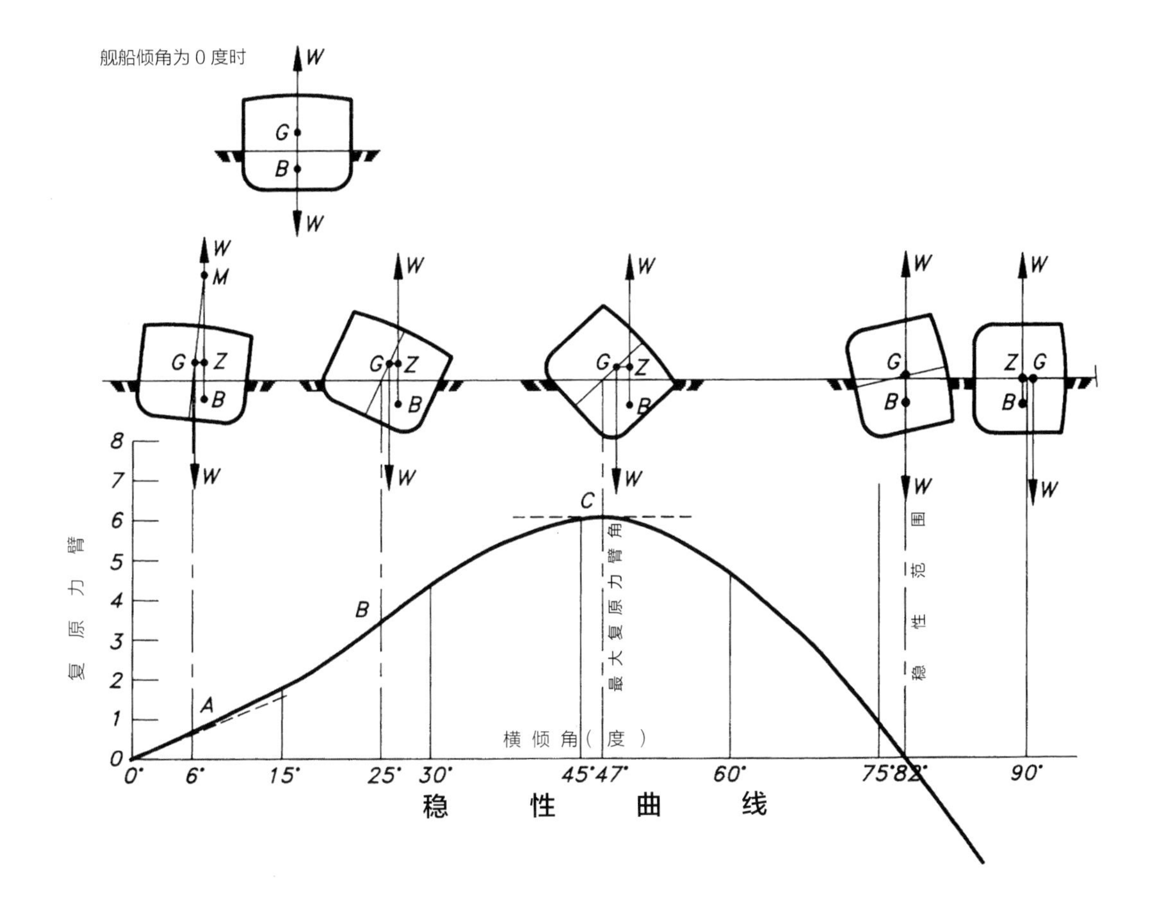

复原力矩曲线。（W. J. 尤伦斯）

强大的计算机，可以进行更加贴近现实的计算。

“稳定性”这个词也有几种不同的含义。对造船部门的设计师们来说，稳定性的定义为使船舶小幅度倾斜时需要的外力，如果一艘船需要相当大的外力才会出现倾斜，那就表明这艘船的稳定性很好。稳定性的另一个定义则是上述定义的延伸，但两者也存在不同：如果一艘船倾斜到了很大的角度却没有发生倾覆，也可以说明这艘船的稳定性很好。最后一个定义：如果一艘船的横摇幅度很小，那么其稳定性就很好。这一定义与前两个定义几乎完全相反，所以应当尽量避免使用。[①]

对于任何浮在水面上的物体，其水下部分体积所产生的浮力必然与其重量，或者说排水量相等，这就是阿基米德定理。重量和浮力的方向都是竖直的，当船体没有发生横摇时，它们会处在同一条直线上，且保持受力平衡（见上图左上角的小图）。

当船体出现倾斜时，其水下部分的体积和形状会发生改变，浮力中心也会随之发生改变，进而导致浮力的作用位置改变。最初浮力的作用点会向浸入水

① 参见：Warrior to Dreadnought, p207.

中较深的一侧移动，此时重力和浮力相互作用所产生的力矩会让船体趋近于扶正。但当一侧的甲板边缘沉入水下，而另一侧的船底露出水面时，浮力作用点的外移会慢慢变小直至停止，最后转而向内移动。

重力和浮力作用方向延长线之间的距离被称为“恢复力臂”，一般用“GZ”来表示：在恢复力臂曲线中，GZ 的值与船体的横倾角成反比，这一曲线通常被缩写为“GZ 曲线”。船体稳定性研究中的一个关键参数是 GZ 的最大值及其达到该 GZ 值时的倾斜角度。最开始，人们认为从 GZ 的最大值到其再次变为 0 的这一阶段仍旧属于稳定的范围，但后来人们就认识到这根本不可能。锅炉舱入口等大开口浸入水中时的倾斜角度，也即“进水向下蔓延的角度”是更加贴近实际情况的极限稳定角度。

GZ 曲线及其相关的计算只能尽量地模拟现实情况，因为其首先就假设水面完全平静且不存在波浪。不过一个多世纪的经验表明，这仍旧是研究稳定性的良好方式，尽管其只能求出近似值。①

战损后的稳定性

这种情况比战舰未受战损时要复杂得多。首先实战中存在着各种各样的损坏形式——包括由破片或者炮弹造成的很长的小破口，由触发式鱼雷造成的可达 30 英尺 ×15 英尺的大破口，以及由非接触近炸导致的裂痕等。不管是哪种破坏，都会导致海水通过损坏的舱壁，或者没有完全密封的通风系统向船内蔓延。早期的焊接式结构往往使用了不合适的材料以及不完善的工艺，其会在爆炸中受到比铆接式结构更严重的破坏，不过“二战”结束时，这些问题已经基本得到了解决，焊接式结构也可以做得非常坚固。

受损船舶的完整部分一般是不对称的，船舶的横倾和纵倾角度都会很大。这种不对称意味着许多可用于完整船只的计算方法已经不奏效了，由于受损船舶的复杂性，技术人员几乎不可能直接计算其稳定性。②一般来讲，这类计算只会考虑船体舯部进水，因为这样可以忽略掉纵倾造成的影响，而且这类计算通常只会考虑 2 个舱室的进水。当出现纵倾并导致后甲板沉入水下时，上述计算前提就不再适用了，这种情况会严重影响船舶的稳定性。船册里收录了一些严重进水的例子。③

发生大规模进水的案例很难进行研究，如果船沉没了就无法记录其真实的进水范围。即使这艘船只最后幸存下来，海军首先需要考虑的问题也是对其进行修理，而不是进行详细的记录。④不过到第二次世界大战结束时，英国海军还是整理出不少合理的“应该与不应该”准则。

① 1944 年的太平洋大台风令美国海军损失了 3 艘驱逐舰。随后的调查显示了传统的 GZ 曲线的价值，同时也发掘出了利用 GZ 曲线的更好方式。
详见：C. R. Calhoun, Typhoon - The Other Enemy (Annapolis 1981).

② 我确实为“部族”级的修整进行过计算（见第五章）。即使是这艘非常简单的船，我也花了 3 个月的时间，但结果确实显示其需要 1 个额外的横壁和更多的船尾干舷。

③ 这份船册汇编了舰船的重要操作指南，不能与设计部保存的《关于船的一切》（Ship's Cover）混淆。

④ 在战后的打靶试验中，通常是禁止让船体沉没的，因为其身上的废钢很快就会被利用。

战后标准

英国海军在战后初期没有制定正式的稳定性标准，不过这一问题很快就得到了重视，相关人员根据其具体情况，对战争期间的每一个案例都进行了研究。高级造舰军官（Senior constructor officer）拥有战争期间的种种经验，许多人都曾在战舰上服过役，他们很清楚战损是非常常见的。他们还明白驱逐舰和护卫舰在战损后，因为失去稳定性而沉没的情况相当少见，特别是更现代化的舰船。这与战前的判断相差不大。在各个主要海上强国中，几乎只有英国皇家海军没有因为舰船糟糕的稳定性和恶劣的天气而出现损失。

一些案例被重新研究，如“凯利”号（Kelly）受损后的稳定性和强度被重新计算。当时的概率论研究并不算深入（现在仍然如此），但它已经开始影响人们的思维了，特别是在舰船的损坏程度和舱壁间距方面。由埃里克·塔珀（Eric Tupper）领导的 82 型设计团队认为需要制定更严格的标准，随后其采用了源自美国的“萨钦和戈尔德贝格”标准。21 型护卫舰是根据合同设计的，其合同中规定了正式的标准。

稳定性标准

英国海军最后决定直接引入美国海军的标准。[1]在对 1944 年 12 月台风中损失的 3 艘驱逐舰进行调查后，美国海军定下了自己的稳定性标准。[2]从技术角度

一份舰船记录的摘录，展示了“惠特比”号轮机舱和锅炉舱进水造成的影响。这种有限的破坏使舰船稳性降低了大约三分之一。（PRO ADM 239/431）

稳性曲线：
锅炉舱和机舱进水时

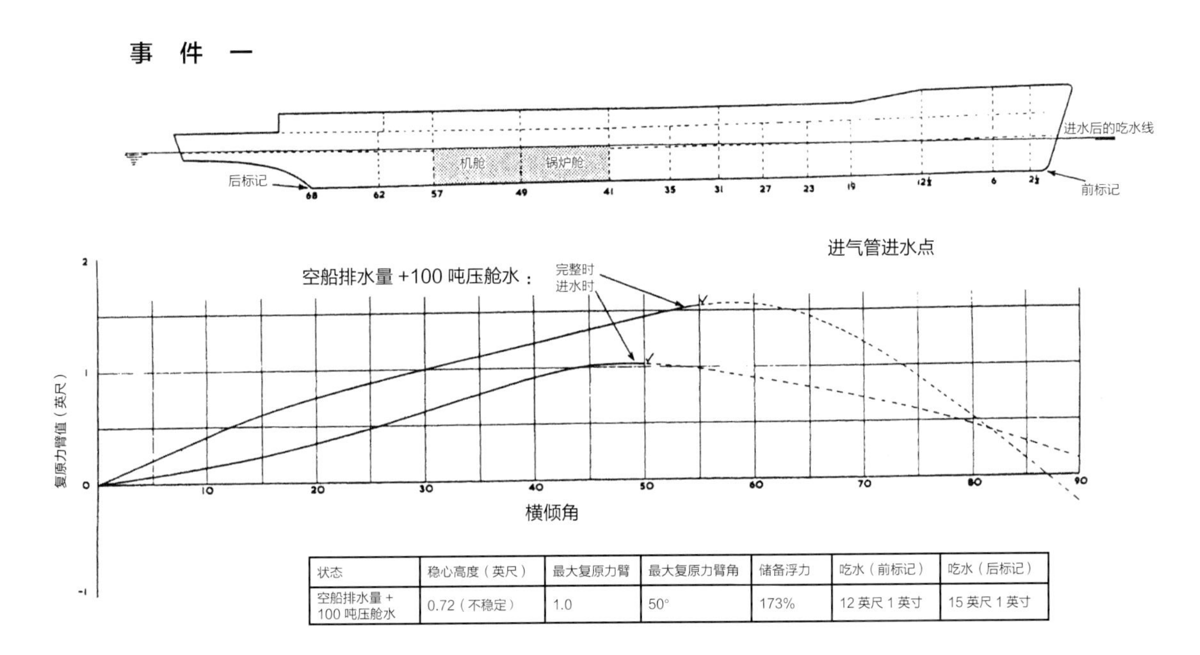

状态	稳心高度（英尺）	最大复原力臂	最大复原力臂角	储备浮力	吃水（前标记）	吃水（后标记）
空船排水量 + 100 吨压舱水	0.72（不稳定）	1.0	50°	173%	12 英尺 1 英寸	15 英尺 1 英寸

① T. H. Sarchin and L. L. Goldberg, "Stability and Buoyancy Criteria for USN Surface Ships", Trans SNAME(1962).

② D. K. Brown,"The Great Pacific Typhoon", The Naval Architect (Sept 1985); and C. R. Calhoun, Typhoon – The Other Enemy (Annapolis 1981).

战时“凯利”号（Kelly）驱逐舰在被鱼雷击中后进入船坞修理。在经历了如此巨大的损伤后，设计人员重新计算了她的强度和稳性，并将收集到的相关经验融入到战后的“部族”级设计中。（D. K. 布朗收集）

上讲，发生在美国海军的这场悲剧在很大程度上证明了传统 GZ 曲线的正确性：失事的 3 艘驱逐舰的曲线特征都非常糟糕，这些 GZ 曲线特征较差的船出现了严重的危险，而那些 GZ 曲线良好的舰船却没有出现此类情况，尽管还是有部分战舰在这次行动中受到了许多损坏。

美国海军在完成调查后，将事件的主要责任归咎于带领舰队的海军上将，他在这样的风暴中依然下达了保持航向和航速的命令，这对小型战舰来说显然是不合适的。造成这些驱逐舰损失的直接原因，主要是过大的风速导致驱逐舰在前进过程中出现了很大的侧倾，并掀起了很高的海浪。大风和巨浪导致海水蔓延到了锅炉舱的入口，并随后导致了进水。入口下方的主配电板也发生了短路，并致使转向系统失灵。

根据新标准，设计人员需要计算舰船暴露在水线上部分在大风下所受的力，并确保其与 GZ 曲线中显示的恢复力矩相等，同时留有足够的冗余以防各种偏差。这一风载标准非常苛刻，许多已经在服役中的老式船只都没有达到这个标准。同时这一标准还囊括了其他有关重量和人员移动的情况。

稳定性标准是在役船舶必须遵守的底线。这些标准不仅需要在设计过程中达到，也需要在舰船的整个服役过程中达到。因此设计时还需要留有一定的空间。[①]

福克兰群岛战争之后，英国海军要求舰船局为船舶制定一款更简单的稳定性数据表示方法。他们研究出了一套稳定性说明（Stability Statement），其记录了最新的侧倾研究结果、新条件下得出的稳定性曲线和一些战损影响的案例记录。部门内外都提了一些意见，但总结下来并没有多大的变化：稳定性的研究并不容易，尤其是在舰船受到战损之后。之后这一标准出现的唯一变化是为稳定性说明增加了一个有效期，在有效期之后，倾斜试验需要重新进行（见附录 4）。

动力和航速

“二战”后的许多年里，英国海军在估计输出功率、航速以及选择船体线形方面仍然沿用了传统的弗劳德法（Froude methods）。[②]设计人员会从等 K 曲线手册中选择一个临时线形，这一手册总结了自 1872 年以来，海军部实验技术研究所进行的全部模型试验的结果。[③]为了适应全新的设计，一些必要的改变是不

① 如果舰员知道有增长的余地，可能就会造成挥霍。

② 这个方法通过“佩内洛普”号的拖曳试验得到了证实，我们将在下一章的“隐身”部分进行讨论。

③ 如果德国人在 1940 年入侵，那么海军建造总监将最优先考虑把这些书送往加拿大。

可或缺的，例如增加船宽、加长开口，以及为了适应武器装备而进行局部更改。但是完全理想的线形是不存在的（见第 21 页照片），各种舰船的线形需要与其定位相适应。设计人员一般使用蜡制作模型并在哈斯勒进行测试，同时他们会在研究过程中对模型进行修改，以减少舰船的阻力。实验负责人需要仔细地观察这些修改，并找到模型产生的波浪或湍流，这对其工作经验的要求很高。[①]英国海军常常试图通过节省燃料来降低 5% 的使用成本，这比测试所需要的费用高多了。对早期核潜艇最有用的数据则来自 1923 年英国皇家航空设备报告（Royal Aircraft Establishment report）中关于飞艇外型的内容（见第九章）。

20 世纪 30 年代末，英国海军使用尺寸达到 20 英寸的大型螺旋桨模型进行了大量试验，并以这些试验得出的数据为基础，来选择螺旋桨的直径、螺距和转速。之后设计人员采用更先进的设计方法来降低噪音时，这些数据仍旧是非常有价值的，其可以提供一个研究起始点。其他模型实验则用于测量船体和螺旋桨之间的相互作用：船体周围的水流会扰乱进入螺旋桨的水流，而螺旋桨的吸力也会反过来改变船体尾部的水流。

试验得出的表格数据和绘图数据会被录入计算机数据库。一般只有适合现代舰船的较新数据才会被输入，但是如果有需要，其也可以使用旧数据，这些旧数据可以用于生成适合于特定船舶的曲线。

舰船水池实验拥有非常多的用途，虽然英国海军使用水池进行了许多测试和试验，但是其中只有少数是有效的。其中最有价值的研究结果是尾压浪板，其基于“快乐”级的成功基础，但在之后的多年里一直被忽视，因为其虽然可以在高航速时降低阻力，但同时也会在低航速时增加阻力。最终的实验结果表明，其可以在所有航速下改善螺旋桨的性能，并让 21 型（“复仇者”级）的最大航速增加 1.5 节。模型试验和全尺寸试验表明，采用含量约为百万分之三十的长链分子（聚乙烯氧化物）可以减少约百分之三十的粘附阻力。研究人员还尝试过空气润滑，但是没有取得成功（第十三章中的隐形部分介绍了螺旋桨的研发）。

在这期间，海军部试验技术研究所成立了一个专门的试验部门，来负责安装试验所需的仪器[②]，并进行试验，将数据传回以进行分析。模型试验并不完全精确，研究人员还必须根据以前的模型与全尺寸实验的相关关系进行校正。

耐波性

有三件事对我来说太美妙了……浩瀚海洋中一艘船的航道。

——《圣经旧约·箴言》

战争结束后，人们认识到下一代护卫舰（1945 年并入“惠特比”级护卫舰）

① 实验负责人通常是高级制图员（PTO II），其背后往往有 4 年的船坞技术学院学习经历，才能达到学位标准。

② 例如准确的推力和扭矩表（不容易实现）、转速计数器等。在试验场附近有哪些旅馆廉价又舒适，试验科对此也颇有心得，这些旅馆偶尔还会提供饭菜。

福克兰群岛附近的“考文垂”号。她被 3 枚炸弹击中，5 个主要的水密隔舱被淹，已经没有幸存的希望了。在设计中，如果没有具备强大运算能力的计算机，就无法计算大规模不对称进水对舰船造成的影响。（D. K. 布朗收集）

需要在恶劣天气下保持其航速，才有能力追赶高速潜艇。内维尔·G. 霍尔特（Neville G. Holt）利用他作为游艇驾驶员的经验和在战争期间作为造船上尉（Constructor Captain）的航海经验，提出了“惠特比”级的最终方案，随后海军部实验技术研究所的 R. W. L. 高恩（R. W. L. Gawn）对她进行了进一步的改进。[①]其艏部舰体很窄，艏部干舷也很高，且为了减少纵倾，大部分重量都集中在了船体舯部，如武器和发动机等。很快，这种设计的耐波性就在北约各国中赢得了很高的声誉，即使之后各国对耐波性有了更新的研究和理论，这种设计仍旧是难以击败的。[②]

现代研究人员对船舶运动的理解建立在“切片理论”（strip theory）的基础上，这一理论认为作用于海洋随机环境中的船体截面上的力是沿长度方向分布的。[③]这一结论已经在船上试验中得到了验证：在一次试验中，“利安德”级的“赫尔迈厄尼”号和“部族”级的“古尔卡”号（Ghurka）在海况很差的海面上以 22 节的高速航行。[④]试验结果表明，这一理论对纵摇和船体起伏的部分估计得非常准确，但对甲板上浪情况的预测则存在误差，因为船体和海浪之间的相互作用没有得到适当的表示（这一点已经得到了改善，但仍然存在问题）。很多年之后，人们才可以准确地计算出横摇情况。[⑤]

这一公认的理论使我们有可能总结出尺寸的改变对船舶运动的影响。纵摇和船体起伏是由船舶长度决定的，较长的船体需要承受的压力也会更大，而且船体长度还会受到其余各种因素的限制。干舷高度则基本上取决于船体长度：到战争结束时，干舷被定为 1.1 乘以船体长度的 0.5 次方。在后来的船只中，干舷高度则往往被定为 1.3 乘以船体长度的 0.5 次方。撞击情况是一个复杂的问题，但首先要有足够的吃水才会发生这一情况。

也许在航海方面最大的问题是如何确定什么样的运动水平才能符合要求，以及为进行改进可以付出多大的代价，这两样都不容易确定。直升机在反潜战（ASW）中起着至关重要的作用，对护卫舰而言，直升机的使用一般会受着陆点

① 其在背地里因被称为“迪克·高恩”而知名。

② 造船设计师会将“耐波性”和“适航性”区分开来，前者是指舰船在大浪中的运动，后者涉及舰船舱口和舱门的水密性、结构在海浪持续冲击下的强度、安全通道等实际因素。两者都很重要。

③ 本章大部分内容是基于最新的调查：D. K. Brown and E. C. Tupper,"The Naval Architecture of Surface Warships", Trans RINA (1988).
对于那些希望深入研究该技术的人来说，还有 1 个冗长的讨论和 63 篇关键论文可供参考。这里只重复了其中几篇比较容易理解的参考文献。不得不指出的是，我因这篇论文获得了该学会的银质奖章。

④ R. N. Andrew and A. R. J. M. Lloyd, "Full Scale Comparative Measurement of the Behaviour of Two Frigates in Severe Head Seas", Trans RINA (1981).

⑤ 威廉·弗劳德（William Froude）在 1860 年建立了基本理论，但要找出可以解决现实问题的方程仍然很困难。
参见：D. C. Stredulinsky, N. G. Pegg and L. E. Gilroy, "Motion and Wave Prediction and Measurements on HMCS Nipigon", Trans RINA (2000), p248 for an up-to-date comparison of estimates and measurements.

哈斯勒的1号水池，始建于1887年，1960年安装了新的滑动托架。截至20世纪90年代，包括两次世界大战在内的、所有应用于英国水面舰船的船型都在这里开发和测试。其在1993年11月被抽干，现在用作办公室。（D. K. 布朗收集）

附近舰体垂直运动速度的限制，但在体型较小的“利兹城堡”级上，人们又发现直升机的着陆还会受到舰体横摇的影响。这说明了一个普遍的观点：事物的限制不会只有一个，一个问题解决了，下一个问题又会出现。即使消除了垂直方向的运动速度［比如罗卡尔（Rockall）那样的礁石］，直升机的操作也将受到风速限制，这一点往往被那些小水线双体船的狂热支持者们忽视了。不过，设计人员可以通过加长舰船或将直升机甲板移动到运动较少的船体舯部，来改进护卫舰的直升机运作能力。

由恶劣天气导致的作战能力下降主要是由人的因素引起的。在0.15~0.3赫兹频率范围内，超过每二次方秒0.8米的垂直加速度往往会导致晕船，进而导致舰员做出某些糟糕的决定，其余方面的因素，甚至是气味也有可能会造成晕船。[①]英国海军在“城堡”级的设计中特别注意了这一因素，其可以在年平均海况中将垂直加速度保持在一个可以接受的水平。[②]手工作业也会受到横向加速度水平（横摇加速度）的影响，这一因素可以通过大型的舭龙骨以及主动减摇鳍系统来减缓。[③]其余解决方案包括采用小水线双体船或者水翼船，但是其成本都更高。成本往往也会受到其余方面的限制，比如训练，这和经济因素一样重要。

① 我曾随“幼天鹅”号出海航行，并在遇到恶劣天气时感觉良好，直到我的秒表显示该舰的运动频率为0.18赫兹，我才知道自己应该是感到不舒服了！

② D. K. Brown and P. D. Marshall, "Small Warships in the RN and the Fishery Protection Task", RINA Symposium (March 1978).
也可参见：D. K. Brown, "Service Experience with the Castle Class", Naval Architect (Sept 1983).
我们的想法成功了！

③ “城堡”级都有很深的舭龙骨和减摇鳍。福克兰群岛战争期间，有2艘舰船都失去了减摇鳍，但这没有引起任何人的注意。
参见：K. Monk, "A Warship Roll Criterion", Trans RINA (1987).

有一个被公布过的简单方式可以证明改进耐波性的价值。[1]海军年度评估显示，一艘护卫舰在海上停留 1 天的成本约为 10 万英镑，如果因为各种因素导致护卫舰执行任务的能力有所下降，那么这笔费用的一部分，甚至全部就会被浪费掉。这可以用来说明采用更长船体护卫舰的价值。虽然这种证明方法很粗糙，但目前还没有人提出更好的方法。

只从局部来看，船体线形这个次要因素对运动的影响很小，但如果将其整体完善好，其累积起来的效果也是显著的。船体部分的外飘和折角可以改善上浪性能，但它们的确切效果却引起了激烈争论。[2]船体运动对快艇乘员的影响是非常大的[3]，而水翼艇在这方面的情况应该要好得多。

船舶的尺寸和线形必须同时满足动力和耐波性的要求。幸运的是，耐波性主要受船艏线形影响，动力特性则主要受船艉线形影响，而这一理论非常接近真实情况。

强度[4]

船体的空心梁结构可以抵抗分布不均的重力和浮力，这个概念至少可以追溯到 19 世纪初。传统框架结构的木制舰船刚性较低，所以容易弯曲，而且其也很容易腐烂。罗伯特・赛宾斯爵士（Robert Seppings）在 1811 年设计了一种对

① D. K. Brown,"The value of reducing ship motions", Naval Engineers Journal, ASNE Washington (March 1985).

② 我的观点在"城堡"的照片中表现得淋漓尽致。（参见第 269 页图片）

③ D. K. Brown, "Fast Warships and their Crews", RINA Small Craft (1984), pt 6.
这在轻型海岸部队中引起了很大的争议，但彼得・狄更斯上尉给了我极大的支持。

④ 这一部分参考自：Dr D. W. Chalmers, Design of Ships' Structures (London 1993).
这本来是作为内部手册写的，我的工作是核准其能否使用。虽然很辛苦，但这项工作很值得。查默斯(Chalmers)博士还修改了这一节的草稿。

一张图说明什么是耐波性。在恶劣天气中，一架"山猫"MK 3 型直升机停放在驱逐舰的飞行甲板上，在这种状况下搬运武器非常困难和危险。（韦斯特兰公司）

1978年，“部族”级护卫舰“廓尔喀人”号（Gurkha）正在与“利安德”级的“赫耳弥俄涅”号进行对比试验。这次试验证实了大部分计算机对船舶在特定时间内运动状态的估计。但试验也表明砰击对舯部应力的影响远高于先前的理论预测值。（D. K. 布朗收集）

角框架系统，大大提高了船体的刚性，使建造更大的舰船成为可能。朗（Lang）和埃德（Edye，两者皆为海军部造船工程师）则让赛宾斯的结构可以适用于在布鲁内尔（Brunel）的“大西方”号（Great Western）。

任何漂浮物体的重力必须等于其所受到的浮力，不过这一简单的定理并没有考虑船上各个点的巨大差异。在这些局部点上，重力和浮力的差异会导致其结构中产生垂直方向上的力（剪切力）以及沿着纵向分布的弯曲（弯矩）。1866年，朗肯（Rankine）阐述了这一规律[1]，里德（Reed）和他的助手怀特（White）则制订出了实用的设计方法。[2]在“眼镜蛇”号沉没之后，拜尔斯（Biles）在“狼”号上进行了实验，并在之后进行了进一步的改进。[3]

在第二次世界大战之前和之后的一段时间里，强度的计算需要分为两种情况。计算的前提条件是舰船处于静止状态，且船头正对着波浪，波浪的长度（L）与船体长度相同，波浪的高度则为长度的二十分之一。第一种情况是船体艏艉段各存在一个波峰，这样船体舯部会由于失去支撑而船体下塌；另一种情况则是船体舯部存在一个波峰，这样船体艏艉会出现下沉，导致船体拱起。船体下沉时，船底会受到拉扯，而上部的甲板则会受到挤压；船体拱起时则恰恰相反，甲板受到拉扯，而船底则受到挤压。

当时已经可以通过结构的设计来抵抗这些载荷。应力载荷比较容易处理，只需要把应力数值控制在材料的安全数值之下就行了，材料的安全数值是从大量经验中得出的。[4]压缩载荷处理起来就比较困难了，因为当时没有办法计算带有加强筋的板材的抗弯强度，只能将加强筋以及一定宽度的板材视为一个整

① W. J. M. Rankine, Shipbuilding–Theoretical and Practical (London 1866).

② E. J. Reed, "On the Unequal Distribution of Weight and Support in Ships and its effect in still Water, Waves", Phil Trans Royal Society (London 1866).

③ D. K. Brown, Wamor to Dreadnought, p185.

④ 应力数值是单位面积的载荷。它与拉力、延展性是不一样的。

体来计算近似值。大量的应用经验表明，这种解决方法还是很管用的，不过其会导致计算结果过于保守，也就是说这一计算结果会比实际所需要的结构更加笨重。

这些强度的计算方法只是对现实情况的一种概略模拟，实际上，与船体等长，且高度达到舰船长度二十分之一的海浪是非常罕见的。因此，大船的设计承受应力值需要比小船高得多，例如，护卫舰的甲板强度一般为每平方英尺 5 至 6 吨，

战后初期的护卫舰船型是 W. J. 霍尔特根据自己当年担任快艇驾驶员获得的经验，辅以高恩在哈斯勒的海军部实验技术研究所进行的模型试验开发的。事实证明，即使运用现代理论，舰船也很难击败风浪。这组模型和实船的对比照片（下图为“利安德”号）表明，模型的性能能够准确地反映全尺寸舰船的性能——只是溅起的浪花大小有所不同。（D. K. 布朗收集）

"胡德"号战列巡洋舰的甲板强度则达到了每平方英尺 9.8 吨。由于整体法基于大量的比较，且常常以之前成功的舰船作为基础，所以设计人员一般不会做出太大的改变。根据战时的经验，这种保守做法在很大程度上是合理的，英国海军的舰船虽然也在恶劣的海况下进行过高速航行，但这些舰船都没有出现过严重的结构损伤，倒是时常会发生轻微的渗漏。不过许多舰船都在遭受水下攻击后，断成了两截。

为了了解舰船在爆炸产生的载荷下的结构性能，并设计出能够更好地抵抗爆炸的舰船结构，英国海军在战后开始了舰船目标试验（Ship Target Trials）计划。E. W. 加德纳（E. W. Gardner）对试验的结果进行了初步分析，他发现较薄的外板与大量紧密相邻纵骨的组合可以起到较好的效果。[①]这样的舰船结构重量更轻，而回看战前的海军条约，我们可以发现，较轻的船型能够带来大量的优势。不过此时人们仍然认为成本与重量成正比，而不是与系统的复杂性成正比。

在战舰的服役过程中，英国海军发现这种结构造价昂贵，且很容易受到轻微的损坏，也容易遭到腐蚀。"利安德"级以及数量更多的"部族"级的设计过于激进了，她们应该采用纵骨更少、外板更厚的设计。年轻人往往是激进的，但在这一点上，这些人激进得有点过头了。舰船结构的改进需要更多地考虑疲劳强度，金属反复暴露在远远低于最大允许上限的交变应力下同样会失效。铆接结构中的疲劳裂纹往往会停止在第一条接缝的位置，而不会继续扩散（虽然

① D. K. Brown, A Century of Naval Construction, p203.

也不是每次都这样）。在“部族”级的结构设计过程中，K. J. 罗森发现造船厂组装的普通钢材出现裂缝是不可避免的，但是将应力保持在较低水平的话，这些裂缝就不会继续扩散。事实证明他是对的：英国海军对退役的“部族”级进行检查后发现，其结构中出现了许多细小的裂缝，但都没有产生扩散。

肯·罗森还引入了美国计算格栅（grillage）整体强度的方法，即沙德（Schades）法，这种结构的板材拥有两个方向的加强筋。沙德法只是一种近似值法，其很快就被更加精确的计算方法取代，但是相对于以往的方法，它仍旧是一个巨大的进步：初级设计师们也可以采用这一新方法去分析以前的设计问题，这足以证明这种新方法的价值。

“部族”级的另一项改进是她们的上甲板保持了水平，这样可以避免船体在受到应力后出现裂缝。应力在船体的不连续处会显著增加（这就像若想折断一根坚固的棍子，先在棍子上切开一个裂口，这样会容易得多），应力过大会导致船体出现裂缝，进而导致船体的断裂。一些战时的舰船，如“南安普顿”级和上一代“部族”级都在艏楼的断面处出现过严重的裂缝，“果敢”级和“布莱克伍德”级都对这个区域进行了大量的加固。罗森的计算表明，这些加固结构的重量比直接把艏楼甲板延伸到舰艉还要大。

几位著名学者认为船在波浪中的行为是动态的，假定船体在波浪中静止的强度计算方法应该丢弃。这一设想是有可能达到的，随着耐波性理论的发展和大型计算机的使用，“切片理论”出现，这一理论是对船体在典型海况时各个纵切面（切片）受到的流体作用力进行整合。这是一种有效的强度计算方法，并且同样适用于中等海况，但它应用起来比较困难，而且很容易出错。在计算时可能还需要考虑船体的弹性，因为这对于砰击载荷的计算相当重要。不过这种计算方法不能完整地描述舰船水线以上的船体，而且无法计算甲板下沉时的情况。

还可以通过一种计算机程序，即有限元分析（Finite Element Analysis）来计算强度。这一程序将结构分解成了大量的元素，其可以在结构负载时计算各个元素之间的交互作用。这一程序对于大载荷结构和复杂结构的强度计算来说是必不可少的，但是对其进行数据输入需要很长的时间，如非必要，设计人员一般不会使用这一程序。[1]

英国海军对前面提到的“利安德”级和“部族”级护卫舰在恶劣海况下的情况进行了比较，以评估船体形状对波浪载荷的影响。[2]随后克拉克（Clarke）的报告[3]总结了该试验所展示的对结构方面的影响，特别是砰击对船型的影响。“部族”级为抵抗猛烈的砰击载荷，采用了紧密布置的横向框架。但是设计人员当时并不知道波击的压力峰值会出现在靠近船艉的位置，这一位置的结构还

① 也有可能因为应用这一程序花费的时间太久，结果来得太晚，导致其无法使用。

② R. N. Andrew and A. R. J. M. Lloyd, "Full Scale Comparative Measurement of the Behaviour of Two Frigates In Severe Head Seas", Trans RINA (1981).

③ J. D. Clarke, "Measurement of Hull Stresses in Two Frigates during a Severe Weather Trial", Trans RINA (1982), pp63-83.

需要进行进一步的加强。船体舯部受到的最大应力与理论预测的结果基本一致，但船艏部位的最大应力并没有像预测的那样迅速减小。英国海军在许多舰船上都安装了记录器，用于记录其服役历程中超过预计水准的应力的出现频率。通过这些数据，海军可以预测舰船在其 20 至 25 年的寿命中可能会受到的最大应力。

这些数据为设计人员总结出更简单的强度计算方法提供了坚实基础，这种方法与以前的朗肯法相似。这一方法将不考虑舰船的大小，所有舰船都以遇到浪高 8 米的海浪进行计算。[①]据计算，在 10000000 次波浪中，超过预计砰击载荷的情况只占 1.5%；舰船的平均服役时间约为 22 年，这期间，约 30% 的部分都是处在“北大西洋平均海况”的情况中。

如今，结构设计往往被认为是容易的，新的管理系统可以让设计人员在不进行实际实验的情况下完成结构图纸。不过这样设计出的结构存在不少的问题，有些问题可能非常严重：21 型以及 42 型的第一批次和第三批次的结构都需要加强，这可以通过照片清楚地观察到。然而需要加强结构的舰船并不局限于英国海军：法国海军的“图维尔”级（Tourville）、苏联的“现代”级（Sovremennyy）[②]和美国海军的 FFG-7 型，都在服役期间对结构进行了加强。英国、美国、澳大利亚和加拿大建立了一个关于结构设计的信息交流项目（IEP）。这一机构的第一次会面很尴尬，因为我们每个人都必须承认自己在舰船结构设计中的过失。更严格的质量控制可以极大减少设计中出现的问题，不过船型的建造也可能会出现问题。

这些问题大多是由结构的不连续位置或者结构中的尖角引起的，它们会使

① J. D. Clarke, "Wave Loading in Warships", in C. S. Smith and J. D. Clarke (eds), Advances in Marine Structures (Dunfermline 1986).

② 在 1993 年默西塞德举行的阅舰式中，可以看到俄罗斯驱逐舰“轰鸣”号（Gremyaschiy）在艏楼末端重新补上了双行铆钉。

42 型驱逐舰的第三批次——“爱丁堡”号（Edinburgh），可以看见其甲板边缘得到了加固。（迈克·伦农）

局部应力成倍地增加。[1]前面提到了艏楼出现裂缝的问题，除了艏楼，我们在上层建筑的底部也发现了类似的问题。设计人员常常会把这些上层建筑设计得很短，以期降低它们所承受的荷载，但结果往往事与愿违。刚性较大的上层建筑不会随着船体变形，因此其底部可能会从甲板上撕离。将上层建筑底部布置在主要横向舱壁上可以很好地解决这个问题，因为这个位置可以承受并传递荷载，但这种方法并不是每次都行得通，而且有时候设计人员也会忽视这种方法。

信息交流项目团队试图通过引入玻璃钢，来消除上层建筑端部的应力，因为玻璃钢的硬度要比钢小很多，其不会对甲板施加应力。测试的过程非常顺利，成功解决了大多数问题。玻璃钢设计中存在的问题则在“狩猎”级的设计过程中得到了逐一解决（参见第十章）。

虽然解决了船体的整体强度问题，但还有许多其他问题没有得到解决，这些问题虽然琐碎，但同样非常重要，解决起来也很困难。其中最重要的是舱壁的设计。战舰的舱壁需要抵抗水下爆炸带来的冲击力，并在这种情况下保证舱壁的边角位置不能出现漏水。如今这一问题确实已经得到了很大改善，但要说

① 几年前，有位科长在检查结构图纸时，会拍打手臂说：“假如我是一个应力，我该怎么从 A 到 B？”可能会有现代结构设计师对这种做法表示赞赏，但设计师会说那是拉力而不是应力。英国皇家海军学院的讲义至少从 1913 年开始就提请注意这个问题。

加拿大护卫舰“马加里”号（Margaree）正在波涛汹涌的大海上航行。该舰由罗兰·贝克爵士设计的，他认为甲板上浪会让海水不可避免地朝舰上涌入，安装龟背状艏楼可以快速排水。由于没有证据支持他的观点，实际建造时并没有采用这项设计。（D. K. 布朗收集）

其已经被完全解决，则有点言过其实。此外，舰船设计还存在波浪冲击、振动等其他许多问题。

结构设计并非易事，但是结合理论指导以及常识经验，加上对结构间断处

位于罗赛斯的海军造船研究所的大型试验架正在测试玻璃钢扫雷舰的原型船体，注意船体与工作人员的比例。（D. K. 布朗收集）

和尖角的敏锐洞察力，就可以创造难以想象的奇迹，让战舰可以平平安安地服役25年。

潜艇耐压壳的设计

潜艇的耐压壳必须能够承受在极限下潜深度处的水压，其船型设计的安全系数往往很小，通常只能达到1.5。[1]这个系数不仅需要考虑理论计算的误差和建筑过程中可能的质量差异等因素，还需要考虑潜艇的实际潜深超过预计值的可能情况。安全系数较低的普通结构需要进行大约1.2~1.3倍设计压力的验证试验，但这对潜艇来说远远不够。[2]

第二次世界大战之前，英国设计师计算强度的唯一方式是“锅炉公式”：应力＝压力 × 半径 ÷ 镀板材厚度。这一计算结果可以与意外潜入远远超过其预定作战深度的潜艇情况进行比较。这个公式可以非常精确地计算板材的强度（框架部位之间的板材弯曲情况），而且对板材形状造成的误差不敏感，但是这一公式运用的前提，是假设框架足够坚固。由于无法计算框架的强度，设计人员在选择框架时往往会过于保守，导致框架的重量很大。

下页左上角的图显示了可能的耐压壳体失效模式。由于整个舱室的不稳定性造成的整体倒塌更加危险，且更难以计算，其对形状上的误差，比如圆形壳体的不标准也更加敏感，这往往与框架的不足有关。这些早期的理论在“海豚”级上进行了实践，设计人员在该级潜艇上间隔性地布置了一些较厚的框架，加

① 差别于其他标准，英国压力容器标准（BSSOO）中外载荷部分的标准是基于英国海军潜艇的设计实践来制定的。

② 许多潜艇艇长会把他们的潜艇下潜至比名义上的最大潜深还要深10%左右的地方，以增强信心。这种做法是众所周知的，在设计和建议的作业深度中也允许这样做。

正在哈斯勒测试的潜艇模型，可见2号水池拖车的背面，测试人员正在用固定在滑动托架的平面运动机构测量模型的各项力和力矩。这个模型可以在模拟潜艇上浮下潜姿态的同时记录数据，并将其传输到模拟测试的计算机中。（国防部）

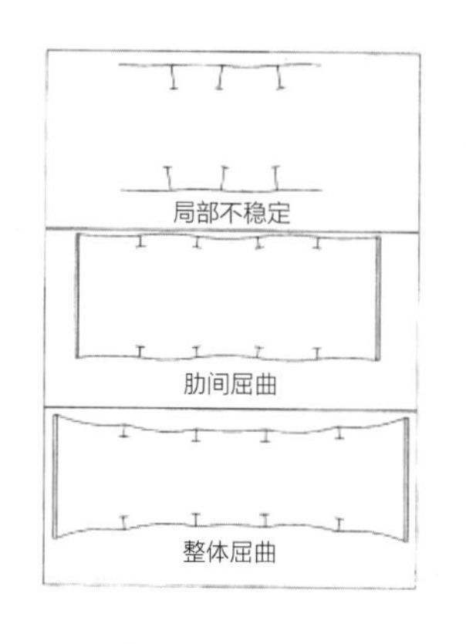

这张图显示了潜艇耐压壳在水压下最有可能破损的三种方式。肋间的屈曲最容易计算，也是唯一适用于战后设计的规律；海军造船研究所的工作解决了整体屈曲的问题，并使其变得更轻更坚固；局部不稳定的情况在正常负荷下不太可能出现，但在受到爆炸攻击后十分常见。

厚的框架之间仍旧是较薄的框架。“奥伯龙”的设计则得到了进一步的改进，其使用了特殊的统一尺寸的T形杆，以确保即使在两倍设计压力下，且潜艇存在可能的最大的形状误差时，框架也不会出现变形。为了使圆形壳体更加标准，英国海军还对建造方法进行了研究。

还有一种失效模式，是框架之间的板材在拥有大量节点的位置产生变形。这种情况在静态负载下不太可能发生，但在爆炸攻击下有概率出现。

很少有潜艇的壳体是真正的圆柱形，潜艇艏艉两端的舱壁本身，以及两端舱壁与圆柱形壳体的连接处，都有可能会出现问题，这些问题还会因为穿透壳体安装的鱼雷发射管等因素，而变得更为复杂。许多核潜艇都采用了圆锥形的截面，这更加增大了强度计算的难度。

很多研发工作都需要进行大规模的结构模型测试。为了模拟真实潜艇的非标准圆形壳体，这些模型的制造必须非常仔细才行。模型不可能完全准确地反映实际潜艇接缝处的特性，因此为了安全起见，必须为这些“错误”留足余量。

一艘战时的X袖珍潜艇出现了局部受压不均匀的现象，肋骨之间的艇壳出现凹陷，这是水下爆炸造成的。（国防部）

当结构交替性地受到压缩和拉伸时，船体就会发生疲劳失效。由于潜艇的船体总是处于受压状态，有人可能认为其可以忽略疲劳失效，但事实并非如此：焊缝冷却时的收缩会产生恒定的拉伸应力，当结构受到压缩时，这些原本的拉伸应力可能会引起疲劳失效，特别是在壳体直径发生变化以及船体出现破损时。S. B. 肯德里克（S. B. Kendrick）和其在海军造船研究所的同事研究了这些问题，并找到了解决方法，之后美国海军设计师也沿用了他的成果。

第十三章
其余技术

本章的大部分内容都着眼于舰船的防御问题，舰船需要防御的，不仅是敌人的攻击，还包括腐蚀和海洋生物。舰船针对敌人攻击而设置的防御是一套多层次的体系。首先，它可以先发制人地攻击敌人的基地；其次，它可以在敌人的飞机或潜艇等载体发射武器之前就将其摧毁；再次，它还可以摧毁敌人的进攻武器，或诱使其偏离目标。敌方强大的传感器无疑可以在一定距离上发现我方舰船，但我们仍旧可以减弱舰船的信号特征，使得敌人难以发现她们。同时，减弱舰船的信号特征，还可以起到增强诱饵效果的作用。但是不管怎么说，被导弹命中总是在所难免的，因此舰船需要拥有一定的被动防御措施。英国海军认为舰船生存能力分为以下几个部分：

不被击中——使用隐身措施、诱饵和硬杀伤手段避免被敌方武器击中。

被击中后不被击沉——加强承受伤害的能力以及损管能力。[①]

隐身[②]

1943 年，美国将音响引信水雷投入使用，随后又采用了音响引信鱼雷，这些新式武器让舰船的静音性能变得越来越重要，而随着被动声呐的出现，这一点的重要性进一步提高。舰船的主要噪声源包括：

表格13-1

航速	来源	频率	注释
低	机械	低	很容易发现
中	螺旋桨空泡	高	宽频带噪声
高	流动紊流	高	宽频带噪声

① 我更喜欢“适应战斗的能力”（battleworthy）这个词，这个词可以对应“适航性”（seaworthy），也是英国皇家空军的战机使用的一个术语。最近，我又想增加第三点：“可恢复性”（recoverability），即修复损伤的能力。

② E. P. Lover, "Cavitation Tunnel Testing for the RN", Newcastle University Conference 1979; and D. K. Brown, "Stealth and Savage", Warship 32 (1984).

机械噪音

机械噪音通常以离散频率的形式出现，这一离散频率与转速或机械的往复运动速度相对应，敌人很容易通过这一特征来识别舰船的类型和具体型号。降低噪音的第一步是采用工作时不会改变重心的旋转型动力机械，以降低传动轴旋转时产生的噪音。除此之外，我们还可以采用吸声材料包裹动力机械，或者将动力机械放置在绝缘的容器中。进一步把机械设备及其容器安置在弹性基座上，使其与舰体和海洋隔离开，也可以加强降噪效果。事实证明，几台动力设备可以很轻易地布置在“浮筏”上，而且这个“浮筏”本身的布置也很简单。舰船的降噪设计还要确保噪音无法通过诸如冷却水管道（也不能忽视冷却水本身）等途径直接传导到大海。降低噪音所需的成本中，设备的检查占了相当大的一部分。

机舱也可以通过舰体周围管道喷出的大量气泡（气幕降噪系统）来进行噪音屏蔽。英国海军早在1917年就成功进行了气泡屏蔽试验，但是很长一段时间里，他们都认为使用主动声呐的舰船没有必要降低噪声，因此后续试验就没有再进行。

螺旋桨空泡

水的沸点会随着压力的降低而降低，当压力非常低时，水在正常的海水温度下就能沸腾。螺旋桨叶片的推力来自叶片正面（后侧）产生的压力和背面（前侧）产生的吸力，而位于背面的吸力会使水沸腾并产生空泡，“空泡”这个词是查尔斯·帕森斯爵士（Charles Parsons）在“特比尼亚”号（Turbinia）发现这种麻烦的现象时创造的。第二次世界大战时，螺旋桨空泡令驱逐舰的推力和效率出现了损失，从20节的中等航速段起，驱逐舰就开始出现降速的情况，而在最高航速时，该问题会导致约1节的航速损失。空泡形成的水蒸气气泡崩塌时会产生高达每平方英寸100吨的巨大压力差，并在坚硬的青铜螺旋桨上留下深坑，这些深坑在几小时的全速航行后就能涨到0.5英寸深。令人惊讶的是，空泡会使完好的螺旋桨在8节左右的低航速段发出不小的噪音，如果螺旋桨出现损坏的话，这一速度值还会更低。1950年左右，波特兰的科学家在“赫尔姆斯代尔”号（Helmsdale）护卫舰的底部安装了玻璃窗，这样可以清楚地观察到空泡现象。在螺旋桨的叶梢处，水会从压力面溢出到吸力面，然后形成中心压力极低的涡流，这一现象也会产生空泡现象，从而产生噪声。[①]

最开始，英国海军认为，降低螺旋桨转速并增加叶片面积，可以推迟空泡出现时的航速。哈斯勒的海军部实验技术研究所在“钻石”号（Diamond）上安装了9套螺旋桨模型进行试验，其中2套在船上进行了全尺寸模型试验，“萨维奇”号上则安装了7套模型，其中6套进行了全尺寸模型试验。[②]结果表明，空泡出现时的航速没有得到任何改善。

① 这种现象类似于飞机的翼尖涡流，也类似于洗澡水流走时形成的涡流。

② D. K. Brown, "Stealth and Savage", Warship 32 (1984). 这篇文章讲述了更多的测试细节和使用船底的玻璃窗进行测试的方法。

随后设计师们以哈斯勒的莱尔布斯（Lerbs）博士的理论为基础，继续进行研究。莱尔布斯博士认为，可以通过改善螺旋桨推力的径向分布，即从叶根向叶梢方向，逐渐减小螺旋桨的推力，以减弱涡流的强度。螺旋桨的每个部分都设计成了倾斜外形，使海水能以非常小的攻角流到叶片上，同时较薄的叶片部分被设计成了弯曲（弧面）的形状以产生推力。这个理论存在许多问题，其中最重要的是完成设计需要3周的烦琐计算（另外还需要5个月的时间来制作模型）。这个理论并不是很完善，研究人员必须对其进行经验校正（“容差系数”）。在约翰·康诺利（John Conolly）发明出新的强度计算方法之前，这些外形复杂的薄叶片的强度是难以确定的，验证叶片的强度需要在运行于海水中的螺旋桨上进行全尺寸应变测量，以当时的设备水平来讲，这一工作是非常困难的。[①]

最终，设计人员们制造出了莱尔布斯式螺旋桨并进行了测试（J系列）。莱尔布斯式螺旋桨可以使舰船的安静航速提高0.75节，但是其产生的推力没有达到预期水准，效率则下降了5%左右。莱尔布斯式螺旋桨的叶片面积达到了相同直径圆面积的1.1倍，叶片之间存在相当大的重叠。[②]设计人员对14个模型进行了测试，反复更改了这些模型的桨距、弧度和桨叶面积等参数，其中5个模型在“萨维奇”号上进行了全尺寸模型测试。我加入这一项目的时候，该团队已经可以处理叶片背面和正面的空泡了。理论分析表明，增加叶片的数量可以减少叶梢涡流空泡，为此设计人员们尝试了5叶桨、7叶桨、9叶桨和11叶桨的模型。从11叶桨模型开始，降噪效果出现递减，但是5叶桨的降噪效果比3叶桨的大得多。这一效果没能在全尺寸模型上得到完全重现，但是采用5叶桨来减少振动是非常可行的，此后大多数水面战舰的螺旋桨都采用了5叶桨（单螺旋桨战舰则通常更适合采用4叶桨）。[③]

1957年，设计人员测试了阿瑟·霍诺（Arthur Honnor）设计的14个模型，并为“惠特比”级设计制造了5叶螺旋桨。5叶螺旋桨的测试非常成功：其安静航速几乎达到了战时螺旋桨型号的两倍，效率也基本维持一致，振动则可以忽略不计。[④]这是第一款投入量产的5叶螺旋桨，随后，其余的战舰也用上了类似的螺旋桨，很快英国海军所有的水面舰艇都装备了低噪音的螺旋桨，这比其余国家的军舰早了10年。这些螺旋桨在应用初期遇到了一些困难，但很快就都被克服了。螺旋桨观察试验成了每级新型战舰的首要工作之一，每级新型战舰都需要进行这项试验。

设计人员们获得了从一个模型管中窥见一艘船的信心，他们很快就开始对模型进行针对性的临时修改——“乔（Joe），把气泡开始出现的地方锉掉一点”——并将拥有最佳效果的模型形状转化为全尺寸的模型。我认为这才是真正的工程，即尽可能地利用现有的最佳理论，以科学测试为基础，再根据试验

① 按理来说，采用如此之薄的叶片设计不会成功，所以它被制造出来并进行测试——最后它打破了这个理论！

② 一些人认为它的成功完全是由于它的面积，有人制造并测试了与莱尔布斯式螺旋桨面积相同的螺旋桨，但结果却失败了。

③ 据我所知，舰船的叶片数量对模型的不同影响还没有得到解释，但我设计了一个大的经验校准方式，去衡量正在使用中的舰船。

④ 我作为审核人员，当时在司炉房喝了一杯可可——这是第一次，一个杯子放在饭桌上却不会产生振动！

研究人员在试验中通过船底的玻璃窗观察螺旋桨。螺旋桨通常位于舵机下面，这里的观察位置十分狭窄且不舒服，尤其是当船出现纵倾时。在使用频闪照片的情况下，螺旋桨看起来像是静止的。（D. K. 布朗收集）

武器测试期间，14 型护卫舰“哈代”号在被飞鱼导弹击中后起火燃烧。在被反潜迫击炮炮弹击沉前，她还挨了多发炮弹、1 发海上大鸥反舰导弹和 1 枚 MK 8 型鱼雷。虽然她在沉没前承受了惊人的伤害，但其实在第一次被击中后，她就已经丧失了战斗力。（D. K. 布朗收集）

和测试结果进行经验校正，稍加修改之后，一个成功的设计就完成了。

这些螺旋桨技术的发展也完全适用于潜艇，虽然遇到的具体问题有所不同（研究早期，“苏格兰人”号是主要的试验艇）。深海海水的压力太大，空泡现象并不严重，但是当螺旋桨叶片通过稳定鳍片后方的尾迹阴影（wake shadows）等变化的水流时，会产生等于“叶片频率”（转速 × 叶片数）的低频压力脉冲，

在“安静”型螺旋桨前期开发阶段测试的备选螺旋桨模型。中间名为“萨维奇 R 系列”的 3 叶螺旋桨模型是第一个入选方案。左图中间的 5 叶桨模型是多年来水面舰船的典型设计。（D. K. 布朗收集）

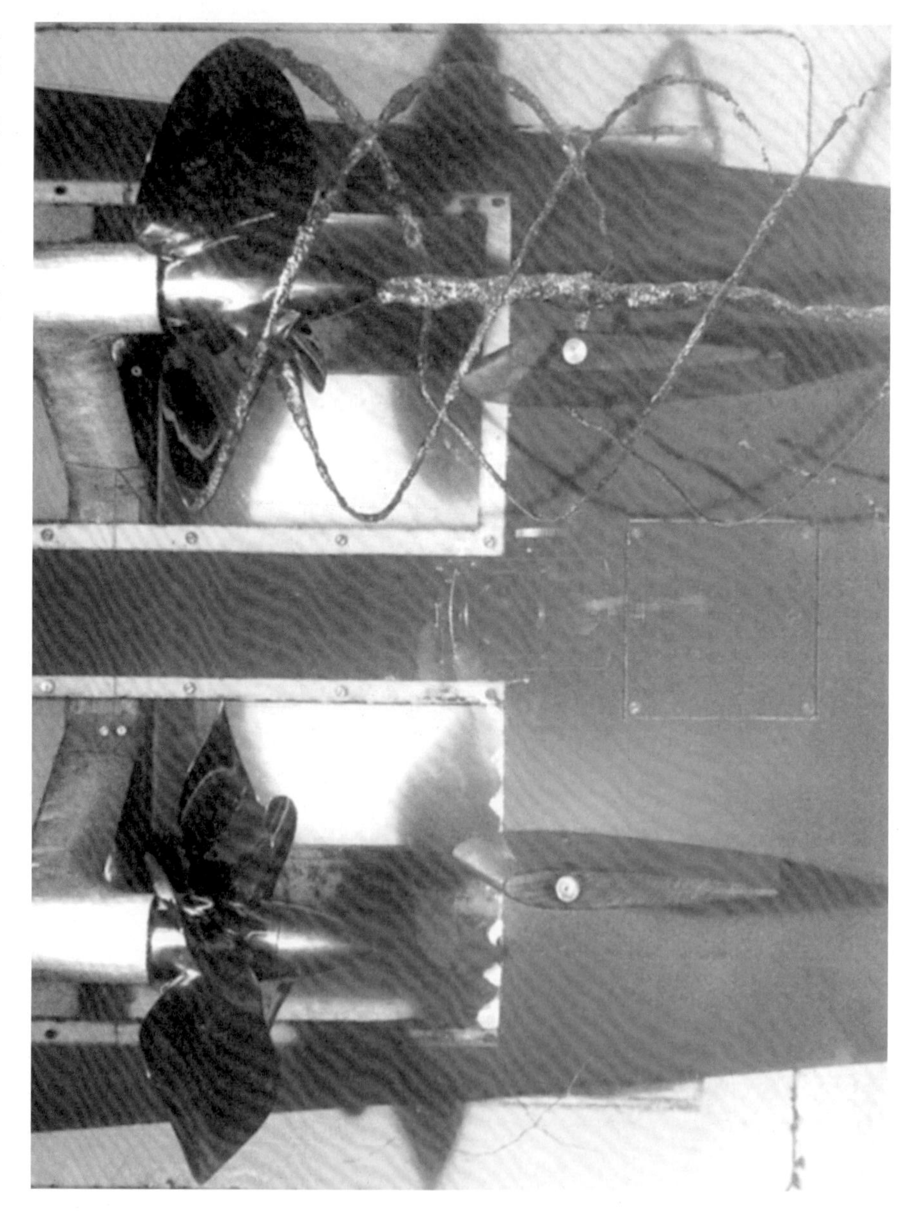

哈斯勒的 2 号大型空泡水筒可以进行更为拟真的试验。图中测试所用的驱逐舰推进器模型在左舷轴安装了一具典型的战时螺旋桨（下方），在右舷轴安装了 1 具更为现代化的“安静”型螺旋桨设计。和旧式螺旋桨相比，可以发现新设计只有非常微弱的空泡现象。（D. K. 布朗收集）

这种脉冲在很远的地方就会被听到。应用萨维奇系列上的设计理论后，这种现象得到了缓解，之后的潜艇通常会采用叶数较多且倾斜幅度很大的螺旋桨［详见第九章有关喷水式推进的相关内容（第 182~ 第 183 页）］。

一开始，设计人员认为气泡屏蔽可以成为“安静”型螺旋桨的替代方案。他们的第一次尝试为“睡衣”（Nightshirt）系统，“睡衣”系统由位于螺旋桨前方呈蜘蛛网状的小管子组成，空气可以从这些小管子中喷出来。“睡衣”系统会使舰船的推进效率大幅度下降，其将损失 1.5 节左右的最大航速，而且这些气泡很快会自行振动分开。第二次尝试的“刺鼠”系统（Agouti）则要成功得多，该系统中空气会沿着螺旋桨的传动轴，向下通过叶片前缘切开的管道，并从一系列小孔中进入大海。“刺鼠”系统几乎不会对舰船的推进效率造成影响，同时其可以有效地降低噪音，特别是在无法避免空泡的较高航速下。值得注意的是，螺旋桨的机械复杂性，尤其是变距螺旋桨的机械复杂性是非常高的！

在某一段时间内，“刺鼠”系统和“安静”型螺旋桨常被认为是两个竞争对手，但 1970 年在“佩内洛普”号上进行的试验表明，它们完全可以互相补充，两者都是必需的。英国国家海事博物馆（National Maritime Museum）中展出了一具来自 23 型“公爵”级的现代化低噪音螺旋桨。

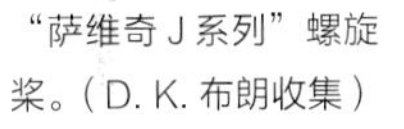
“萨维奇 J 系列”螺旋桨。（D. K. 布朗收集）

流体噪音和“佩内洛普”号的试验

当航速大于 20 节时，舰体自身水流形成的湍流会产生噪音，为了研究这一噪声源，1970 年，“斯库拉”号拖着“佩内洛普”号以高达 22.9 节的航速航行。[①]“佩内洛普”号上的动力设备都被关闭了（只留下一台安装在后甲板上用于操纵舵机的小型发电机），螺旋桨也被拆了下来。拖曳工作使用的拖缆长达 6000 英尺，实际拖曳时，其由于负载又延长了 25%。这样一来，“斯库拉”号产生的噪音和水流就不会干扰到试验结果了。[②]

传统 5 叶螺旋桨的常规空泡试验。涡流沿着传动轴轴线从右到左流动，均匀地扫过螺旋桨盘面。虽然无法完全模拟现实，但这样的测试能以很快的速度开展实施，从而极大地加快开发速度。（D. K. 布朗收集）

① H. J. S. Canham, "Resistance, propulsion and wake tests with Penelope", Trans RINA (1975).

② 大部分与之相关的人都得到了 1 英尺长的绳子——在我写这篇文章的时候，我的绳子还在作为防止房门关闭的门挡使用。

从“佩内洛普”号上记录到的噪音水平代表了常规水面舰船所能达到的最低噪音水平，而最新型的舰船则几乎已经达到这个水平。为了确认威廉·弗劳德（William Froude）于1872年在“灰狗”号（Greyhound）上进行的试验，实验中还测量了阻力参数。最后实验人员详细地测量了流过螺旋桨位置的水流，并测量了每个点的水流流速和流向。

“佩内洛普”号参加过多次螺旋桨测试。图中“斯库拉”号正拖着她以23节的航速前行，以测量海水流过船体产生的噪音。（D. K. 布朗收集）

海军从战后的靶舰测试中学到了很多东西。特别是水下爆炸对艉部的破坏性。就像这张照片中的“天蝎”号。（D. K. 布朗收集）

水上部分的信号特征

改进水上部分的外形可以减少舰船的雷达信号特征。要达到很低的雷达信号特征，必须让舰船避免出现凹角角落[1]，因此舰体侧面需要倾斜布置。甲板边缘下的舷侧像 23 型一样向外倾斜，还可以起到加强船体稳定性的作用。[2]如果舷侧向内侧倾斜，则会导致稳定性的降低。吸波材料同样可以起到减弱雷达信号特征的作用。

对高温废气进行冷却，并使用低辐射的涂料，可以减少舰船的红外信号特征。虽然这两个方法都无法让战舰这种超过 4000 吨的钢铁完全隐身，但减少信号特征可以使得诱饵更加有效。（磁性和压力特征的内容详见第十章"'猎人'级的发展"一节）

抗战损能力[3]

"保持漂浮状态，保持行动能力，保持战斗能力。"[4]

海军上将查特菲尔德勋爵曾说过："军舰是用来作战的，她们既需要主动发起攻击，也需要能够承受攻击。"第二次世界大战初期，每年受损的驱逐舰数量几乎与服役的驱逐舰数量一样多，福克兰群岛战争中有百分之六十的护卫舰都受到了战损。[5]即使在和平时期，军舰也要比商船更加容易受到意外损伤。

要让舰船避免受损，第一道防线是主动防御（或是先发制人攻击敌方的基地，或是在敌军发射攻击武器前将其搭载平台摧毁，或是摧毁飞行过程中的导弹）。有人认为，鉴于现代武器命中后的巨大杀伤力，舰船应该把防御的重心都投入到主动防御上。但不管怎么说，被命中总是无法避免的，因此被动防御也必须得到重视，以尽量减少被击中后受到的影响。但是要在主动防御和被动防御之间取得平衡并不容易，在防御性能和其他性能之间取得平衡同样也是不容易的。[6]

舰船受到的威胁可分为三类：即意外事故、恐怖主义袭击和敌军的攻击。意外事故包括火灾和爆炸（98 起重大事件）、碰撞（125 起）和搁浅（50 起），括号内的数字是 1945 年至 1984 年间英国海军遭到该类事故的次数。[7]恐怖袭击事件虽然比较少见，但其潜在的威胁依然存在，比如 2000 年，美国海军的"科尔"号驱逐舰就在也门遭遇了袭击。可以用来对付战舰的武器多到令人眼花缭乱，但无论是哪种武器，其杀伤效果都可以通过六个方面进行考量：火灾、进水、结构坍塌、震动、冲击波以及破片等的撞击。

诸如沉底水雷和鱼雷这样非接触式的水下爆炸，会使舰体出现迅速而剧烈的变形，导致舰体主梁出现弯曲并坍塌，这是"二战"期间最普遍的驱逐舰损失原因。虽然目前没有切实有效的措施来为舰船提供这方面的防护能力，但还

① 据说，有一个规格是：所有直角必须大于 93 度或小于 87 度。
② P. Sims and J. S. Webster, "Tumblehome Warships", Trans SNAME 1977.
③ D. K. Brown, "The Battleworthy Frigate". NECI, Newcastle 1990. 2000 年以前，这篇论文一直被伦敦大学作为海军建设者的讲义。
④ Old damage control school motto.
⑤ 大部分没有受损的战舰都是在战斗停止时才赶到的。
⑥ 有人说，点防御导弹系统的目的是防御一个如果没有该系统，就不需要防御的目标。
⑦ G. A. Ransome, "RN accidents and losses since 1945", Warship Supplement 91, 92 and 93 (1987-88), World Ship Society.

是有部分措施可以改善这一点：避免主要结构出现不连续性，如艏楼处的断裂等；通过增加龙骨到甲板的型深，确保整体设计应力保持在较低的水平；经过舱壁的轴系密封采用活动式设计，让轴和结构之间可以进行较大的相对运动。这些近炸武器的杀伤半径一般都相当小，上述的措施则会进一步压缩杀伤半径。接触式爆炸的鱼雷和水雷仍然会对战舰构成威胁（如 1991 年的海湾战争）："二战"时期的鱼雷通常就能炸出一个 30 英尺长、15 英尺高的破口[①]，并使两倍于这个范围的船型出现破损进水。[②]

爆炸产生的冲击力会使船上设备出现大幅度的移动并导致其损坏。船体应该避免采用铸铁制造，同时也要避免采用悬挂的方式（悬臂式）安装重物。将设备安装在弹性基座上可以减弱冲击带来的影响。这些措施都很有效，同时这些冲击类的损伤也比较罕见，甚至有人以此提出了取消抗冲击防护措施的建议。每型新式战舰都需要进行高冲击载荷实验，以确保其冲击应对措施的有效性。

水下武器肯定会造成舰船进水，而进水会造成舰船的沉没（通常以倾覆的方式）或机舱淹没而致使舰船无法航行。英国海军的护卫舰可以确保在任意 3 个舱室被淹的情况下幸存，不过在 4 个舱室被淹没的情况下，幸存就真的是一件非常幸运的事情了（福克兰群岛战争中的"考文垂"号在 5 个舱室都被淹后沉没）。机舱也可能受到空射武器的攻击，单元化布置可以提供良好的生存能力，早在第一次世界大战期间，英国海军的巡洋舰就引入了单元化布置。蒸汽轮机驱动舰船最简单的单元化布置形式为以锅炉舱、机舱、锅炉舱、机舱的顺序交替布置舱室，任何一个锅炉舱都能为任何一个轮机舱提供蒸汽，所以只要有 1 个锅炉舱和 1 个轮机舱没有损坏，舰船就能保持航行能力。采用全燃交替动力装置的舰船也可以采用类似的布置。早期的一项计算研究得出了以下结果：

表格13-1

布置方式	遭到一次命中后失去全部机动能力的概率
一个动力单元内容纳两间动力舱（锅炉舱和轮机舱）	50%
两个相邻的隔舱，每个都拥有独力运行的能力（全燃交替动力）	25%
两个相距很远的动力单元	10%

必须确保各个单元都可以有真正的独立性，而不用依赖共同的辅助系统。下一代的综合全电推进舰船在这方面应该会更加优秀，她们会布置多台间隔很宽的发电机，独立布置的推进电机也许已经可以布置到位于舰体之外的吊舱里。

这种单元化布置随后发展成了"分区"理念：护卫舰最多可以拥有 5 个分区，每个区域都布置独立的供电、通风（防止烟雾扩散）、供水、烹饪以及厕所等设施。

① 参照的例子非常分散，引用的数字只有 50% 的概率。
② 损伤程度大致与装药多少的平方根有关。

想要让一艘舰船实现彻底的分区化是非常困难的，每个分区都需要布置所有需要的关键设备，但即使只在部分区域实现分区化，也已经是一个巨大的进步了。理想情况下，舰员们应该住在他们工作的区域，这样在他们前往战位时，就不需要打开舱门和舱口了。

命中水线以上部位导弹的爆炸及其所产生的破片，可以摧毁很大范围内的上层结构以及这些结构内部的重要设备。装甲防御对此也无能为力：福克兰群岛战争中的飞鱼反舰导弹就可以穿透12英寸厚的装甲。[1]应对这些威胁的主要方式是控制其破坏范围，不过这些保护措施只能集中在重要设备附近，英国海军会同时为这些重要设备设置备份并分开布置。主电缆同样有必要得到良好的防护，如果将主电缆与结构结合在一起，就可以省去不少工作，这样可以抵御击向电缆的百分之九十九的破片。

截止第二次世界大战结束，进水带来的影响是各种损坏形式中唯一可以准确计算的。即使当时没有计算机，得到的数值也非常接近实际情况。到如今，只需要点一下鼠标，就可以计算出舰船受损后的稳定性情况了，而且计算结构更加准确。其余的影响则通过直接对那些老舰进行实验来研究，这些旧船经常进行改装，以用于尝试各种新思路。在认识到了石棉的危险性后，大量相关的试验不得不被放弃了，只有很少一部分得到了保留，而且必须在距离海岸至少200海里外的地方进行，实验人员还必须穿着全套防护服。1988年，英国海军在第一艘完全没有采用石棉的护卫舰上进行了一项名为“HULVUL”的试验。[2]这项实验涵盖了超过一百种项目，包括点燃位于飞行甲板上的直升机。在稍后的一次试验中，该船将一半锅炉舱替换成了23型的动力舱结构，以进行大当量水下爆炸试验。下一节中，我们将讨论福克兰群岛战争的经验教训。

计算机模拟技术一直在迅速地发展，20世纪80年代中期，爆炸和破片带来的影响已经可以得到准确的重现，同时也可以对震动和冲击进行相关的研究。目前还无法非常准确地估计火灾的影响，不过研究人员正在努力。研究这些影响是为了编写出一套规范，明确舰船各个部位被1枚500公斤重的战斗部击中时，该船将拥有x%的概率保持y%的战斗能力。[3]

这里存在一个突出的问题：舰船有可能会因为一些非常简单的故障而损失掉，所以计算机评估必须要非常的详细。当新设计舰船的计算机评估进行到足够详细的程度时，相关人员可能已经来不及对这个设计进行大幅度的改动了。新船的计算机评估分为两个阶段：第一阶段需要对舰船舱壁间距等主要特征进行粗略的分析；第二阶段则需要对完成设计后的舰船进行详细的研究。现有舰船的总体设计已经不可能再进行改变了，但相关的计算结果还是可以为下一代舰船提供经验。

① 经常有人提议使用陶瓷或复合装甲。同等的防护水准，凯夫拉合成纤维的重量约为钢的四分之一，成本却是钢的15~20倍。

② 当时有很多水手反对炸掉他们的船。我不明白这一点，因为与其纠结于是否会被炸毁，我更希望我的船能够进行有用的试验。然而，尽管我们非常小心地保守了试验舰舰名的消息，《海军新闻》却透露，试验将在“那伊阿得斯”号上进行。

③ "Procuring for Survivability" RINA Conference. D. Manley, Warship 2001.
近年来，这一方法得到了进一步发展。

损管控制的真正问题在于其目标到底是什么。损管的目标不是要弄出一艘“永不沉没的船”[1]；我认为，损管控制的目标在于使敌人的任务尽可能地变得困难，我们的舰船不能因为一次微不足道的攻击就损失掉。说到底，这种事情还是要归咎于设计师：当他的作品沉入海底时，他还能再睡个安稳觉吗？他真的已经尽全力了吗？

福克兰群岛战争的经验教训

人们可能会认为没有新的经验教训出现，这差不多就是事实。海军重新总结了许多过去的经验教训，并对程序（包括岸上和水上环节）和设备进行了一些小幅度的改进。官方的行动索引有 180 多个条目，但大多数条目要么微不足道，要么只是某些情况下一厢情愿的设想，对日后的改进并没有什么帮助。而当时的新闻报道通常存在错误。[2]设计师罗德·普德多克（Rod Puddock）[3]曾跟随特遣舰队一同出海，为军舰的紧急修理提供建议，同时记录了舰船的受损情况和其他经验教训（注意，作者并不完全认同官方的经验教训。希望个人观点与之明确区分开来）。

潜艇威胁

在“征服者”号击沉“贝尔格诺将军”号巡洋舰之后，阿根廷的大型水面舰船就再也没有离开过港口。核潜艇起到了“大舰队”的效果，完全统治了海洋。而那些隐匿于大洋中的阿根廷海军潜艇同样对英国海军造成了巨大的威胁，1 艘阿根廷海军的柴电潜艇让英国海军花了大力气去寻找，但是直到最后也没有被找到。

空中预警

缺乏空中预警机是英国舰队防御体系中最严重的缺陷。为此，英国海军最后在 8 架海王直升机上安装了搜水型雷达进行弥补。由于缺乏预警机，英国海军只能派出不少海鹞战斗机前出巡逻，这造成了大量的资源浪费。

舰炮支援

整个战争期间，英国海军的驱逐舰和护卫舰发射了大约 8000 发 4.5 英寸口径炮弹用于支援地面部队，此外还对阿根廷的岸防炮台发射了一些老式的海蛞蝓防空导弹，这个操作太骇人听闻了。这些猛烈的炮击加速了阿根廷部队士气的崩溃，而导弹的射程和精准度都令人印象深刻。例如在登陆当日，“热心”号（Ardent）在 22000 码外向鹅绿机场（Goose Green）开火，前 20 发炮弹内就摧

[1] 至少有 2 艘号称不沉的船躺在海底，分别是“泰坦尼克”号和“俾斯麦”号。

[2] 关于海上战争的精彩描述，请参见：J. D. Brown, The Royal Navy and the Falklands War (London 1987). 这本书在部队的集结和作战方面做得特别好，这里不做介绍。技术方面的问题在国防委员会的报告中有所涉及：Implementing the Lessons of the Falklands Campaign, HMSO May 1987. 舰船部的主要证人是海军总设计师基思·福尔杰（Keith Foulger），他的论证清晰而全面，这一点在报告中也得到了体现。

[3] 因其对特遣舰队的贡献，他荣获了官佐勋章。他的总结报告刊登在《海军工程学报》上。

毁了1架普卡拉型攻击机，随后的白天，她又发射了130发炮弹。1916年，在索姆河战役的准备阶段，英国炮兵以每小时超过10000发的频率将炮弹砸在一块非常小的区域内。

近程防空炮

战争期间仅有1架飞机是被轻型防空炮击落的，哪怕阿根廷的防空炮比英方的更加有效，也没有取得比英军更好的效果。英国海军汲取的教训是舰队需要更多且更优秀的轻型防空火炮，并为此给舰船补装了密集阵和守门员近防武器系统。除此之外，现有的轻型防空炮不仅对大部分老旧的阿根廷飞机无效，对现代飞机和导弹也起不了什么作用。

火灾

第二次世界大战期间，炸弹攻击引起的舰船火灾很少见，但在福克兰群岛战争中，有不少舰船都发生了严重的火灾。几乎所有舰船的大型火灾都与其采用的燃料（柴油）有关，柴油的燃点比“二战”时的重油更低［柴油为56摄氏度，锅炉用重油（FFO）则达到了66摄氏度］。不过目前的装载物应该比“二战”时的要更加安全，同时现代舰船的消防设施肯定更加优秀。

铝制的结构本身不会燃烧，但其在550摄氏度左右会出现软化的现象（没有任何生物可以在这一温度下生存，所有的设备也都会损坏），并在650摄氏度时开始熔化。相比之下，钢到了1500摄氏度左右才会开始熔化，而舰船出现的火灾一般只能达到900摄氏度左右的温度，同时值得注意的是，铝的导热性比钢要好得多。泡沫床垫可能会燃烧，但目前还没有证据表明它们与战争期间的大多数火灾有什么关系。20世纪60年代中期，曼彻斯特羊毛百货公司和马恩岛的萨莫兰（Summerland）发生严重的家具火灾后，人们一直在寻找替代材料。这些耐火泡沫材料是费了很大的劲才找到的，当时工业界对耐火泡沫材料并不怎么感兴趣。较旧的船上少量采用了聚氯乙烯包裹的电缆，它们会在火灾中释放出有毒气体。新的绝缘材料并非完全不产生烟雾，但其所产生的烟雾要少很多。火灾不大可能通过舱壁密封盖蔓延，也没有证据表明战争中出现过这种情况。不过，如果不使用水管冷却，火灾就有可能通过钢质的舱壁直接蔓延。

“谢菲尔德”号（Sheffields）的火灾是由飞鱼导弹的燃料起火引起的，起火的起始位置为一个即用燃料库。这一燃料库位于该船的高处，可以确保其在失去电力的情况下直接使用，同时其形状也设计得便于清除杂质。这一设计本身有一定的价值，但是燃油本身还是应该放在较低的位置，这样既可以保护燃料本身，也便于在发生火灾时使用泡沫灭火。

火灾带来的最严重的问题是烟雾。“二战”时期小型舰船的船首和船尾通道都位于开放的上甲板，但新式舰船的通道则位于第二甲板，不是所有的舱壁开口都是防烟雾的。21 型护卫舰上只有一套通风系统，但其没有一个舱壁开口是密封的。稍后将对消防工作的改进进行介绍。

衬板

为了堵住侧舷进水的破口，战舰上通常都配备有衬板，这大大减少了舰员的工作量，不过也加大了后勤的压力。英国海军对 23 型的衬板大小进行了一场漫长而严谨的讨论，现代舰船所用衬板的大小要比以前的舰船小得多。一些材料，比如无支撑的胶板在受到撞击时，会断裂成锋利的碎片。[①]

① 英军对这些衬板进行过测试，但测试主体是高速子弹，而高速子弹不会造成破片。

飞鱼反舰导弹

飞鱼导弹的战斗效能并不令人惊讶。早在购买这型导弹之前，英国海军就已经观看过法国方面试射飞鱼的视频及结果。1978 年，“刚毅”号（Undaunted）护卫舰试射了 2 枚飞鱼导弹，这是英国海军第一次发射这款导弹，其潜在威力是毋庸置疑的。

动力

国防委员会对英国军舰的动力可靠性大加赞赏，并驳斥了那些非官方的说

通常每级新舰船的首舰都会在第一次整修前进行冲击测试，以便及时修补发现的缺陷。图为正在进行测试的“无敌”号（这可不是阿根廷的宣传照片！）。（D. K. 布朗收集）

正在起火燃烧的“谢菲尔德”号。和福克兰群岛战争期间出现的几乎所有舰船火灾一样，燃料是引起火灾的主要材料。（D. K. 布朗收集）

法，这些说法曾表示，在返航时几乎没有一艘英国军舰的发动机能正常运转。战争结束后，“无敌”号在隐蔽水域进行了例行的发动机更换。此时，奥林巴斯的例行更换间隔时间已经从原来的3000小时增加到了4500小时。6艘护卫舰在返航时更换了发动机，其中的4艘是例行更换，另外2艘采用蒸汽轮机的护卫舰的动力则由于战斗损伤无法全功率运行。

委员会

战前的许多委员会在处理军舰易损性的各个方面起到了很好的效果，但他们却没能做到统筹兼顾：海军委员会只专注训练，而技术委员会则只专注于材料。虽然没有证据表明这些委员会之间缺乏协调会产生什么严重的后果，但改善他们之间的交流显然是可能的，也是可取的。英国海军成立了一个联合易损性政策委员会（Vulnerability Policy Committee，我是该委员会的第一任主席，副主席则来自海军），负责协调几个工作组之间的工作。

其余方面

英国海军还存在不少小问题。例如我们需要更多的焊接设备以及可以熟练使用焊接设备的操作工人。

个人防护

在船上服役的每名舰员都习惯随身携带防闪焰装备、防毒面具盒[1]、救生衣以及潜水头盔等装备。[2]各舰调低了暖气供应，以鼓励船员们换上更暖和的衣服，这样可以起到防闪焰的效果，而在他们不得不游泳时也很有用。“赫尔墨斯”号航空母舰能够在完全封闭的情况下在战区开展行动[3]，但这对于舰员少得多的“无敌”号来说是不可能的。

燃料污染

这一问题是从没有经过试验的炼油厂购买燃料导致的，这会让油箱内部出现生物污染。

军舰在战争中出现严重的损坏是难以避免的，这也许是英国海军在战争中汲取的最大教训。在抵达福克兰群岛的 21 艘驱逐舰和护卫舰中，有 16 艘曾被击中过，而那些没有被击中过的舰船是战争后期才抵达的。[4]第二次世界大战初期，每年受损的驱逐舰几乎与新服役的一样多。早前国防委员会在 1983 年的一份报告中表示：“防火和损管控制绝不能偷工减料，这方面的节俭会造成人员或舰船的损失，其并不能真正地节约成本。”英国国防部对此做出的回应是：在舰船成本有限的情况下，采取一些妥协性措施难以避免。

火灾

在福克兰群岛战争期间，参战舰船出现的大规模火灾引起了媒体的极大关注，虽然这些报道几乎都是错误的。[5]不过有一点毫无疑问，即这些火灾与燃油有关，虽然其也可能与泡沫制居住设备有关，但居住设备并不能构成火灾的起因。出现火灾之后不久，英国海军与内政部就居住设备出现火灾的危险性进行了一次有趣的意见交流。内政部希望舰船采用不会随便被一根掉落的香烟点燃的材料，舰船设计人员则倾向于选择不会在火灾中释放有毒或腐蚀性气体的材料。两个选择截然不同，但似乎两者都是正确的。一艘护卫舰携带有 700 多吨燃料（柴油）、45 吨弹药和 100 多吨其他可燃材料（包括个人物品、居住设备和纸张等），这些可燃材料的分布非常广泛，而且其巨大的表面积会产生大量的烟雾。把燃料布置在较低的位置可以为其提供一定的保护，这样的布置在发生火灾时也更容易使用泡沫进行灭火。

制服和便服等个人物品也是造成火灾的一个因素，对此最好的解决办法是将其存放在防火的空间内。我们无需禁止舰员们携带私人物品，但需要对其加以控制，尤其是睡袋等东西。视察小组在检查某艘护卫舰时，曾在军官室里发

① 舰员的胡子被剃掉了，以确保面具能够贴合脸部。
② 一些体型较大的男子穿戴全套装备难以通过通道，这表明损害控制测试并不完全切合实际。
③ 机组人员转移到行动站时，舱口和舱门必须打开，这需要 8 分钟的时间。或许英国从中得到的一个重要教训就是：船员需要住在他们的行动站附近，才能避免在攻击即将到来时再打开船体水密门。在水线下睡觉是被禁止的。
④ 在阿以战争中，双方都损失了大约三分之一的坦克和飞机。
⑤ 成堆的铝并不会燃烧。

位于德文波特的护卫舰综合设施，护卫舰可以在掩蔽下整修。这在速度和效率方面都具有明显的优势。（D. K. 布朗收集）

现了一个高度易燃的豆袋坐垫。随着电脑记录的普及，我们应该减少办公用纸的使用。总重达到 30 吨的电缆绝缘层不可能做到完全防火，但是目前舰船所使用的材料已经是现有材料中最好的了，至于那些老舰的也不会太差。

由于存在各种各样的意外，火灾是无法避免的。控制火灾首先需要训练有素的船员迅速采取灭火措施，这不是本书讨论的主题；其次还需要将火和烟雾控制在有限的区域内。现代护卫舰一般划分为 5 个区域，每个区域都拥有独立的消防系统。区域边界处的舱壁需要防止火焰和烟雾的蔓延。在舰船建造完成并投入使用前，其都必须进行适当的密闭性测试，即使费用很高，也绝对不能落下。

舰船设计时就要选择在火灾发生时产生烟雾最少的材料。[①]在消防工作中，速度是至关重要的，设计师们已经开发出了自动灭火系统，其可以在几分之一秒的时间内将火焰扑灭。目前氟碳化合物的使用已经被禁止了，这种化合物曾被用于机舱的灭火工作，不过最近研究人员发现水雾（而非喷水式灭火装置）的灭火效果也很不错。消防队员在执行任务时需要畅顺的通道，同时需要在逃生路线上布置在烟雾中也能看见的发光标记。现有的小型呼吸器可以在船员逃生时为其提供氧气。

消防行动还需要良好的通信，而保证能见度则需要热成像摄像机。最近发

① 少量的普通木材是可以接受的，但“耐火”的木材不行，因为它会在火灾中产生烟雾。

正在船坞维护的"城堡"级近海巡逻舰。水下部位的涂料是一种使用寿命很长的早期自抛光共聚物防污漆。这种涂料是蓝色的，与通常的红色船底漆形成了鲜明的对比。注意大型舭龙骨和折角。（D. K. 布朗收集）

生的意外火灾表明，在福克兰群岛战争之后，舰船火灾的危险性已经大大降低了。

材料

水面舰船使用的钢材

20 世纪 50 年代早期，设计师们研制出了两种用于水面舰船主要结构的钢材。"A"型钢的屈服强度和极限抗拉强度（UTS）与商用低碳钢非常相似，但它的制造标准更高，并可以在 –30 摄氏度时仍然保持韧性。[①]英国海军战后的舰船大量使用了这种钢材，不过到了 20 世纪 80 年代时，商用钢材也能够达到"A"型钢材的标准了。"B"型钢的质量和极限抗拉强度更高，其取代了"D""DW"

① 屈服强度是指伸长率与载荷成正比的最大应力。极限抗拉强度是指在拉力下失效时的应力。

和“S”型钢。在拉伸应力较高的舰船结构中，这种钢材的应用很有限。舰船结构常见的破坏形式是屈曲，发生屈曲时，高抗拉强度的钢材并没有什么特别的价值。高抗拉强度钢材的疲劳寿命往往不会超过低碳钢（软钢），甚至还可能会更短一些。

早期焊接结构的舰船通常会利用大量的铆接补强来阻止钢板出现的裂缝蔓延。“A”和“B”型钢都很“坚韧”，这意味着即使在低温下，这些钢材的裂纹也不会轻易蔓延，因而在使用普通低碳钢的部位通常会附加 A 型钢列板以阻止裂纹的扩大，而且不需要铆接补强。[①]

表格13-2

	“A”	“B”
屈服强度（吨每平方英寸）	16	20
抗拉强度（吨每平方英寸）	28~30	31~38
延展率（%）	22	17

潜艇用钢材及其他钢材[②]

从“探索者”号和“圣剑”号潜艇开始，设计师们引进了一种新型的碳锰钼钢。“海豚”号则采用了一种与碳锰钼钢非常相似的钢材，不过其需要更大的厚度，成分也有所改变，并出现了一些焊接方面的问题。为了解决这些问题，这种钢材在使用前需要进行正火和回火，这就导致其屈服强度有所下降。

之后的“海豚”级和“奥伯龙”级潜艇则采用了 QT28 型钢，QT28 的极限弹性应力[③]不低于每平方英寸 28 吨，使用前需要进行淬火和回火。“无畏”号和早期攻击型核潜艇则使用了更加坚固的 QT35 型钢。尽管 QT35 在制造过程中进行了长时间的开发测试和维护，但由于制造方法达不到其所需的清洁度标准，这种钢材很容易开裂，美国海军在最开始使用 HY80 时也遇到过类似的问题，但很快就找到了解决方案，随后经过改良的 HY80 被大量应用于弹道导弹战略核潜艇和攻击型核潜艇上。英国开发出了一种类似的钢材 Q1（N），屈服强度为每平方英寸 25.6 吨，英国将其使用在了“壮丽”号（Superb）核潜艇上，之后包括“特拉法尔加”级在内的潜艇也开始采用 Q1（N）。后来设计师们又研制出了屈服强度为每平方英寸 45 吨的 Q2（N）。需要注意的是，潜艇需要确保其焊缝的强度与钢板强度互相匹配，而潜艇的最大下潜深度一般与其艇壳的屈服强度成正比。

① 试验表明，“B”型能在 -4 摄氏度、应力为每平方英寸 12 吨的条件下阻止快速蔓延的裂纹。“A”型跟它差不多。

② K. Hall et al, "Materials For RN Submarines", RINA Symposium (1993).

③ 极限弹性应力是指在屈服点不好确定的金属中，按照屈服强度 0.2% 延伸的对应应力。

表格13-2：典型屈服强度（或弹性强度）

材料	屈服强度（吨/平方英寸）
低碳钢	15.8
S钢	18.4
UXW钢	25
QT28钢	27.8
QT35钢	35.9
HY80钢	35.6
Q1（N）钢	35.6
Q2（N）钢	44.6

到目前为止已经出现了许多种比Q2（N）更加坚固的钢材，但它们在制造方法、舱口防渗透工作以及鱼雷发射管结构等方面尚存在一定问题，这些因素限制了它们的使用。下表比较了一款虚构的潜艇在使用不同材料时的理论极限下潜深度。

表格13-3

材料	下潜深度（米）
HY80钢	1000
HY130钢	1600
钛	3000
玻璃钢	3500
碳纤维增强塑料	6000

海水系统

核潜艇中布置有很多冷却水系统，包括内部压力与其下潜深度周围水压相同的系统，而规模最大的冷却水系统则是主轮机的冷凝器。这些系统中的任何一个出现故障都可能导致潜艇的沉没。实际上，冷却水系统故障就被认为是造成美国海军“长尾鲨”号沉没的原因。冷却水系统使用的材料必须能够抗腐蚀以及侵蚀，同时也要足够坚固以承受深海的水压。哪怕到了今天，合适的材料也不容易找到。在“二战”结束时，英国海军只有几套采用低碳钢或火炮用铜（gunmetal）所制成的管道系统。后来的柴电潜艇尝试过使用铜镍铁合金（coppernickel–iron）以及铜镍合金（cupro–nickel）来制造管道系统，早期的核潜艇则使用了 70/30 的铜镍合金管道系统。相关的铸造部件最开始采用的是铝青铜，后来则改为了镍铝青铜。镍铝青铜具有非常复杂的微观结构，在制造和焊接过程中需要非常小心，才能获得令人满意的性能以及足够的寿命，同时其还具有“先漏后破”的特点，可以对即将发生的故障做出预警。

这篇关于潜艇材料的内容只是概略性的，实际上潜艇还需要涉及许多其他材料，每一种材料都有其自身的问题，建造并操作一支潜艇部队的要求非常高。

涂料和涂料准备

涂料和涂料准备工作的发展极大降低了海军的运作成本，但这一贡献一直未得到普遍的认可。涂料拥有很多种不同的功能，其重要性视船的不同部位而定。涂料在防腐蚀方面起着重要的作用，它可以让舰船表面保持防滑性，以便于进行清洁和维护，同时也能让舰船的外观更加美观。位于水线下方的涂料可以防止海洋生物附着，而位于水线上方的涂料则可以减少雷达和红外信号特征。

要想拥有涂料的这些优点并不便宜：据估计，舰船准备和粉刷涂料的成本可能会超过 300 万英镑，这达到了一艘舰建造成本的 2% 至 3%，但毫无疑问这是值得的。涂料的大部分成本是因为涂涂料时必须停下其他工作而造成的。

战后伊始

第二次世界大战结束时，大多数涂料都是简单的油基类型，其价格便宜、使用方便，但保护效果很差。舰体的水下部分涂料为一种叫做“伯克普提克”（pocoptic）的防污漆，这种漆是根据美国人的配方制成的，很适合当时的情况。不过即便用上这种涂料，出航在外的舰船的摩擦阻力仍然会以每天 0.25% 的速度上涨（在赤道水域航行的话则会每天上升 0.5%，6 个月内就能上升超过 90%）。伯克普提克防污漆很快就被由中央造船厂实验室（CDL）开发并由朴茨茅斯造船厂制造的 161P 涂料取代，其可以使积垢率降低一半左右。这一改进的重要性在一篇关于“尊严”号现代化改装提议的论文中得到了明确阐述。[1]“尊严”号在完成改装后清理了船底，改装所增加的排水量使其最大航速下降了 0.5 节，但在出航 6 个月后，拜经过改进的防污涂料所赐，该舰的最大航速反而提高了整整 1 节。

准备

防锈比除锈容易得多。大概从 1960 年开始，板材一运到船厂就要进行喷砂处理，并涂上一层很薄且不会影响焊接的坚硬底漆，如果这一层底漆出现了损坏，就要立刻补涂上去。在使用一些更高级的涂料前，板材需要进行进一步的喷砂处理，直至裸露在外的金属光滑得发亮为止。涂料准备过程是否恰当会对舰船的寿

① ADM 167/133 (PRO).

命造成很大的影响。“赫尔墨斯”号[1]是福克兰群岛特遣舰队中唯一一艘按照“二战”标准涂漆的船只，也是唯一一艘在返航时就已经锈迹斑斑的船只。

① 20 世纪 40 年代时，我曾在这艘舰船上当学徒。

水线以上部分

一位遵循传统的第一中尉一有机会就会给船刷漆，不过人们并不认为舰船的寿命是最重要的。10 年后，“利安德”级外部的涂料多达 80 层，重量达到了 45 吨。[2]后来，人们发现补漆出现的不匹配更多是因为光泽的差异，而不是色调本身的差异，这一点目前已经得到了很大的改进。

② “极速”号水翼船对重量要求很高，超过 117 吨就无法起航。试航时，建造者给了舰长 1 品脱的补漆罐，并告诉他至少要坚持到一次委员会审查。

甲板

甲板的涂料既要防滑又要易于清洁，而这两点却是相互矛盾的。在很长一段时间里，飞行甲板的表面都很粗糙，这样直升机的轮胎就可以在上面牢牢附着住，但是这种设计很难清理。上甲板其余区域的表面则采用了喷砂处理，其首先需要喷上锌金属喷雾，再涂上一层有光泽的环氧涂料，然后粘上粗糙的胎面带以加强附着力。这一复杂的系统保护了甲板上的金属，其总体上是比较靠谱的，但胎面带很快就会变得杂乱无章。这一系统在澳大利亚完成开发，并通过国际军舰腐蚀会议（Inter-Naval Corrosion Conference）被英国海军引入，这个会议每三年举行一次，五国海军组成的组织将在会上总结他们在防腐蚀方面得到的经验。[3]最近英国海军引进了一种既适合上甲板又适合直升机甲板的环氧涂料，然后花费了一些时间来说服造船厂和修船厂使用它们，因为涂这种漆之前需要先搭建一个可以防风防雨的帐篷。

③ 这样的社交经历十分有意思。

1982 年，“光辉”号启程前往福克兰群岛，接替“无敌”号（背景）。由于做出派遣这艘新航母的决定太过匆忙，她没有做任何防污处理，这给研究人员提供了一个衡量污垢影响的宝贵机会。（D. K. 布朗收集）

机舱舱底

机舱舱底的涂装工作一直以来都是最困难的。老式蒸汽轮机舰船上的机舱温暖而潮湿，且大部分舱底区域都无法进入。舱底的腐蚀速度很快："罗斯西"号的一侧有 14 条纵骨出现了腐蚀，另一侧则有 9 条纵骨出现了腐蚀，这些被腐蚀的纵骨几乎完全失效了，幸好该船没有断成两半。英国海军最初在舱底使用了一种以氯化橡胶为基础的涂料，这已经是当时最好的涂料了，但仍然不能满足其苛刻的要求。舰船开始采用燃气轮机后，情况变得更加糟糕：燃气轮机使用的合成润滑油简直就是世界上最好的涂料剥离剂。英国海军从大约 1960 年开始给舱底喷涂锌金属，但经过一段时间后其才完全得以应用，而且其在安装机械时，已经喷过锌的表面经常会被破坏。

后来中央造船厂实验室开发出了一种非常牢固的环氧树脂，并把它们用在了喷锌的表面上，不过已经损坏的部位还是没法进行修补。

舰体外底

外底的第一道防线为"外加电流阴极保护"（ICCP），其需要在舰体上施加经过仔细监测的电压，以切断舰体和海水相互作用而形成的电流。如果舰体表面为裸露的金属，那么这一电流就得设置得很大，因此最好在舰体表面涂上煤焦油环氧漆，这种漆可以抵抗电极周围的高电流密度。最开始，"利安德"级没有采用"外加电流阴极保护"，因此在服役 6 年后，其就出现了大量深达 8 毫米的点状腐蚀。后来的舰船都采用了相关保护措施，同样服役 6 年，她们只会偶尔出现不超过 0.5 毫米的凹坑。

早期的防污漆使用氧化铜作为生物毒素。氧化铜内的水分渗出时会留下比较粗糙的表面，因此每当因靠岸入坞等因素导致防污漆干燥时，舰船就得重新涂上一层涂料。由于使用过程中会出现难以避免的波纹和污垢夹杂情况，这些防污漆每增加一层，其粗糙度就会增加一点。20 世纪 70 年代，国际涂料公司（International Paints）推出了一种"自抛光防污漆"，这种漆的使用寿命很长，且不会出现干燥的情况，其在实际使用时更加光滑。相关的试验结果也支持这一说法，但这种涂料会对人体的健康造成损害，研究人员花了很长的时间才解决这一问题。这款涂层可以在长达舰船本身一半寿命的时间里无需更换，且在这段时间内，其阻力的增加可以忽略不计[1]，这减少了燃料消耗和入坞的费用，节省了一大笔资金。原来使用的涂料，其毒素对海洋生物有害，并在 2002 年被一种效力较低的铜化合物取代，最后被逐步淘汰。采用粘性较小的涂料是一个比较有前景的解决方案。

由于涂料波纹和过度喷涂的问题，每涂上一层涂料都会增加舰体的粗糙度，

① 每天允许有 0.0625% 的漆面擦伤。

每一次舰船入坞，其污垢夹杂物就会增长约 25 微米。由于兴波阻力等因素，每 10 微米的粗糙度就会使整船的摩擦阻力增加 1%，这意味着该船的燃料消耗也要相应增加 0.5%。R. L. 汤森（R. L. Townsin）详细测量了 42 型驱逐舰的粗糙度：喷砂处理和喷涂底漆后其平均粗糙度为 55 微米[1]，涂了三层防锈漆后，其粗糙度增加到了 135 微米，完工后的粗糙度则达到了 180 微米。[2]粗糙和污垢问题会使一艘护卫舰每年的燃料费增加约 8 万英镑，整个海军的燃料费则需要增加多达 400 万英镑。"二战"后初期，一艘典型战舰完工时的平均粗糙度约为 300 微米,服役期间的增幅则更为夸张。最近英国海军加大了对维护和设备改进的重视，舰船的粗糙度已经可以降低到大约 100 微米级别，自抛光涂料的使用也让舰船的外底变得更加光滑了。

污垢

舰船的水下部分被许多海洋生物当成一个安定的家园，这些生物会形成所谓的"污垢"：其主要成分是硅藻黏液，虽然摸起来很光滑，但它会粘附沙砾，使舰船水下部分的粗糙度达到约 600 微米级别，除此之外，海草等植物和藤壶等生物也会在舰底滋生。

福克兰群岛战争结束时,"光辉"号航空母舰没有涂装任何防污漆就起航了。在苔茵河（Tyne）航行 5 个月（当时对大多数生物体都是致命的），又在南大西洋航行 9 个月后，其摩擦阻力增加到了干净时阻力的两倍左右，相当于最大航速降低了 3 节。[3]"光辉"号在对底部进行清洁之后，其低速航行时的输出功率可以降低 80%，在全速航行时也能降低 56%，恢复成最初的设计性能。

潜艇涂料

直到 20 世纪 60 年代，英国海军潜艇外部的防腐涂料都是 ACC 655 这种高含铅量的油基涂料，之后则被使用寿命为 10 年的煤焦油环氧树脂取代。找到一种令人满意，且颜色是黑色的防污剂是很难的。直到 20 世纪 70 年代，英国海军才采用了黑色伯克普提克防污漆，它含有被炭黑大量稀释的氧化亚铜毒素。后来的 317E 型则含有黑色的硫酸亚铜和氧化亚铜，其也被用作水面舰船的水线带涂料。[4]自抛光防污漆在潜艇上的应用需要谨慎地处理，因为这些涂料的残留物可以被用来追踪潜艇。

结论

减少严重腐蚀可以在很大程度上减少在舰船使用寿命期间更换外板的需求，进而大大减少舰船靠港的时间及所需花费的费用。防污处理可省下的燃料也非

① 1 米 =1000000 微米。
② R. L. Townsin et al, "Speed, Power and Roughness", Trans RINA (1980)
③ M. Barret, "Illustrious-Effects of no anti-Fouling paint", Naval Architect (March 1985)
④ 94MM 型曾在核潜艇上短暂使用过，但由于其氯化汞含量较高，很快就被放弃了。

22 型护卫舰的初级船员铺位空间，与“二战”时期的吊床相比有了翻天覆地的变化。（D. K. 布朗收集）

常可观，这些效果可以大大减少船坞的规模和数量，并让舰船的日常维护工作变得更加轻松。能够省下这些经费，大多要仰赖朴茨茅斯中央造船厂实验室的化学家们，他们在研制特殊涂料和编写生产商用材料的说明书方面进行了大量的工作。关闭中央造船厂实验室[1]的决定毫无疑问是错误的，这并不能真正起到节约经费的作用。这个决定太冲动了，忽视了很多不起眼，但是很重要的问题。[2]

救生设备

第二次世界大战结束后不久，为了核实英国皇家海军人员在战斗中死亡的原因，海军部在塔尔伯特上将的领导下成立了一个委员会。他们发现超过一半的死亡发生在船员离开舰船之后：要么死在水中，要么死在没有保护措施的救生筏上。[3]之后海军部成立了一个常设的英国海军救生委员会，其成员包括了舰员、舰船设计人员和医学人员。最初他们对于到底该采用充气式救生艇还是硬质构型浮力稳定的救生艇存在一定争议，但最终还是决定采用充气式救生艇。英国皇家空军在充气式救生设备方面拥有丰富的研发和使用经验，他们无偿提供了不少建议。

幸存者们需要能够轻松登上救生筏，而进入救生筏后，他们也需要得到各种保护，以免受风吹日晒雨淋，救生筏的双层表面可以隔绝寒冷的海水。救生筏的乘员空间要尽量进行密封，这样可以保持较高的湿度，以防止被打湿的衣服快速蒸发吸热，保持身体暖和（在赤道地区则可以保持凉爽）。救生筏内需要储存几日份的食物和淡水，同时要不易倾覆，也要容易扶正。万一出现倾覆的话，救生筏还需要足够显眼，以使其容易被发现。为了减少救生筏被刺穿带来的影响，其筏体需要进行详细的分舱，筏上还要配备修理工具。定期对救生筏进行检查无疑是必要的，但救生筏本身的设计应该尽可能地不依赖于检查。这些要求可不像听起来的那么容易满足。[4]

1950 年左右，设计人员设计出了一款 20 人的救生筏，并进行了测试，其中部分结果已经公布。[5]这种救生筏呈椭圆形，其主体为由三层橡胶棉（rubberised cotton）组合制成的双浮体结构。[6]其拥有充气圈，并可以支撑起帐篷，在救生

① 其于 1840 年建立。
② 我在这个机构内负责绘制多年。
③ 这是我读过的最可怕的文件之一。没有任何部门负责救生设备；充气式救生圈在 1939 年 8 月的试验中便被谴责为不安全，但在整个战争期间仍在生产。在北极水域，卡利浮筒上的幸存者只能坚持 1 个小时，而在温带水域则可以坚持几个小时。
④ 20 世纪 70 年代中期，这位作者是救生委员会中的一员。
⑤ 这一救生筏最多载 27 人，此外其上还有一个可容纳 8 人的小船筏子。
⑥ 出于某种原因，圆形救生筏与椭圆形救生筏的支持者以堪比宗教信徒的热情发起了争论。

一节 23 型护卫舰“兰开斯特”号（Lancaster）的大型分段准备在亚罗斯造船厂的车间内组装。注意原来的舷号，后来为了与用来报告搁浅、碰撞等类似尴尬事故的“232 框架”（Form 232）相区分，她更改了舷号。（亚罗斯公司）

筏倾覆的时候也可以辅助扶正工作。这款救生筏带有套筒形式的入口，即使船员处于手已经冻僵了的情况下，也可以关上入口。其还配备有液压释放装置，以确保救生筏可以从正在下沉的舰船里漂浮出来，救生筏上还带有一个装有食物和淡水的救生包。20 世纪 70 年代初，更好的人工材料出现了，英国海军也相应采用了一种新式的 24 人圆形救生筏。

“二战”时期的救生衣不能保证昏迷舰员的头部离开水面。之后，设计人员采用双层棉，设计出了新式的救生夹克。事实证明，这款新式夹克可以让昏迷舰员的头部浮出水面，其价格为 5 英镑。人们往往认为一个人从高处跳下来可能会摔断脖子，但是事实证明，从航空母舰的飞行甲板跳入海中并不会摔断脖子。[1] 设计人员还研制出了一种特殊的救生夹克，这种救生夹克可以让全副武装的海军陆战队士兵浮在水面上，还有一种救生衣是为那些执行危险任务的士兵设计的，他们落水时可能会失去知觉。

研究人员在 1950 年开发出了一种救生衣，但是其直到 20 世纪 70 年代后期才开始大量发配。上甲板没有存放这些救生衣的空间，这些救生衣必须分散开来放置，以防一次攻击就将它们全部摧毁。[2] 英国海军在福克兰群岛战争期间发

① 英国海军造船部的约翰 – 科茨博士（John Coates）为本节和其他相关章节做了贡献，其因在测试救生设备方面的工作而荣获官佐勋章。

② 在 1971 年的印巴战争期间，印度护卫舰“库克里”号（Khukri）被击沉，她的大部分救生设备被毁。其中为数不多的幸存者之一告诉我，他曾获得一枚奥运游泳奖牌。

现，有救生衣的入口太小了，肥胖的水手穿不进去。[①]那些沉没军舰的伤亡情况都较为轻微，这足以证明这些救生装备都是有效的。福克兰群岛战争后，一种名为“艾尔莎”（ELSA）的短效呼吸器开始配发，舰员们可以借助它从有毒烟雾中逃生。

舰员们必须认真维护并定期检查救生装备。[②]

居住性[③]

1945年战争结束时，皇家海军舰艇的水兵居住甲板还是纳尔逊的水手们熟悉的那样。宿舍里有一张光秃秃的木桌，木桌两边各有一条长板凳，船舱的天花板则安装了可以用来挂吊床的挂钩。大多数舰船的居住性设计标准为初级船员每人20平方英尺，高级船员每人25平方英尺。这些战舰在战时增加了雷达等设备，并扩充了舰员编制，导致舰员的可用空间继续变小，每名初级船员的实际空间仅为15至17平方英尺，高级船员也只有17至19平方英尺，各个岗位都是如此。舰上的食物采用集中烹饪，距离通风不良的宿舍相当远。征兵结束后，要想吸引并留住志愿兵，舰船的居住性必须进行大规模改进。

20世纪50年代初，对自助餐厅进行的试验[④]表明，将厨房与生活空间分开布置，并不需要增加太多的空间[⑤]，其能带来很大的好处，食物的质量可以得到改善，食物浪费的情况也能大大减少。与此同时铺位的试验也取得了成功。20世纪50年代中期，“利安德”级、“部族”级和“郡”级为每名舰员都设计了餐位、铺位和座位[⑥]，人均总生活空间也有所增加：初级船员为每人21平方英尺，高级船员则为每人25平方英尺，其中4平方英尺分配给了餐位。正在进行改装的老船也尽可能地达到了这一标准。事实证明，尽管这些改进已经向前迈出了一大步，但英国海军的居住环境仍然需要更进一步的改善。军士长和军士的居住空间差别太小了，很多人都反感别人把自己的床铺当成座椅使用，而当舰员可以穿便服之后，其储物空间也有点不够了，宿舍区域看上去毫无吸引力。直到1966年，英国海军舰船的居住性才得到短暂的改善，尤其是“利安德”级。

“1970年标准”完全解决了住宿方面的问题，之前的实践经验表明，住宿方面的问题完全可以通过稍微缩小餐位的空间来改善。初级船员的人均空间增加到24平方英尺，军士们增加到29平方英尺，军士长们则增加到了35平方英尺，且所有舰员都获得了床铺之外的座位。舰队指挥官拥有52平方英尺的单间，军士长们的住舱为两人间、四人间或六人间，军士们的住舱则为六人间。设计人员还捣鼓了一系列新的家具，同时一家顾问公司提出了一系列装饰方案。洗手间被带有淋浴设备的浴室取代，浴室里面布置了不锈钢洗漱池。舰上还增设了洗衣房和烘干室。[⑦]这些居住性方面的改进占用了不少空间，也增加了居住区的

① 这说明，损害演练还不够关注现实。
② 救生设备的承包商可能会出现问题。曾经一台设备的气体释放被检测出来不对劲，实际的制造商得知他的设备被用于救生后感到非常震惊。它原本是用于酒吧的苏打水虹吸器，如果它第一次使用时失败了，“砰”的一声就能确保它下次还可以继续工作。
③ H. D. Ware, "Habitability of Surface Warships", Trans RINA (1986). 这份文件是哈里·韦尔（Harry Ware）在我手下时写的。他喜欢被称为“最后的首席绘图员”，这个历史性的头衔后来改为一级专业技术军官［PTO（1）］。
④ 战争结束时，英国海军打算在战舰上设立一个自助式餐厅，美国建造的护航航母等舰艇有很多这方面的经验。
⑤ “先锋”号引进食堂之时，其上的舰员几乎哗变，但这似乎是因为磨合的问题。
⑥ 包括使用下铺作为座位。
⑦ “刚勇”号（1860年）上有一家洗衣房。

正在VT公司建造的“桑当”级玻璃钢猎雷舰。（VT公司）

电力负荷，但是若想吸引年轻人留在军舰上服役，这些改进必不可少。军官的住舱很宽敞，但并不怎么美观，初级军官通常会数人合住。1970年，所有的军官（除了那些正在接受培训的）都拥有了带卧铺的单人住舱，里面还配备了新设计的家具。现代军舰的厨房是全电式的，其非常注重使用方便和卫生情况。[①] 之前简单的通风系统被空调取代，其在之后的战舰上运转良好。

许多人认为这些居住标准对于一艘战舰来说太奢侈了（甚至有一些船员也这么认为，他们宁愿过简朴的生活并拿更高的薪资）。福克兰群岛战争后，这种想法开始得到更多人的认同，当时有一些人指责居住性标准的提高不利于控制火灾，还会使损管控制变得更加困难。这一观点在23型护卫舰的最终设计中得到了验证，其居住性标准进行了一定的改变。英国军舰的人均空间与北约其余各国军舰的人均空间非常接近，或者稍微小一点，居住标准也大体相似。到了20世纪80年代，已经很少有人对居住条件提出不满了。

护卫舰的长度和总体尺寸由上甲板的长度决定，上甲板的长度需要满足武器和传感器的布置要求，还要考虑布置间隔和电子兼容性的问题。按照目前的标准，舰船通常会额外留出约100人的居住空间。增加舰员的代价是很大的：平均每增加一名舰员，就需要增加8万英镑的建造成本，远远超过了一间伦敦

① 20世纪80年代，厨房的地板是为数不多的被投诉的地方之一。

酒店客房的建造成本。空间的增加也意味着这艘舰船需要更强大的动力，舰船的整体尺寸也需要相应加大。减少舰员数量可以降低成本，但是损管控制又需要较多的熟练舰员。目前很难在两者之间取得平衡，只能尽可能地互相妥协。

通风

英国海军在间战期间至少对通风系统进行了两次调查，其结果表明，现有的通风系统需要进行改进，但第一次调查因所投资金太少，无法进行太多改进，到第二次调查时，战争又已经迫在眉睫了。战争期间，通讯系统的问题变得更加严重：很多舰船都在战时加装了许多高发热量的设备，舰体空间变得越来越拥挤，但是舰员反而越来越多，而在战争期间，这些舰船又长期处于密闭状态下。英国海军的舰船需要在从北极到赤道的广阔水域内执行任务，改进通风系统已经迫在眉睫。[①]

战前大多数用于载人的空间都安装了风扇用于通气，那些臭气熏天的舱室则只能从相邻的舱室抽取空气，或依靠自然通风。如果设计、安装和维护得当的话，这些通风系统可以在相对温和的气候条件下达到不错的运行效果，但这些条件往往得不到满足。英国海军在战争期间为水面舰的任务舱室和潜艇加装了空调设施。[②]

那些采用了热离子真空管的电子设备会随着数量和功率的增加而产生大量的热量。而新出现的核战争威胁则意味着海军舰船无论是在北极圈内还是在赤道上，都可以在必要时迅速关闭所有舱门，并在很长一段时间内维持密封。

表格13-4：空调系统设计参数[③]

气候	最高温	海水温度	船体内部温度	相对湿度
热带地区	34.5摄氏度	32摄氏度	29.5摄氏度	50%
北极地区	−29摄氏度	−2摄氏度	18摄氏度	不低于30%

20 世纪 50 年代中期，设计师们决定为“部族”级护卫舰安装完整的空调系统。[④]虽然最开始时遇到了一定的困难，但该方案总体上是成功的，后来的所有舰船都采用了类似的设计。不过有一个教训，是空调系统也需要安装备份设施。研究还发现空调设备需要占用不少舰体空间和重量，并且要消耗大量的电能，其中很多电能都以余热的形式耗散掉了。战舰的通道非常拥挤，设计师们只能将空调设备布置在空气流速很高的小设备箱内，不过这种布置会产生不小的噪音。[⑤]

这些空调设备可以为舰员提供新鲜空气，也可以提供循环使用的空气，经过过滤的空气要再加热或冷却后才会进入舰体。空调设施一般会采用两种使用

① A. J. Sims, "The Habitability of Naval Ships under Wartime Conditions", Trans RINA (1945); N. G. Holt and F. E. Clemitson, "Notes on the Behaviour of HM Ships during the War", Trans RINA (1949). 这两篇论文的讨论非常可贵。

② 一艘没有空调的潜艇对艇内的空气温度和湿度进行了例行汇报……最后的答复宣称，这里的条件不适宜人类生存。

③ H. D. Ware, "Habitability of Surface Warships", Trans RINA (1986).

④ 这个设计在很大程度上要归功于雷格·怀特（Reg White），他当时是一位著名的制图师（退休后担任主任）。

⑤ 空调早期安装的典型情况参见：R. N. Newton, Practical Construction of Warships (3rd edition, London 1960).

模式：在巡航时，其直接吸入新鲜空气，而战时，它则会通过 NBC 过滤系统吸入空气。

舱室内的热源主要包括舰员、机械（包括空调设备）、太阳直射或者海水传递的热量以及外界的空气。空调的出现对舰员们的海上生活产生了巨大的影响，虽然其价格昂贵，却是如今战舰必不可少的一部分。[①]

焊接和模块化结构

到了 1945 年时，人们普遍认为未来的军舰应该采用焊接结构，这也和预制构件的使用有关。焊接结构单元的尺寸重量应该在起重机的操作限度内尽可能地加大。焊接结构容易出现严重的裂纹[②]，为此需要在焊接时引入“止裂结构”，其通常布置在上甲板边缘和舭部的转弯处。随着性能更好的钢材出现，以及焊接工艺的改进，这些“止裂结构”也逐渐被放弃了。英国海军在战争期间大量使用了搭接式的焊缝结构，但未来的焊接结构基本都是对接式的，其对形状切割的准确性要求更高。一般来说，设计人员会采用火焰切割机来控制切割形状，最开始还需要通过扫描图纸来获得需要切割的形状，后来随着技术的发展，其已经可以直接输入电脑了。焊接结构还有一个附加优势：越平滑的舰体阻力越小，因此其可以提高约 5% 的续航能力。

在设计战后第一代护卫舰时，雷达室和类似舱室已经可以单独建造，并在安装到船上之前，于岸上进行测试。但就目前的情况来说，还没有哪一艘船真正这样操作过。加强结构的稳定性也很重要，越宽的板材焊缝就越少，其所需的纵骨也可以相应减少。对焊接结构进行合理的设计和规划，可以让焊工在工作时更多地采用俯焊的方式进行操作。目前自动化焊接的应用越来越多，焊接速度越来越快，焊接效果也越来越好。现代化的造船厂能够处理比之前更大的结构单元，不过总体来看，这些结构单元仍然很小，其重量一般在 10 至 30 吨之间。

20 世纪 70 年代末期，设计师们意识到舷外工作的成本非常高，尤其是那些需要在滑道上操作的部分。伊斯顿（Easton）所引用的成本比例（1980 年左右）如下所示[③]：

表格13-5

预制结构	1
分段装配	5
在泊位上的工作	10
下水后的操作	20

① H. D. Ware, "Habitability of Surface Warships", Trans RINA (1986)
② 一个典型的例子就是 1948 年 12 月“铁锈”行动中的“复仇”号，这是一次在北极地区测试极寒天气影响的演习。
③ R. W. S. Easton [Managing director, Yarrows], "Modern Warships, Design and Construction", Council of Engineering Institute, Glasgow 1983.

这种设想逐渐发展成了制造更大的结构单元，这些大型结构单元在组装成完整的舰船之前，可以通过预留的开口端进行安装工作，也可以在甲板封闭[①]的情况下进行安装。[②]首先，如果要建造一些 40 至 60 吨重的结构单元，在将这些结构单元安装成 400 吨的模块之前，安装人员会先进行一些局部的舾装，这些模块在移动到滑道之前，便已经装配完成。

早前还有另一种称为"模块化结构"的建造方法。这个方法的思路是把武器系统安装在一个或多个模块内，并在岸上进行测试，然后再安装到船上，并在船上完成设置、连接电源以及接冷水等工作。当时至少存在三种模块化结构方案：美国海军为他们的 SSES 系统选择了非常大的载体，其体积大到可以容纳整套完整的系统；德国则开发并使用了 MEKO 系统，其模块的大小与正常的集装箱差不多；英国的方案是所谓的"细胞结构"（Cellularity），其采用了较小的模块，并用这些模块组合形成"细胞"，这些"细胞"可以进行放大。英国海军在朴茨茅斯建造了一个大型细胞的全尺寸模型，其显示出了巨大的潜力。[③]

① 单独组装甲板还有其他的重要优势。由于它是倒置的，所有的管道和电缆线都可以轻松安装。
② 巴斯钢铁厂（缅因州）是这种方法的领头人。
③ P. J. Gates, "Cellularity: An Advanced Weapon Electronics Integration Technique", Trans RINA (1985).

一家现代化的军舰建造地——亚罗斯公司在克莱德的造船厂，许多护卫舰都在这里建造。（亚罗斯公司）

据称这些模块化结构的方案可以让处于服役中期的舰船现代化改装变得更加简单而廉价。[1]但是不同的武器设备所需要的电源和其他配件也有所不同，模块化结构的安装和更改实际上仍然比较困难。最后我们发现，对服役中期的舰船进行大规模现代化改装并不经济，我们只需要进行有限的改装就足够了。有人表示 42 型驱逐舰进行现代化改装的成本已经堪比建造一艘新船了，但在认真检查数据后可以发现，42 型改装成本里，最大的一部分出自船坞收取的武器系统管理费用，而这是建造新船没有的。

亚罗斯仅在计算机辅助设计（CAD）方面就投资了 300 万英镑，但正如常务董事（managing director）所说，人力的投资要更加重要一些。在舰船设计建造的各个阶段都需要受过良好教育的劳动力，目前英国已经做到了这一点。计算机设计已经进入到生产阶段，其可以规划管道系统和电缆系统。23 型护卫舰的 12000 多根电缆在安装前就可以切割成预定的长度了，同时在 23 型的设计过程中，相关人员还绘制出了 12000 多张关键图纸。

① 技术期刊上的许多说法都是被大大夸大了的。有人暗示，一艘反潜护卫舰可以在几天内变成一艘防空舰。

英国海军在1980年左右引进了全新的切割和焊接方法。新方法对板材和框架的切割非常精确，节省了大量的修改和安装时间。水下等离子体焊接技术的采用避免了焊接部位发生变形。计算机控制要求可以确保装配区所需要的每一件物品都可以在规定的时间到达，这一点非常重要：23型护卫舰拥有约600万个各种部件，这些部件必须在正确的时间出现在正确的位置。[①]这些措施大大降低了舰船的建造成本[②]，也使得服役中期舰船的现代化改装变得越来越无必要了。

VT公司在"桑当"级的建造过程中采用了很多模块化玻璃钢结构。他们采用计算机辅助设计制作了10000多张图纸，并确保了每个部件都可以互相匹配。这些重达20吨的结构单元在安装到舰体上之前，就已经全部装配完成了。[③]

结语

本章的许多话题都与常规的军舰设计相去甚远，但这些话题十分重要。海军设计师的职责是把这些方面全部处理好，当这些方面发生冲突的时候也要能够做出最好的协调。建造出来的舰船需要拥有良好的舰体线形，采用的也是合适的钢材，舰体结构要能够承受长时间来自大海的压力和敌人的攻击，同时还要防止舰体受到腐蚀，这本身就需要各种妥协。海军设计师们还必须记住，舰船上是要住人的，除了美味的食品和良好的居住环境之外，最好还能够让舰员们为其战舰的外观感到自豪。军舰是国家的代表，理应具有优雅而令人敬畏的外观，让那些敌人望而生畏。如果一艘船的设计建造很成功，设计师也会为"他的"船感到骄傲。

① D. K. Brown, "The Duke Class Frigates examined", Warship Technology, Part 1 in No 8, Part 2 in No 9 (1989).
② 20世纪80年代到90年代因竞争而节省的费用中，有很大一部分实际上是因为改进了建造方法。
③ D. K. Brown, "Sandown", Warship Technology, Part 8 (1989).

第十四章
结束语

英国皇家海军的任务

第二次世界大战结束后的半个世纪里，苏联带来的威胁都十分明显。首先是强大的“斯维尔德洛夫”级巡洋舰带来的水面舰威胁，这对英国海军的规划造成了很大的影响，例如试图建造采用5英寸舰炮的巡洋型驱逐舰来对抗“斯维尔德洛夫”级，保留“前卫”号战列舰同样也是如此。与此同时，苏联潜艇部队的规模也在持续增长。

海军部曾经希望恢复英国海军战前的辉煌，但后来，他们也慢慢意识到英国此时的经济已经支撑不下一支庞大的海军。保护英联邦的遗产，即“苏伊士以东”，是很重要的，但同时也存在一些规模较小，但比较棘手的军事冲突。因为朝鲜战争的缘故，英国海军规划了非常多的护卫舰和扫雷舰建造计划。组织护航队护送美军越过大西洋支援欧洲中部和北部前线，渐渐变成了英国海军的首要任务。驻扎在科拉半岛（Kola）的苏联海空军成了英国海军的主要威胁，而CVA-01型航空母舰的设计目的就是通过先发制人的打击来应对这种威胁。

英国皇家海军的角色在其大型舰队航空母舰退役后，转向了专职的护航工作。福克兰群岛战争、1991年的海湾战争和阿富汗战争都展示了海上力量的价

导弹时代来临——“诺福克”号发射了飞鱼反舰导弹。（D. K. 布朗收集）

优秀的耐波性对于现代水面舰船来说至关重要。“利安德”级（图为“狄俄墨得斯”号）就其尺寸而言是在北约中表现最好的——至少在“公爵”级服役前是这样。（D. K. 布朗收集）

值和灵活性，海上力量对陆地基地的依赖程度很低，并且可以大幅减少陆基力量需要飞越中立国家甚至敌对国家领空的问题。英国海军在2002年建立了一支全新的两栖舰队，并预计装备搭载联合攻击战斗机（Joint Strike Fighter，JSF）的新型航空母舰。

制约因素

从古至今，资金的短缺都是最明显的制约因素，海军的资金从未充裕过。目前海军的人力也出现了不足，已经影响到舰队的规模和船只的设计。为了吸引并留住人才，海军需要改善船上的生活条件。此外还有其他的限制因素，英国工业的能力也许是其中最主要的一个。举个燃气轮机的例子，英国航空公司在燃气轮机方面处于世界领先地位，燃气轮机取代了支持产业日益萎缩的汽轮机。各个厂家之间的竞争可以有效地压低价格，但到了2002年时，几乎所有大型军舰的制造都掌握在英国宇航系统公司手中。

技术

包括船体设计和动力机械在内，英国在船舶技术的许多领域都处于领先地位，在其余领域也很强大。[1]这些成就归功于设计团队与从事流体力学和结构研究机构之间的密切联系。英国成就最大的是降噪领域，英国皇家海军的水面舰艇和潜艇都是最安静的，比其对手要整整领先一代。从1960年开始，哈斯勒的海军部实验技术研究所就已经设计出了比早期型号转速快一倍的螺旋桨，即使

① 其中的一些发展与我有关，但我只是整个团队中的一分子。

是在开始出现空泡的情况下，其也比同转速的早期型号更安静，这比其他国家的海军领先了10年。位于波特兰的海军水下武器研究所开发出了气泡屏蔽系统，“刺鼠”系统增强了螺旋桨的降噪性能，而气幕降噪系统则可以屏蔽机械噪音，特丁顿的海军部研究实验室（ARL）所研发的泵推系统进一步降低了潜艇推进器的噪音。海军工程实验室、西德雷顿（West Drayton）、海军造船研究所、邓弗姆林（Dunfermline）和罗赛斯都在降低噪音方面创造了奇迹。

北约海军对于战舰适航性的调查显示，英国海军的战舰一直是适航性最好的。[①]海军造船研究所主导了潜艇的耐压壳体设计，舰船局在海军部研究实验室的帮助下开发了第一款完整的计算机辅助船舶设计系统，总工程师组成的设计小队在燃气轮机推进方面处于北约的领先地位。玻璃钢、钢材、油漆等新材料的应用可以让船只变得更加坚固，并减少维护的工作量。需要注意的是，舰只设计的许多进步可能都归功于个人，本书已经尽可能地将这些人列举出来。[②]

美国战后最伟大的海军工程师之一，鲁文·利奥波德（Reuven Leopold）博士在一篇关于创新的论文中总结了他的学说理论。他两次成功的创新都发生在英国，分别是燃气轮机和减摇鳍。[③]他还在巴斯公司（Bath）的舰船局进行了一次关于这个主题的演讲。令他相当惊讶的是，英国听众们不确定他做出的决定是否正确，但即使这些决定是正确的，他也会因为错误的原因被拒绝。北约各个委员会之间的竞争非常激烈，以“再次领先”为主题向同事们发表讲话是非常令人欣慰的。

舰船

这些问题已经在前面的章节中描述过或者至少部分评价过了，这里就只给出几个概略性的结论。英国海军战后的第一批护卫舰是很优秀的，“惠特比”级及其衍生品都令人非常满意，但是考虑到英国涡轮机行业的情况，新一批战舰采用柴油发动机是必然的，不过与此同时，这些轮机的服役状态仍旧很不错。“布莱克伍德”级并不舒适，但她的反潜性能几乎与“惠特比”级一样，而价格则只有“惠特比”级的一半。如果结构可以更简单一点，体积可以更大一点，那么她们可能会更加优秀，也更加便宜。“布莱克伍德”级的反潜能力是一流的，但是她们没有能力执行其余任务。如果这是在战时，想必她们会获得更高的评价。

英国海军希望将“部族”级设计成多用途的二线战舰。但是，尽管该级舰引进了一些新技术来改进性能，却没有产生什么好的结果，其成本也过高了。[④]“利安德”级的设计非常不错，英国很难再以类似价格设计出一款更好的战舰了。英国海军对廉价型护卫舰的尝试失败了，因为唯一的远程对潜搜索传感器是必须安装在大型船体的声呐上的，因此反潜舰及其设备必然会变得又大又昂贵。

① 加拿大的“圣劳伦特”级是另一种受欢迎的舰船，但她的设计者，罗兰·贝克，是英国的造船师。
② 如有任何错误或遗漏之处，我在此表示歉意。
③ Dr R. Leopold, "Innovation Adoption in Naval Ship Design", Naval Engineers Journal (December 1977).
④ 我搞不明白“部族”级为什么比“利安德”级更贵。

“哈代”号，属于14型“布莱克伍德”级护卫舰。这种廉价护卫舰的尝试相当成功。（皇家版权）

“科尼斯顿”号（Coniston），成功的“顿”级扫雷舰首舰。（D. K. 布朗收集）

“诺福克”号，众多23型“公爵”级护卫舰的首舰。（迈克·伦农）

拖曳式阵列声呐（Towed array sonar）的出现使设计和建造廉价而又高效的护卫舰重新成为可能，例如“公爵”级。

“郡”级的船体设计非常出色，并拥有新颖而成功的动力系统，但是其所装备的海蛞蝓防空导弹没有达到预期的指标。[1]“布里斯托尔”级本来可以达到更低的成本，但是随着与其配套的航空母舰取消，“布里斯托尔”级也失去了其价值。42 型倒是价值不小，但是其体量太小了。22 型是真正的“利安德”级的替代者，这型战舰也很成功。

航空母舰的发展充分验证了“大即是美”这四个字。正在开发新型航母的承包商们发现，由于更大的航母更加容易安装并维护各类设备，航母尺寸的增加实际上还会降低成本。许多海军部和工业界的人士多年以来都一直在强调这一点，但没有人听。[2]“无敌”级同样也取得了一定的成功。

另一方面，以“顿”级和“汉姆”级起步的扫雷舰船都非常成功。威尔顿与 VT 公司合作开发了玻璃钢结构，从“狩猎”级到“桑当”级，玻璃钢结构的扫雷舰已经在几次作战中证明了自己的能力。

攻击型潜艇的关键参数是最大潜深和安静性能。英国海军的潜艇受到成本限制，不得不放弃不少优秀的设计，但它们的安静性能仍旧是最好的。对我来说，从头开始设计研发的“刚勇”级是足以留名青史的存在，之后的“快速”级和“特拉法尔加”级则在其基础上得到了进一步增强。对拥有不同任务和限制条件的各种军舰来说，对其设计进行对比无疑是比较困难的，不过附录 5 中还是对其中一项进行了总结。

看到这里，希望读者现在能够认识到，海军参谋人员和舰艇部门做出的大多数决定都是正确的，或者至少是因无法避免而做出的。从技术上讲，“惠特比”级、“无敌”级、安静型潜艇和玻璃钢扫雷舰艇等新设计都做出了大量的创新。诸如综合全电推进系统，三体帆船（“特里同”号）和 WR-21 型燃气轮机等新的技术和思路也在不断地涌现，这部分内容详见下文。

“二战”结束时，英国皇家海军或许已不再是最优秀的存在，但其舰队的质量和灵活性都是毋庸置疑的。在撰写本文时（2002 年中期），尽管将新设计转换为实际成果所需要的时间仍然令人担忧，但英国海军的未来是光明无比的。

展望未来

在撰写本文时，英国海军的前景非常广阔，列入计划的有 2 艘大型航空母舰、1 艘新型核潜艇、6 艘驱逐舰（之后还会增加 6 艘）和大量的两栖作战舰艇，其中一些已经开始建造，我们可以对她们拭目以待。下面将对这些战舰进行简短的介绍。

① 据说海蛞蝓导弹并不比小猎犬导弹早期型号差到哪儿去，它应该继续发展，而不是被替换。

② P. J. Usher and A. L. Dorey, "A Family of Warships", Trans RINA (1982).
这篇由两位 VT 公司高管撰写的论文一经发表就受到了高度重视，他们声称建造一艘更大的船会更便宜。舰船部根据这个说法进行了成本评估审议，得出的结论是两者的成本几乎没有差别。我争辩道，如果成本没有差别，那就应该选择更大的船，以改善耐波性和维护性，但没有成功。

附录 6 中对那 2 艘新型航母的早期研究情况进行了概述。目前这 2 艘新型航母正由 2 个竞标集团［分别由英国宇航系统公司和泰利斯公司（Thales）牵头］进行研发，其最终版本可能会有所不同。为了降低成本，这两个团队都加大了新航母的尺寸，目前看来新舰的排水量将会达到约 5 万吨。

“果敢”级驱逐舰（45型）

45 型驱逐舰计划由英国宇航系统公司主导，目前已经订购了 6 艘[①]，同时英国海军还承诺在未来再订购 6 艘（2002 年时的情况）。这一计划预计利用包括武器系统在内的大量“地平线项目”（Horizon project）的成果，这样一来此计划就有希望在较短的时间内完成了：如今 42 型的舰龄已经很大了。

45 型的武器装备包括紫菀 15/30 防空导弹系统（PAAMS）及其配套的席尔瓦（Sylver）垂直发射系统，以及 1 门 MK 8 mod 1 型舰炮与 2 门小口径舰炮。紫菀 15 属于近程防空导弹，紫菀 30 则属于远程防空导弹，两者都具备很强的机动能力。45 型还将装备英国自行研发的桑普森（Sampson）多功能雷达和 S1850 搜索雷达，以及船体声呐和拖曳式阵列声呐。45 型的第二批次将会加

① 公布的舰名分别为：“果敢”“无畏”“钻石”“龙”“后卫”（Defender）和“邓肯”（Duncan）。

将由英国宇航系统公司和 VT 公司建造的 45 型驱逐舰的想象图。（英国宇航系统公司）

强对陆攻击能力。

45 型可以搭载 235 名船员，其中 187 名是基本配置，其余的则是为训练等预留的额度。相比之前的战舰，45 型的个人平均生活空间增加了 39%，军官住在单人舱内，高级舰员住舱为单人或双人舱，初级舰员住舱则为六人舱。船头和大部分上层建筑在朴茨茅斯造船厂的 VT 公司进行建造，其余部分则由克莱德的亚罗斯公司和巴罗的英国宇航系统公司进行分配。45 型首舰将在克莱德的船台上进行组装，其余各舰则在巴罗进行组装。

45 型基本参数如下：

满载排水量 7350 吨

舰体长 162.4 米，宽 21.2 米

18 节航速下续航能力 7000 海里

下一款战舰被称为未来水面战斗舰，目前正在研究中，其可能是“果敢”级的加强型，也可能是全新的三体船。

WR–21燃气轮机

45 型驱逐舰采用了诺斯罗普·格鲁曼公司和罗尔斯·罗伊斯公司的 WR–21 型燃气轮机，新计划中的航母也可能采用这款燃气轮机。这型输出功率达 25 兆瓦的燃气轮机是罗尔斯·罗伊斯在美国海军的项目下开发的，目前英国和法国也加入了该项目。截至 2001 年初，这款发动机的开发成本已经达到了 3 亿英镑。诺斯罗普·格鲁曼公司负责完成 50% 的工作，罗尔斯·罗伊斯公司占 40%，法国舰艇建造局（DCN）则占 10%。这款发动机的动力涡轮单元基于 RB211 和瑞达（Trent）航空发动机，并增设了一套尾气换热器，一套中冷系统以及可变截面积进气喷嘴。[①]这款发动机的单位耗油曲线非常平缓，平均油耗比传统燃气轮机要低 27% 至 30%。由于其低功率状态时的单位油耗也很低，WR–21 有取代巡航发动机的潜力，这样可以节省空间并降低维护难度，同时还能简化变速箱。该型燃气轮机的安装底座与已经在大量使用的 LM–2500 型燃气轮机相同。

1997 年，一台 WR–21 样机在皮斯托克的国防鉴定与研究局（DERA）完成了 500 小时的测试；2001 年底，一台完全达到生产标准的 WR–21 发动机在英得莱特（Indret，法国）进行了 3150 小时的测试。WR–21 可以为综合电力推进系统提供动力，同时也能为船舶推进和供电系统提供服务。最新的几艘电力推进商船已经采用了吊舱推进器，不过目前还没有证据表明 45 型也会运用这一技术。

① 这项技术自“灰天鹅”号的 RM60 型燃气轮机开始，就得到了广泛应用。

英国海军在2001年初订购了首批6套船用机组，共耗资8400万英镑，每套的输出功率达到了21.5兆瓦，45型的前动力舱有2台该型发动机以及2台功率2兆瓦的柴油发电机。[1]后动力舱则由舱壁分隔成两部分，其内部布置有2台功率20兆瓦的高级感应电动及其配套设施。为了研发这一系统，美国海军在费城折腾了超过10年的时间。

“机敏”级攻击型核潜艇

英国宇航系统公司在1997年3月获得了一份价值19亿英镑的合同，用于设计并建造3艘“机敏”级核潜艇。[2]“机敏”级最初被认为是“特拉法尔加”级的升级版，她们采用了“前卫”级核潜艇的PWR2型反应堆，这意味着其需要增加耐压壳体的直径。“机敏”级拥有6具鱼雷发射管，而“特拉法尔加”级则仅拥有5具。“机敏”级配备了现代化的战术武器系统，武器装载量增加了50%，减少了所需的舰员，同时也变得更加安静了。她们的排水量约为7200吨，部分排水量的变化是为了降低建造成本。“机敏”级于1999年9月开始建造，但其计划遭到了推迟，预计要到2006年底才能投入使用。英国海军最初计划建造两批该级潜艇，每批2艘，不过有可能会增购第三批：这样可以省去为“特拉法尔加”级更换核燃料的成本。“机敏”级的单艘建造成本为17亿英镑。

未来攻击型潜艇（FASM）[3]

在“机敏”级之后，英国海军继续着对攻击型潜艇的研究。攻击型核潜艇由核反应堆驱动，但也存在其他的选择：目前只有7/10的方案采用了核动力。这项研究试图将潜艇的建造成本降低10%，并将整个寿命期间的使用成本降低30%。

两栖作战舰艇

第十一章中已经详细介绍了“阿尔比恩”和“堡垒”级船坞运输舰以及下

“机敏”级核潜艇的想象图。（英国宇航系统公司）

① "IEP for Daring Class", Warship Technology (May 2001).
② 公布的艇名分别为“机敏”“伏击(Ambush)”“机警”。
③ "Affordability is the future for FASM", Warship Technology (May 1999).

一代后勤登陆舰。

电力推进

目前我们已经在电力推进方面取得了许多革命性的进展。可以预计的是，之后发电机和电动机的重量将仅为当前动力系统重量的十分之一，体积庞大的整流器也可以变得更小。主发电机可以为所有用电的设备提供辅助电源，同时可以采取一定程度的分散和冗余布置，这样可以大大降低动力系统在遭到敌人攻击时的易损性。

“特里同”号三体船

从很久以前开始，三体船就出现在了太平洋上，而奈杰尔·艾恩斯（Nigel Irons）在其破纪录的“伊兰航行者”号（Ilan Voyager）上再次实现了三体船的设计。[①]伦敦大学学院的 D. R. 帕蒂森（D. R. Pattison）教授和他的助理 J. W. 张（J. W. Zhang）在一系列大型船舶的设计研究中提出了三体船这一设想，其可以运用于从巡逻舰到航空母舰在内的各种舰船。

三体船构型的主要优势在于其可以使高速航行时所需要的功率减少 20% 左右，除此之外还有许多其他的优势。三体船面对海浪时的纵摇和起伏程度与长度相同的常规设计舰船大致相同，但是要比排水量相同的常规设计船舶更小一些。舷外结构为三体船提供了很高的稳定性，这使其可以在距离水线很高的位置安装较重的设备。与此同时，三体船舯部的甲板非常宽阔，其可以为直升机及其机库提供宽阔的空间。另外，舷外结构还可以抵挡被鱼雷和掠海导弹命中后造成的损害，并减少舰艇的信号特征。

很快，国防部和 VT 公司就开始对三体船产生兴趣，他们在哈斯勒的水池里进行了模型试验，并在罗赛斯船厂进行了结构调查。当时很难准确计算三体船的荷载和交叉结构中的应力，这两个数据的计算很容易过度保守，这会令结构变得沉重而昂贵，从而导致三体船原有的优势化为乌有，而如果低估了应力，则同样会导致灾难性的后果。三体船受损后的稳定性情况计算更为复杂，但目前还没有出现过严重问题。这些研究证实了三体船的优越性，同时对之后的结构设计具有很好的指导意义。

三体船的特点使她看起来非常适合紧接着 45 型的未来护卫舰计划，但把海军未来规划的重中之重押在一个尚未完全成型的概念上，是非常不明智的。最后英国海军决定建造 1 艘实验船来验证这一设计的可行性。经过漫长的谈判和研究后，英国海军最终决定建造 1 艘足够大、足够快，同时又足够简单，且价格尚可负担的实验船来验证三体船的概念。1998 年 7 月，VT 公司拿下了这个价

① “Ilan” 意指 “极长极窄”（Incredibly Long And Narrow）。

三体船试验船——“特里同”号。（VT 公司）

值 1300 万英镑的合同。这艘实验船于 1999 年 1 月开始切割钢材，以建造 4 个 250 吨的船体模块。2000 年 5 月 6 日，“特里同”号按时完成了 97% 的进度，并在 2000 年 7 月进行初次试航，于 8 月底被接收。

表格14-1：“特里同”号的详细参数

长度	全长98.7米，侧船体长34.2米
宽度	全宽22.5米，主船体宽8.0米，侧船体宽1.0米
型深	9.0米
设计吃水	3.37米
设计排水量	1200吨
最大航速	20节
最大航程	3000海里
自持力	20天
船员	12人（还可额外搭载最多12名测试人员）

“特里同”号的主船体采用了圆舭船型，船尾稍微向上抬起，形成了一个小型方尾。船体侧部采用多舷外结构，内侧则为平面，以便于施工。“特里同”号的结构相比战舰的标准有所简化，其外板和纵向框架的厚度较薄，也没有按照军舰的抗冲击标准进行设计，不过该船符合挪威船级社（Det Norske Veritas）所

制定的高速轻型船艇标准。“特里同”号拥有9道满足破损后稳定性要求的水密隔舱，这些舱壁横跨了船体，以增加横向强度。因为三体船的浸湿表面积大于单体船，所以要尽可能地减少船体污垢。“特里同”号的船体涂上了海虹老人速干型无毒硅树脂防污漆，这种油漆可以降低船体表面的摩擦力和粘附力，使其寿命达到15至20年。

“特里同”号的飞行甲板可以容纳1架“山猫”直升机，并可以搭载最多8个带有试验设备的集装箱，同时其在右舷上层建筑处布置了1艘带有吊车的工作小艇。“特里同”号采用了柴油和电力综合推进的方式，其拥有2台输出功率为2085千瓦的帕克斯曼发电机。主轴由功率3.5兆瓦的电机驱动，其后方与1副固定桨距的螺旋桨相连，同时侧船体上还安装了功率输出为350千瓦的推进器，仅使用侧船体推进器时的最大航速为12节。该船的住舱为单人或双人舱预装模块，并带有一间洗漱室。实验过程中，“特里同”号还测试过一些其余的结构形式，比如串列或者并列布置的侧船体。

目前，“特里同”号第一阶段的试验已经圆满完成，这些试验验证了她的性能、操作方式和其余特性，同时该船还在恶劣的海况下进行了耐波性研究，其中包括对船体的应力进行监测。这些试验都是与美国海军海上系统司令部合作进行的，他们提供了试验仪器系统（TIS），据说这个系统比船本身还要昂贵！之后“特里同”号还将进行与无人机相关的实验。

2002年初，“特里同”号的主电机更换成了永磁电机，直至2004年3月，永磁电机才能开始进行第二阶段的试验。试验的具体细节尚未敲定，但可能包括集成化桅杆技术、8兆瓦和1.25兆瓦输出功率的燃气轮机、复合材料主轴以及电动船舵等。之后的几年，国防部将使用“特里同”号进行各种试验，有时其他相关人员也会租用她进行实验。2003年，“特里同”号安装了1具碳复合材料塑料制成的螺旋桨。

从我的个人角度来看，所有的设计都是一种妥协，如果其中一个方面得到了提高，那么其他方面就要相应付出代价。而在三体船的发展过程中，几乎所有提高的代价都由结构重量和复杂性来承担。

附录

附录1：1945年至1985年间的英镑购买力

附录表1：1945年至1985年间的英镑购买力

年份		年份	
1945	15.47	1966	7.62
1946		1967	7.36
1947	15.32	1968	7.18
1948	14.82	1969	6.78
1949	14.17	1970	6.47
1950	13.70	1971	5.99
1951	13.19	1972	5.55
1952	11.70	1973	5.17
1953	11.22	1974	4.65
1954	11.08	1975	3.95
1955	10.65	1976	3.23
1956	10.13	1977	2.81
1957	9.73	1978	2.58
1958	9.39	1979	2.38
1959	9.21	1980	2.06
1960	9.24	1981	1.85
1961	9.06	1982	1.68
1962	8.67	1983	1.61
1963	8.45	1984	1.55
1964	8.29	1985	1.49
1965	7.94		

附录2：雷诺系数

粘性流体（比如水）流过物体时的流动行为受雷诺系数控制，雷诺系数＝长度 × 速度/液体运动粘度。雷诺系数决定单位面积的粘性阻力，雷诺系数越低，粘性阻力越高，当雷诺系数比较低时，雷诺系数的微小变化就会产生很大的影响。雷诺系数较低，粘性液体流动的形式主要为层流，其非常平滑。层流在船舶上不大可能发生，但在模型上有可能发生，因此很难将模型的试验结果直接放大到全尺寸的运用上。雷诺系数较高，粘性液体流动的形式主要为湍流，其充满涡流。

将粘性阻力从缩小比例的模型放大到实际船舶时，只需要根据船舶的长度来使用雷诺系数就可以。但是对于水下航行的潜艇来说，其总阻力的主要部分是由附加装置（如舰桥、平衡舵、尾舵、流水孔等）带来的阻力。严格来说，每一个装置都应该根据弦长或其余适当的规律使用自己的雷诺系数值进行独立缩放。这种方法耗时较久，且应用困难，直到 20 世纪 60 年代左右才可以实际使用。这一方法的第一次使用可能是“无畏”号，当时有几个“竞争对手”对她的速度进行了估计。

雷诺系数还决定着螺旋桨上的水流粘性流动状态，所以也决定着空泡效应，很难确定螺旋桨发生空泡效应时适合的船舶长度。早期的研究往往以螺旋桨的直径为参考，但这会给出误导性的结果。这些研究显然需要一些与弦长相关的参数，但是应该采用哪个弦呢？典型的做法是采用 70% 半径处的弦长，不过我在一些非常成功的近似法中使用了平均弦长，即用桨叶表面的面积除以螺旋桨的半径。有关螺旋桨的下一个问题是，如何给一个同时旋转并向前移动的叶片选择一个合适的速度。研究人员考虑过将旋转速度和前进速度复合起来计算，但旋转速度会随着螺旋桨上不同部位半径的变化而发生变化。这里只能再次使用神奇的 70% 平均弦长，该位置的数据似乎是一个平均值。[1]问题还没有结束，因为螺旋桨的作用增大了它前方的水流速度，在进行严谨计算时，这一影响也应该要考虑。在我看来，这一系列的计算直到现在都是非常困难的，设计人员一般会通过适当的“容差系数”来减少错误。

雷诺系数是一个方便的简易公式，它告诉了设计师们粘性效应在阻力的计算中占据了主导地位，而且将粘性阻力数据从模型放大到实际船舶时需要非常谨慎，设计人员必须拥有充足的经验。

附录3：商船的改装：1982年的福克兰群岛战争[2]

英国海军制订的应急计划在遭到阿根廷的袭击后立即启动，并且运作良好。白厅的一个海军参谋小组负责与奇格（Chieg）指挥官进行直接联系，巴斯支援小组则将包括舰艇部、武器部、物资部、船坞部等技术部门全部集合在了一起。福克兰群岛远在 8000 海里之外，英国海军需要许多船只去支援远离本土的舰队。这些被征用的船只（STUFT）包括 5 艘运兵船、3 艘运兵支援船、1 艘医疗船、

① 对于大多数螺旋桨而言，流过螺旋桨表面的总水流量，有一半都在其 70% 的半径外。

② J. L. Hannah, "Merchant Vessel Conversions: The Falklands Campaign", Trans RINA (1985).
约翰·汉纳是巴斯支援小组的负责人，跟他打电话的人看到他家的电话号码地址在福克兰（Faulkland）的时候都很惊讶。（福克兰可不是岛屿，而是巴斯外围的一个小村庄）

4 艘飞机运输船、2 艘修理船、1 艘扫雷舰母船、5 艘拖网渔船、24 艘油船、5 艘货船、3 艘固体补给船、3 艘弹药船、2 艘快艇和 4 艘拖船。[1]

这些船只上共安装了 25 套飞行甲板和 9 套垂直补给甲板，大多数船舶带有通信设备和供水设备。[2]这些船只共运送了 8000 人、18 架鹞式战斗机、12 架支奴干直升机、32 架威塞克斯直升机、13 架海王直升机、216 辆路虎越野车、11 万吨货物和 40 万吨燃料，并进行了超过 1200 次导弹补给行动。目前为止，大部分改装工作都是在皇家海军造船厂完成的。（讽刺的是，很多在朴茨茅斯工作的人都收到了裁员通知）大多数船只到手的时间不超过两周甚至不到一周，而改装工作开始之前往往还要准备 2 至 3 天。在这些船抵达英国之前，设计师和施工人员们通常会在最后一个港口上船，并根据改装场所现有的钢材，在航渡途中就开始规划飞行甲板的布置。

“堪培拉”号变成了一艘拥有 2 套飞行甲板的运兵舰，这是那时最早完成，也是规模最大的改装项目。英国海军于 1982 年 4 月 3 日星期六决定征用“堪培拉”号。星期一时，VT 公司就完成了改装图纸，并得到了时任海军首席监造官（PNO）的斯蒂芬·亨特（Stephen Hunter）的批准，随后其就订购了所需的钢材。改装工作在 4 月 7 日星期三船只抵达之前就开始了，其在接下来的 2 天半内安装了两套飞行甲板、通信设备以及导弹补给系统。VT 公司在一周安排了 500 人进行改装工作，其中有些人会随着该船出发，以在航渡过程中彻底完成这项工作。“堪培拉”号上的 2 套飞行甲板重达 150 吨，且在船上的安装位置很高，这增加了该船高处的重量，不过这一缺陷通过从游泳池中排出的

① The Task Force Portfolio, 2 vols, Liskeard (anon 1981).

② 来自英国海军造船部的大卫·查默斯博士为本书几个章节的写作给予了很大的帮助，他设计了其中 10 套甲板，并因此获得官佐勋章。

1982 年 6 月，福克兰群岛战争期间离开朴茨茅斯的“圣赫勒拿”号（St Helena），其直升机甲板上排满了船员。（迈克·伦农）

95 吨水部分抵消了：这是非常好的改装经验，即通过排去游泳池里水的重量来弥补飞行甲板所增加的重量。在搭载 2200 名士兵的情况下，“堪培拉”号的排水量从 4.05 万吨增加到了 4.3 万吨。

早期船舶上的飞行甲板在设计时没有过多考虑重量，这导致其往往非常沉重。“诺兰”号（Norland）是为了减轻飞行甲板的重量而设计的，但其安装需要大量的工人，其他的飞行甲板则是为便于建造而设计的。

约翰·汉纳（John Hannah）列举出了改装工作所遇到的七个问题，这些问题将依次得到解决：

续航能力

许多被征用的船只都是续航能力有限的跨海峡船只。大部分船只必须安装导弹补给系统，由于正常加油点位置较低，其管道必须安装在导弹补给系统的连接处。油船是很重要的，战时每月燃油的供应量高达 18 万吨，因此供应链需要维持 40 万吨的规模。战前英国计划将英国石油公司的“河”级油轮改装为船尾输油模式。相关人员乐观估计，改装时间在战时状态为一天，但实际上其只用了 4 个小时就完成了。在可能的情况下，“河”级油轮的压载舱也被改装成了燃料舱。

淡水则是一个更大的问题：一名商船水手每天需要 50 加仑左右的水，一名英国皇家海军水手每天也需要 25 加仑的水。飞机的需水量更大：停放在甲板上时，海洋水汽环境里的盐会破坏其合金结构，因此必须用淡水频繁地清洗飞机。英国海军决定在船上安装反向渗透海水淡化装置，它们易于安装和操作，对配套设施的要求也较低。只有两家英国公司可以生产这些装置，但它们都没有库存。制造反向渗透装置需要 5 天 5 夜的时间，安装还需要 2 到 3 天：各船通常会在航行途中完成最终的安装和试验，公司派出的工程师们则在直布罗陀或阿森松岛（Ascension）下船回国。

居住性

像“堪培拉”号这种和平时期只需要容纳 1750 人的客轮，现在不得不搭载 2200 名士兵。露营床可以弥补床位的不足，浴室和餐厅的布置也可以满足需求。被改装为飞机运输的集装箱船的居住条件要更加艰苦一些，这些集装箱船在和平时期只需要搭载 40 名船员，现在则增加到了 150 人，她们只能安装集装箱和活动房屋作为住宿设施。

稳定性

按照军用标准，舰船需要在 3 至 4 个主要舱室被淹没以及发生中等横倾的情况下保持漂浮状态，并且此时仍能承受相对温和的海况。但是根据国际海事组织（IMO）达成的国际协议，商船设计所采用的抗损坏标准非常低：在艏尖舱后面的主要舱室被水淹没的情况下，货船通常就会沉没，而客轮则需要在2个主要舱室被淹没的情况下保持漂浮状态，不过此时其干舷高度只会剩下3英寸。[①] 短途航线船舶的稳定性标准还要更松一些：其只需要保证在1个主要舱室被淹没的情况下能够维持漂浮状态就行了，我认为这个标准实在不怎么够用，对于滚装货船来说尤其如此——“自由企业先驱”号的事故还历历在目。[②]英国运输部门在执行这些标准时非常严格，但还是存在一些外国国籍的船只，因为达不到这些标准而遭到拒绝。改装完成后增加的重量和为了战争而增加的重量，令这些船只的稳定性问题变得更加严重。

设计人员已经在绞尽脑汁地来改善稳定性了，一艘船安装了2个额外的舱壁，一些船增设了固体压载物，而且大部分船都对燃料的使用量进行了限制，这些船只本身也经过了精心的挑选（可以想象其余船只糟糕到了什么程度）。[③] 汉纳总结道：“在紧急情况下，使用商船可能会非常危险，特别是用来运送军队或者重要设备时。”[④]

消防

商船的消防标准很严格，一般只有在运输汽油和弹药的情况下，才需要进行额外的消防改装。“大西洋运输者”号（Atlantic Convey）的损失充分表明了运输易燃材料的危险性。

航空设施

海王直升机在起降时需要长15米、宽10米、重达70吨的飞行甲板，且在其周围（本身两至三倍的范围内）还不能出现障碍物。滚装渡轮的甲板通常非常坚固，因此她所需要改装的唯一工作是拆除舷墙等障碍物。班轮（Liners）通常采用较为单薄的铝制上层建筑，其强度不足以支撑飞行甲板，为了布置航空设施，“伊丽莎白女王二世”号不得不拆除其上层建筑。

“天文学家”号这类大型集装箱船可以在集装箱上安排临时机库。舰载机的运作需要很多细节设施的支持，如灯光引导设备、着落固定设备、消防设备、防滑漆、电池充电设备等等，而这些细节设施的安装都是需要时间的。英国海军在战后购买了“天文学家”号作为皇家辅助舰队的供应舰，并在她上面安装了美国海军的阿拉帕霍集装箱式直升机运作系统。这种改进并不成功，最后英国海军得出结论，还是让各船自行改装比较好。

① 《1974年国际海上人命安全公约》（1990年修正案）大幅提升了新船的抗损标准。货船必须在1个水密隔舱被淹的情况下保持漂浮，并且和邮轮一样能在被淹时有更大的浮力储备。

② 20世纪40年代，当我还是一名学生的时候，老师告诉我这只是一种特殊的让步，邮轮的标准应该是在两个水密隔舱被淹的情况下保持漂浮状态。我现在惊恐地发现，情况甚至比以前更糟糕了。

③ 负责这个项目的造船师在周日午餐时间打电话告知我，让这些船只离开河口不安全。

④ 因为这些研究成果，我曾经受邀加入交通部的委员会，吸取“自由企业先驱”号事故的教训。这最终促成了对滚装船的一些反省和改进，特别是在发生了“斯堪的纳维亚之星”号和“爱沙尼亚”号事故之后。

停泊在福克兰群岛的石油支持船——“斯坦纳·希斯普莱德”号（Stena Seaspread），她在那里担任修理船。一艘早期的22型护卫舰和一艘“奥伯龙”级潜艇停泊在该舰的旁边。（D. K. 布朗收集）

通信

这些船只的通信需要采用基本的海军装备，她们原本的无线办公室空间不足以容纳这些装备，必须在附近另找空间。这些通讯设备的安装由一支国防部军官组成的队伍负责，并由英国皇家辅助舰队的通信官负责操作。

自卫武备

最初这些船上并没有配备武器装备，但随着战争的进行，她们也安装了一些轻型高射炮（一般采用的是老式的20毫米口径厄利孔高射炮）。不过这些火炮本身供不应求，一些船上安装了高射炮底座，却没有实际安装火炮，只有在接近战区时，她们才能从返航的船只上获得火炮。

5艘拖网渔船在波特兰被改装成了扫雷艇。战争期间，这些拖网渔船主要被当作小型运输船使用，不过最后她们还是清除了20枚水雷。①

这些改装计划并没有多大的利润，但仍旧得到了良好的执行，这要归功于皇家造船厂的资源、员工和储备，但现在这个厂已经不复存在了。有很多人都为这次行动做出了贡献，但我们最应该感谢的是策划该项目的已故的官佐勋章获得者，时任英国海军造船部的约翰·汉纳。

① 她们被称为“伊莱亚斯”（Ellas），因为其中4艘船的船名都是以“-ella”结尾的（例如Northella）。

附录4：倾斜试验

倾斜实验的理论看起来不复杂，但在现实世界中却并不那么简单，几乎所有环节都有可能会出错，从而产生具有严重误导性的结果。一定重量（w）的物体在甲板上移动一段距离（l）后会产生可以通过测量得出的侧倾（θ），由此，我们可以得出以下公式：W·gm·θ=w·l。

其中W为排水量，gm为稳心高度，两者均采用了试验时的数据。稳心的位置可以通过船只的几何结构来进行计算，因此我们可以推导出重心的位置。

英国皇家海军学院的注意事项中出现了一系列的“该做”和“不该做”条目，这些条目都是根据那些痛苦的经验制定的：

·实验时要确保船处于漂浮状态。许多造船厂所在的流域都很浅，如果底部是软泥，船还是可以移动的，但不能按照正确的路径移动。

·实验时要确保船体是竖直的，接近设计纵倾状态。[①]

·实验前要检查船首、船尾和舯部的水的密度。船只在河边停泊时，往往会出现船头和船尾的水分含盐量大于舯部的情况。

·当水面非常平静时才可以测量吃水，如果船只在水面出现了超过6英寸的移动，那此时就不能进行测量。如果船只没有吃水标记，就需要检查舯部，并从甲板边缘向下测量吃水。

进行倾斜实验时需要放置4份等重的压舱物，船体的两侧各放置2份。将一侧的1份移到另外一侧，并使用1根很长的摆锤（实际上，为了准确性，一般会使用2根）来测量船的倾斜角度，然后再把第二份也移动过去，同时再次测量倾斜的角度。如果这次测得的角度值不是第一次的两倍，那就很麻烦了：需要先把之前移过去的那一份移回来，接着把另一份也移回来，然后把另一侧的那两份移过来。在这期间，船上的所有人都必须保持原地不动。大型造船厂使用的压舱物是铸铁块，在使用时切割出所需要的重量，但小型船厂采用的压舱物可能只是4块废钢，上面用粉笔标记着它们的重量。[②]

中倾斜状态下的排水量和稳心高度是已知的，接下来就是真正的问题所在了：实验时需要估算船上人的重量以及他们的位置，而在试验完成后，包括工人及其工具箱、临时布线，还有压舱物等的重量则需要减掉。然后还要估计储备、燃料、船员和行李这些需要增加的重量并继续完成试验。这一阶段的计算有可能会出现很多错误。

对那些年轻的助手们来说，倾侧试验是非常好的锻炼经历，他们需要进行一些管理任务，巡视整艘船并记录每件东西的去向。[③]然后就是冗长的计算环节，

① 我参加的第一次倾斜试验是针对“涡流”级油轮，测试船在试验现场出现了非常严重的横倾和纵倾，没法保持设计状态，不过通过冗长而乏味的计算，还是有可能算出稳心的实际位置，但那次计算离实际结果差了1英尺。

② 一般这些废金属会在称量后刷上白漆，以免压舱物遭到增减。

③ 我至今还记得我曾到访皇家游艇的珠宝室，估测船上的金银重量！

这些计算很容易出错。在笔者的第一份工作中，每两周就有一次倾侧试验，我们必须在下一次试验开始之前，完成本次实验的计算并记录好。在几年后检查这些实验时，笔者确信，即使借助计算机程序，这项工作也不可能在 3 个月内完成。[①]

附录5：对比

将一种设计与另一种设计进行对比是非常困难的，特别是当它们采用了不同的实验规范，并具有不同任务的时侯。1987 年至 1988 年期间，英国和美国的前沿设计小组按照相同的要求进行了一次护卫舰的研究，如今这些研究的结果已经公布。[②]

在第一阶段，两个小组的护卫舰方案采用了相同的武器装备（包括 127 毫米舰炮、反舰导弹、近防武器系统和 1 架直升机）。两款护卫舰的最大持续航速均为 27 节，续航能力均是 19 节 5000 海里。英国方案的满载排水量为 4548 吨，美国方案的满载排水量则为 5832 吨。这两型护卫舰的主要区别在于防护、舰员数量和动力设备。[③]为了研究船舶设计本身的差异，美国方案在这三个方面都按照英国的标准进行了重新设计。

船舶修改后的比较：

附录表2

	美国	英国
舰长（米）	133	125
满载排水量（吨）	5578	4548
内部容积（立方米）	18672	18740（包括上层建筑）

两款护卫舰的最大区别之一在于船型。美国方案的船型重量为 1174 吨，英国方案则为 926 吨，相差达到了 247 吨。[④]造成这一差异的部分原因是美国非常重视“核心舱”这一概念，即使这个区域外的其他部分受到破坏（参见第十三章），船只也可以依靠“核心舱”继续运行操作。英国则认为，如果整艘船都受到了严重的破坏，那么这个“核心舱”必然也会失去作用。美国方案还拥有规模更大的双层底。

美国海军的受损后稳定性标准对倾侧和纵倾的处理要明确得多，虽然我认为，经过说明后，两者在这方面的差异已经有所缩小。许多英国海军的舰船后甲板位置均较低，美国海军标准则对这一情况进行了遏制，这一点是很好的。美国海军使用的中等转速柴油发电机要比英国海军使用的高转速发电机重 141

① 起初，人们对这种试验有一种近乎宗教般的倾向，期望将答案（稳心高度）精确到大约百分之一英尺，这是一个可笑的数字。有一次，在对试验船“分贝”号（Decibel）进行倾斜试验时，我们遇到了恶劣的天气，我报告称稳心高度“约为 32 英尺”。幸好我有一个善解人意的海军建造总监助理，他在这次艰难的试验后接受了我的观点，不管真实结果是 33 英尺还是 31 英尺。

② L. D. Ferreiro (US) & M. H. Stonehouse (UK), 'A Comparative Study of US and UK Frigate Design', Trans SNAME Vol. 99 (1991) and Trans RINA (1994). 只有皇家海军造船师协会的版本讨论了两国研究场所的设计。

③ 美国的人员编制为 24 名军官，190 名军士 / 军士长，76 名初级船员；英国的人员编制为 25 名军官，69 名军士 / 军士长，110 名初级船员。

④ 一些讨论者（包括我）认为，这里给出的数据并不符合美国典型的实际设计。可以参考上面皇家造船师协会版本的参考文献，第 29 页。

吨。此外两者还有很多其他方面存在不同，其中就包括复合效应方面，即越大的船需要越多的燃料，并出现“面多加水，水多加面”式的增长。最后这项研究的发起者认为英国佬更加饥渴，他们需要比美国人多带上 6 吨啤酒和 13 吨淡水。

这项研究的发起者还试图估算成本差异。以在英国建造的英国船为基础，将其成本设定为 100，他们认为，在美国建造同样的船所需成本为 108，而美国方案的成本将达到 124（美国之前自行设计的方案拥有更简单的动力设备，其成本则为 122）。这是一次精彩的研究。

附录6：未来航空母舰

为了设计英国皇家海军未来的航空母舰，英国政府在 1997 年让两个建造商简要地发表了一些概念性研究报告。[1]航空母舰的设计需要根据其所搭载的舰载机来考虑，当时的新方案预计搭载大约 20 架固定翼舰载机（鹞式的替代机）和 10 架反潜机（可能采用直升机），不过设计人员们也研究了采用更少舰载机或者更多舰载机的方案。新航母最有可能采用的固定翼舰载机是美国开发的联合攻击战斗机，英国海军也为这个项目出力甚多。垂直 / 短距起降联合攻击机的起飞重量将达到鹞式战斗机的两倍左右，其载荷和航程都有了很大的提高。另一个替代方案是采用传统的弹射起飞和拦阻降落的方案，其可以采用诸如 F–18 或者舰载版台风欧洲战斗机（Eurofighter Typhoon），同时也可以采用短距起飞垂直降落的方案。新航母预计搭载的直升机为灰背隼，不过其也可以操作支奴干重型直升机。

新型航母将采用 WR–21 型燃气轮机作为主要动力，WR–21 燃气轮机将通过发电机、转换器和整流器来驱动推进发电机。4 台这型发动机就可以为新航母提供约 30 节的最大航速。最初的研究基于传统的设备，但是在国防部的资助下，其很快就改为了拥有巨大潜力的永磁电机，整流器的研发情况也与之类似。这种动力设计方案可以将燃气轮机和发电机布置在舰岛上，因而不需要布置穿过机库的排气管道并影响机库的布置。主发电机也可以为船舶提供电力，这一方案被称为综合全电推进系统（Full Electric Propulsion，1997 年的研究）。

还有一个方案是对“无敌”级进行延寿（SLEP 计划），但是让这些航母持续服役 60 年的风险还是太大了。英国海军还考虑了对集装箱船进行改装，但与新型航母相比，她的性能太差了，所能节约的成本也不多。目前的资金可以用于 3 艘小船或 2 艘大船的改装，设计研究合同中的规划则为 4 万吨级。英国海军希望现有航母入坞进行休整时，“海洋”号能够填补她们的空缺。

各种备选方案如下：

[1] J. F. P. Eddison and J. P. Groom, "Innovation in the CV(F) – an aircraft carrier for the 21 st century", Warship 97, RINA 1997.

附录表3

方案类型	载机数量（架）
短距起飞垂直降落航母	15、20、26、40
常规起降航母	26、40
短距起飞拦阻降落航母	26
舰船延寿项目	20
征用编外船只	20

这些研究方案在很多方面进行了创新，这些创新是有风险的，但大多数已经在全尺寸的测试平台上得到了验证：

WR-21 型涡轮机
综合全电推进
结构性雷达吸收材料
联合攻击战斗机
作战系统

英国宇航系统公司的未来航母研究方案。国防部最终将开发合同联合授予英国宇航系统公司和泰利斯集团。（英国宇航系统公司）

减少舰员

降低易损性和信号特征

常规起降航母方案的弹射器和阻拦装置

2004年订购的第一艘船，有希望在6年内完成。

下面是一些具有代表性的研究：

附录表4

舰船类型	无敌级	短距起飞垂直降落航母	常规起降航母	两栖直升机攻击舰
固定翼飞机	6架鹞式战斗机	16架联合攻击战斗机	20架F18战斗机	12架联合攻击战斗机
直升机	9架海王直升机	4架灰背隼直升机	3架SH-3A海王直升机 3架灰背隼直升机	4架灰背隼直升机
排水量	21581吨	26212吨	38794吨	21653吨

1999年11月，英国海军赋予了两个设计团队价值3000万英镑的合同，用于6种方案的研究：包括40架舰载机的大型短距起飞垂直降落航母、30架舰载机的小型短距起飞垂直降落航母、短距起飞拦阻降落航母以及常规起降航母方案。[①]在联合攻击战斗机计划的最后阶段，英国海军决定延迟自己的航母计划以降低风险。2003年底是一个非常关键的时期，为了让两艘新航母分别满足在2012年和2015年服役的要求，英国必须立即确定新航母的航空运作模式。预警机（AEW）的选择也会对航母的构型产生影响，此时传统的舰载预警机尚未出局。

在本书准备出版之际，国防部已经公布了这场竞标的结果：泰利斯的设计方案获得了胜利（分包给英国海事技术公司以及巴斯公司），不过英国宇航系统公司将会成为主承包商，并全面负责该项目，泰利斯则作为合作伙伴参与其中，而国防部则需要承担10%的风险。

新型航母的排水量将达到6万吨左右，其最多可以搭载48架舰载机，主要是洛克希德·马丁（Lockheed Martin）的F-35未来联合战斗机（Future Joint Combat Aircraft，即以前的联合攻击战斗机）。新航母在右舷布置了2座相距很远的舰岛，并采用了吊舱式推进系统。

英国海军于2004年初下了高达28亿英镑的订单，用于新航母的详细设计、建造和初期的支持，新型航母有希望在2012年至2015年间完工——希望我还有机会活着看到她们。该船将由克莱德的英国宇航系统公司、朴茨茅斯的VT公司、斯旺·亨特公司和罗塞斯的巴布科克公司（Babcock）共同进行建造，并预计在罗赛斯进行最后的装配。

① 两个设计团队的成员分别为：泰利斯集团、洛克希德马丁公司、雷神公司和英国海事技术公司；英国宇航系统公司、罗尔斯·罗伊斯公司、哈兰德与沃尔夫公司。

参考书目

基本详情

Robert Gardiner (ed), Conway, All the World's Fighting Ships 1947–1995 (London 1995).

早期

Norman Friedman, The Post War Naval Revolution (London 1986)

海军政策相关

Eric Grove, Vanguard to Trident (London 1987)

Desmond Wettern, The Decline of British Sea Power(London 1982)

“冷战”时期相关

Norman Friedman, The Fifty Year War (London 2000)

David Miller, The Cold War (London 1998)

武器相关

Norman Friedman, World Naval Weapon Systems (Annapolis 1991)

主要使用的是 1991/1992 版

航空信息相关

Norman Friedman, British Carrier Aviation (London1988)

以前的历史

David K Brown, Nelson to Vanguard. Warship Development 1923–1945 (London 2000)

David K Brown, A Century of Naval Construction (London 1983)

George Moore, Buildingfor Victory (Gravesend 2003)

在 1939—1945 年皇家海军的军舰建造计划中有所使用

论文等

Transactions of the Royal Institution of Naval Architects

仅作为参考

大卫 · 霍布斯
（David Hobbes）著

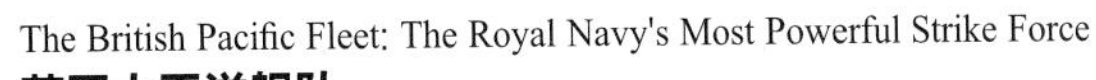
The British Pacific Fleet: The Royal Navy's Most Powerful Strike Force

英国太平洋舰队

○在英国皇家海军服役 33 年、舰队空军博物馆馆长笔下真实、细腻的英国太平洋舰队。

○作者大卫 · 霍布斯在英国皇家海军服役了 33 年，并担任舰队空军博物馆馆长，后来成为一名海军航空记者和作家。

1944 年 8 月，英国太平洋舰队尚不存在，而 6 个月后，它已强大到能对日本发动空袭。二战结束前，它已成为皇家海军历史上不容忽视的力量，并作为专业化的队伍与美国海军一同作战。一个在反法西斯战争后接近枯竭的国家，竟能够实现这般的壮举，其创造力、外交手腕和坚持精神都发挥了重要作用。本书描述了英国太平洋舰队的诞生、扩张以及对战后世界的影响。

布鲁斯 · 泰勒
（Bruce Taylor）著

The Battlecruiser HMS Hood: An Illustrated Biography, 1916–1941

英国皇家海军战列巡洋舰“胡德”号图传：1916—1941

○ 250 幅历史照片，20 幅 3D 结构绘图，另附巨幅双面海报。

○ 详实操作及结构资料，从外到内剖析“胡德”全貌。它是舰船历史的丰碑，但既有辉煌，亦有不堪。深度揭示舰上生活和舰员状况，还原真实历史。

这本大开本图册讲述了所有关于“胡德”号的故事——从搭建龙骨到被“俾斯麦”号摧毁，为读者提供进一步探索和欣赏她的机会，并以数据形式勾勒出船舶外部和内部的形象。推荐给海战爱好者、模型爱好者和历史学研究者。

保罗 · S. 达尔
（Paul S. Dull）著

A Battle History of the Imperial Japanese Navy, 1941-1945

日本帝国海军战争史：1941—1945 年

○一部由真军人——美退役海军军官保罗 · 达尔写就的太平洋战争史。

○资料来源日本官修战史和微缩胶卷档案，更加客观准确地还原战争经过。

本书从 1941 年 12 月日本联合舰队偷袭珍珠港开始，以时间顺序详细记叙了太平洋战争中的历次重大海战，如珊瑚海海战、中途岛海战、瓜岛战役等。本书的写作基于美日双方的一手资料，如日本官修战史《战史丛书》，以及美国海军历史部收集的日本海军档案缩微胶卷，辅以各参战海军编制表图、海战示意图进行深入解读，既有完整的战事进程脉络和重大战役再现，也反映出各参战海军的胜败兴衰、战术变化，以及不同将领各自的战争思想和指挥艺术。

尼克拉斯 · 泽特林
（Niklas Zetterling）著

Bismarck: The Final Days of Germany’s Greatest Battleship

德国战列舰“俾斯麦”号覆灭记

○以新鲜的视角审视二战德国强大战列舰的诞生与毁灭……非常好的读物。——《战略学刊》

○战列舰“俾斯麦”号的沉没是二战中富有戏剧性的事件之一……这是一份详细的记述。——战争博物馆

本书从二战期间德国海军的巡洋作战入手，讲述了德国海军战略，“俾斯麦”号的建造、服役、训练、出征过程，并详细描述了“俾斯麦”号躲避英国海军搜索，在丹麦海峡击沉“胡德”号，多次遭受英国海军追击和袭击，在外海被击沉的经过。

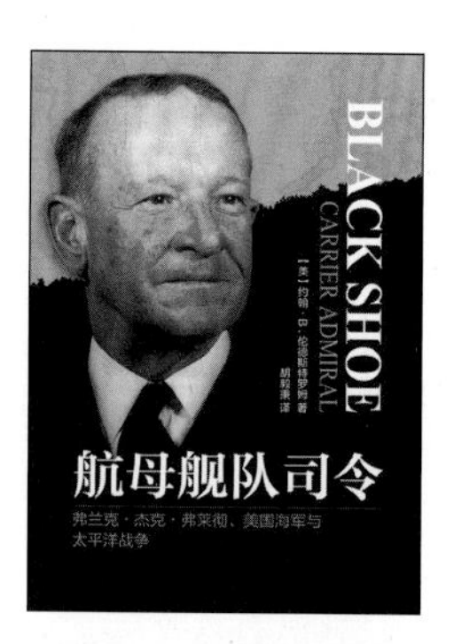

约翰·B. 伦德斯特罗姆
（John B.Lundstrom）著

Black Shoe Carrier Admiral:Frank Jack Fletcher At Coral Sea, Midway & Guadalcanal

航母舰队司令：弗兰克·杰克·弗莱彻、美国海军与太平洋战争

○战争史三十年潜心力作，争议人物弗莱彻的平反书。

○还原太平洋战场"珊瑚海"、"中途岛"、"瓜达尔卡纳尔岛"三次大规模海战全过程，梳理太平洋战争前期美国海军领导层的内幕。

○作者约翰·B. 伦德斯特罗姆自 1967 年起在密尔沃基公共博物馆担任历史名誉馆长。

本书是美国太平洋战争史研究专家约翰·B. 伦德斯特罗姆经三十年潜心研究后的力作，为读者细致而生动地展现出太平洋战争前期战场的腥风血雨，且以大量翔实的资料和精到的分析为弗莱彻这个在美国饱受争议的历史人物平了反。同时细致梳理了太平洋战争前期美国海军高层的内幕，三次大规模海战的全过程，一些知名将帅的功过得失，以及美国海军在二战中的航母运用。

马丁·米德尔布鲁克
（Martin Middlebrook）著

Argentine Fight for the Falklands

马岛战争：阿根廷为福克兰群岛而战

○从阿根廷军队的视角，生动记录了被誉为"现代各国海军发展启示录"的马岛战争全程。

○作者马丁·米德尔布鲁克是少数几位获准采访曾参与马岛行动的阿根廷人员的英国历史学家。

○对阿根廷军队的作战组织方式、指挥层所制订的作战规划和反击行动提出了全新的见解。

本书从阿根廷视角出发，介绍了阿根廷从作出占领马岛的决策到战败的一系列有趣又惊险的事件。其内容集中在福克兰地区的重要军事活动，比如"贝尔格拉诺将军"号巡洋舰被英国核潜艇"征服者"号击沉、阿根廷"超军旗"攻击机击沉英舰"谢菲尔德"号。一方是满怀热情希望"收复"马岛的阿根廷军，另一方是军事实力和作战经验处于碾压优势的英国军队，运气对双方都起了作用，但这场博弈毫无悬念地以阿根廷的惨败落下了帷幕。

米凯莱·科森蒂诺（Michele Cosentino）、鲁杰洛·斯坦格里尼（Ruggero Stanglini）著

British and German Battlecruisers: Their Development and Operations

英国和德国战列巡洋舰：技术发展与作战运用

○全景展示战列巡洋舰技术发展黄金时期的两面旗帜——英国战列巡洋舰和德国战列巡洋舰，在发展、设计、建造、维护、实战等方面的细节。

○对战列巡洋舰这种独特类型的舰种进行整体的分析、评估与描述。

本书是一本关于英国和德国战列巡洋舰的"全景式"著作，它囊括了历史、政治、战略、经济、工业生产以及技术与实战使用等多个角度和层面，并将之整合，对战列巡洋舰这种独特类型的舰种进行整体的分析、评估与描述，明晰其发展脉络、技术特点与作战使用情况，既面面俱到又详略有度。同时附以俄国、日本、美国、法国和奥匈帝国等国的战列巡洋舰的发展情况，展示了战列巡洋舰这一舰种的发展情况与其重要性。

除了翔实的文字内容以外，书中还有附有大量相关资料照片，以及英德两国海军所有级别战列巡洋舰的大比例侧视与俯视图与为数不少的海战示意图等。

诺曼·弗里德曼 著（Norman Friedman）A. D. 贝克三世绘图（A. D.BAKER III）

British Destroyers: From Earliest Days to the Second World War

英国驱逐舰：从起步到第二次世界大战

○海军战略家诺曼·弗里德曼与海军插画家 A.D. 贝克三世联合打造。

○解读早期驱逐舰的开山之作，追寻英国驱逐舰的壮丽航程。

○ 200 余张高清历史照片、近百幅舰艇线图，动人细节纤毫毕现。

诺曼·弗里德曼的《英国驱逐舰：从起步到第二次世界大战》把早期水面作战舰艇的发展讲得清晰透彻，尽管头绪繁多、事件纷繁复杂，作者还是能深入浅出、言简意赅，不仅深得专业人士的青睐，就是普通的爱好者也能比较轻松地领会。本书不仅可读性强，而且深具启发性，它有助于了解水面舰艇是如何演进成现在这个样子的，也让我们更深刻地理解了为战而生的舰艇应该如何设计。总之，这本书值得认真研读。

Maritime Operations in the Russo - Japanese War, 1904-1905

日俄海战 1904—1905（共两卷）

- ○战略学家科贝特参考多方提供的丰富资料，对参战舰队进行了全新的审视，并着重研究了海上作战涉及的联合作战问题。
- ○以时间为主轴，深刻分析了战争各环节的相互作用，内容翔实。
- ○译者根据本书参考的主要原始资料《极密 · 明治三十七八年海战史》以及现代的俄方资料，补齐了本书再版时未能纳入的地图和态势图。

朱利安 · S. 科贝（Julian S.Corbett）著

朱利安 · S. 科贝特爵士，20 世纪初伟大的海军历史学家之一，他的作品被海军历史学界奉为经典。然而，在他的著作中，有一本却从来没有面世的机会，这就是《日俄海战 1904—1905》。1914 年 1 月，英国海军部作战参谋部的情报局（the Intelligence Division of the Admiralty War Staff）发行了该书的第一卷（仅 6 本），其中包含了来自日本官方报告的机密信息。1915 年 10 月，海军部作战参谋部又出版了第二卷，其总印量则慷慨地超过了 400 册。虽然被归为机密，但在役的海军高级军官却可以阅览该书。然而其原始版本只有几套幸存，直到今天，公众都难以接触这部著作。学习科贝特海权理论不仅可以促使我们了解强大海权国家的战略思维，而且可以辨清海权理论的基本主题，使中国的海权理论研究有可借鉴的学术基础。虽然英国的海上霸权已经被美国取而代之，但美国海权从很多方面继承和发展了科贝特的海权思想。如果我们检视一下今天的美国海权和海军战略，可以看到科贝特理论依然具有生命力，仍然是分析美国海权的有用工具和方法。

Warship Design and Development

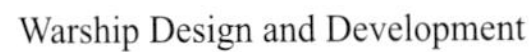

英国皇家海军战舰设计发展史（共五卷）

- ○英国皇家海军建造兵团的副总建造师大卫 · K. 布朗所著，囊括了大量原始资料及矢量设计图。
- ○大卫 · K. 布朗是一位杰出的海军舰船建造师，发表了大量军舰设计方面的文章，为英国皇家海军舰艇的设计、发展倾注了毕生心血。

这套《英国皇家海军战舰设计发展史》有五卷，分别是《铁甲舰之前，战舰设计与演变，1815—1860 年》《从“勇士”级到“无畏”级，战舰设计与演变，1860—1905 年》《大舰队，战舰设计与演变，1906—1922 年》《从“纳尔逊”级到“前卫”级，战舰设计与演变，1923—1945 年》《重建皇家海军，战舰设计，1945 年后》。该系列从 1815 年的风帆战舰说起，囊括了皇家海军历史上有代表性的舰船设计，并附有大量数据图表和设计图纸，是研究舰船发展史不可错过的经典。

大卫 · K. 布朗
（David K.Brown）著

From the Dreadnought to Scapa Flow

英国皇家海军：从无畏舰到斯卡帕湾（共五卷）

- ○现在已没有人如此优雅地书写历史，这非常令人遗憾，因为是马德尔在记录人类文明方面的天赋使他有能力完成如此宏大的主题。——巴里 · 高夫
- ○他书写的海军史具有独特的魅力。他具有把握资源的能力，又兼以简洁地运用文字的天赋……他已无需赞美，也无需苛求。——A. J. P. 泰勒

这套《英国皇家海军：从无畏舰到斯卡帕湾》有五卷，分别是《通往战争之路，1904—1914》《战争年代，战争爆发到日德兰海战，1914—1916》《日德兰及其之后，1916.5—12》《1917，危机的一年》《胜利与胜利之后：1918—1919》。它们从费希尔及其主导的海军改制入手，介绍了 1904 年至 1919 年费舍尔时代英国海军建设、改革、作战的历史，及其相关的政治、经济和国际背景。

亚瑟 · 雅各布 · 马德尔
（Arthur J. Marder）、
巴里 · 高夫（Barry Gough）著

大卫·霍布斯
（David Hobbes）著

The British Carrier Strike Fleet: After 1945

决不，决不，决不放弃：英国航母折腾史：1945 年以后

○英国舰队航空兵博物馆馆长代表作，入选华盛顿陆军 & 海军俱乐部月度书单。
○有设计细节、有技术数据、有作战经历，讲述战后英国航母“屡败屡战”的发展之路。
○揭开英国海军的“黑历史”，爆料人仰马翻的部门大乱斗和槽点满满的决策大犯浑。

英国海军中校大卫·霍布斯写了一本超过 600 页的大部头作品，其中包含了重要的技术细节、作战行动和参考资料，这是现代海军领域的杰作。霍布斯推翻了 1945 年以来很多关于航母的神话，他没给出所有问题的答案，一些内容还会引起巨大的争议，但本书提出了一系列的专业观点，并且论述得有理有据。此外，本书还是海军专业人员和国防采购人士的必修书。

H.P. 威尔莫特
（H. P. Willmott）著

The Battle of Leyte Gulf：The Last Fleet Action

莱特湾海战：史上最大规模海战，最后的巨舰对决

○原英国桑赫斯特军事学院主任讲师 H.P. 威尔莫特扛鼎之作。
○荣获美国军事历史学会 2006 年度“杰出图书”奖。
○复盘巨舰大炮的绝唱、航母对决的终曲、日本帝国海军的垂死一搏。

为了叙事方便，以往关于莱特湾海战的著作，通常将萨马岛海战和恩加诺角海战这两场发生在同一个白天的战斗，作为两个相对独立的事件分开叙述，这不利于总览莱特湾海战的全局。本书摒弃了这种“取巧”的叙事线索，以时间顺序来回顾发生在 1944 年 10 月 25 日的战斗，揭示了莱特湾海战各个分战场之间牵一发而动全身的紧密联系，提供了一种前所罕见的全局视角。

除了具有宏大的格局之外，本书还不遗余力地从个人视角出发挖掘对战争的新知。作者对美日双方主要参战将领的性格特点、行为动机和心理活动进行了细致的分析和刻画。刚愎自用、骄傲自大的哈尔西，言过其实、热衷炒作的麦克阿瑟，生无可恋、从容赴死的西村祥治，谨小慎微、畏首畏尾的栗田健男，一个个生动鲜活的形象跃然纸上、呼之欲出，为这段已经定格成档案资料的历史平添了不少烟火气。

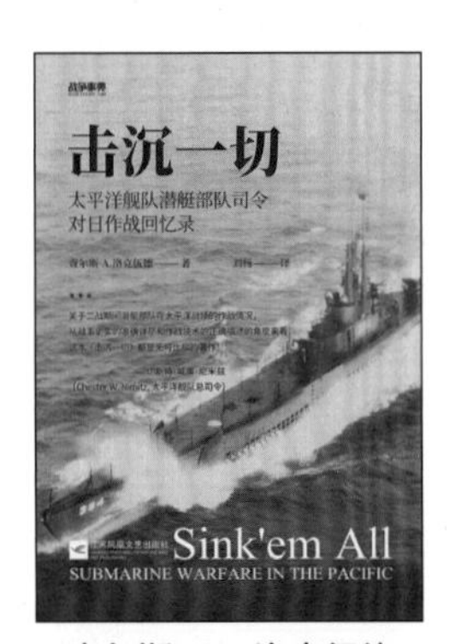

查尔斯·A. 洛克伍德
（Charles A. Lockwood）著

Sink 'em All: Submarine Warfare in the Pacific

击沉一切：太平洋舰队潜艇部队司令对日作战回忆录

○太平洋舰队潜艇部队司令亲笔书写太平洋潜艇战中这支“沉默的舰队”经历的种种惊心动魄。
○作为部队指挥官，他了解艇长和艇员，也掌握着丰富的原始资料，记叙充满了亲切感和真实感。
○他用生动的文字将我们带入了狭窄的起居室和控制室，并将艰苦冲突中的主要角色展现在读者面前。

本书完整且详尽地描述了太平洋战争和潜艇战的故事。从“独狼战术”到与水面舰队的大规模联合行动，这支“沉默的舰队”战绩斐然。作者洛克伍德在书中讲述了很多潜艇指挥官在执行运输补给、人员搜救、侦察敌占岛屿、秘密渗透等任务过程中的真人真事，这些故事来自海上巡逻期间，或是艇长们自己的起居室。大量生动的细节为书中的文字加上了真实的注脚，字里行间流露出的人性和善意也令人畅快、愉悦。除此之外，作者还详细描述了当时新一代潜艇的缺陷、在作战中遭受的挫折及鱼雷的改进过程。

约翰·基根
（John Keegan）著

Battle At Sea: From Man-Of-War To Submarine

海战论：影响战争方式的战略经典

○跟随史学巨匠令人眼花缭乱的驾驭技巧，直面战争核心。
○特拉法加、日德兰、中途岛、大西洋……海上战争如何层层进化。

当代军事史学家约翰·基根作品。从海盗劫掠到海陆空立体协同作战，约翰·基根除了将海战的由来娓娓道出外，还集中描写了四场关键的海上冲突：特拉法加、日德兰、中途岛和大西洋之战。他带我们进入这些战斗的核心，并且梳理了从木质战舰的海上对决到潜艇的水下角逐期间长达数个世纪的战争历史。不过，作者在文中没有谈及太过具体的战争细节，而是将更多的精力放在了讲述指挥官的抉择、战时的判断、战争思维，以及战术、部署和新武器带来的改变等问题上，强调了它们为战争演变带来的影响，呈现出一个层次丰富的海洋战争世界。

《世界军服图解百科》丛书

史实军备的视觉盛宴
千年战争的图像史诗

欧美近百位历史学家、考古学家、军事专家、作家、画家、编辑集数年之力编成。

巴巴罗萨
赳赳武夫，铮铮岁
中央集团军群将士的血色征途
辽阔苏联大地上的
风霜雪雨、恩怨情仇、生离死别

指文
巴巴罗萨
德国入侵苏联的内幕
BARBAROSSA
UNLEASHED
上册
CRAIG W.H. LUTHER
江苏凤凰文艺出版社